국가기술자격시험 미용사(네일)

한 권으로 **합격**

네일미용사

네일미용국가자격증연구소 감수
김샤샤/김은희/박경옥/안은주/이현숙 공저

YRM (주)영림미디어

한 권으로 정복 네일미용사

첫째판 1쇄 인쇄 2014년 9월 17일
첫째판 1쇄 발행 2014년 9월 24일

공   저 김샤샤, 김은희, 박경옥, 안은주, 이현숙
감   수 네일미용국가자격증연구소
발 행 인 이혜미
기   획 전지영
편   집 최서예
발행처 ㈜영림미디어
주소 (121-894) 서울 마포구 서교동 375-32 무해빌딩 2F
전화 (02)6395-0045 / 팩스 (02)6395-0046
등록 제2012-000356호(2012.11.1)

ⓒ 2014년, 한 권으로 정복 네일미용사 / ㈜영림미디어
본서는 저자와의 계약에 의해 ㈜영림미디어에서 발행합니다.
본서의 내용 일부 혹은 전부를 무단으로 복제 혹은 전재를 금합니다.

이 도서의 국립중앙도서관 출판예정도서목록(CIP)은 서지정보유통지원시스템 홈페이지(http://seoji.nl.go.kr)와 국가자료공동목록시스템(http://www.nl.go.kr/kolisnet)에서 이용하실 수 있습니다. (CIP제어번호 : CIP2014024191)

*파본은 교환하여 드립니다.
*검인은 저자와의 합의하에 생략합니다.

ISBN 979-11-85834-03-0
정 가 25,000원

한 권으로 정복
네일미용사

(주)영림미디어

저자소개

김샤샤 학장/미용학 박사
알롱제 실용전문학교 학장
국내 미용학 박사 1호
알롱제 피부미용사 (2014) 공동저자(박문각)
중국 국제비만협회 공식초청강의
일본 에스테틱협회 공식초청강의

김은희 이사
현) MBC아카데미뷰티스쿨 포항캠퍼스원장
전) MBC아카데미뷰티스쿨 평택캠퍼스원장 역임
전) 엠뷰티아카데미 교육이사역임
전) 아름다운사람들 천안 교육실장
인천아시아게임 개막식 메이크업 담당

박경옥 교수
한성대학교 예술학 석사
서울호서전문학교 외래교수
원광디지털대학교 외래교수
한국사이버평생교육원 외래교수
알롱제 웰니스 직업전문학교 외래교수

안은주 교수
원광대학교 박사과정
우송정보대학교 외래교수
국민대학교 외래교수
디지털서울문화예술대학교 외래교수
네일 캘리고 원장

이현숙 교수
서경대학교 미용예술학 석사
원광대학교 미용학 박사
서경대학교 미용예술학과 교수
한국미용예술학회 메이크업분과 이사
전) 원광대학교 뷰티디자인학과 외래교수

머/리/말

1980년대 우리나라에 네일 살롱이 처음 오픈한 이후로 지금까지 네일 미용분야는 눈부신 발전을 해왔습니다. 현재 네일 미용은 전국 곳곳에서 성행하고 있으며 미용업계의 장기적인 불황 속에서도 틈새시장으로서 제 몫을 단단히 하고 있습니다.

향후 네일 미용 산업이 선진국형으로 활성화되기 위해서는 네일 미용사 국가자격증 취득자를 선호하고 필수요건이 되기 때문에 네일 미용전문가를 양성하기 위해 국가자격시험에 대비한 교재를 출간하게 되었습니다.

네일 미용전문가라는 직업은 점점 발전하는 생활 수준과 미에 대한 의식이 고취되고 있는 지금 굉장히 매력적인 평생 직업이라고 생각됩니다.

본 교재는 현장에서 활동하시는 네일 테크니션과 네일 전공교수님들의 노하우를 바탕으로 국가자격증 취득과 기술습득을 목표로 내용을 구성하였습니다.

본 교재로 네일 미용사 국가자격시험을 준비하여 자격증을 취득하려는 분들과 네일 테크닉을 배우시려는 모든 분에게 저희가 도움되어드리고자 합니다.

마지막으로 본 교재가 출판되기까지 도움을 주신 모든 분과 (주)영림미디어 임직원분들께 감사의 마음을 전합니다.

네일 미용이라는 전문직을 선택하여
새로운 인생의 기회를 얻고자 하는 모든 분에게
저자일동

목차

PART 01 네일 개론

CHAPTER 1 네일 관리의 개요 • 2
CHAPTER 2 네일의 구조와 기능, 부조현상 • 10
CHAPTER 3 인체 해부 생리학 • 27
CHAPTER 4 피부학 • 66
CHAPTER 5 네일살롱의 안전과 경영 • 98
CHAPTER 6 네일 색채학 • 109

PART 02 공중위생관리학

CHAPTER 1 공중보건학의 개념 • 124
CHAPTER 2 역학 및 감염병 관리 • 134
CHAPTER 3 환경보건 • 157
CHAPTER 4 보건관리 • 179
CHAPTER 5 미생물과 소독 • 193
CHAPTER 6 공중위생관리법 • 215

PART 03 네일미용기술

CHAPTER 1 네일케어 • 240
CHAPTER 2 네일 팁(Nail Tip) • 289
CHAPTER 3 네일 랩(Nail Wraps) • 302
CHAPTER 4 아크릴릭 네일 • 318
CHAPTER 5 젤 네일(Gel Nail) • 339
CHAPTER 6 보수 및 제거 • 353
CHAPTER 7 아트네일 • 360
CHAPTER 8 비트 • 378

부록 네일아트 갤러리

Design by 안은주, 박경옥, 김아인

PART 01

네일 개론

- Chapter 1 네일 관리의 개요
- Chapter 2 네일의 구조와 기능, 부조현상
- Chapter 3 인체 해부 생리학
- Chapter 4 피부학
- Chapter 5 네일살롱의 안전과 경영
- Chapter 6 네일 색채학

Chapter 01

네일 관리의 개요

1. 네일 관리의 정의와 목적

1) 네일 관리의 정의

 네일 관리(Nail art)란 네일의 모양, 큐티클 정리, 컬러링, 마사지, 굳은살 제거, 인조 네일 시술 등 손톱과 발톱에 관한 관리의 모든 것을 말한다.
매니큐어란 손이라는 의미를 가진 라틴어 마누스(Manus)와 관리의 의미를 가진 큐라(Cura)라는 단어에서 유래된 합성어로써 손에 관한 전체적인 관리를 의미하며, 페디큐어란 발의 의미를 가진 라틴어 페디스(Pedis)와 관리의 의미를 가진 큐라(Cura)라는 말에서 유래된 합성어로 발에 관한 전체적인 관리를 의미한다.

2) 네일 관리의 목적

 네일 관리의 목적은 자극으로부터 네일을 보호하는 목적, 긍정적인 자아 인식과 자신감을 고취하는 장식적인 목적, 네일의 결함과 단점을 보완하여 아름답게 장식 하는 심미적 목적, 개인의 개성을 살리고 손·발톱을 아름답게 표현하는 장식적 목적, 의사 전달과 사회적 관습. 예의적인 표현. 직업을 표현하는 사회적 목적으로 나눌 수 있으며 네일을 관리함으로써 건강하고 아름답게 네일을 유지하고 미적 욕구를 충족하는 데에 있다.

2. 네일 관리의 역사

1) 서양의 네일 관리

(1) 이집트

파라오 무덤에서 금으로 만든 매니큐어 세트가 발견되었고, 미라의 손톱에 빨간색(주적, 건강의 의미)을 입히거나 태양신에 바치는 제사에도 사용하였다. 헤나(Henna)라는 관목에서 붉은색과 오렌지색을 추출하여 손톱의 색을 입혔는데, 신분별 차이를 두어 상류층은 짙은 색, 하류층은 옅은 색만을 허용하였다.

(2) 중세 시대

영국에서는 식사 전에 장미수로 손을 씻었으며 이탈리아는 섬세하고 긴 손톱이 아름다운 여성의 기준이 되었다.
주술적인 의미로 전쟁터에 나가는 군사들이 입술과 네일에 같은 색을 칠해 승리를 기원함으로써 남성의 네일 관리가 시작되었다.

(3) 르네상스 시대

손톱의 색상이 붉은색이고 손과 손가락이 희고 긴 것이 미의 기준에 해당했다. 프랑스의 왕비였던 카트린 드 메디시스(Catherine de Médicis)는 손을 보호하기 위해 잠자리에 들기 전에 장갑을 착용하였다.

(4) 바로크 시대

프랑스의 베르사유 궁전에서는 한쪽 손의 손톱을 길러 문을 긁도록 하였다. 이는 노크가 예의에 어긋난 행위라고 보았기 때문이다.

(5) 로코코 시대

네일 제품이 개발되어 대중화가 된 시기이다.

(6) 근대

① 1800년 : 아몬드형 네일 모양이 유행하였으며 향이 있는 붉은색 기름을 바르고 샤미스(Chamois, 염소나 양의 부드러운 가죽)로 광택을 내었다.
② 1830년 : 유럽의 발 전문의사인 시트(Sits)에 의해 오렌지 우드스틱이 고안되어 네일 관리에 사용되었다.
③ 1880년 : 네일 관리가 대중화되었으며 첨탑(Pointed type) 모양이 유행하였다.
④ 1885년 : 니트로셀룰로오스(네일 팔리쉬의 필름 형성제)를 개발하였다.
⑤ 1892년 : 발 전문의사인 시트(Sits)의 조카에 의해 네일 아티스트가 새로운 직업으로 미국에 도입되었다.

(7) 현대

① 1900년 : 메탈 파일이나 메탈 가위가 이용되었으며, 에나멜을 도포할 때에는 낙타털로 만든 붓을 사용하였고, 광택을 내기 위하여 크림이나 가루를 사용하였다.
② 1910년 : 미국의 매니큐어 제조회사 플라워리(Flowery)가 설립되어 금속 파일과 사포로 된 파일이 제작되었다.
③ 1917년 : 보그 잡지에 Dr.코로니(Coroni)의 네일 홈케어 제품이 소개되어 도구와 기구를 사용하지 않고도 관리가 가능해 졌다.
④ 1919년 : 최초의 특허제품인 연분홍색의 에나멜이 제조되었다.
⑤ 1925년 : 네일 에나멜의 산업이 본격화되면서 일반 상점에서 에나멜 구입이 가능해졌으며, 달 매니큐어(Moon manicure)가 유행하였다.
⑥ 1927년 : 큐티클 크림, 큐티클 리무버, 프렌치 매니큐어 전용 흰색 에나멜이 제조되었다.
⑦ 1930년 : 제나(Gena) 연구팀에서 큐티클 오일, 에나멜 리무버, 워머 로션 등이

개발되었으며 다양한 계통의 붉은색 에나멜이 등장하였고 다양한 계통의 빨간색이 출시되었다.

⑧ 1932년: 레블론(Revlon)사에서 최초로 립스틱과 잘 어울리는 색상의 네일 팔리쉬를 출시하였다.
⑨ 1935년: 인조 네일이 개발되었다.
⑩ 1940년: 리타 헤이워스(Rita Heyworth)에 의해 풀코트 기법 및 빨간색 네일이 유행하였으며 이발소에서 남성들이 기본적인 손톱관리를 받기 시작하였다.
⑪ 1948년: 노린 레호(Noreen Reho)가 매니큐어 시 기구를 사용하기 시작하였다.
⑫ 1956년: 헬렌 걸리(Helen Gouley)에 의해 미용학교 교육과정에 네일이 포함되고, 네일 팁의 사용이 증가하였다.
⑬ 1957년: 호일을 사용한 아크릴릭 네일이 최초로 시행되었으며 패디큐어가 등장하였다.
⑭ 1960년: 실크나 린넨을 이용하여 약한 네일을 보강하였다.
⑮ 1967년: 손과 발에 트리트먼트를 시작하였다.
⑯ 1970년: 네일 팁과 아크릴릭 네일이 본격적으로 사용되었고 치과에서 사용하는 재료에서 현재 사용 중인 아크릴릭 네일 제품이 개발되었다.
⑰ 1973년: 네일 회사(IBD)가 처음으로 네일 접착제와 접착식 인조 손톱을 개발하였다.
⑱ 1975년: 미국 식약청(FDA-Food and Drug Administration)이 메틸 메타 아크릴릭레이트(MMA)의 사용을 금지하였다.
⑲ 1976년: 스퀘어 모양의 네일이 유행하였으며 동시에 화이버 랩이 등장. 미국에 네일아트가 정착하였다.
⑳ 1981년: 에씨(Essie), 오피아이(OPI), 스타(Star) 등의 회사에서 네일 전문 제품이 출시되었으며 네일 액세서리가 등장하였다.
㉑ 1982년: 미국의 타미 테일러(Tammy Taylor)에 의해 파우더, 프라이머, 리퀴드 등의 아크릴릭 네일 제품이 개발되었다.
㉒ 1989년: 세계경제성장과 더불어 네일 산업이 급성장기로 들어섰다.

㉓ 1992년 : 인기스타들에 의해 대중화가 된 시기로 NIA(The Nail Industry Associaion)이 창립되어 네일 산업이 더욱 본격화되면서 정착하였다.
㉔ 1994년 : 독일에서 라이트 큐어드 젤 시스템(Light cured Gel system)이 등장하였으며 뉴욕 주에서는 네일 테크니션 면허 제도를 도입하였다.
㉕ 2000년대 이후 : 2D, 3D 등 입체 디자인, 핸드페인팅, 에어브러시 등 다양한 아트 기법이 등장하였다.

2) 동양의 네일 관리

(1) 고대(BC 3000년~300년)

중국에서 조홍이라 하여 홍화를 손톱에 바르기 시작하였다. 에나멜로 알려진 최초의 페인트를 달걀흰자(난백)와 아라비아산 고무나무 수액, 벌꿀 등과 혼합하여 만들어 사용했으며, 특히 BC 600년경 귀족들은 금색과 은색을 사용하였다.

(2) 15세기

명왕조 때 상류층의 귀족들은 신분 과시를 위해 흑색과 적색을 사용하여 특권층 신분을 표시하였다.

(3) 17세기

중국의 상류층은 역사상 가장 긴 손톱을 사용하였다. 남녀 모두 5인치 정도 길렀으며 보석이나 대나무 등으로 장식하여 손톱을 보호하였는데 이는 부의 상징의 표시였다. 인도에서는 신분 표시를 위해 문신 바늘을 사용하여 네일 매트릭스(조모)에 색소를 주입하였다.

3) 한국의 네일 관리

한국의 네일 미용은 1980년대 이후부터 네일 산업이 하나의 업종으로 인식되기 시작하였다.

① 1988년 : 우리나라 최초의 네일아트 숍인 그리피스가 이태원에 오픈
② 1996년 : 압구정 백화점에 네일 코너가 입점되어 대중에게 알려지기 시작
③ 1997년 : 인기스타들이 네일 미용을 하면서 네일 미용의 대중화가 시작되었으며, 다수의 재료 납품 업체가 등장
④ 1998년 : 민간자격시험제도가 도입되어 시행되었고 네일에 관련된 협회들이 결성되어 네일 전문학원, 미용학교, 대학에서의 네일 관리학 수업이 신설되었다.
⑤ 2002년 : 네일 산업의 호황기
⑥ 2004년 : 경기 침체로 인한 네일 산업의 구조 조정기
⑦ 2010년 : 현재 전국의 백화점, 미용실, 사우나, 쇼핑몰 등 어디서나 성행하고 있으며, 미용업계의 장기적인 불황 속에서도 틈새시장으로 단단히 제 몫을 다하고 있다.

3. 네일 관리(사업)의 현황

구분	미국	일본	한국
도입기	1950년대 초반	1980년대 중반	1996년 중반
활성화 시기	1970년대 이후	1993년 이후	2002년 이후
형태	네일 숍 형태로 전문화된 네일 숍 및 발 관리 숍 병행	소형 점포 형태의 다양성 추구 • 전문 네일 숍 • 백화점 내 네일 숍 • 미용실 내 숍	개인 숍과 변형된 프랜차이즈 형태로 운영 • 백화점 내 네일 숍 • 미용실 내 숍
시장 현황	필수 뷰티 아이템으로 대중화 · 생활화	1990년대 중반 이후 활성화되기 시작하여 빠른 속도로 네일 문화 확산	• 연예인 중심의 홍보로 대중화를 모색→네일 시장이 차츰 형성됨 • 2000년 이후 고급 전문 숍 및 개인이 운영하는 소규모 네일 숍 등 다양하게 확장
주요 고객	안정적인 소득에 기초한 폭넓은 고객층 확보	고소득층 위주의 고객층 형성을 시작으로 1995년 이후 신세대까지 큰 관심을 갖게 되어 네일 문화의 사회적 가치 인정 획득	고소득층 위주의 고객에서 전문 직종에 종사하는 고객층까지 확대되어가는 과정

예/상/문/제
Forecast Question

01. 매니큐어의 어원을 지칭하는 라틴어는?

① 큐라(Cura)
② 매니스(Manis)
③ 패디스(Pedis)
④ 마누스(Manus)

Answer: 어원이 라틴어인 마누스는 손을 지칭하고 큐라는 관리를 지칭한다.

02. 최초의 네일 케어가 BC3000년경 역사에 기록되어 있는 나라는?

① 로마, 중국
② 그리스, 로마
③ 그리스, 이집트
④ 이집트, 중국

03. 라틴어의 마누스(Manus)와 큐라(Cura)에서 유래된 말은?

① 패디큐어(Pedicure)
② 아크릴릭(Acrylic)
③ 매니큐어(Manicure)
④ 네일팁(Nail tip)

Answer: 손톱모양, 큐티클 관리, 손마사지, 컬러링 등의 총괄적인 손의 관리를 뜻한다.

04. 인조 네일이 개발된 시기는?

① 1910년대　② 1920년대
③ 1930년대　④ 1940년대

05. 네일의 오랜 역사는 몇 년에 걸쳐서 변화되어왔는가?

① 2000년　② 3000년
③ 4000년　④ 5000년

06. 네일 관리의 발전과정에서 다음 중 틀린 것은?

① 1800년 네일 관리가 일반인들에게 대중화
② 1850년 금속 가위 및 파일을 이용하여 네일 케어 시작
③ 1925년 네일 에나멜을 상점에서 판매
④ 1930년 빨강색 에나멜 출시

07. 고대의 이집트와 중국에서 네일의 색상을 표현하기 위해 사용했던 추출물이 아닌 것은?

① 봉숭아　　② 헤나
③ 코코넛　　④ 계란노른자

08. 홍화, 밀납, 난백 등을 이용하여 미적 감각을 맘껏 누렸던 나라는?

① 이집트　　② 그리스
③ 로마　　　④ 중국

09. 네일은 무엇을 의미 하는가?

① 손톱　　　② 발톱
③ 손톱과 발톱　④ 손과 발

10. 패디큐어가 등장한 시기는?

① 1900년대　② 1930년대
③ 1950년대　④ 2000년대

Answer: 패디큐어가 등장한 시기는 1957년 이다.

11. 네일 테크니션이 여성 직업으로 도입된 최초의 시기는?

① 1800년대　② 1700년대
③ 1600년대　④ 1900년대

정답　01. ④　02. ④　03. ③　04. ③　05. ④　06. ②　07. ③　08. ④　09. ③　10. ③　11. ①

Chapter 02
네일의 구조와 기능, 부조현상

1. 네일의 구조

1) 네일의 형성과 성장

(1) 네일의 형성

네일은 태아가 자궁에서 형성될 때 나타나기 시작해 임신 8~9주경에 네일이 형성되고 임신 10주 후부터 손가락 끝에 붙는다. 네일 성장부위는 임신 12~13주까지 완성된다. 약 14주에는 자라나는 네일을 볼 수 있고 임신 17~20주까지는 완전히 자란다. 태아의 발톱은 손톱보다 약 10일 정도 늦게 형성된다.

네일의 주성분인 케라틴은 탄소 51.9%, 산소 22.39%, 질소 16.09%, 황 2.80%, 수소 0.82% 로 구성된 섬유 단백질이다.

(2) 네일의 성장

네일의 성장은 네일 루트(조근)에서 시작되고 가운데 손가락 네일이 가장 빠르고 엄지손가락이 제일 느리다. 나이, 생활습관, 건강상태, 주위환경 등에 따라 차이가 있는데 예를 들면 사용을 많이 하는 손의 네일이 더 빨리 자라며 더울 때 더 빨리 자란다.

네일의 케라틴은 피부나 모발보다 딱딱하고 하루에 약 0.14~0.4mm 정도 자라며 한 달에 약 3~5mm정도 성장하고 완전히 자라는데 걸리는 시간은 대략 4~6개월 정도이다. 발톱은 손톱보다 천천히 자란다.

네일은 평균 0.5~0.75mm의 두께이며 개체가 사망하면 네일의 성장도 정지한다.

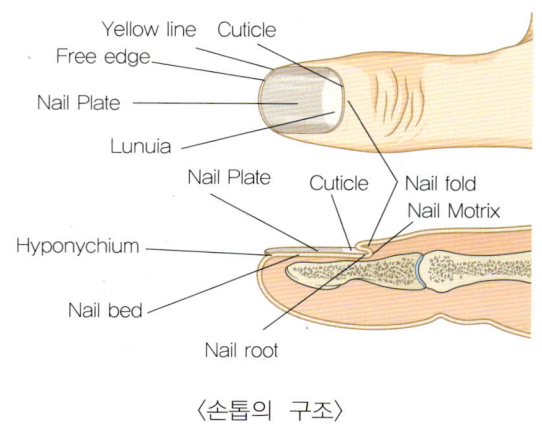

〈손톱의 구조〉

2) 네일의 외부구조(네일 자체)

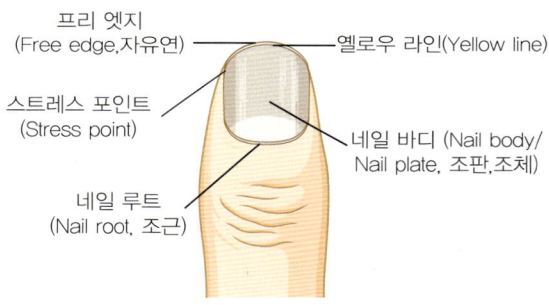

(1) 네일 바디 (Nail body/Nail plate, 조판, 조체)

손톱의 본체로서 네일 베드(Nail bed)를 보호하는 역할을 하며 아랫부분은 연약하고 윗부분으로 갈수록 강하다. 죽은 단백질로 구성되어 있고 신경과 혈관이 없으며 산소를 필요로 하지 않는다.

(2) 네일 루트 (Nail root, 조근)

손톱이 자라나기 시작하는 피부 밑에 깊이 위치한 얇고 부드러운 조직이다. 손톱 뿌리로서 손톱 세포를 형성하여 오래되고 딱딱해진 세포들을 밀어낸다. 네일 베드의 모세혈관으로부터 산소를 공급받는다.

(3) 프리 엣지(Free edge, 자유연)

손톱의 끝부분으로 네일 베드 없이 손톱만 자라나 잘라내는 곳이다.

(4) 스트레스 포인트(Stress point)

네일 플레이트(Nail plate)가 네일 베드에서 떨어져 나가기 시작하는 양단의 포인트로 가장 부러지기 쉽고, 금가기 쉬운 부분이다.

(5) 옐로우 라인(Yellow line)

손톱과 네일 베드의 경계선을 말한다.

3) 네일의 내부구조(네일 밑)

(1) 네일 베드(Nail bed, 조상)

손톱 밑에 위치하여 조체를 받쳐주는 역할을 한다. 지각신경조직과 모세혈관이 있다. 모세혈관은 손톱이 핑크빛을 내도록 도와주며 신진대사와 수분공급 역할을 한다.

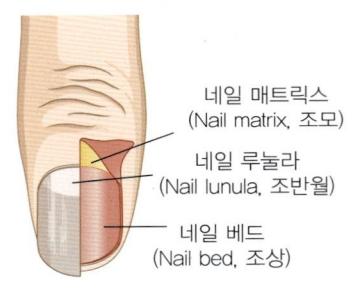

네일 매트릭스
(Nail matrix, 조모)

네일 루눌라
(Nail lunula, 조반월)

네일 베드
(Nail bed, 조상)

(2) 네일 매트릭스(Nail matrix, 조모)

조근 바로 밑에 있으며 손톱 각질 세포의 생산과 성장을 조절하고 혈관, 신경, 림프관이 분포한다. 조모가 손상되면 손톱이 더 이상 자라지 않거나 기형이 될 수 있다.

(3) 네일 루눌라(Nail lunula, 조반월)

유백색의 반달 모양으로 네일 베드와 매트릭스, 네일 루트를 연결해주는 케라틴화 되지 않은 손톱이다. 손톱이 자라면서 공기층이 생겨 백색을 띤다.

4) 네일 주변의 피부

(1) 큐티클(Cuticle, 조상막)

손톱 주위를 덮고 있는 피부로 네일의 각질세포 생산과 성장조절에 관여하며 미생물 등 병균의 침입으로부터 손톱을 보호하는 역할을 한다.

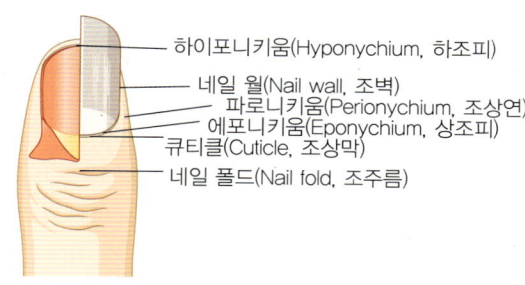

(2) 에포니키움(Eponychium, 상조피)

손톱 베이스에 있는 피부의 가는 선을 말하며 반월(Lunula)을 부분적으로 덮고 있다.

(3) 하이포니키움(Hyponychium, 하조피)

자유연(프리 엣지) 밑 부분의 피부로 세균의 침입으로부터 손톱을 보호한다.

(4) 네일 그루브(Nail groove, 외측조구)

조상(nail bed)의 양쪽 측면에 좁게 패인 곳을 말한다.

(5) 네일 월(Nail wall, 조벽)

손톱 양 측면을 지지하는 피부 부분을 말한다.

(6) 네일 폴드(Nail fold, 조주름)

'네일 멘틀'이라고도 하며 네일 루트가 묻혀 있는 손톱 베이스에 피부가 깊이 접혀 있는 부분을 말한다.

(7) 파로니키움(Perionychium, 조상연)

손톱 전체를 둘러싼 피부 가장자리를 말한다.

2. 네일의 기능

1) 네일의 기능

네일의 기능은 물건을 잡거나 들어 올리고, 긁을 때 사용하고, 외부의 자극으로부터 손끝, 발끝의 피부를 보호하며 네일을 아름답게 가꾸는 미적·장식적 기능과 공격과 방어의 기능이 있다.

2) 네일의 특성

네일은 신경, 혈관이 없는 반투명 각질판으로 되어 있으며, 땀이 배출되지는 않으나 약 12~18%의 수분을 함유하고 있다. 케라틴이라는 섬유 단백질로 구성되어 있고 케라틴에는 다량의 아미노산과 시스테인이 포함되어 있다.
네일의 경도는 조갑에 함유된 수분의 양이나 케라틴의 조성에 따라 변하며, 네일의 단백질 성분은 비타민이나 미네랄 등이 부족하게 되면 이상 현상이 생긴다.

3) 건강한 네일

건강한 네일은 네일이 네일 베드에 강하게 부착되어 있어야 하고 연한 핑크색을 띠며 매끄럽고 윤기가 있어야 한다.
네일의 모양은 둥근 아치형을 가지고 있고 유연하고 탄력이 있어야 하고 약 12~18%의 적당한 수분을 함유해야 한다. 그리고 세균에 감염이 되어있지 않은 상태이어야 한다.

4) 건강한 네일 관리 방법

건강한 네일 관리 방법은 세제의 사용빈도를 줄이고 고무장갑을 끼고 일을 하며 네일 끝을 사용하기보다는 손가락 마지막 마디를 사용하거나 적당한 도구를 사용하는 것이다. 또 핸드크림을 발라 손에 수분과 유분을 공급하며 약한 네일에는 네일강화제 또는 영양제를 사용하고 전용 팔리쉬 리무버를 사용한다. 마지막으로 핸즈케어와 네일케어를 정기적으로 해준다.

3. 네일의 부조현상

오닉스(Onyx)는 네일을 지칭하는 의학적 용어로 손톱과 관련된 뜻을 가진 그리스어 오니코(Onycho)에서 기인한 것이다. 손톱의 비정상적인 상태는 대부분 그리스 어원에서 비롯되는 오니코로 시작하거나 끝나는 경우가 많다.
네일 아티스트는 네일의 비정상적인 상태에 대한 지식을 가지고 있어야 하며, 네일의 상태를 보고 경우에 따라서는 의사에게 갈 것을 권유해야 하고, 네일 관리가 가능한지 판별할 수 있어야 한다.

1) 비정상적인 네일 상태 : 네일 아티스트가 시술 가능한 손톱

(1) 거스러미 손톱(Hang nail, 행네일)

손거스러미라고 할 수 있다. 큐티클이 너무 건조하거나 또는 가을, 겨울철에 자주 생기는 것으로 핫오일 매니큐어나 파라핀 매니큐어로 큐티클에 보습관리를 해주는 것이 효과적이다.

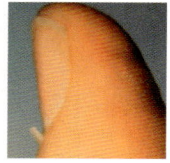

(2) 멍든 손톱, 혈종(Bruised nail/Hematoma)

조상의 혈액이 응고되어 전체가 시커멓게 변하거나 네일 바디에 퍼런 멍이 반점처럼 나타나는 증상이다. 매트릭스가 다치지 않았다면 새로운 네일이 자라게 된다. 만약 네일이 잘 고정되어 있는 상태라면

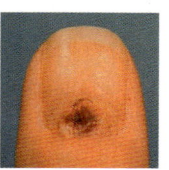

팔리쉬를 바르거나 인조 네일 서비스를 행할 수 있다.

(3) 변색된 손톱(Discolord nail)

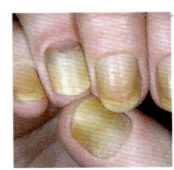

베이스코트를 바르지 않고 유색 팔리쉬를 바르는 경우나 혈액순환이 원활하지 않을 경우 네일 바디는 푸른빛을 띠며, 빈혈이나 영양 결핍이 있을 때는 창백한 하얀색이 나타난다. 또한 곰팡이 균의 감염으로 변색이 있을 수 있다.

(4) 고랑파진 손톱(Furrow, Corrugations, 퍼로우)

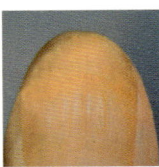

고랑파진 손톱 또는 주름 잡힌 손톱이라고 하며 손톱 표면에 가로나 세로로 골이 파인 것을 말한다. 손톱의 세로줄은 정상적인 사람에게도 나타날 수 있다. 식습관이나 질병, 신경성 등에 기인한다. 조심스럽게 버핑을 하거나 필러(Filler)등의 제품을 사용하여 파인 홈을 메운다.

(5) 조갑 연화증(Eggshell nail, 에그 셀 네일)

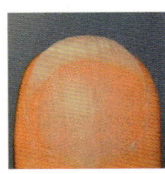

계란 껍질 손톱이라고도 하며 계란껍질처럼 손톱 전체가 희고 얇으며 특히 프리 엣지가 밑으로 휘어져 있는 상태이다. 식습관이나 질병, 신경성에서 비롯되는 증상이다. 단백질, 칼슘, 비타민이 함유된 음식을 섭취한다. 시술 시푸셔는 힘을 빼고 살살 밀어 올려야 하며 부드러운 파일을 사용한다.

(6) 조내생증(Onychocryptosis/Ingrown nail, 오니코크립토시스)

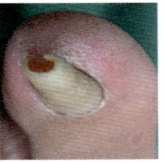

네일의 체벽쪽으로 자라는 증상으로 발톱에 흔히 나타난다. 네일 모양을 라운드로 자르거나 너무 짧게 자르는 경우 또는 지나치게 꽉 끼는 신발을 신는 경우에 발생할 수 있다. 적당한 시술로 이 증상을 완화시킬 수 있으나 심할 경우 의사에게 가도록 한다.

(7) 조백반증(Leuconychia, 루코니키아)

손톱에 하얀 반점이 생기는 경우로 손톱이 자라면 잘라내고 팔리쉬를 바르면 커버된다.

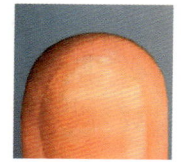

(8) 모반점(Nevus, 니버스)

멜라닌 색소 침착으로 손톱 표면에 밤색이나 검은색으로 얼룩이 생기며 '검은반점'이라고도 한다. 손톱이 자라면서 없어진다.

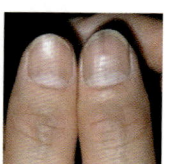

(9) 조갑위축증(Onychatrophia, 오니코아트로피)

손톱에 윤기가 없고, 오므라들면서 부서져 떨어지는 현상이다. 조모손상, 내과적 질환, 강한 푸셔 작업으로 인해 발생하기도 한다.

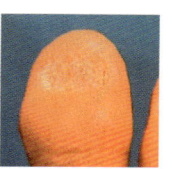

(10) 교조증(Onychophagy, 오니코파지)

습관이나 스트레스로 손톱을 물어뜯는 현상으로 매니큐어 시술이나 인조 네일 시술로 교정될 수 있다.

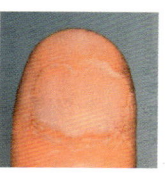

(11) 조갑청맥증(Onychocyanosis, 오니코사이아노시스)

혈액순환이 제대로 이루어지지 않아 손톱 표면의 색이 푸르스름하게 변한 증상이다. 네일 관리를 정기적으로 할 수는 있으나 의사와 상의할 것을 권한다.

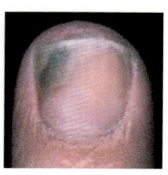

(12) 조갑비대증(Onychauxis, 오니콕시스)

유전이나 질병에 의하여 손톱의 끝이 과잉 성장으로 두껍게 자라나는 현상이다. 파일링 시 부드러운 파일을 사용한다.

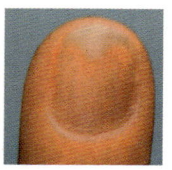

(13) 조갑종렬증(Onychorrehexis, 오니코렉시스)

손톱이 세로로 갈라지고 부서지며 세로로 골이 파지는 현상으로 손톱의 상해, 부주의한 손질, 과다한 큐티클 용해액이나 비누, 화학 제품의 사용이 원인이다. 핫오일 매니큐어를 통해 증상을 완화할 수 있다.

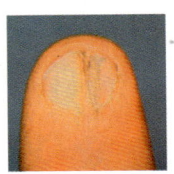

(14) 조갑경화증(Secleronychia, 세크로니키아)

질병이나 상해를 통해 유발되는 손톱 표면의 증상으로 네일이 두껍고 건조하며 샐러리 줄기처럼 줄이 가 있는 상태이다. 이는 버핑을 통해 다듬을 수 있다.

(15) 조갑익상편/표피조막(Pterygium, 테리지움)

큐티클이 과잉 성장하여 손톱 표면을 덮는 상태로서 핫 로션(오일) 매니큐어로 교정할 수 있다.

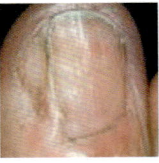

(16) 무조증(Anonychia, 아노니키아)

선천적 발육부전증이나 심한 감염 등에서 나타나며 스티븐 존슨증후군으로도 영구적인 조갑탈락이 발생하기도 한다.

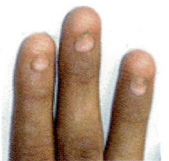

* 스티븐 존슨증후군 – 몇몇 피부병이 악화된 형태로 피부의 박탈을 초래하는 전신성 질환이다. 화상과 유사한 방법으로 치료하며 희귀질병으로 매년 100만 명당 1명이 발병한다.

2) 비정상적인 네일상태 : 네일아티스트가 시술 불가능한 손톱

네일 질환을 가진 고객에게는 먼저 의사에게 갈 것을 권유하고 완전히 치유된 후에 서비스를 제공해야 한다.

(1) 조갑사상균증(Nail mold, 네일몰드)

인조 손톱과 자연 손톱 사이로 사상균이 서식하면서 습기가 스며들어 생기는 일종의 진균염증이다. 처음에는 누런색으로 시작하여 점차 검은색으로 변한다. 곰팡이를 발견한 즉시 인조네일을 제거하고 약을 바르면 회복된다.

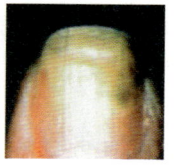

(2) 무좀(Tinea pedis, 티니아 페디스)

진균에 의한 감염으로 발바닥 전체나 발가락 사이에 붉은 색의 물집이 잡히거나 여러 군데에 핑크빛 점들이 생긴다. 방치하면 물집이 생겨 가렵고 피부가 갈라지는 증상으로 발전하게 된다. 특히 이 질병은 발가락 주변에 심하게 나타나며 매우 전염성이 높은 질환이다.

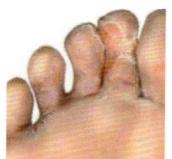

(3) 조갑주위염(Paronychia, 파로니키아)

손톱 주위의 조직이 박테리아에 감염되어 발생하는 질환으로 비위생적인 도구를 사용하거나 큐티클을 많이 잘라낼 때 발생하기도 한다.

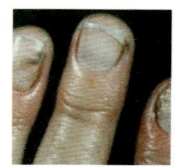

(4) 조갑염(Onychia, 오니키아)

네일에 염증이 생겨서 붉어지거나 고름이 생기는 현상으로 소독하지 않은 비위생적인 도구를 사용했을 때 발생한다.

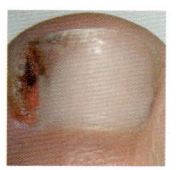

(5) 조갑구만증(Onychogryphosis, 오니코그리포시스)

네일의 만곡 상태가 심해지는 현상으로 네일이 두꺼워지면서 구부러지고 때로는 손가락이나 발가락 밖으로 확장된다. 이 증상의 원인은 아직 알려져 있지 않다.

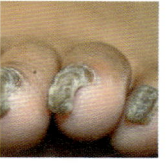

(6) 조진균증(Onychomycosis, 오니코마이코시스)

진균에 의해 감염되는 것으로 네일이 변색되거나 두꺼워지고 울퉁불퉁하게 되기도 하며 불균형적으로 얇아지고 일부분이 떨어져 나가기도 한다.

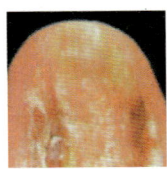

(7) 조갑박리증(Onycholysis, 오니코리시스)

네일과 조체 사이에 틈이 생겨 색이 변하며 점차 벌어진다. 외상, 감염, 내과적 질병으로 인한 특정 약물치료로 많이 발생하며 의사의 처방을 받는 것이 좋다.

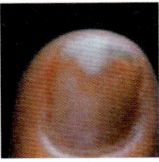

(8) 조갑탈락증(Onychophosis, 오니코포시스)

손톱의 일부분 혹은 손톱 전체가 주기적으로 떨어져 나가는 증상으로 한 개의 손톱 혹은 여러 개의 손톱에서 일어날 수 있다. 매독·고열 또는 약물 반응이나 외상 등으로 일어날 수 있다.

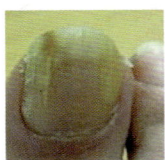

(9) 화농성 육아종(Pyrogenic Granuloma, 파이로제닉 그래뉴로마)

위생처리하지 않은 도구를 사용하여 손톱 주위의 박테리아가 감염된 상태로 손톱 주위에 붉은 살이 자라 나온다.

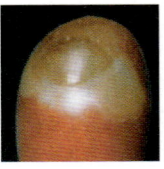

예/상/문/제

01. 다음 중 네일의 기능에 속하지 않는 것은?

① 손끝과 발끝을 보호한다.
② 물건을 잡는 기능이 있다.
③ 흡수기능이 있다.
④ 방어와 공격의 기능이 있다.

Answer: 흡수기능은 피부의 생리기능이다.

02. 네일의 성장이 시작 되는 곳은?

① 조모(매트릭스)
② 자유연(프리 엣지)
③ 조근(네일 루트)
④ 조체(네일 바디)

Answer: 네일의 새로운 세포가 만들어지는 곳이다.

03. 다음 네일의 내부구조에 포함하지 않은 것은?

① 조상(네일 베드)
② 반월(루눌라)
③ 조모(매트릭스)
④ 조근(네일 루트)

Answer: 조체, 조근, 자유연은 네일의 외부구조이다.

04. 조판(네일플레이트)라고 하며 신경이나 혈관이 없다. 이것은?

① 조근(네일 루트)
② 조체(네일 바디)
③ 조모(매트릭스)
④ 반월(루눌라)

Answer: 조체라고도 하며 신경과 혈관이 없으며 산소를 필요로 하지 않는다.

05. 손톱성장에 대한 설명이다. 틀린 것은?

① 한 달에 3~5mm 정도 성장한다.
② 손톱이 완전히 재생되는데 4~6개월 정도 걸린다.
③ 중지손톱이 가장 빨리 자라고, 엄지손톱이 가장 늦게 자란다.
④ 손톱은 발톱의 1/4정도의 속도로 서서히 성장한다.

Answer: 손톱은 발톱의 1/2정도의 속도로 서서히 성장한다.

정답 01. ③ 02. ③ 03. ④ 04. ② 05. ④

Part 1 네일 개론

06. 비정상적으로 손톱이 두꺼워지는 손톱 질환은?

① 커러제이션(Corrugation)
② 오니콕시스(Onychauxis)
③ 세클라오니키아
④ 행 네일(Hang Nail)

07. 조근(네일 루트)에 관한 설명이다. 맞는 것은?

① 매트릭스라고 한다.
② 손톱의 끝부분이다.
③ 손톱의 세포가 만들어진다.
④ 유백색의 반달모양

Answer: 조모(네일 매트릭스)는 손톱의 각질세포 생성과 성장에 관여한다.

08. 건강한 손톱의 정의가 아닌 것은?

① 매끄럽고 광택이 나며 불투명한 흰 빛을 띤다.
② 조상(네일 베드)에 강하게 부착되어 있다.
③ 손톱의 수분이 15~18%를 함유해야 한다.
④ 단단하고 둥근 아치를 형성한다.

09. 네일이 매우 두껍고 발가락이나 손가락 쪽으로 심하게 휘는 현상을 무엇이라 하는가?

① 오니코그라이포시스(Onychogryphosis)
② 오니코옵토시스(Onychoptosis)
③ 티나에 페디스(Tinea pedis)
④ 오니코리시스(Onychorrhexis)

10. 자유연(프리 엣지)에 대한 올바른 설명은?

① 수분공급의 역할을 한다.
② 조상(네일 베드)없이 손톱만 자라나 온 곳이다.
③ 반투명한 핑크빛이다.
④ 혈관이 있다.

11. 손상을 입게 되면 손톱의 성장에 저해가 되는 것은?

① 조모(매트릭스)
② 조근(네일 루트)
③ 자유연(프리 엣지)
④ 조판(플레이트)

Answer: 손톱각질세포의 생성과 성장을 조절하며 조모가 손상되면 손톱이 비정상적으로 자란다.

12. 손톱에 흰 반점이 나타나며 멍이 들거나 다른 손상으로 발생되는 현상은?

① 행 네일(Hang Nail)
② 니버스(Nevus)
③ 루코니키아(Luckonychia)
④ 오니콕시스(Onychauxis)

13. 다음 중 네일 숍에서 시술이 가능한 이상 손톱은?

① 조갑구만증(오니코그리포시스)
② 조갑염(오니키아)
③ 교조증(오니코파지)
④ 조갑박리증(오니코리시스)

Answer: 습관이나 스트레스로 인해 손톱을 심하게 물어뜯는 현상

14. 습관이나 스트레스로 손톱을 심하게 물어뜯는 현상은?

① 교조증(오니코파지)
② 조갑위축증(오니코아트로피아)
③ 조갑탈락증(오니콥토시스)
④ 조갑종렬증(오니코렉시스)

Answer: 교조증은 스트레스와 불안으로 물어뜯는 현상으로 시술 가능한 손톱이다.

15. 손톱이 길었을 때 잘라주는 부분을 뭐라고 하는가?

① 조모(매트릭스)
② 조벽(네일 월)
③ 자유연(프리 엣지)
④ 조구(네일 그루브)

Answer: 자유연은 손톱의 끝부분으로 조상(네일 베드) 없이 자라나와 잘라내는 부분이다.

16. 다음 중 ( )안에 들어갈 적당한 단어는?

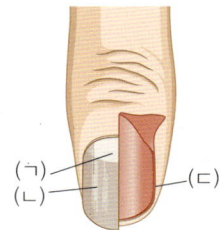

① 반월-조체-조구
② 반월-조상-조구
③ 조소피-조체-조구
④ 조소피-조상-조구

Part 1 네일 개론

17. 손톱에 갈색 가로띠 모양의 색소가 침착되어 나타나는 원인은?

① 지나친 채식생활에 의한 비타민 B의 결핍
② 노화 때문에 일어나는 현상
③ 신장병으로 인한 저알부민혈증
④ 폐나 심장 등 전신에 심각한 중병이 숨어 있는 경우

18. 찢어지거나 부러지기 쉬운 손톱 부위의 명칭은?

① 조근(네일 루트)
② 조모(매트릭스)
③ 조상(네일 베드)
④ 스트레스 포인트

19. 표피조막에 대해 바르게 설명 한 것은?

① 혈액순환이나 심장이 좋지 못한 상태에서 나타날 수 있다.
② 손톱표면의 색소침착이다.
③ 큐티클이 성장하여 손톱 표면을 덮는 현상이다.
④ 끊임없이 손톱을 후벼파거나 뜯어낸다.

Answer: 네일 숍에서 시술이 가능하다.

20. 네일 기술자에 의해 서비스 될 수 있는 손톱 질환은?

① 파로니키아(Paronychia)
② 오니코파지(Onychophagy)
③ 오니코그리포시스(Onychauxis)
④ 오니코옵토시스(Onychoptosis)

21. 다음 중 네일테크니션이 시술할 수 없는 비정상 상태의 손톱은?

① 조연화증(에그 셀 네일)
② 고랑 파진 손톱(퍼로우)
③ 조백반증(루코니키아)
④ 조갑박리증(오니코리시스)

Answer: 조갑박리증은 손톱이 떨어져 나가지는 않지만 의사의 처방을 받아야만 하는 질환이다.

22. 조모(매트릭스)에 손상을 입거나 내과적 질환을 발생하기도 하는 이상 손톱은?

① 조백반증(루코니키아)
② 모반점(니버스)
③ 조갑위축증(오니코아트로피)
④ 조갑비대증(오니콕시스)

Answer: 조갑위축증은 손톱이 부서져 없어지는 현상으로 윤기가 없어지면서 오그라들고 떨어져 나간다.

23. 네일이 완전히 재생되는데 걸리는 시간은?

① 4~6개월 ② 5~6년
③ 4~6년   ④ 2년

Answer: 하루에 약 0.01mm정도 자라며 한달에는 약 3~5mm 정도 자란다.

24. 검은색의 얼룩점이 손톱에 있으며, 색소의 작용에 의해 발생되는 현상은?

① 행 네일(Hang nail)
② 니버스(Nevus)
③ 루코니키아(Lcukonychia)
④ 오니콕시스(Onychauxis)

25. 다음 중 네일 테크니션이 시술 할 수 있는 손톱은?

① 표피조막(테리지움)
② 조진균증(오니코마이오시스)
③ 조위염((파로니키아)
④ 조갑박리증(오니코리시스)

26. 인그로운 네일이라고 하며 손톱이나 발톱이 양쪽의 살을 파고 들어가는 현상은?

① 오니콕시스(Onychauxis)
② 오니코아트로피(Onychoatrophy)
③ 오니코크립토시스(Onychocryptosis)
④ 오니코파지(Onychophagy)

27. 다음 손톱의 이상상태가 틀리게 설명된 것은?

① 행 네일-건조한 손톱, 거스러미
② 조백반증(Leukonychia)-손톱의 흰 반점
③ 조갑위축증(Onycharophia-손톱을 물어뜯어 없어지는 현상
④ 모반점(Nevus)-밤색, 검은색의 점이 있는 손톱

Answer: 조갑위축증은 손톱이 부서져 없어지는 현상으로 윤기가 없어지면서 오그라들고 떨어져 나간다.

정답 17. ① 18. ④ 19. ③ 20. ② 21. ④ 22. ③ 23. ① 24. ② 25. ① 26. ③ 27. ③

Part 1 네일 개론

28. 손톱이 쪼개지거나 갈라지게 되는 손톱은?

① 오니코렉시스(Onychorrhhexis)
② 테리지움(Pterygium)
③ 오니코파지(Onychophagy)
④ 오니코크립토시스(Onychocryptosis)

29. 손톱은 피부의 일부이다. 어떤 성분으로 이루어져 있는가?

① 단백질과 지방질
② 단백질과 케라틴
③ 케라틴과 지방질
④ 케라틴과 섬유질

Answer: 손톱의 경도는 수분, 단백질, 케라틴 조정에 따라 다르다.

30. 손톱에 가느다란 세로줄무늬가 증가하는 연령층은?

① 손톱을 자주 물어뜯는 어린이
② 노화현상으로 인한 노인층
③ 스트레스를 많이 받는 청년층
④ 물을 많이 사용하는 주부

정답 28. ① 29. ② 30. ②

Chapter 03
인체 해부 생리학

1. 골격계

1) 골격계의 개요

하나의 건물을 지을 때 골조가 되는 기둥이나 철근이 있어야 하듯 인체의 골격계는 인체를 안전하게 지지하고 내부 장기를 보호하며 근육의 운동과 조혈작용, 미네랄과 지방을 저장하는 기능을 한다. 태아일 때는 약 350여 개의 뼈를 가지고 있지만, 봉합·퇴화 등 생리현상을 겪고 성년이 되면 206개의 뼈로 줄어든다. 골격은 제각기 흩어져 있는 것이 아니고 서로 연결되어 하나의 계통(System)을 이루고 있기 때문에 골격기계라 한다. 골격은 인체에서 근육과 같은 부드러운 조직을 제거하면 남는 마른 부분이라는 의미이다.

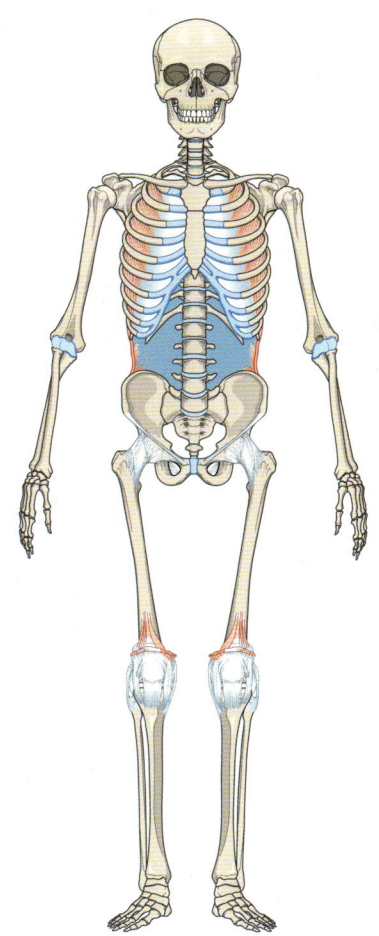

(1) 골격의 분류

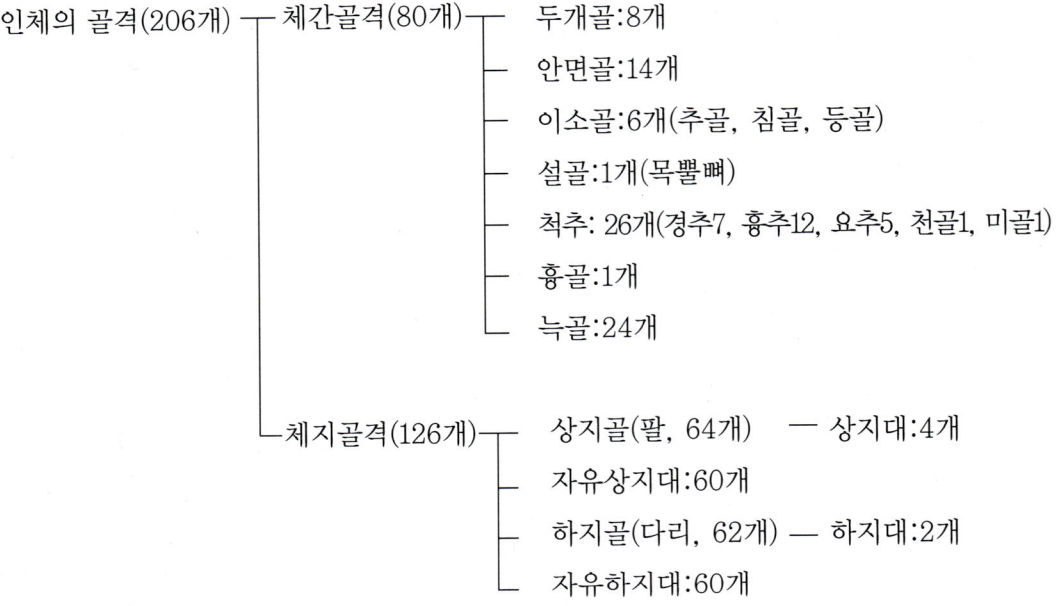

(2) 골조직의 구조(골막+골질+골수)

뼈는 무기질(칼슘, 인) 45%, 유기질(대부분 콜라겐) 35%, 물 20%로 구성되어 있고 인체 조직 중 수분 함량이 가장 적은 조직이다. 가장 외층은 골막이 있고 골막 바로 아래 치밀골, 해면골, 가장 안쪽으로 골수강이 위치한다.

① 골막 : 뼈를 감싸주는 막으로 내부에 풍부한 혈관과 림프관, 신경이 있어 신진대사와 생장발육이 계속 진행되고 회복, 재생, 재활능력도 가지고 있다. 뼈의 부피 (굵기)성장에 관여한다.

② 치밀골 : 뼈의 표층부에 있는 틈이 없는 치밀질의 뼈뭉치로 뼈가 단단하고 압력에 강하다. 치밀골의 골원인 하버스계(Harversian system)는 긴원통형으로 단단한 골세포로 구성되어 있고 신경과 혈관이 세로로 지나간다.

③ 해면골 : 뼈의 내부를 구성하는 해면질은 외부의 압력에 잘 견딜 수 있는 다공성 구조로 해면처럼 수많은 작은 공간이 얇은 벽으로 구분되어 그 벽의 배열 방향

이 뼈가 압력을 받는 방향과 일치하기 때문에 무거운 무게도 이겨낼 수 있다.
④ 골수강:대퇴골처럼 큰 뼈의 중심부는 비어 있으며 그 속에 골수(혈액을 만드는 액체)가 차 있다. 성인의 골수에는 적색골수와 황색골수가 있는데 적색골수는 혈액의 재료가 만들어져 조혈작용을 하고 황색골수는 지방조직이 차 있어 조혈기능을 못한다.
⑤ 골단:뼈의 길이가 성장하는 부위로 장골의 끝 부위에 형성하며 골단과 골간 사이의 초자연골의 띠로 형성한다.

2) 골격의 기능

① 지지기능:인체의 형태를 결정하고 지지한다.
② 보호기능:연한 장기를 보호한다.
③ 운동기능:수동적 운동기관이다.
④ 조혈기능:조혈기능을 한다.
⑤ 저장기능:무기물인 Ca과 P의 저장창고이다.

3) 골격의 형태에 따른 분류

① 장골(긴 뼈):사지의 운동에서 지렛대와 같이 올리고 내리는 역할을 한다. 특히 다리의 장골은 굵고 강하여 운동뿐만 아니라 체중을 지탱하는 일도 한다.
　예) 대퇴골, 상완골, 요골, 척골, 비골, 경골(정강이 뼈)
② 단골(짧은 뼈):입방체 모양으로 손목이나 발등처럼 견고하고 유연한 부위를 연결하는 관절 부위에 있다.
　예) 손목, 발목
③ 편평골(납짝 뼈):주로 판모양처럼 납작하며 내부기관을 보호해준다.
　예) 늑골, 견갑골, 흉골, 두개골의 일부, 골반 뼈의 벽
④ 불규칙골:척추, 관골

⑤ 함기골:형태나 모양이 일정하지 않은 뼈들의 내부 공간. 비어있는 골이라 하여 함기골이라 한다. 상악골(윗턱 뼈) 내의 큰 공간에 염증이 생기기 쉬운데 이 부위에 고름이 고일 시 흔히 축농증이라 한다.
　예) 상악골(윗턱 뼈), 전두골, 접형골, 사골, 측두골, 설상골(쐐기 뼈)
⑥ 봉합골:두정골, 후두골의 봉합사이
⑦ 종자골:슬개골

4) 인체 골격의 종류와 특성

(1) 체지 골격은 팔과 다리를 구성하는 뼈이다.

① 상지골 : 64개(32쌍)의 뼈로 되어 상지대 4개와 자유상지골 60개로 나누어진다.
　㉠ 상지대
　　ⓐ 2개의 쇄골은 가장 먼저 골화되고 흉골과 견갑골을 연결하는데 흉골단은 흉골의 쇄골절흔 관절부위이고 견봉단은 견갑골의 견봉과 관절을 연결하게 한다.
　　ⓑ 2개의 견갑골은 등쪽의 삼각형 뼈로 편평골이다.
　　　• 오훼돌기는 오훼완근과 상완이두근이 기시하여 인대와 근육이 부착된다.
　　　• 견갑절흔은 혈관과 신경이 지나가는 통로가 된다.
　　　• 견봉은 쇄골의 견봉단과 견쇄관절을 형성한다.

　㉡ 자유 상지골
　　ⓐ 상완골(2개) : 상지골에서 가장 긴 뼈로 상완골두가 견갑골의 관절과 결합하여 견관절을 형성한다.
　　ⓑ 척골(2개) : 전완의 안쪽에 있는 장골로 윗면이 아랫면보다 굵고 복잡하다.
　　　• 구상돌기는 상완골의 구돌와로 연결된다.
　　　• 요골전흔은 요골의 요골두와 요척관절을 형성한다.
　　　• 활차전흔은 상완골의 활차와 완척관절을 형성한다.
　　ⓒ 요골(2개) : 전완의 바깥쪽을 구성하는 장골로 윗면보다 아랫면이 더 굵고

복잡하다.
ⓓ 수근골(16개) : 손목 뼈이다.
ⓔ 중수골(10개) : 손바닥을 이루는 뼈이다.
ⓕ 지골(28개) : 손가락을 이루는 뼈로 기절골, 중절골, 말절골 3마디로 이루어져 있는데 엄지손가락만 중절골이 없다.

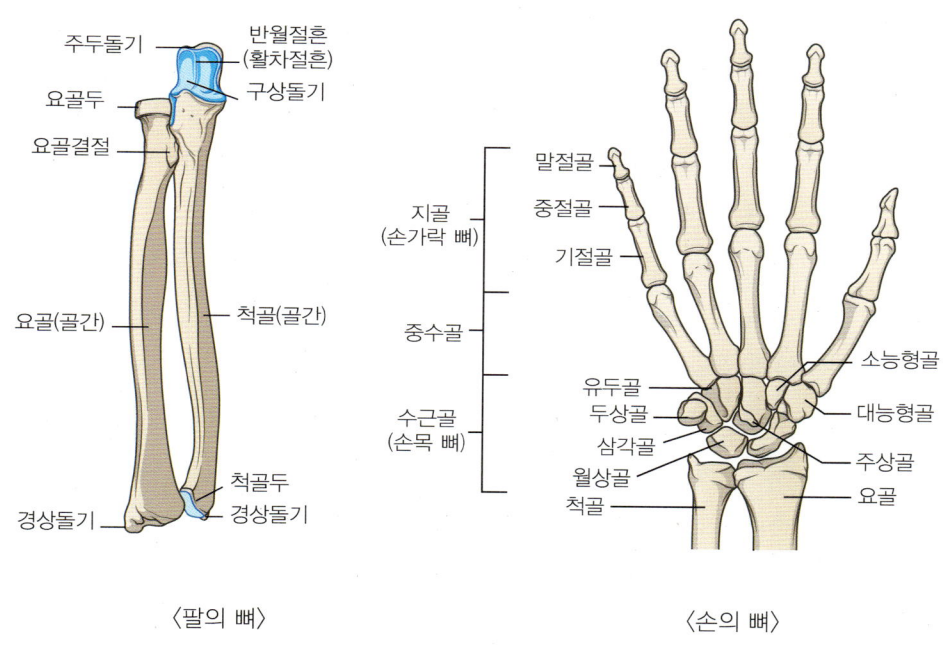

〈팔의 뼈〉　　　　〈손의 뼈〉

② 하지골 : 62개(31쌍)의 뼈로 구성되어 있고 하지대 2개와 자유 하지골 60개로 나누어진다.
　㉠ 하지대
　　ⓐ 관골로 골반을 구성하는 뼈이며 장골, 좌골, 치골로 되어 있으며 좌우 2개이다.
　　ⓑ 척주와 자유 하지골을 연결해 준다.
　　• 장골 : 관골의 상부를 구성하는 뼈
　　• 좌골 : 관골의 후방을 형성하는 뼈로 좌골 결절은 앉을 때 몸무게를 지탱해

준다.
- 치골 : 관골의 앞면에 위치한 뼈로 좌우치골이 정중선에서 만나 치골결합이 된다.

ⓒ 자유 하지골
  ⓐ 대퇴골(2개) : 인체에서 가장 긴 장골로 원주형의 대퇴골두는 관골강과 고관절을 형성한다.
  ⓑ 슬개골(2개) : 편평골로 인체 중 가장 큰 종자골이다. 대퇴골의 슬개면에 무릎관절을 형성하여 무릎운동을 가능하게 한다.
  ⓒ 경골(2개) : 하퇴의 안쪽에 있는 굵고 긴 뼈로 상단은 무릎의 십자인대가 부착하고 하단은 내복사뼈가 형성된다.
  ⓓ 비골(2개) : 하퇴의 바깥쪽에 있는 가늘고 긴 뼈로 하단에 복사뼈가 있다. 신체의 하중을 직접적으로 받지 않고 부목기능을 한다.
  ⓔ 족근골(7개) : 발목을 구성하는 뼈로 거골, 종골, 주상골로 이루어져 있다.
  - 거골 : 거골활차는 비골, 경골과 관절로 되어 체중을 발목으로 분산시켜 준다.
  - 종골 : 족근골 중 가장 크며 발뒤꿈치를 만드는 뼈로 서 있을 때 체중을 지탱하게 해준다. 아킬레스건이 종골융기에 부착한다.
  ⓕ 종족골(10개) : 5개의 뼈로 족근골과 연결되어 있고 만곡을 형성하여 신체의 하중을 견디고 근, 관, 신경이 체중으로부터의 압박으로부터 보호해 준다.
  ⓖ 지골(28개) : 발가락을 형성하는 5개의 뼈로 기절골, 중절골, 말절골 3마디로 되어있고 엄지만 2마디로 되어 있다.

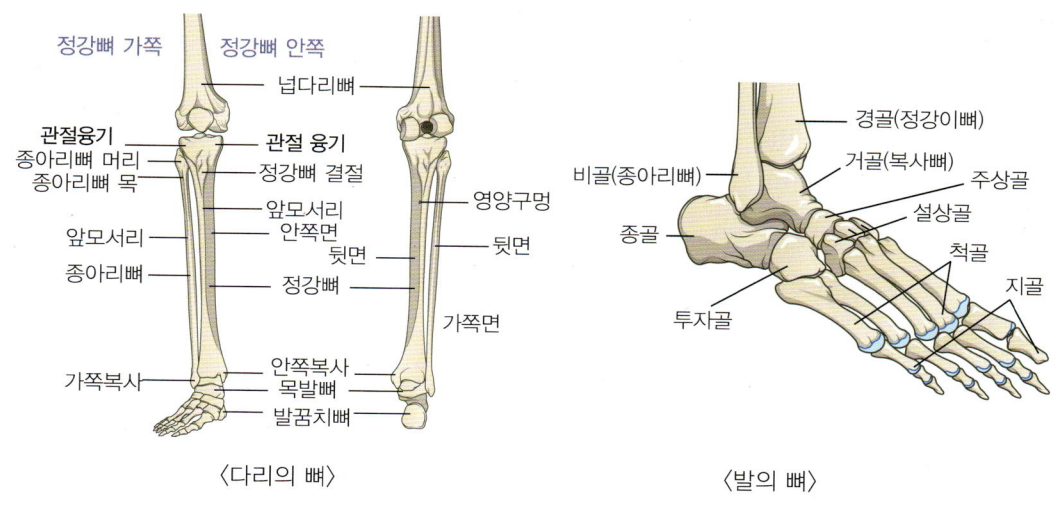

〈다리의 뼈〉 〈발의 뼈〉

5) 연골의 이해

(1) 연골의 특성

① 연골은 연골세포에서 만들어진다.
② 연골세포는 단단하고 부드러우며 유연한 단백질로 세포내 기질을 분비한다.
③ 연골이란 표면이 매끄럽고 부드러운 것과 완충역할을 하는 것이 있다.
* 매끄러운 연골 대부분의 뼈의 끝은 연골로 되어 있다 뼈의 이음 조직이 상하지 않도록 하기 위함이다.
④ 완충역할은 늑골과 늑골을 연결하고 있는 연골로 호흡할 때 늑골이 부풀거나 수축하는 것을 돕는다.
⑤ 골격계통의 한 부분으로 결합조직에 속한다.
⑥ 연골세포와 섬유들로 구성되어 있고 세포와 세포 사이에 단백질이 들어 있으며 물렁물렁한 물렁뼈로 탄력성이 있다.
⑦ 혈관이나 신경이 분포되어 있지 않다.

(2) 연골의 종류

① 초자연골 : 인체에서 가장 많은 연골로 맑고 투명하며 뼈의 관절면인 늑연골, 후두연골, 관절연골, 태아골격이 있다. 형태를 지지·보호기능을 한다.
② 섬유연골 : 교원섬유가 포함되어 가장 질긴 연골로 척추사이에 존재하여 압력에 의해 강하나 단독으로는 존재하지 못한다. 추간원판, 관절원판이 속한다. 완충과 보호기능을 한다.
③ 탄력연골 : 탄력섬유가 다량 함유되어 탄력성이 강한 연골로 귓바퀴(이개), 이관, 후두개연골(황색을 띤다)이 있다. 형태를 지지하는 기능을 한다.

6) 관절(Articulation)의 이해

인체의 206개의 뼈들이 각각의 기능만 하는 것이 아니고 2개 이상의 뼈가 서로 유기적으로 연결되어 움직이게 되는데 이렇게 뼈와 뼈 사이를 연결해주는 것을 관절이라 한다. 관절은 움직임에 따라 자유로운 움직임을 주는 가동성관절과 움직임이 없는 부동성 관절이 있다.

(1) 부동성 관절

움직임이 없는 관절
① 섬유성 관절:뼈 사이에 운동성이 없는 관절로 섬유성 결합조직으로 되어 있다. 관절낭이 없고 봉합, 인대결합, 정식의 3가지 종류가 있다.
　㉠ 봉합(Suture)
　　두개골 사이에서만 존재하는 관절로 불규칙하게 서로 지퍼입구처럼 맞물려 있는 형태로 관상봉합 (두정골과 전두골), 시상봉합(두정골과 두정골), 인상봉합(두정골과 측두골), 람다봉합(두정골과 후두골)이 있다.
　㉡ 인대결합(Synersmosis)
　　강한 섬유성 결합조직이 두 뼈 사이를 연결시킨 결합으로 비골과 경골의 인대결합이 그 예다.

ⓒ 정식(Gomphosis)

연골성 섬유가 치아를 턱에 고정시켜 뼈가 박히는 방식이다.

② 연골성 관절 : 연골조직에 뼈가 연결되는 관절이다.

㉠ 연골결합(Synchondrosis)

초자연골이 골화된 것으로 흉골과 늑골의 결합과 천골과 관골의 결합에서 볼 수 있다.

㉡ 섬유연골결합(Symphysis)

섬유연골로 결합된 것으로 치골결합과 추골의 추간원판에서 볼 수 있다.

(2) 가동성 관절

운동성이 있는 관절로 활막성 관절이라고도 한다.

① 과상관절 : 나무에 못을 박은 것처럼 치육과 단단히 결합된 치아도 관절이므로 인대와 근에 의해 운동이 제한되는 관절로 악관절, 손목의 운동이 있다.
② 구상관절 : 둥근 관절두와 이것에 맞는 오목한 관절와가 결합되어 모든 방향으로 자유롭게 움직일 수 있고 여러 방향으로 운동할 수 있다.
③ 평면관절 : 돌로 쌓은 담장처럼 아주 작은 틈이 있을 뿐 서로 단단히 끼워져 있다.
④ 접변관절 : 문에 달려있는 손잡이처럼 움직이는 관절로 관절두가 직각방향으로만 운동이 가능하여 주관절, 슬관절, 수지골간의 관절이 있다.
⑤ 안상관절 : 승마 시 말안장에 걸터앉는 것처럼 견고히 결합되어 있지만 비교적 자유롭게 움직일 수 있다.
⑥ 차축관절 : 좌우회전만 움직이는 방식으로 요척관절, 환축관절이 있다.

2. 근육계

인체의 엔진인 근육기계의 기본적인 임무는 뼈를 움직여서 인체의 운동을 일으키는 것이고 부수적으로 인체의 모양과 윤곽을 형성하는데 도움을 준다. 근조직은 전체 체중의 40~50%를 차지하며, 여성보다 남성의 비율이 높고 인체에서 가장 큰 부피를 차지한다. 근육은 20%의 단백질과 80%의 물로 구성되어 있다.
영양분이 갖고 있는 화학적 에너지 ⇨ 수축. 이완의 과정 ⇨ 열과 기계적 에너지로 전환해 주어 인체의 엔진이라 할 수 있다.

1) 근육의 구성

(1) 근육의 구조

① 근원섬유(Myofibril)
　㉠ 원통형의 가는 실 모양의 근세사(근 필라멘트) 다발로 구성
　㉡ 액틴과 미오신, 트로포닌, 트라포미오신 섬유성 단백질로 구성
　㉢ 근절(Sarcomere)은 골격근의 구조적, 기능적 최소 단위로 Z-Z라인 사이를 말하고 근수축성 단위이다.
　㉣ 미오신 필라멘트는 미오신 단백성분으로 굵은 선이다. 액틴 필라멘트는 액틴, 트로포닌, 트라포미오신 단백성분으로 가는 선이며 액틴과 미오신은 근육수축에 관여한다.

② 근섬유(Muscle Fiber) : 근세포로 근원섬유 다발이 모여 형성
　근원섬유 ⇨ 단일근섬유(Muscle fiber) ⇨ 근섬유다발(Fascicle : 근속) ⇨ 근육(Muscle)

(2) 근육조직의 분류

① 평활근(Smooth muscle)
　㉠ 가늘고 짧은 근육으로 핵이 한가운데 있기 때문에 가로무늬가 없다.

ⓒ 내장기관의 운동 및 혈관벽을 형성하는 근육으로 완만하고 지속적으로 수축·이완한다.
　　ⓒ 의식의 지배를 직접적으로 받지 않고 자율신경과 호르몬에 의해 조절되기 때문에 불수의근이라 하고, 내장근이라고도 한다.

② 심장근(Cardiac muscle)
　　㉠ 근세포 다발이 옆으로 가지를 내어 서로 연결되어 있어 자극에 대해 하나의 세포처럼 반응한다.
　　ⓒ 심장벽을 형성하고 인체에서 가장 운동량이 많고 탄력 있는 근육이다.
　　ⓒ 자율신경에 의해 조절되어 일정한 운동을 지속적으로 움직이는 불수의근이다.

③ 골격근(Skeletal muscle)
　　㉠ 근세포의 핵이 가장자리에 있어 가로무늬가 보이기 때문에 횡문근이라고도 한다.
　　ⓒ 몸통과 사지에 위치하고 체중을 지탱하며 운동에 관여해 빠르고 힘차게 수축 활동을 한다.
　　ⓒ 자세의 유지와 운동을 가능하게 하며 직접 의식의 지배를 받기 때문에 수의근이라고도 한다.
　　ⓔ 근막(Fascia) : 각 근육의 표면이나 근속 전체를 둘러싸고 있는 막
　　ⓜ 건(Tendon) : 근육의 머리와 꼬리는 건으로 되어 있으며 골막에 부착한다.
　　ⓗ 건초 : 건과 근육사이의 마찰을 감소시켜 주는 주머니 모양의 막으로 외층은 섬유막, 내층은 활막으로 윤활액 분비하여 뼈와 마찰하는 건의 움직임을 원활하게 하는 작용

2) 근육의 기능

　뼈와 함께 신체 운동을 관장하는 골격근은 운동력과 같다. 인체는 600여 개의 골격근으로 이루어져 있고 총 무게는 자기 체중의 40%를 차지하는데 평소 운동을 꾸준히 하는 사람은 자기 체중의 50%를 초과하기도 하고 노년기에 근육이 위축되면 25% 정도 되기도 한다.

근육의 기능	
자세 유지	인체골격에 대부분 부착하여 인체의 윤곽을 형성한다.
체열생산	근육운동 시 미토콘드리아의 에너지 소비결과로 체열이 발생한다.(ATP 생산)
신체의 운동	골격근은 골격근에 부착되어 신체의 움직임을 관장한다.
호흡운동	
혈관수축에 의한 혈액순환 촉진	
소화관 운동	
배변, 배뇨 활동	

(1) 근육의 용어

① 근두 : 근이 수축할 때 고정되는 쪽이다.

② 근복(belly) : 근의 중간부분, 수축 시 팽대해진다.

③ 근미 : 근이 수축할 때 움직이는 쪽이다.

④ 기시(기점) : 근의 머리가 부착된 점, 움직이지 않는 뼈에 붙은 근육

⑤ 정지(종지, 착점) : 근의 꼬리가 부착된 점, 움직이는 뼈에 붙은 근육

⑥ 주동근 : 움직임에 관여하는 주요 근육

⑦ 협력근 : 주동근을 보조하여 돕는 근육

⑧ 길항근 : 다른 근육의 활동과 반대인 근육

(2) 근육조직의 특수성

① 흥분성 : 중추신경의 자극에 대해서 반응을 일으키는 성질

② 수축성 : 근조직이 짧고 두꺼워지는 성질

③ 신장성 : 수축성을 억제하여 길항작용을 하도록 하는 성질, 근육이 늘어지는 성질

④ 탄력성 : 수축을 한 근육이 원래의 길이로 돌아가려는 성질

(3) 근육의 명칭

① 크기에 따라 : 외측광근, 대둔근
② 모양에 따라 : 삼각근, 승모근(사다리꼴), 능형근(정사방형)
③ 섬유의 방향에 따라 : 직근(직선), 사근(대각선), 복직근, 상복사근
④ 위치에 따라 : 흉근(가슴), 둔근(엉덩이), 상완(팔), 외측(바깥)
⑤ 기시부의 개수에 따라 : 이두근, 삼두근, 사두근
⑥ 근육의 작용에 따라 : 내전근, 외전근, 굴곡근, 신전근, 거근

3) 근수축의 반응

(1) 연축(Tritch)

근수축의 기본형, 근육에 단 한 번만 짧은 자극을 주었을 때 근육이 수축되어 0.1초 후 원래 상태로 되돌아가는 상태

(2) 강축(Tetanus)

근육에 짧은 간격으로 자극을 주면 연축이 합쳐져서 단일수축보다 큰 힘과 지속적인 수축을 일으키는 근 수축 상태

(3) 경축(Contracture)

심한 운동을 한 후 근육이 단단하게 수축된 상태가 지속될 때 흔히 몸에 쥐난다고 하는 근육 수축 상태

(4) 긴장(Tonus)

약한 근수축이 지속적으로 유지되는 상태

(5) 강직(Rigon)

사망 후 호흡이 정지되어 산소공급이 되지 않아 근육의 지속적 수축으로 딱딱하게 굳어지는 상태

4) 근육이 수축하는 원리

① 전기적 신호가 신경 말단부위로 전달되어 아세틸콜린 방출:근세포막 전기적 흥분 유도 ⇨ 근형질 세망을 자극하여 칼슘을 방출한다.
② 세포질의 칼슘은 트로포닌과 결합하면서 근육수축이 일어난다.
③ 이완 시 방출된 칼슘은 다시 근형질세망으로 이동한다.
④ 칼슘이 사라지면 액틴과 미오신이 상호작용을 하지 못하고 근육은 이완한다.

5) 인체의 근육

(1) 안면근육

표정근과 저작근으로 이루어져 있다.
① 표정근은 사람의 감정을 담아내는 근육을 말한다.
② 저작근은 씹는 근육으로 인체 중 가장 강한 근육이며 교근과 측두근이 있다.
③ 30여개의 근육이 서로 밀고 당기며 다양한 표정을 연출한다.
④ 표정근이 발달하면 얼굴에 생기가 돌고 인상이 부드러워진다.

(2) 전신의 근육

근육과 주름 및 마사지 방향의 관련성
① 주름의 방향 : 근육과 수직방향
② 마사지 방향 : 근육과 수평방향(근육결을 따라 마사지)

	근육부위		근육기능
경부의 근	흉쇄유돌근(목빗근)		머리를 좌, 우로 돌리고 기도하는 근육
	승모근(등세모근)		위팔을 올리거나 내릴 때, 바깥쪽으로 돌릴 때, 어깨를 으쓱한다. 머리를 뒤로 기울여 얼굴이 하늘을 향하게 한다.
	광경근(넓은목근)		목주름과 입꼬리를 아래로 당긴다.
흉부의 근	호흡근	외늑간근 (바깥갈비사이근)	흉강을 팽창하여 호흡(흡기근)
		내늑간근 (안쪽갈비사이근)	공기가 나가는 호흡(호기근)
		횡격막(가로막)	복강과 흉강을 구분하는 반구형 형태의 근육막. 호흡의 흡기 시 중요한 근육
		늑하근 (갈비뼈아래근)	인접 늑골을 당겨 늑간극을 좁힌다.
	흉근 (가슴근)	대흉근(큰가슴근)	흉골과 늑골을 위로 당긴다. 앞가슴 벽을 형성한다.
		소흉근(작은가슴근)	견갑골을 앞쪽 아래로 당긴다.
		전거근(앞톱니근)	견갑골을 앞으로 당긴다. 팔을 올리는 것을 돕는다.
		쇄골하근(어깨밑근)	수축 시 쇄골을 밑으로 당긴다.
상지의 근	어깨 근육		어깨를 움직이는 근육
		삼각근(어깨세모근)	어깨 굴곡, 신전, 외전, 내전, 팔의 외전으로 허수아비 자세
		견갑하근(어깨밑근)	어깨 내전과 내회전, 견관절낭보호
		극상근(가시위근)	어깨 외전과 외측회전
		극하근(가시아래근)	어깨의 외측회전과 신전
		소원근(작은 원근)	어깨 내전과 외측회전
		대원근(큰 원근)	어깨의 내전과 내측회전
	전완의 근	상완이두근 (위팔두갈래근)	아래팔과 손을 움직이는 근육 무거운 무게를 들거나 팔을 굴곡
		상완삼두근 (위팔세갈래근)	위팔의 굴곡, 내외전, 팔꿈치 굴곡, 목발로 보행할 때 몸무게를 지지하는 근육, 권투선수가 펀치 할 때 사용하는 근(일명 복서의 근육)
		상완근(위팔근)	전완의 굴곡
		상완요골근 (위팔노근)	앞 팔의 굴곡. 주관절 중립자세에서 굴곡

하지의 근	둔부근		허벅지를 움직이는 근
		대둔근(큰볼기근)	일어설 때, 달릴 때, 보행 시 밀어주는 기능, 고관절 주변근육 보호, 골반 안정
		중둔근(중간볼기근)	신체 좌우 조절하는 근육, 근육 내 주사부위
		소둔근(작은볼기근)	골반이 반대쪽으로 기울어지는 것 예방
		장요근(엉덩허리근)	고관절 외전, 보행 시 골반의 수평유지
		대요근과 장골근	요통, 서혜부와 대퇴부의 통증 수반
	하퇴의 근		하퇴를 움직이는 근 종아리의 신전(발을 쭉 뻗는다.)
		대퇴사두근	고관절을 구부리게 한다. 공차기를 할 수 있다.
		대퇴직근(넓다리곧은근)	다리를 교차해서 앉는 양반다리 자세
		봉공근(넙다리근)	어린이가 주사 맞는 근육부위
		외측광근(가쪽넓은근)	종아리를 구부리게 한다.
		내측광근(안쪽넓은근)	대퇴 신전, 무릎을 접히게 한다.
	발의 근		족관절과 발을 움직이는 근
		전경골근(앞정강이근)	발을 등 쪽으로 굴곡시키고 발 고정하면 다리를 앞쪽으로 굴곡
		장비골근(긴종아리근)	발의 외측면을 올리고 발을 고정하면 다리를 뒤쪽으로 기울어지게 한다.
		비복근(장딴지근)	발끝으로 설 수 있게 하여 무용수의 근육 슬관절의 굴곡 보조
		넙치근(가자미근)	발꿈치를 올리고 발을 발바닥 쪽으로 굽힌다.

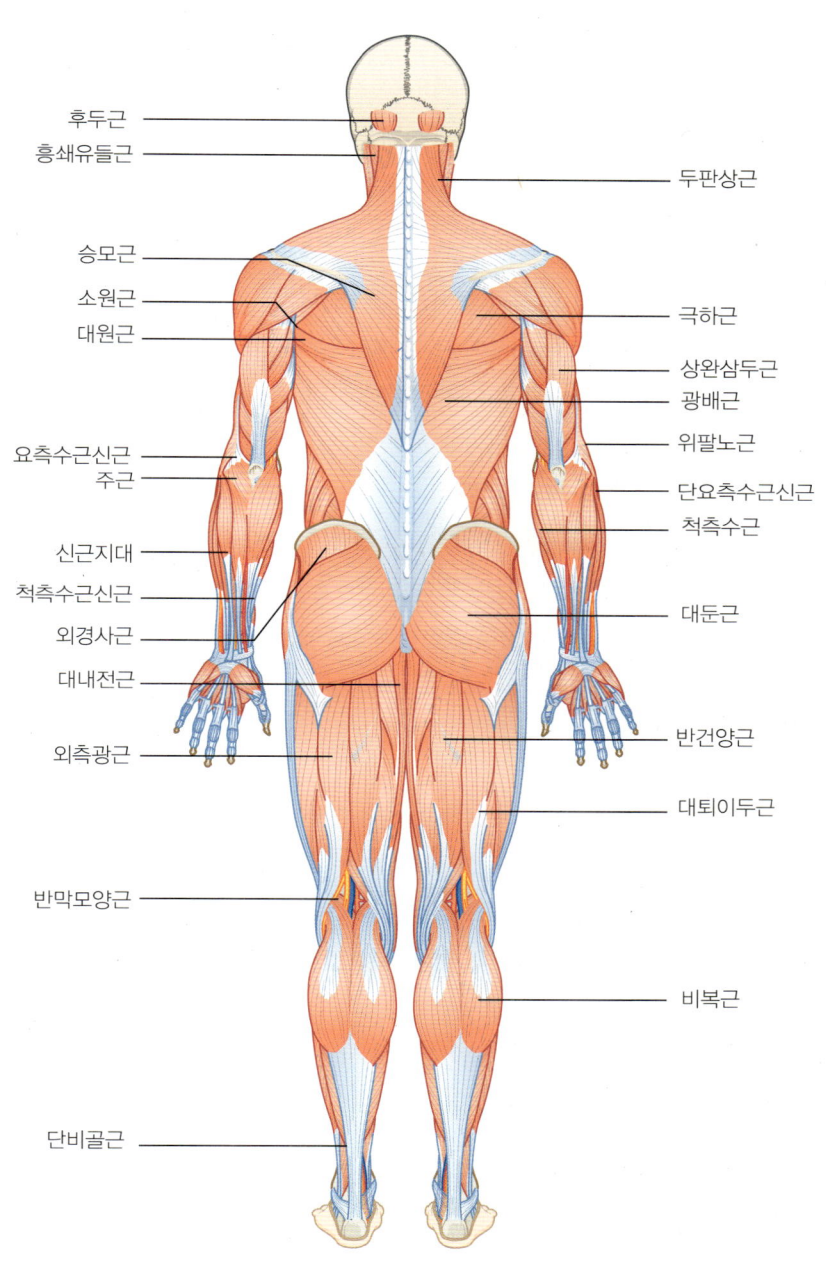

〈전신의 근육〉

3. 신경계

신경계는 전신에 그물구조처럼 퍼져있는 신경섬유를 통하여 신체의 외부와 내부의 자극을 중추신경계로 보내고 중추신경계는 분석하여 다시 말초신경계로 신호를 보냄으로써 생명활동이 항상 일정한 상태를 유지할 수 있게 조절해 준다.

> **TIP**
>
> **신경기계의 기능**
> - 감각기능 : 변화에 의해 감각이나 지각기능이 있다.
> - 내·외부의 변화 : 환경변화에 방어하고 대응하는 기능으로 시각·청각·미각·후각·촉각·통각이 있다.
> - 조정기능 : 중추신경계를 통해 통합하고 조절하는 기능
> - 전달기능 : 뇌신경자극과 신경섬유를 따라 중추신경에 전달
> - 통합기능 : 신경계 자극과 흥분을 전달하여 중추에서 일어난 흥분을 말초로 전달

1) 신경계의 구성

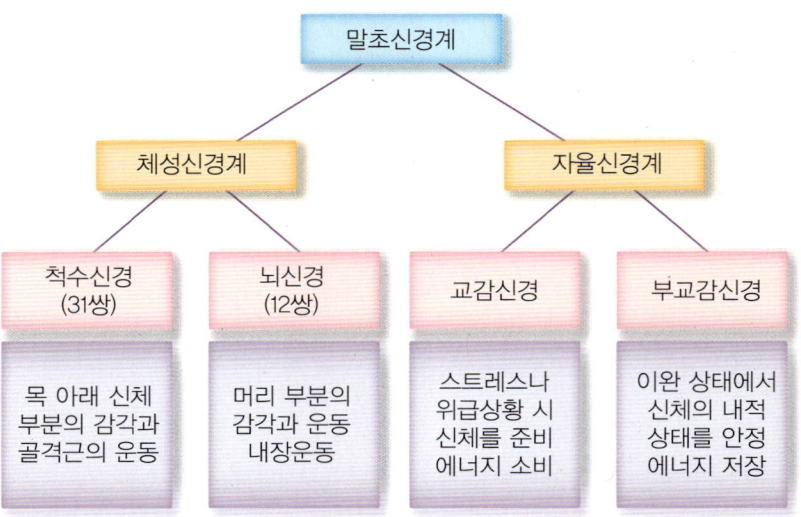

2) 신경원(Neuron : 뉴런)과 신경교세포(Neuroglia)

(1) 신경원(Neuron : 뉴런) : 신경기계의 구조적인 최소의 단위

인체를 구성하는 최소 단위가 세포라면 신경기계를 구성하는 최소 단위는 뉴런이다. 신경원인 뉴런은 고도로 분화된 세포로 세포체(Cell body), 수상돌기(Dendrite), 축삭(Axon)의 3부분으로 구성되어 있다. 신경원은 수상돌기와 세포체를 통하여 정보를 수용하고 이를 종합한 후, 축삭을 통하여 다른 세포로 전달하는 역할을 한다. 뇌를 구성하는 신경원은 약 1,000억 여개가 된다.

① 세포체 : 핵이 있고 생명의 근원
② 수상돌기 : 나뭇가지 모양의 돌기로 외부 정보를 받아 세포체에 정보를 전달한다.
③ 축삭돌기 : 세포체로 받은 정보를 멀리까지 전달하는 기능

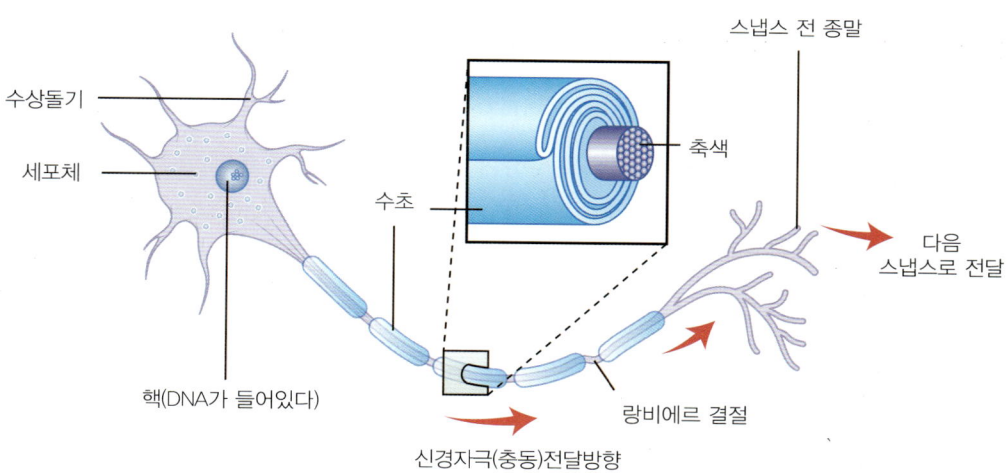

〈뉴런의 구조〉

(2) 신경교세포(Neuroglia):신경접착제

신경원보다 몇 배가 더 많이 존재하면서 신경원을 지지·보호하고 수초를 형성한다.
① 성상교세포 : 뇌, 혈관 벽을 구성하는 별모양의 세포로 신경의 혈관벽에 부착하여 지지한다.
② 상의세포 : 맥락총의 부분으로 뇌실에 위치하고 뇌척수액의 형성과 순환에 관여한다.
③ 미소교세포 : 병원균과 손상된 조직의 식균작용을 하는 보호기능
④ 회돌기세포 : 중추신경계의 신경원의 수초를 생성한다.

(3) 시냅스(Synapse) : 연접

각 신경원이 서로 연쇄적으로 연결될 때 연결부위를 연접 혹은 시냅스라고 한다. 신경원의 신경돌기말단이 다른 신경원의 수상돌기에 연접하게 되는데 이때 자극은 축삭돌기에서 다른 신경원의 수상돌기 방향으로만 향하게 된다.

신경연접부위에서는 전기전달이나 화학물질 전달이 일어난다. 흥분을 전달하는 쪽에서 화학물질인 신경전달 물질을 분비하여 물질을 받는 세포 쪽에 흥분을 전달한다.

*시냅스란 한 신경세포가 다른 신경세포와 만나서 형성하는 특수한 부위를 말하며 신경세포와 근세포 또는 신경세포와 분비선 세포 사이에서 형성된다.

TIP

신경전달 물질(Neurotransmitters)과 수용체 위치
- 아세틸콜린(Ach, acetylcholine):골격근, 자율신경 세포, 중추신경계
- 노르에피네프린(Norepinephrine):평활근, 심장근, 내분비계, 중추신경계
- 도파민(Dopamin):중추신경계
- 세로토닌(Serotonin):중추신경계
- 히스타민(Histamin):중추신경계
- GABA(Gamma-aminobutyric acid):중추신경계

3) 중추신경계(CNS : Central Nervous System)

뇌와 척수를 말하며, 뇌와 척수에서 나오는 가늘고 긴 신경섬유는 서로 결합해 신경다발과 말초신경을 형성해 다시 갈려져 온몸으로 퍼져 나간다. 대뇌, 간뇌, 중뇌, 소뇌 및 연수의 5부분과 연수에 이어진 척수는 기둥모양의 신경으로 척추에 의해 보호된다.

(1) 뇌(Brain)

두개골 안에 위치하고 인체에 각종 명령을 내리는 인체의 사령부이다. 신생아의 뇌는 370~400g이지만 생후 6개월에 약 2배로 증가하고 7~8세에 성인의 90%를 차지하며 20세 전후에 완전히 성장한다. 뇌의 무게는 1.25~1.6kg 정도이다. 성인의 뇌가 1400g이며 100억 개 이상의 신경원과 500억 개 이상의 교질세포로 이루어져 있다.

① 대뇌(Cerebrum)
  ㉠ 뇌 전체의 약 80%를 차지한다. 현저하게 분화된 곳으로 신체의 운동과 감각은 물론 감정을 주관하고 학습과 기억, 언어, 창조적 정신 기능을 행한다.
  ㉡ 좌우 2개의 반구로 갈라져 있고 전체 뇌의 80%를 차지한다.
  ㉢ 표면에는 주름이 많고 대뇌 바깥쪽은 피질로 회백질이라 하고, 안쪽은 수질로 백질이라고 한다.
  ㉣ 감각과 수의운동의 중추이며, 기억이나 판단, 학습, 생각 등 정신 활동에 관여한다. 대뇌는 4개의 엽인 전두엽, 두정엽, 후두엽, 측두엽으로 나누어진다.

> **TIP**
>
> **중추신경계 보호막**
> - 뇌와 척수를 보호하기 위해서 뼈, 수막, 뇌척수액, 뇌혈관장벽으로 이루어진 7개의 보호막으로 이루어져 있다.
> - 피부(모상건막) → 두개골 → 경막 → 경막하강 → 지주막 → 지주막하강(뇌척수액) → 연막

② 간뇌(Diencephalon) : 대뇌와 중뇌사이 위치하며 시상과 시상하부, 시상상부, 시상후부로 구분되며, 시상하부 아래에 호르몬 분비와 관계되는 뇌하수체가 있다.
③ 중뇌(Midbrain) : 감각과 운동정보 연결 하고 시각과 청각의 반사 중추 기능 한다.
④ 교(Pons, bridge) : 중뇌와 연수를 연결
⑤ 연수(Medulla oblongata) : 척수와 교를 연결호흡운동, 심장박동, 소화기의 활동 등을 조절. 재채기, 침 분비, 구토 등의 반사 중추 등이 있어 생명중추라고도 한다.
⑥ 소뇌(Cerebellum) : 좌우 2부분으로 나뉨. 자세를 바로잡는 운동 중추가 있다.

(2) 척수(Spinal cord)

① 척수는 연수와 연결되고 26개의 추골들이 척주관 속에 들어 있는 길이 약 45cm, 무게 30g, 지름 1cm 의 연한 백색장기로 요추 2번에서 끝난다.
② 척주관 내에 위치하고 주위로 향해 31쌍의 척수신경을 보낸다.
③ H자 모양의 회백질과 백질로 이루어져 있고 백질에서 양쪽으로는 두 개씩 신경섬유가 모인 돌기로 후근(감각성 신경)과 전근(운동성 신경)으로 나눈다.
④ 뇌와 말초신경 사이의 흥분 전달 통로이며, 배뇨, 배변, 땀분비 및 무릎반사와 같은 반사 중추로 작용한다.

4) 말초신경계(PNS : Peripheral Nervous System)

말초신경계는 체성신경계와 자율신경계로 구분된다. 체성신경계는 뇌신경(12쌍)과 척수신경(31쌍)으로 되어 있으며, 자율신경계는 교감신경과 부교감신경으로 나누어진다.

(1) 체성신경계(Somatic nervous system)

운동흥분충동을 중추신경계에서 골격근으로 전달하는 섬유를 말한다. 뇌신경과 척수신경에 의해 의식적으로 활동하고 감각신경과 골격근에 분포하는 운동신경과 수의근에 관계된다.

(2) 자율신경계(Autonomic nervous system)

자율신경계는 교감신경과 부교감신경으로 나누어진다.
① 대뇌의 영향을 거의 받지 않으며, 자율적으로 내부 장기의 작용을 감지하고 조율한다.
② 불수의근과 관계된다.
③ 대부분의 내부 장기는 교감신경과 부교감신경의 양쪽 모두 지배를 받고 있어 자율신경의 이중지배에 의해 길항작용과 억제작용을 통해 스스로 조절되고 있다.
④ 교감신경은 활동신경으로 신체활동이 왕성한 낮에 주로 작용하고 신체의 비상 시나 긴장상태, 갑작스런 심한 운동, 공포 시, 분노 시에 나타나 투쟁부라고도 한다. 제1흉수~제2요수 사이에 나오므로 흉, 요수부라고 한다.
⑤ 부교감신경은 휴식신경으로 신체활동이 휴식하는 밤에 주로 작용하고 에너지를 보존하고 저장해주어 휴식부라고도 한다. 중뇌 이하 뇌간과 제2~4천골 신경에서 나오므로 뇌, 천수부라고 한다.

4. 순환계

1) 순환계의 개요

 물질의 흡수와 운반을 담당하는 운송계통의 기관이며, 소화기 및 호흡기로부터 영양분이나 산소를 흡수하여 이를 세포들에게 전달하고 반대로 세포들로부터 대사산물인 노폐물과 이산화탄소를 거두어 신장 그리고 폐로 운반하여 몸 밖으로 내보내는 기능을 한다. 또한 내분비계통에서 형성되는 호르몬을 거두어 이를 필요한 부분에 전달하거나 배분하는 기능을 한다.

- 혈액순환계 : 심장, 혈관, 혈액
- 림프순환계 : 림프절, 림프관, 림프

2) 혈액의 기능과 구성

(1) 혈액의 기능

① 운반기능 : 수분, 영양소, 산소, 탄산가스, 호르몬 기타 대사에 필요한 물질이나 분비물
② 방어기능 : 질병이나 염증으로부터 세포를 보호하기 위해 식균세포나 항체를 운반한다.
③ 체온조절기능 : 화학반응의 결과로 열이 발생하는데 혈액을 통해 일정한 체온유지
④ 세포의 pH조절기능 : 혈액 내 전해질을 유지하고 일정한 산도를 유지한다.
⑤ 수분조절기능 : 혈액과 조직액 사이의 모세혈관을 통해 조직세포들이 일정한 수분유지
⑥ 혈액응고기능 : 혈관파괴에 의한 혈액유출을 막기 위해 피브리노겐의 혈액응고 작용

혈액의 양

- 성인 체중의 8%, 남 : 5~6ℓ 여 : 4~5ℓ
- 혈액은 영양분이 있는 액체로 섭씨 37℃의 정상온도를 유지하는 끈적끈적한 소금기의 액체이다. 체중의 1/12을 차지한다.

(2) 혈액의 구성

① 혈장(Blood plasma) : 혈구를 제외한 엷은 황색의 액체성분, 90%가 물, 호르몬, 항체 효소, 비타민, 소량의 무기염류로 구성
② 혈구(Blood cells) : 고형성분인 적혈구, 백혈구, 혈소판으로 구성
   ㉠ 적혈구(Erythrocyte) : 운반작용
   ㉡ 백혈구(Leukocyte) : 식균작용
   ㉢ 혈소판(Thrombocyte) : 가장 작은 혈구로 혈액응고 작용

3) 혈관의 특성과 종류

(1) 동맥(Artery) : 심장에서 나가는 혈관

① 심장에서 온몸으로 나가는 혈관으로 혈관벽이 3층의 두꺼운 근육조직. 혈관벽의 연동운동이 있다.
② 동맥혈관의 벽은 내막(Tunica intima), 중막(Tunica media), 외막(Tunica externa)의 3층으로 구성되어 있고 강한 압력에도 견딜 수 있게 강인한 탄성을 가진 혈관이다.
③ 산소와 영양이 풍부한 혈액이다.
④ 대동맥은 직경이 3cm 정도이고 중소동맥은 직경이 0.3mm이다.
⑤ 관상동맥(Coronary artery)은 심장벽에 분포되어 심장에 직접 영양공급을 담당하는 혈관이다.

(2) 정맥(Vein) : 심장으로 들어오는 혈관

① 동맥에 비해 혈관 벽이 얇고, 군데군데 판막이 있어 혈액의 역류를 방지한다.
② 피부 아래쪽에 있다.
③ 정맥혈관은 모세관이 집합에 의해 형성되며 심장으로 되돌아오는 혈관이다.
④ 동맥보다 탄성이 적다.
⑤ 이산화탄소와 대사노폐물이 더 많다.

(3) 모세혈관(Capillary) : 물질 교환하는 혈관

① 단층의 내피세포만으로 이루어져 있어 혈관 중 매우 얇고 가늘다.
② 혈관벽이 얇아 조직과 혈액 속으로 산소, 영양분, 탄산가스와 노폐물 교환이 잘 된다. 직경이 매우 작아 적혈구가 간신히 통과할 수 있다.
③ 물질교환 : 반투막을 통해 액체성분이 확산, 여과, 재흡수 된다.

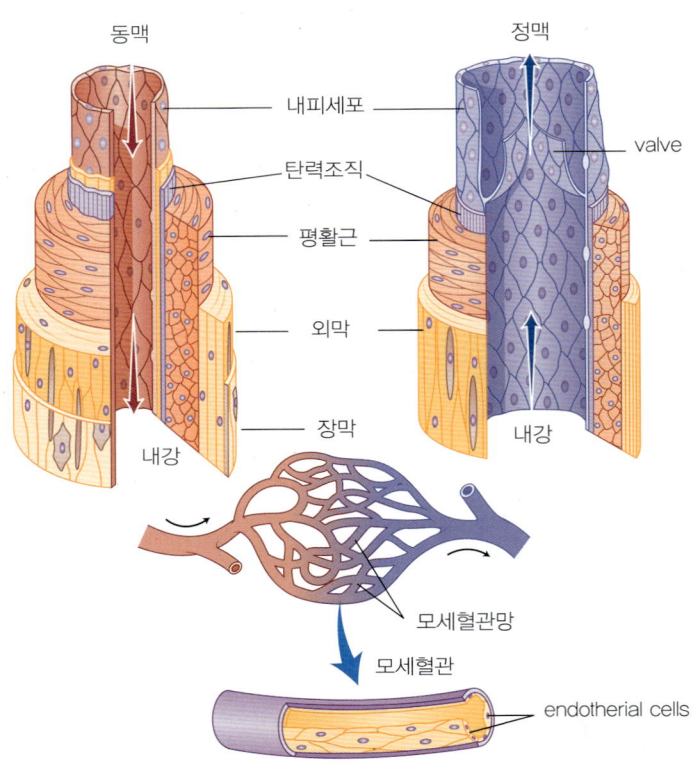

〈혈관의 구조〉

4) 심장(Heart)의 구조와 특성

(1) 심장의 구조

① 심장은 양쪽 폐 사이의 흉강에 위치하고 성인의 경우 무게는 250~350g이고, 크기는 체중에 비례하고, 길이가 14cm이고, 폭은 10cm, 두께는 8cm 정도로 자신의 주먹보다 약간 크며 타원형에 가까운 모양이다. 불수의근으로 된 주먹크기만한 근육주머니이다.
② 4개의 방으로 구성 즉 우심방, 우심실, 좌심방, 좌심실로 2심방 2심실로 되어 있다. 심실은 동맥과 연결되고 심방은 정맥과 연결되어 있다.
③ 심장벽의 구조는 3개 층으로 심내막 – 심막(중막) – 심외막 구성되어 있다.
④ 심장은 다른 기관과 달리 독자적인 혈관이 분포되어 있다. 심장 자체의 영양공급을 담당하는 관상동맥으로, 이 동맥은 단독으로 모세혈관, 관상동맥을 통과해 관상정맥동에 모인 후 우심방으로 들어간다.

(2) 심장의 내부 구조

① 좌심실(Left ventricle):심장의 왼쪽 전부에 위치하며 좌심방에서 들어온 모든 혈액을 대동맥을 통해 신체의 각 부위로 내보낸다. 심장에서 가장 먼저 나가는 방
② 우심실(Right ventricle):우심실은 심장의 오른쪽 전하부에 위치하며 우심방에서 들어온 혈액을 폐로 보내는 곳. 폐동맥과 연결
③ 우심방(Right atrium):우심방은 심장의 오른쪽 위쪽에 위치하며 신체의 모든 정맥혈을 받아들이는 곳으로 전신에서 혈액이 들어오는 방
④ 좌심방(Left atrium):좌심방은 심장의 왼쪽 후부에 위치하며 폐에서 가스교환이 된 혈인 4개의 정맥혈이 폐정맥을 통해 들어온다.
⑤ 심장의 판막(Valve of Heart):심장내부의 혈액 역류 방지와 혈액을 늘 일정한 방향으로 흐르게 하기 위하여 판막이 존재, 2개의 방실판과 2개의 반월판이 있다. 2개의 방실판은 삼천판(우심방과 우심실), 이첨판(좌심방과 좌심실) 이고, 2개의 반월판은 폐동맥판(우심실과 폐동맥)과 대동맥판(좌심실과 대동맥)이다.

⑥ 심장벽의 구조 : 혈관과 마찬가지로 3층으로 이루어져 있으며, 가장 안쪽의 심내막(En-docardium), 심장벽을 대부분 차지하는 심장근육인 심막(Myocardium), 심장표면을 직접 싸고 있는 심외막(Epicardium)으로 구성되어 있다. 심낭(Pericardium)은 2겹의 막으로 이루어져 있고 장측 심낭과 벽측 심낭 사이에 형성된 공간을 심낭강(Pericardial cavity)이라고 하며, 약 15㎖의 심낭액이 차 있어 심장 박동 시 심장과 주위와의 사이에서 윤활제 역할을 한다.

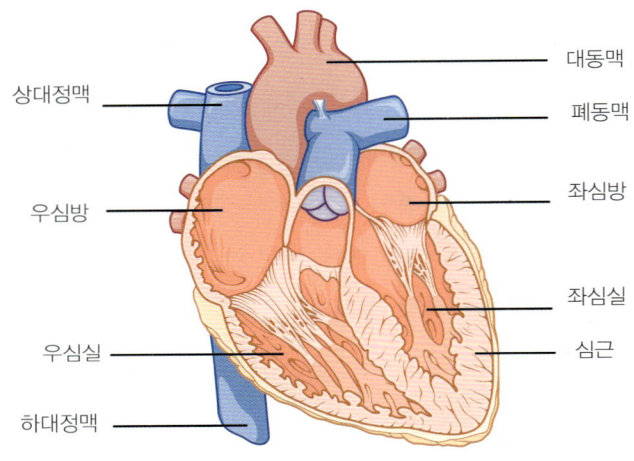

〈심장의 내부 구조〉

(3) 심장의 혈관(Blood vessels of Heart)

심장은 피를 다루는 기관이기 때문에 항상 피를 갖고 있다. 그러나 심장도 다른 기관과 마찬가지로 심장의 생리기능을 유지하기 위해 심장 자체를 위한 혈관을 따로 갖고 있다.

① 혈압(Blood pressure)과 맥박(Pulse) : 혈압은 심장으로부터 박출된 혈류의 흐름에 의해 생긴 혈관내의 압력을 말한다.
② 심장의 신경(Nerve of the Heart) : 심장의 활동은 자율신경, 즉 교감신경, 부교감신경의 지배를 받으며 심장의 신경은 자극전도계에 전체에 분포되어 있다.

③ 심장의 자극전도계(Impulse conducting system of Heart) : 자극 경로는 동방 결절→ 방실결절 → 히스속 → 프루킨예섬유

5) 혈액순환 이해

 혈액은 심장을 떠나는 순간부터 심장으로 돌아올 때까지 계속 순환한다. 인체 내의 순환은 폐순환과 체순환이 있다.

(1) 체순환

심장에서 전신을 통해 심장으로 다시 오는 혈액순환, 대순환(Greater cir) 또는 전신순환, 온몸순환이라고도 한다.

> 좌심실 → 대동맥 → 세동맥(사지동맥) → 모세동맥 → 모세정맥 → 세정맥 → 대정맥 → 우심방

(2) 폐순환

심장에서 폐로 가고 다시 심장으로 돌아오는 혈액순환, 흔히 소순환이라고 부르며 폐에서 이산화탄소와 산소를 교환하는 기능이 있다. 산소가 부족한 정맥혈의 가스교환을 한다.

> 우심실 → 폐동맥 → 폐(가스교환) → 폐정맥 → 좌심방

(3) 태아순환

모체의 자궁벽에 부착되어 있는 태반은 제대(Umbilical cord)에 의해 태아와 연결되어 물질교환을 한다.

6) 림프순환계(Lymphatic System)의 특성과 종류

림프순환계는 제 2의 순환계라 할 수 있는데 혈관과 같이 거의 온몸에 퍼져있고 구조는 모세혈관과 정맥계와 유사하다. 림프 순환계는 림프, 림프관, 림프절과 부속기관인 편도, 비장, 흉선으로 구성되어 있다. 모세림프관은 과다한 간질액을 흡수하여 림프관으로 운반하고 정맥으로 보낸다.
림프계는 면역반응을 통해 신체를 방어하는 기능을 한다.

(1) 림프순환계의 기능

① 혈액 여과 시 모세관에서 빠져나온 중요물질을 혈관으로 되돌려 보내는 일을 한다.
② 독성물질, 악성물질을 림프절로 운반한다.
③ 소화된 지방을 소장에서 흡수한다. 흡수한 지방 때문에 림프액이 맑지 않고 우유색을 띠게 되어 이 부위의 림프관을 유미조라 한다.

(2) 림프계의 구성

① 림프(Lymph):림프를 구성하는 림프구는 여러 가지 세균과 바이러스를 퇴치하고 항체를 만들어 면역체계를 구성한다. 백혈구의 일종으로 골수에서 만들어 지고 항체를 만드는 B-림프구와 면역기능조절작용을 하는 T-림프구가 있다.
② 림프관(Lymph vessel):림프관은 모세혈관이 모여 좀 더 커진 상태로 정맥과 비슷하게 생겼지만 가늘고 투명하고 벽이 얇다. 곳곳에 림프의 역류를 방지하기 위해 림프판막이 발달되어 있다. 혈관과 마찬가지로 몸속에서 뻗어 있다.
③ 모세림프관:단층의 내피세포로 구성되어 있고, 이 내피세포들은 서로가 느슨하게 연결되어 있어 간극이 형성되는데, 이곳으로는 단백질과 같은 분자량이 큰 물질도 쉽게 통과할 수가 있으며, 세포의 일부분은 다음 세포와 중첩되어 있어 판막 역할을 하기 때문에 림프가 역류하지 않게 된다. 또한 모세림프관들이 모여서 이룬 림프관은 정맥과 같은 구조로 되어 있으나 벽이 얇고 더 많은 판막이 발달해 있으며, 곳곳에 림프절(Lymph node)이 있다.

④ 우림프관(Right lymphatic):두부의 우측 부위, 우측 경부 및 우측 팔에서 생성된 림프는 우림프관(Right lymphatic duct)으로 모아진다.
⑤ 흉관(Thoracic duct, 좌림프관):우림프관을 제외한 신체의 나머지 부분에서 생긴 림프로 흉관을 통하여 좌내경정맥과 좌쇄골하정맥의 결합부로 유입된다. 따라서 흉관은 림프관 중에서 가장 크고 제2요추 복강에서 시작된다. 소장에 분포하는 림프관을 유미관이라 하고 복부에 있는 흉관인 유미조가 내장과 하지에서 생성된 림프를 수송한다.

(3) 림프절(Lymph nodes)

인체에는 림프절이 500~1000개 있으며 특히 겨드랑이, 사타구니, 유방, 목 부위에 많다. 림프절은 난원형의 작은 강낭콩 모양으로 소나무씨 정도의 크기이다. 사람의 몸속에 있는 림프절을 다 모으면 주먹만한 크기로 무게는 200~300g 정도다.

① 여과·식균작용(Filtration and macrophagic action)
② 림프구생산(Production of Lymphocyte)
③ 항체형성(Formation of Antibody)

7) 림프 부속기관

① 비장(Spleen):혈액형성, 성년 후에는 림프구, 백혈구의 단핵구 형성, 항체형성으로 염증억제 철분을 저장하고 헤모글로빈 재생, 담즙색소인 빌리루빈을 생산한다. 적혈구 파괴 및 저장한다.
② 편도선(Tonsils):인두의 벽에 존재하는 림프 덩어리, 미생물 침입 억제, 림프구와 항체 생성 구강편도, 인두편도(아데노이드), 설편도가 있다.
③ 흉선(Thymus):림프구 생산, 유아기·아동기에 크고 나이가 들수록 줄어든다. 생식, 아드레날린, 갑상선 등의 호르몬과 밀접하고 어린이의 면역에 중요한 기관이다.

예/상/문/제

(골격계)

01. 뼈의 재생과 영양에 관계있는 부위는 어디인가?

① 골막 ② 해면질
③ 치밀질 ④ 골수강

Answer: 골막은 혈관, 신경이 있어 재생과 성장을 한다.

02. 뇌 두개골에 속하지 않는 뼈는 무엇인가?

① 접형골 ② 두정골
③ 전두골 ④ 상악골

Answer: 상악골은 안면골이다.

03. 골격계의 기능이 아닌 것은?

① 지지기능 ② 저장기능
③ 열생산기능 ④ 보호기능

Answer: 뼈는 열생산기능이 없다. 열생산 기능은 근육계의 기능이다.

04. 피는 어디서 만들어 지는가?

① 황골수 ② 적골수
③ 골막 ④ 골단

Answer: 적골수에서 피가 만들어진다.

05. 성인의 뼈는 몇 개인가?

① 207개 ② 200개
③ 209개 ④ 206개

Answer: 성인골격은 206개이다.

06. 성인의 척주만곡은 몇 개인가?

① 2개 ② 4개
③ 6개 ④ 8개

Answer: 경추만곡, 흉추만곡, 요추만곡, 천추만곡으로 4개이다.

07. 성장기까지 뼈의 길이 성장을 주도하는 것은?

① 골막　　　② 골수
③ 해면골　　④ 골단판

Answer: 뼈의 길이 성장은 골단판, 뼈의 부피 성장은 골막이다.

08. 골원인 하버스계가 있는 골조직은 무엇인가?

① 해면골　　② 치밀골
③ 황골수　　④ 골막

Answer: 하버스계는 치밀골의 골원으로 긴원통형으로 신경과 혈관이 세로로 지나간다.

09. 다음 중 뼈의 기본 구조가 아닌 것은?

① 골막　　　② 골외막
③ 심막　　　④ 골내막

Answer: 심막은 심장에 있는 막이다.

10. 골격의 종류가 바르게 연결되지 않은 것은?

① 뇌두개골 – 상악골
② 척추 – 흉추
③ 하지골 – 장골
④ 상지골 – 견갑골

Answer: 뇌두개골은 두정골, 전두골, 측두골, 후두골, 접형골, 사골의 8개로 구성되어있다.

정답　01. ①　02. ④　03. ③　04. ②　05. ④　06. ②　07. ④　08. ②　09. ③　10. ①

Forecast Question
예/상/문/제
(근육계)

01. 근육의 기능이 아닌 것은?

① 자세유지　　② 호흡운동
③ 노화예방　　④ 혈액순환

Answer: 노화예방과 근육의 기능과 상관없다.

02. 근섬유는 어떤 세포가 모여서 이루어진 것인가?

① 근속　　　② 근원섬유
③ 교원섬유　④ 탄력섬유

Answer: 근원섬유 ⇨ 근섬유(muscle fiber) ⇨ 근속(Fascicle : 근다발) ⇨ 근육(Muscle)

03. 근육 수축 시 고정되는 부위는 무엇인가?

① 근미　　② 기시점
③ 근두　　④ 정지점

04. 내장기관의 운동이나 혈관벽을 형성하는 근육은?

① 골격근　② 평활근
③ 심장근　④ 횡문근

Answer: 내장기관의 운동은 평활근이다.

05. 두부의 근을 안면근과 저작근으로 나눌 때 안면근에 속하지 않는 근육은?

① 협근　　　② 후두전두근
③ 안륜근　　④ 교근

Answer: 교근과 측두근은 안면근에 속한다.

06. 근육에 짧은 간격으로 자극을 주면서 연축이 합쳐져서 단일 수축보다 큰 힘과 지속적인 수축을 일으키는 근 수축은?

① 강직(contraction)
② 강축(tetanus)
③ 세동(fibrillation)
④ 긴장(tonus)

Answer: 긴장은 약한 근수축이 지속적으로 유지되는 상태이고 강축은 계속적으로 근육이 수축하는 것이다.

07. 심장벽을 형성하고 인체에서 가장 운동량이 많은 근육은?

① 심장근   ② 골격근
③ 불수의근 ④ 평활근

Answer: 심장은 불수의근이고 평활근이다.

08. 승모근에 대한 설명으로 틀린 것은?

① 기시부는 두개골의 저부다.
② 쇄골과 견갑골에 부착되어 있다.
③ 지배신경은 견갑배신경이다.
④ 견갑골의 내전과 머리를 신전한다.

Answer: 뇌신경 중에 11신경인 부신경이 승모근과 흉쇄유돌근을 지배한다.

09. 다음 중 윗몸일으키기를 하였을 때 주로 강해지는 근육은?

① 이두박근   ② 삼각근
③ 횡격막   ④ 복직근

Answer: 복직근은 복부에 있는 근육으로 윗몸일으키기를 하면 강해진다.

10. 다른 근육의 활동과 반대인 근육은 무엇인가?

① 길항근   ② 협력근
③ 주동근   ④ 협근

Answer: 길항근은 다른 근육의 활동을 억제한다.

정답 01. ③ 02. ② 03. ③ 04. ② 05. ④ 06. ② 07. ① 08. ③ 09. ④ 10. ①

Forecast Question
예/상/문/제
(신경계)

01. 신경조직을 이루는 기본 단위는 무엇인가?

① 수상돌기   ② 세포체
③ 뉴런   ④ 네프론

Answer: 뉴런이 신경조직을 이루는 신경원이다.

02. 다음 중 중추신경에 속하는 기관은?

① 뇌신경   ② 척수신경
③ 뇌   ④ 자율신경

Answer: 중추신경은 뇌와 척수이다.

03. 체온조절 중추는 어떤 기관에서 관여하는가?

① 연수   ② 시상하부
③ 대뇌   ④ 척수

Answer: 체온조절중추는 시상하부이다.

04. 다음 중 척수신경이 아닌 것은?

① 경신경   ② 미주신경
③ 천골신경   ④ 흉신경

Answer: 미주신경은 뇌신경이다.

05. 대뇌의 기관이 아닌 것은?

① 간뇌   ② 소뇌
③ 연수   ④ 골수

Answer: 골수는 골격계이다.

06. 축삭말단에 특정이온이 있어야만 신경전달물질이 전달된다. 무슨 이온인가?

① 마그네슘이온   ② 칼슘이온
③ 칼륨이온   ④ 수소이온

Answer: 신경충동 시 이온의 이동은 나트륨이온과 칼륨이온에 의해 나타난다.

07. 햇빛을 받으면 분비량이 증가하고 기쁨, 쾌락의 신경전달 물질은 무엇인가?

① 아세틸콜린
② 노르에피네프린
③ 도파민
④ 세로토닌

Answer: 세로토닌은 수면을 조절한다. 취침 시에는 분비량이 낮고 깨어 있을 때는 높다.

08. 주로 내장기관에 분포된 신경으로 교감신경과 부교감신경으로 된 신경은 무엇인가?

① 중추신경 ② 뇌신경
③ 척수신경 ④ 자율신경

Answer: 자율신경은 교감신경과 부교감신경으로 되어 있다.

09. 소뇌의 기능으로 맞는 것은?

① 운동   ② 신체균형
③ 호흡조절 ④ 식욕조절

Answer: 소뇌는 자세를 바로 잡는 신체균형 기능이 있다.

10. 신경계에 관련된 설명이 옳게 연결된 것은?

① 시냅스 – 신경조직의 최소단위
② 축삭돌기 – 수용기세포에서 자극을 받아 세포체에 전달
③ 수상돌기 – 단백질 합성
④ 신경초 – 말초신경섬유의 재생에 중요한 부분

Answer: 신경초는 망초신경의 축삭을 둘러싸고 있는 원형의 막으로 신경재생을 도와준다.

정답 01. ③ 02. ③ 03. ② 04. ② 05. ④ 06. ④ 07. ④ 08. ④ 09. ② 10. ④

Forecast Question
예/상/문/제
(순환계)

01. 혈장의 성분 중 가장 많은 양을 차지하는 성분은 무엇인가?

① 알부민　　② 물
③ 포도당　　④ 단백질

Answer: 혈액에서 혈장의 90%가 물이다.

02. 산소공급을 하는 혈구는 무엇인가?

① 적혈구　　② 백혈구
③ 혈소판　　④ 혈장

Answer: 적혈구가 산소공급을 한다.

03. 심장에 영양공급과 가스교환을 해주는 혈관은 무엇인가?

① 대동맥　　② 대정맥
③ 관상동맥　④ 소동맥

Answer: 관상동맥이 심장에 영양공급과 가스교환을 해준다.

04. 혈관에서 혈액이 역류하지 못하게 하는 막은 무엇인가?

① 심내막　　② 판막
③ 심외막　　④ 심근

Answer: 판막이 역류를 막아준다. 심장은 2개의 방실판과 2개의 반월판이 있다.

05. 동맥의 기능이 아닌 것은?

① 산소공급
② 영양공급
③ 온몸으로 피를 보낸다.
④ 역류를 막는다.

Answer: 동맥에는 역류를 막아주는 판막이 없다.

06. 조직사이에서 산소와 영양을 공급하고 이산화탄소와 대사 노폐물이 교환되는 혈관은?

① 동맥(artery)
② 모세혈관(capillary)
③ 정맥(vein)
④ 림프관(lymphatic vessel)

Answer: 모세혈관은 영양과 노폐물의 물질교환을 한다.

07. 혈액의 구성 물질로 항체생산과 감염의 조절에 가장 관계가 깊은 것은?

① 혈소판   ② 백혈구
③ 적혈구   ④ 혈장

Answer: 식균작용과 항체생산은 백혈구가 한다.

08. 인체의 혈액량은 체중의 약 몇 %인가?

① 약 2%   ② 약 8%
③ 약 20%   ④ 약 30%

Answer: 인체의 혈액량은 체중의 약 8%이다.

09. 심장에서 나온 혈액이 온몸을 돌고 다시 심장으로 오는 순환계는 무엇인가?

① 체순환   ② 폐순환
③ 림프순환   ④ 동맥순환

Answer: 전신순환은 체순환이다.

10. 림프구를 생성하고 적혈구를 파괴시키며 항체를 생성하는 기관은?

① 간   ② 흉선
③ 비장   ④ 혈장

Answer: 비장은 혈액형성, 성년 후에는 림프구, 항체형성, 철분저장, 헤모글로빈 재생, 적혈구 파괴

정답 01. ② 02. ① 03. ③ 04. ② 05. ④ 06. ② 07. ② 08. ② 09. ① 10. ③

Chapter 04

피부학

1. 피부의 정의

사람의 피부(Skin)는 인체의 외부 표면을 덮고 있는 조직으로서 물리적·화학적으로 외계로부터 신체를 보호하는 동시에 전신의 대사에 필요한 생화학적 기능을 영위하는 생명유지에 불가결한 기관이다. 그 자체가 복합적인 내·외분비기관이나 혈관 등이 광범위하게 분포되어 있는 조직으로서 인체내부의 장기 뿐 만 아니라 다른 내분비선 및 결합조직과 긴밀한 관계를 맺고 그 기능을 발휘하고 있다.

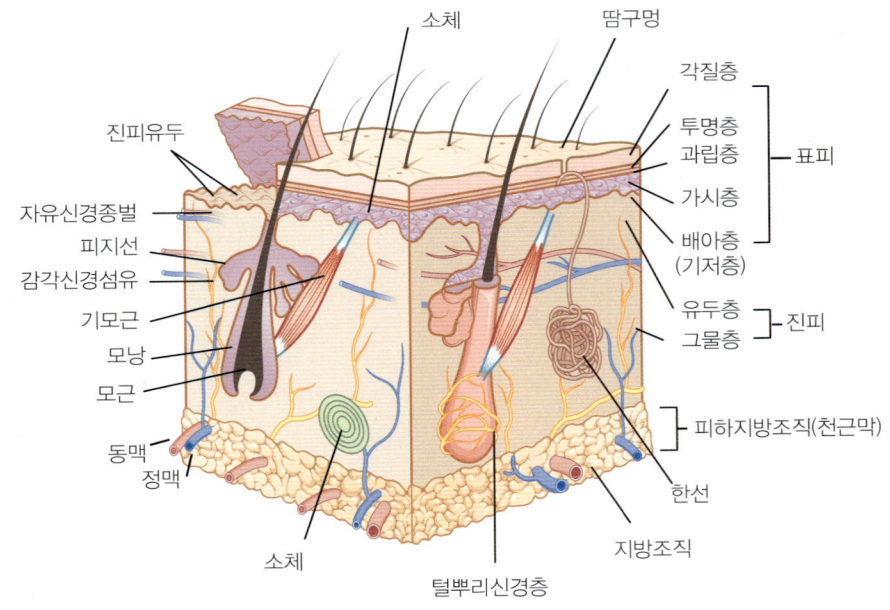

〈피부의 구조 그림〉

2. 피부의 구조

인체를 둘러싸고 있는 피부는 강인한 피막으로 표피(Epidermis), 진피(Dermis), 피하지방조직(Subcutaneous layer) 3개 층으로 이루어져 있으며 다양한 생리적 기능을 수행하여 내부 장기 및 체내기관을 보호해주고 조절해주는 역할을 한다. 부속기관으로는 모발과 한선, 피지선, 조갑(손, 발톱) 등이 있다.

1) 표피

(1) 표피의 개념

표피는 피부의 가장 바깥에 있으며 편평한 층으로 이루어진 상피조직이다. 재생이 가능하여 상처를 입어도 원래 모양으로 되돌아가며, 작은 자극에도 민감하게 반응하므로 큰 사고로부터 방지하는 저항력이 있다. 또한 신체내부를 보호하고 세균 등 유해물질과 자외선의 침입을 방어하는 기능을 한다. 표피의 두께는 신체부위와 각질층의 두께에 따라 달라진다. 표피는 약산성 보호막을 형성하며 멜라닌색소와 배리어층(Barrier zone)은 빛과 열로부터 피부를 보호한다.

> **표피의 두께**
> - 평균두께 : 0.06~1mm
> - 최대두께 : 1~3mm(손, 발바닥)
> - 최소두께 : 0.04mm(눈꺼풀)

(2) 표피의 구조와 기능

표피는 피부의 가장 상층부에 위치해 있으며 외부와의 자극에 있어 파수병 역할을 한다. 각질층, 투명층, 과립층의 무핵층과 경계가 불분명한 유극층과 기저층의 유핵층으로 나뉜다. 신경과 혈관은 지나가지 않는다.

① 각질층(Stratum corneum, Horny layer)
　㉠ 피부의 가장 바깥쪽에 있는 20~25층의 무핵의 세포층이다.
　㉡ 외부 자극으로부터 피부를 보호하며 수분 증발을 막는 장벽 역할을 한다.
　㉢ 각질층 내에 천연보습인자(NMF)가 존재하여 수분을 유지한다.
　㉣ 각질층은 약 10~20%의 수분을 함유하며, 10% 이하 시 건조한 상태가 된다.
　㉤ 세포간지질에 의해 각질이 단단하게 결합된 라멜라(Ramella)구조를 이룬다.
　㉥ 구성 성분 : 케라틴(58%), 천연보습인자(30%), 각질세포간지질 등

② 투명층(Stratum lucidum, Clear layer)
　㉠ 핵이 없고 주로 손바닥과 발바닥에 존재하는 세포이다.
　㉡ 수분침투를 방지하며 빛을 차단하는 성질이 있다.
　㉢ 엘라이딘(Elaidin)이란 반유동성 단백질이 함유되어 투명하고 윤기가 난다.
　㉣ 털이 있는 부위에는 존재하지 않으며 이식이 불가능하다.

③ 과립층(Stratum granulosum, Granullar layer)
　㉠ 2~4개층의 편평한 다이아몬드 형태의 무핵세포이다.
　㉡ 케라틴 단백질이 뭉쳐져 과립형의 케라토히알린(Keratohyaline)이 생성된다.
　㉢ 수분저지막(Rein membrane)이 존재하여 외부로부터의 수분 침투와 내부 수분의 탈수를 방지한다.
　㉣ 실제적인 각화과정이 시작된다.

④ 유극층(Stratum spinosum, Spinous layer)
　㉠ 5~10개 층의 유핵세포로 구성된 가장 두꺼운 층이다.
　㉡ 가시모양의 돌기가 있어 인접세포와 다리 모양으로 연결되어 있으며, '가시층'이라고도 한다.
　㉢ 세포 사이의 림프액을 통해 노폐물 배출 등의 물질교환이 이루어지며 표피의 영양에 관여하는 물질대사가 이루어진다.

ⓔ 랑게르한스세포(Langerhan's cell)가 위치해 피부 면역에 관여한다.
　　ⓜ 세포핵이 있어서 세포분열을 한다.

⑤ 기저층(Stratum basale, Basal layer)
　　㉠ 단층으로 된 입방형 유핵세포층이다.
　　㉡ 진피와 경계를 이루며, 진피 유두층에 위치한 모세혈관을 통해 산소와 영양을 공급받는다.
　　㉢ 핵을 다량 함유하고 있어서 세포분열이 왕성하다.
　　㉣ 외부로부터 손상을 입었을 때 새 살이 나오는 층이다.
　　㉤ 각질형성세포와 멜라닌 형성세포가 약 4~10 : 1의 비율로 위치해 있다.
　　㉥ 수분함유량은 약 70% 정도이다.

(3) 표피의 구성세포

① 각질형성세포(Keratinocyte, 케라티노사이트) : 케라틴을 형성하는 표피세포로 각화작용을 일으킨다. 면역기능에 관여하고 표피의 95%를 차지한다.
② 멜라닌형성세포(Melanocyte, 멜라노사이트) : 피부에 색을 부여하는 멜라닌 색소를 만들어 각질세포에 전달한다. 모든 사람은 같은 수의 멜라닌 세포를 가진다. 단, 멜라닌 색소의 양과 크기, 활성도, 분포, 헤모글로빈, 카로틴 등에 의해 인종간 피부색이 결정된다.
③ 랑게르한스세포(Langerhan's cell) : 표피의 약 2~4%를 차지하며 유극층에 위치한다. 외부에서 침입한 항원을 T-림프구에 전달해주어 알레르기성 접촉피부염 등 면역성 치료에 효과적이다. 피부의 파수병 역할을 한다.

④ 머켈세포(Merkel cell): 표피의 촉각수용체로 촉감을 감지하여 뇌하수체에 전달하며 기저층에 위치한다. 표피(주로 손발바닥)와 구강 점막 저면에서 발견된다.

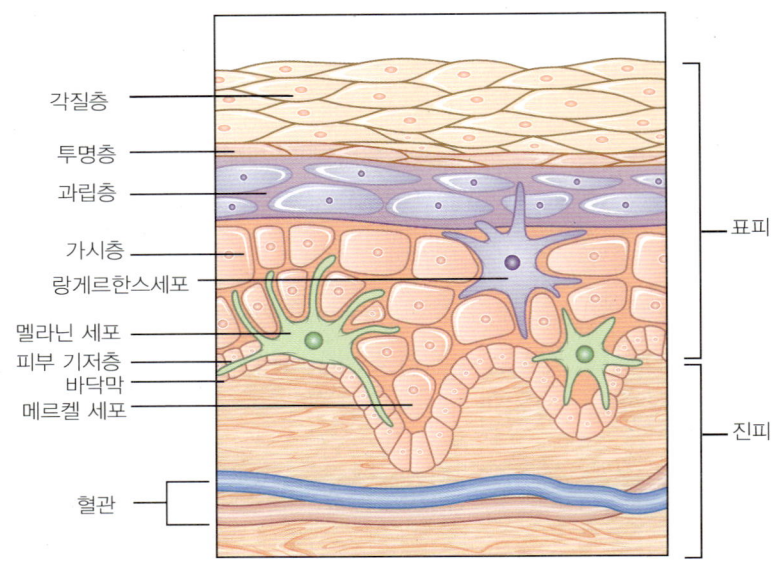

〈표피의 구성세포〉

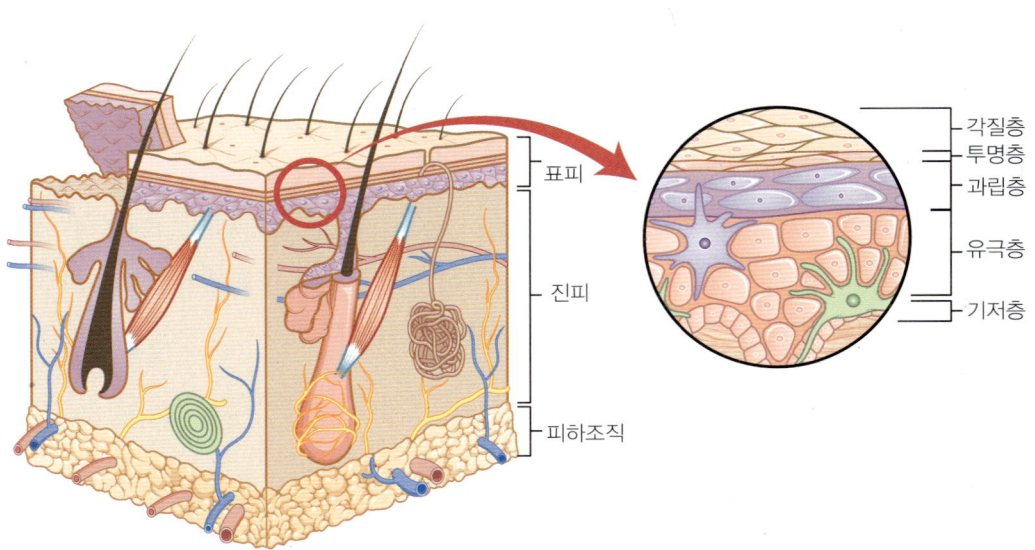

〈피부 및 표피의 구조〉

(4) 멜라닌세포(Melanocyte)의 구조와 생리

① 멜라닌(Melanin)의 정의
  ㉠ 멜라닌(Melanin)은 그리스어 'Melas : 검다'에서 유래한 말이다. 모든 생물학적 물질이 나타내는 색은 분자그룹으로 이뤄져 있는데 대부분의 복합체가 바로 멜라닌(Melanin)이다.
  ㉡ 인종에 상관없이 멜라닌의 수는 동일하지만 멜라닌의 활성에 따라 피부색이 결정된다.

② 멜라닌의 생성 : 아미노산의 일종인 티로신(Thyrosine)이 산화되어 멜라닌으로 변화한다.

③ 멜라노사이트(Melanocyte)의 개념
  ㉠ 위치 : 기저층에 위치해 있다.
  ㉡ 모양 : 낙지처럼 생겨서 주변으로 확장되어 멜라노좀을 운반한다.
  ㉢ 구조 : 수지상 돌기를 가진 세포이다.
  ㉣ 한 개의 멜라노사이트는 36개의 케라티노사이트(Keratinocyte)에 색소를 제공하며, 멜라노사이트와 케라티노사이트는 1 : 10의 비율로 존재한다.
  ㉤ 표피성 멜라노사이트들은 각질세포의 재생 주기와 같은 비율로 분열한다.
  ㉥ 멜라닌의 생성과 퇴화는 끊임없는 피부의 순환이다.

④ 멜라노사이트(Melanocyte)의 기능
  ㉠ 색소세포로 케라티노사이트(Keratinocyte)에 분포된 정도에 따라 인종간 또는 개인간의 피부색이 달라진다.
  ㉡ 인체의 항상성 매커니즘으로 고른 피부톤을 유지하게 한다.
  ㉢ 색소세포는 자율신경계의 영향을 받으므로 정신적인 인자에 의해 멜라닌 형성이 좌우된다.

㉣ 가시광선 및 자외선 스펙트럼을 흡수 차단하는 기능을 갖는다.
㉤ 멜라닌을 합성한다.

> **TIP**
>
> **피부색 결정 요소**
> - 멜라닌(흑색 계열)
> - 혈색소(적색 계열, 헤모글로빈)
> - 기타(개인차, 각질층의 두께, 나이, 계절, 건강 상태 등)
> - 혈관분포(혈액량)
> - 카로틴(황색 계열)

2) 진피

(1) 진피(Dermis)의 개념

진피(Dermis)란 표피 아래에 있는 결합조직으로 표피의 20~40배에 해당하는 피부의 대부분을 차지하는데 신경, 혈관, 표피에서 기원한 부속기관을 포함하고 있다. 진피는 다시 둘로 나뉘며 표피의 바로 아래를 유두층(Papillary layer), 그 아래부터 피하지방층까지를 망상층(Reticular layer)이라 한다.

진피의 결합조직은 교원섬유(Collagen, 콜라겐)과 탄력섬유(Elastin, 엘라스틴), 특별한 형체가 없는 무형의 기질(Ground substance)로 구성되며 이들은 섬유아세포(Fibroblast)에서 만들어진다.

(2) 진피의 기능

① 혈관과 림프가 표피에 영양분을 공급하여 표피를 지지한다.
② 외부의 손상으로부터 몸을 보호한다.
③ 수분을 저장하는 능력과 체온조절의 기능이 있다.
④ 감각에 대한 수용체 역할을 한다.

⑤ 표피와의 상호작용에 의해 피부를 재생시킨다.
⑥ 피부의 두께와 주름을 결정하고 탄력성을 부여한다.
⑦ 피부의 부속기관들이 있다.
⑧ 많은 교감신경과 부교감신경들이 지나간다.
⑨ 진피의 구조 결함일 때 주름, 튼살, 탄력섬유의 변성이 생긴다.

(3) 진피의 구조

① 유두층(Papillary layer)
　㉠ 유두층은 결합조직으로 교원섬유가 불규칙적으로 드문드문 배열되어 있다.
　㉡ 진피가 표피 쪽으로 둥글게 돌출되어 있는데, 이 부분을 유두(Dermal Papilla) 라고 한다.
　㉢ 모세혈관과 림프관, 신경종말이 몰려 있어 표피 기저층에 많은 영양분과 산소 공급을 해준다.
　㉣ 감각소체가 있어 촉각과 통각이 위치한다.
　㉤ 젊은 피부는 유두돌기가 조밀하고 노화피부는 유두돌기가 느슨하다.

② 망상층(Reticular layer)
　㉠ 진피의 대부분을 차지하는 결합조직으로 그물모양을 이룬다.
　㉡ 90%를 차지하는 교원섬유와 탄력섬유, 기질로 이루어져 있다.
　㉢ 상층에는 모세혈관이 거의 없으며, 동맥과 정맥, 피지선, 한선, 모유두, 신경총 등이 분포되어 있다.
　㉣ 압각과 온각, 냉각이 분포한다.
　㉤ 교원섬유와 탄력섬유의 치밀한 조직구조는 탄력과 팽창이 커서 피부가 늘어나거나 파열되는 것을 막아준다.

(4) 진피의 구성 물질

① 교원섬유(Collagen fiber, 콜라겐)

㉠ 진피의 주성분으로 피부 건조 중량의 75%를 차지하며 장력을 제공한다.
㉡ 1,000여개의 아미노산이 삼중나선구조를 이루며 많은 수분을 함유한다.
㉢ 단백질분해효소에 의해 계속적으로 분해되나, 섬유아세포에 의해 생성된다.
㉣ 피부 주름 형성의 원인으로 작용한다.
㉤ 백색섬유(White fiber)로, 끓이면 젤라틴화 된다.
㉥ 주성분인 아미노산이 훌륭한 보습제 역할을 한다.

② 탄력섬유(Elastin fiber, 엘라스틴)
㉠ 섬유단백질인 탄력소(Elastin)로 구성되어 있으며, 섬유아세포에서 생성된다.
㉡ 피부에 탄력성을 제공해 변형된 피부가 원래의 모습으로 돌아오게 한다.
㉢ 교원섬유에 비해 가늘고 구불구불하다.
㉣ 황섬유(Yellow fiber)로, 화학물질에 대한 저항력이 매우 강해 통상적인 염색방법으로는 염색되지 않는다.
㉤ 노화가 오면 탄력섬유의 기능이 저하되어 피부가 이완되고 주름이 발생한다.

③ 기질(Ground substance)
㉠ 진피 내의 섬유성분과 세포 사이를 채우고 있는 젤 상태의 물질로, 물과 미네랄염, 그리고 거대분자들로 구성된다.
㉡ 거대분자들의 합성도 섬유아세포에서 이루어진다.
㉢ 점액다당질(Mucopolysaccharide) : 히알루론산, 콘드로이친황산 등 화장품에서는 콜라겐의 보습능력을 향상시키는 역할을 한다.
㉣ 점액다당질은 진피의 0.2% 밖에 되지 않지만 자기 부피의 1,000배 정도의 수분을 함유할 수 있으므로, 기질은 염분과 수분의 균형에 기여한다.

(5) 진피의 구성세포

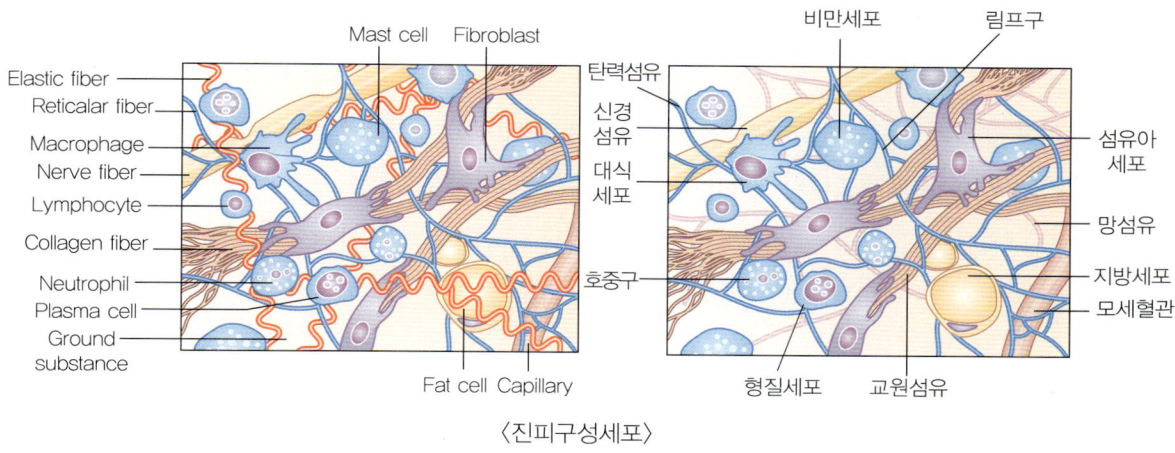

〈진피구성세포〉

① 섬유아세포(Fibroblast)
  ㉠ 편평하고 방사형이나 방추형으로 길게 늘어진 모양을 하고 있다.
  ㉡ 진피층의 섬유(콜라겐, 엘라스틴)를 만들어내는 세포이다.

② 대식세포(Macrophage)
  ㉠ 표피의 랑게르한스세포(Langerhan's cell)와 비슷한 신체방어역할을 하는 세포이다.
  ㉡ 진피의 피부를 탐식하여 이물질로부터 보호하는 백혈구의 일종으로, 강한 식균작용을 하고 신체방어기능을 한다.

③ 지방세포(Adipose cell) : 지방을 합성하고 저장하는 세포이다.
④ 색소세포(Pigment cell) : 세포질 돌기를 가지고 색소인 멜라닌을 함유한다.
⑤ 형질세포(Plasma cell) : 항체를 형성하고 만성염증 시 림프조직에 많다.
⑥ 비만세포(Mast cell) : 둥근 모양으로 세포질 내 과립이 있어 히스타민, 세로토닌, 프로스타글란딘 등을 분비한다.

3) 피하지방

(1) 피하지방조직의 정의

피하지방조직은 결합조직의 변형으로 섬유조직이 엉성하게 얽힌 사이에 벌집모양의 수많은 지방세포들이 영양을 저장하고 있는 층이다. 남성은 상체, 배꼽 위 복부쪽으로 우선 분포하여 남성형 지방이라 한다. 여성은 배꼽 아래 골반부위, 엉덩이, 허벅지에 주로 분포하여 여성형 지방이라 한다.

(2) 피하지방조직의 구조

① 피하지방조직은 지방엽(Fat lobe)으로 구성되어 있다.
② 지방엽(Fat lobe)은 지방세포(Adipocyte)로 채워진 지방소엽(Fat lobule)으로 나누어진다.
③ 지방세포들은 50~150㎛의 다양한 둥근 세포로 구성된다.
④ 서로간의 압력으로 형태를 변화시킬 수 있다.
⑤ 세포질 바깥의 고리모양으로 나타나는 지질 액포의 세포질에서 핵과 세포 소기관들을 볼 수 있다.

(3) 피하지방조직의 기능

① 진피와 근육, 골격 사이에 있는 부분으로 진피가 있는 부위에 따라 두께가 다른 지방층을 형성한다.
② 잉여 영양과 에너지의 저장 창고이다.
③ 열 발산을 막아 체온을 보호한다.
④ 완충 기능이 있어 물리적인 자극에 대한 쿠션 역할을 해준다.
⑤ 여성호르몬과도 관계가 있어 여성의 곡선미를 연출한다.
⑥ 진피보다 두꺼우나 눈꺼풀, 귀 등은 덜 발달되었다.
⑦ 여성이 남성보다, 어린이가 성인보다 더 발달되어 있다.

3. 피부의 기능

1) 보호기능

피부는 물리적, 기계적, 화학적, 미생물로부터 인체를 보호하는 천연장벽 역할을 한다.

(1) 물리적, 기계적 자극에 대한 보호 작용

① 마찰 : 표피의 각질층이 보호한다.
② 힘, 충격 : 피하지방층이 충격을 흡수한다.

(2) 화학적 자극에 대한 보호 작용

① 일상적으로 사용하는 비누, 샴푸, 린스, 바디제품, 주방세제 등으로부터 인체를 보호할 뿐 아니라 외부자극을 막는 특수물질을 생산한다.
② 산성막은 화학물질에 대한 저항성이 있는데, 강산이나 알칼리에 대해서는 저항성이 약하다.

(3) 태양광선에 대한 보호 작용

① 피부의 피지보호막 : UV-B를 선택적으로 흡수하는 필터 역할을 한다.
② 각질 장벽(Keratin barrier) : 각질층은 거울처럼 광선을 반사시키거나 분산시킨다.
③ 멜라닌 장벽(Melanin barrier) : 각질층을 통과한 자외선의 90% 이상을 흡수하고 반사하는 화학적 필터 역할을 한다.

(4) 미생물에 대한 보호 작용

① 약산성보호막 : 피부 표면은 pH 5.5~6.5의 약산성으로 유지되어 세균의 발육이

억제된다.
② 각질층: 미생물 침투를 막는 수동적, 물리적 방어막이다.
③ 랑게르한스세포: 피부에 침입한 항원을 감지하여 T-림프구로 보내어 세균을 제거한다.
④ 진피의 염증반응: 상처나 화상에 의해 각질층 장벽이 무너지면 두 번째로 진피의 염증반응이 일어난다.

2) 체온조절기능

체내의 신진대사 결과나 외부의 기온 변화에 대해 적응하기 위해 피부는 수시로 체온조절을 하고 있다.

① 발한(Sweating, 땀의 분비): 체온이 상승하면 시상하부에 있는 체온조절중추가 자극을 받아 땀이 나게 되고, 땀이 발산될 때 몸에서는 열을 취해 조절한다.
② 혈관의 확장과 수축: 체온이 높아지면 혈액으로부터의 열을 피부를 통해 몸 표면으로 발산함으로써 몸 안의 열을 방출하고 체온이 낮아지면 혈액량을 감소시킴으로써 열의 손실을 막아준다.
③ 피하층의 체온 보호: 외부 온도의 변화에 따른 영향을 감소시킨다.
④ 체모: 외부 온도로부터의 변화·조절에 도움을 준다.

TIP

피부의 체온조절

- 추울 때: 열 발생과 동시에 외부 추위 차단
  - 근육의 수축에 의한 열 발생 작용(오한이나 소름, 근육운동)
  - 발열 차단: 피하지방으로 에너지를 차단하고 혈관을 수축시켜 혈액량을 줄임
- 더울 때: 발한 작용의 활성화
  - 땀 분비(노폐물 배출)로 체온을 떨어뜨려 정상 체온을 유지

3) 분비기능

 성인의 하루 피지 분비량은 1~2g 정도로 전신 모낭부에 있는 피지선에서 모근을 따라 분비된다. 분비기능은 남성호르몬의 작용과 감정중추의 지배를 받으며, 피부의 건조를 막아 부드럽고 탄력성을 유지시켜 수분이나 유해물질이 피부에 침투하는 것을 막아준다.

4) 배설기능

 몸속에 축적된 노폐물 중 대부분은 신장(Kidney)과 폐(Lung), 그리고 항문(Anus)을 통해 각각 몸 바깥으로 배설되나, 일부 물에 녹는 수용성 노폐물은 땀에 섞여 체외로 배출된다.
① 한선에서 땀이 배출된다.
② 신장의 소변 배설 기능의 보조역할을 한다.
③ 땀을 통해 비록 적지만 수분, 염분, 요소 같은 소량의 노폐물을 배출한다.
④ 성인의 하루 땀 분비량은 0.5~1ℓ 정도로, 보통 3백만 개의 한선이 분포하여 땀을 분비한다. 땀의 99%는 물로 이루어져 있다.

5) 감각기능

 피부는 5대 감각 기관 중의 하나이다.
① 감각신경초를 통해 냉각, 촉각, 온각, 통각, 압각에 반응한다.
② 특히 아픔과 통증을 느끼는 통각이 발달해 있다.
③ 촉각은 머켈소체와 마이너스소체가, 압각은 파시니수용체가 관여한다.
④ 진피 신경다발 말단과 연결되어 뇌로 전달한다.
⑤ 가벼운 화상은 통증이 심하나 신경조직을 파괴하는 심한 화상은 통증이 없다.

6) 흡수기능

흡수란 침입한 물질을 체내 또는 세포가 수용하는 것을 말하는데, 피부의 흡수는 각질층에 의해 조절되는 수동적 확산현상으로 무분별하게 이물질이 침투하는 것을 막고 선택적으로 투과시킨다. 피부의 흡수에는 경피흡수와 강제흡수가 있다.

(1) 피부 흡수의 종류 및 물질

① 경피 흡수 : 피부 표면에 접촉된 물질이 표피의 각질층과 모낭이나 피지선, 한선을 통해 진피까지 도달하는 것으로 주로 지용성 물질은 경피 흡수가 용이하다.
   예) 지용성 비타민, 오일, 왁스
② 강제 흡수 : 보통 피부에서는 흡수되지 않는 물질을 강제로 경피 흡수가 되도록 하는 방법을 말한다.
   예) 수용성 비타민, 광물성 물질

(2) 피부 흡수에 영향을 주는 요인

① 피부의 습도 : 습도가 높으면 흡수가 잘 된다.
② 피부의 온도 : 온도가 높으면 흡수가 잘 된다.
③ 물질의 상태 : 입자가 작고 지용성이 흡수가 잘 된다.
④ 혈액순환과의 관계 : 혈액순환이 빠를수록 흡수가 잘 된다.

> **TIP**
> **피부 흡수가 잘 되도록 하는 방법**
> - 나노요법 : 가능한 입자가 작고 확산도가 크게 하는 방법
> - 이온토포레시스(Iontophoresis) : 전기의 힘을 이용하여 일시적으로 방어 기능을 저하시켜 여러 가지 성분을 밀어 넣는 방법
> - 리포좀(Liposome, 인지질막) 요법 : 비타민 C 등 수용성 물질을 캡슐에 넣어 피부 깊숙이 침투시키는 방법
> - 피지막의 제거 : 수분저지막(Barrier zone)을 파손시켜 흡수시킨다.
>   예) 목욕이나 사우나 후, 스팀타월 후의 크림 흡수

7) 피부의 저장기능

① 피부는 인체 수분 총량의 1/5을 보유하고 있다. 피부 자체의 수분 보유는 70%이며 각질층의 수분 함유량은 15~20% 정도이다.
② 피하지방은 에너지와 영양분의 저장소이다. 피하지방은 지방분해(Lipolysis)작용을 통해 우리 신체에서 요구하는 에너지의 85% 정도를 충당하고 잉여에너지를 저장한다.
③ 피부는 혈액 보유고이다. 피부의 혈관은 총 혈액량 중 5%의 혈액을 보유할 수 있다.

8) 피부의 비타민 D 생성기능

① 자외선 조사에 의해 표피 과립층에서 비타민 D를 만든다.
② 비타민 D는 칼슘 흡수 촉진, 인의 대사, 뼈의 발육에 도움을 주며, 피부염 치유 등에 관여한다.
③ 성인의 경우, 이틀에 한 번 10분간만 피부를 자외선에 노출시키는 것으로도 필요한 비타민 D의 양을 맞춰줄 수 있다.

9) 피부의 면역기능

① 림프구 기능 : 면역과 노폐물 배출 기능, 림프구와 백혈구는 같이 움직인다.
② 면역담당세포
   ㉠ 표피세포 : 랑게르한스 세포(Langerhan's cell)
   ㉡ 진피세포 : 조직구(Histiocyte)

10) 피부의 호흡기능

① 피부도 산소를 흡수하고 신진대사 후 발생한 이산화탄소를 피부 밖으로 방출하

는 호흡을 한다.
② 1시간 동안 방출한 이산화탄소의 양은 같은 시간 폐에서 방출된 이산화탄소의 약 1%이다.
③ 피부호흡을 방해하는 물질로 피부전체를 감싸는 것은 매우 위험하다.
　예) 피부질식

4. 피부의 생리

1) 피지막

지방막, 산성막이라고 불리는 피부 보호막이다. 땀과 피지가 유화된 소수성 막으로 pH 5.2~5.8의 약산성을 띠고 있어 세균 번식을 억제한다.
① 표피의 신축성과 유연성 조절
② 표피의 수분증발 및 발한 억제
③ 수분 보유력 조절
④ 피부의 중화능력
⑤ 이물질, 감염, 자극, 가려움에 대한 방어능력
⑥ 물의 흡수와 투과

2) 수분저지막(Barrier Membrane)

과립층에 존재하며 외부로부터 수분의 유입과 내부 수분 손실을 막아 피부의 수분함유량을 조절한다. 수분 방어막을 기준으로 아래쪽은 약알칼리성, 위쪽은 약산성이다. 만일 표피로부터 수분이 유입되기 위해서는 지질과 혼합되었거나 수증기 형태여야만 침투가 가능하다. 레인방어막(Rein Membrane)이라고도 한다.

3) 천연보습인자(Natural Moisturizing Factor : NMF)

각질층에 존재하는 수용성 보습인자로 대부분 표피 각화과정에서 발생한 물질이며 땀에서 일부 유래하기도 한다. 자체의 흡습성으로 수분을 흡수하여 피부 표면의 긴장완화, 보습유지작용을 하며 각질의 정상 수분 배출능력을 조절하기도 한다. 따라서 각질층의 수분결합능력은 천연보습인자의 함유에 따라 달라진다. 부족하면 피부 건조를 유발하며 아토피 피부염, 건선, 노인성 건조피부 등의 경우, NMF가 소실된다.

4) 각화(Keratinization)

각질세포가 기저층에서 각질층까지 분화되는 시기로 28일의 주기를 갖는다.
피부가 기저층에서 각질층까지 분열되어 올라가 죽은 각질세포로 되는 현상을 말한다.

TIP

피부의 각화과정(Keratinization)

표피에서 일어나며 기저세포가 각질세포로 변화하는 과정을 말한다.

각화과정에 따라 기저층 → 각질층으로 이동하는데 주기는 28일 정도이다.

노화가 진행되면 각화주기도 늘어나며, 지연 시 과각화증으로 피부가 두껍고 칙칙하게 보인다.

〈각화과정에서 세포의 변화〉

① 세포질내의 소기관들이 없어진다(자가융해).   ② 세포의 탈수가 일어난다.
③ 세포막이 두꺼워진다.   ④ 세포모양이 편평하게 된다.
⑤ 섬유성 단백질을 형성한다.

---

5. 피부와 pH

피부는 주로 케라틴(Keratine)이라는 단백질로 구성되어 있는데, 이 케라틴 단백질은 일정한 pH가 유지되어야 피부 세포의 대사활동을 원활하게 해준다. 피부의

pH는 피부 본래의 pH가 아닌 피지와 땀이 분비되어 보호막이 형성된 피부 표면의 pH를 말한다. 또한 pH는 인종과 성별, 나이, 시기, 부위에 따라 다르며, 같은 사람에 있어서도 반드시 일정하지는 않다. 피부의 pH는 피지의 지방산과 땀의 젖산에 의해 일정하게 유지된다. 유아는 성인보다 피지함량이 적어서 pH가 높고, 부위에 의한 차이는 대체로 밖으로 나온 곳보다 안쪽이 비교적 높은 pH를 나타내는데, 이는 피부의 방어기전이라고 해석할 수 있다.

> **TIP**
> pH(Power of hydrogen ions)
> - 수소이온농도로 피부의 산성도를 특정할 때 사용하는 단위이다.
> - pH는 0~14까지의 숫자로 나타낼 수 있는데 0쪽으로 갈수록 강산, 14쪽으로 갈수록 강염기라 부른다.

1) 피부 pH의 중요성

① 땀과 피지, 각질층 내의 지방산과 젖산, 그리고 아미노산 등에 의해 일정하게 유지된다.
② 외부에서 침입하는 박테리아에 맞서 면역체를 형성하고 병원균으로부터 방어한다.
③ 이상적인 피부의 pH는 5.2~5.8 사이의 약산성이며 모발은 3.8~4.2이다.
④ 알칼리성이나 산성 물질에 대한 반응으로 생기는 pH의 변화에 빠르게 반응하여 처음의 pH로 돌아가는 속성이 있는데 이를 중화능력(복원력)이라 한다. 이는 외부 이물질에 대한 생리적 보호작용이다. 일반적으로 얼굴의 pH 복원에는 2시간 정도 걸린다.

2) 피부 pH 불균형의 영향

① 세균의 번식 : 피부가 알칼리성으로 기울게 되면 세균의 번식에 의해 피부병이 생기기 쉽다. 실제로 여드름 피부의 pH는 7~8, 소양증 피부는 7.5~9로 정상피부의 pH보다 상당히 높다. 반면 두피의 경우 다른 부위에 비해 비교적 분비가 많아 4.8정도의 산성을 띤다.

② 저항력의 저하 : 각질층은 알칼리에 매우 약한데 장시간 알칼리 상태에 놓이면 단백질이 녹아 피부가 거칠어 질 수 있고 저항력이 약해져 쉽게 트러블을 일으키게 되며, 세균의 번식에 의해 피부병이 생기기 쉽다.

6. 피부의 부속기관과 생리

피부는 단순히 표피, 진피, 피하지방으로만 구성된 것이 아니라 털과 각종 분비선, 손·발톱 등 몇 가지 부속구조를 지닌다.

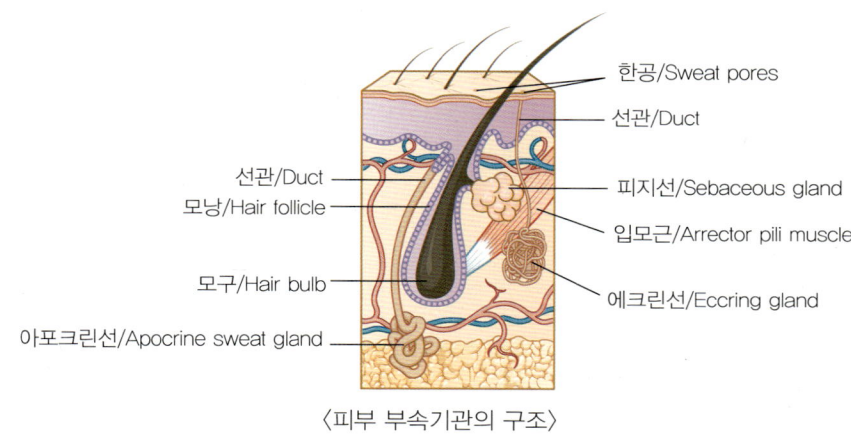

〈피부 부속기관의 구조〉

1) 피지선

(1) 피지선(Sebaceous glands)의 정의

모낭과 연결돼 있으며 털이 있는 모든 신체부위에서 발견되는 피지선은 입모근 위쪽에 붙어 있는 분비선으로 짧은 배출관을 통해 피부 표면으로 피지(Sebum)를 분비한다.
① 모양 : 포도송이 모양을 하고 있다.
② 크기 : 피지선의 크기는 일반적으로 털의 굵기에 반비례한다.

③ 위치 : 진피 내에 위치하고 있다.

(2) 피지선(Sebaceous Glands)의 기능
① 피부표면에 피지를 분비해, 땀과 함께 유화된 상태(W/O)로 보호막을 형성한다.
② 약산성으로 피부표면에 세균이 번식하는 것을 방해한다.
③ 피부에 윤기를 주고, 각질층의 수분 증발을 막는다.
④ 외부로부터 이물질의 침입을 억제한다.

(3) 피지(Sebum)의 생성과 분비
① 피지의 생성
  ㉠ 일반적으로 피지는 여성보다 남성에게서 더욱 많이 생성된다.
  ㉡ 신생아는 다량의 피지를 갖고 태어나나 출생 이후에는 거의 생성, 분비되지 않다가 사춘기 때가 되어서야 분비되기 시작한다.
  ㉢ 지속적인 피지 분비의 증가는 성인이 되면서 일정하게 유지된다.
  ㉣ 노년기에 접어들면서 특히 여자에게서 피지가 감소한다.

② 피지의 분비
  ㉠ 피지선에는 많은 혈관이 분포돼 있어 피지의 분비는 혈액을 통한 호르몬에 의해 결정된다.
  ㉡ 남성호르몬인 테스토스테론의 분비는 피지 분비를 증가시킨다.
  ㉢ 피지는 피지선에서 분비되어 모낭내로 배설되며, 털이나 모낭벽을 따라 피부표면으로 분비된다.
  ㉣ 피지는 땀에 의해 확산되다가 일정한 두께가 되면 분비가 정지된다.
  ㉤ 피지의 분비는 나이, 외부의 온도, 건강상태에 따라 영향을 받는다.
  ㉥ 과도한 피지의 분비는 여드름이나 염증 등을 일으킨다.

(3) 피지 분비량

1일 1~2g 정도 분비되는데 부위별로 분비량이 다르다.
① 큰 피지선 : T-zone, 목, 등, 가슴
② 작은 피지선 : 손, 발바닥을 제외한 전신
③ 독립 피지선 : 털과 연결되지 않은 곳, 입술, 성기, 유두, 귀두
④ 무(無) 피지선 : 손바닥, 발바닥

(4) 피지의 성분

피지는 화학적으로 지질의 복합체이다.

2) 한선

(1) 한선(Sweat glands)의 개요

① 정의 : 한선(Sweat glands)은 가늘고 긴 관모양의 분비선으로 땀을 분비하는 한선체와 분비된 땀을 피부 표면으로 운반하는 한관체로 구성된다.
② 한선은 에크린선(Eccrine sweat gland, 소한선)과 아포크린선(Apocrine sweat gland, 대한선) 두 종류가 있다.
③ 위치 : 진피와 피하지방의 경계부에 위치한다.
④ 모양 : 실뭉치 모양으로 엉켜있다.
⑤ 기능 : 체온조절, 피부 습도 유지, 보호막을 형성한다.

(2) 에크린선(Eccrine Sweat Gland, 소한선)

① 포유동물에게만 존재하며 입과 손발톱, 외음부를 제외한 전신에 분포한다.
② 에크린선의 수는 200~400만 개에 달한다.
③ 태아 5개월 때부터 생겨난다.
④ 한선체는 마치 실뭉치 같은 모양을 하고 있으며 진피 깊이 위치해 있다.

⑤ 한관체는 진피 속을 거의 일자로 올라가 표피돌기에 이르고 다시 나선형을 그리면서 피부표면에 이르러 땀구멍을 만든다.
⑥ 양이 일정해 지면 분비를 멈추는 피지와는 달리, 지속적으로 생산되고 배출해 피부의 건조를 방지한다.
⑦ 특히 손바닥과 발바닥, 이마 등에 밀집되어 분포한다(손·발바닥 600개/cm2).

> **TIP**
>
> **땀**
> - 성분 : 땀은 99% 수분으로 이루어져 있으며 나트륨, 요소, 아미노산 등을 함유
> - 자극 : 운동, 체온상승, 열, 고통, 분노, 자극적인 음식과 음료
> - 분비량 : 성인의 경우 1시간에 약 30cc, 1일 1ℓ정도 분비
> - 최대 분비-1일 10ℓ/과다 분비-탈진
> - 기능 : 신체의 체온을 일정하게 유지
> - 유독물질과 노폐물, 독소 배출

(3) 아포크린선(Apocrine Sweat Gland, 대한선)

① 아포크린선에서 생성되는 땀은 원래 냄새가 심한 땀은 아니지만 박테리아의 작용으로 강한 냄새를 지닌 화학물질로 변하여 이를 체취(Body Ordor)라고 하며, 아포크린선을 체취선이라고 부른다.
② 모낭과 연결되어 모공을 통해 배출된다.
③ 성호르몬에 의해 자극되어 발달하므로 사춘기에 더욱 활성화된다.
④ 겨드랑이와 생식기, 항문, 서혜부, 유두, 배꼽 주위에 분포한다.
⑤ 소한선의 한선체보다 크며 진피 깊이 위치해 있다.
⑥ 분비물은 땀과 달리 점성이 있으며 젖빛을 띠고 희뿌옇거나 노르스름한 액체이다.
⑦ 인종적으로는 흑인>백인>동양인 순으로 많다.
⑧ 여성은 월경 전이나, 월경 중에 많이 생성되고, 임신 중에는 감소한다.

(4) 이상 분비증

① 다한증

㉠ 국소성 다한증

　　　교감신경의 장애에 의해 발생하며 손, 발에 많이 나타난다. 겨드랑이, 코, 이마, 음부, 항문 주위의 발생도 높다.

　　㉡ 범발성 다한증

　　　기온이 높거나 운동을 심하게 한 경우, 정서적 충격을 받은 경우에 발생한다.

② 소한증 : 갑상선 기능저하, 신경계통의 질환, 금속염의 중독 시 땀의 분비가 감소되는 현상이다.
③ 무한증 : 땀샘이 거의 없거나, 수가 적어서 거의 땀을 흘리지 않는다. 체온조절에 문제가 있으므로 여름철에 열사병을 주의해야 한다.
④ 액취증(취한증) : 아포크린선의 분비물이 세균의 부패로 인해 악취가 나는 증상으로 pH도 5.5~6.5 정도에서 8 정도로 높아져 유발한다.
⑤ 한진(땀띠) : 한관이 막혀서 땀을 분비하지 못해 수포가 형성되며 소양감이 동반되므로 2차 감염에 주의한다.

3) 모발

(1) 모발의 개요

① 긴 막대모양의 각질 섬유(90%가 케라틴 : Hard Keratin)로 이루어져 있다.
② 표피성의 모낭이 털을 감싸고 있다.
③ 사람의 몸에는 130만~140만 개 정도의 털이 있는데, 10만 개가 두발에 위치하며 온 몸에 퍼져 있는 솜털은 감각을 느낄 수 있다.
④ 손바닥, 발바닥, 입술, 배꼽, 안검, 성기 일부를 제외한 전신에 존재한다.
⑤ 머리털, 겨드랑이털, 수염과 같은 긴털, 눈썹·속눈썹, 코털과 같은 짧은 털이 있다.

(2) 모발의 기능

① 보호 기능 : 외부의 충격이나 자외선, 더위, 추위, 이물질 유입 등으로부터 인체를 보호한다.
② 노폐물배출기능 : 몸 안에 쌓여있는 수은, 비소, 납 등의 중금속을 간 다음으로 많이 배출한다.
③ 감각전달기능 : 모간부는 스스로의 세포분열능력이 없는 죽은 세포이나 모근부 주위 신경을 통해 외부 자극에 대해 인체가 반응한다.
④ 장식기능 : 미관상의 효과를 나타낸다.
⑤ 충격완화기능

(3) 모발의 구조

모발은 피부 나부에 있는 모근(Hair Root)과 피부 표면으로 나와 있는 모간(Hair Shaft)부분으로 나뉜다.

① 모근부 : 모낭과 모구, 모유두, 모모세포, 내·외 모근초, 피지선, 입모근 등으로 구성된다.
  ㉠ 모낭(모포):모근의 겉을 칼집같이 싸고 있는 조직으로 표피성 모낭과 진피성 모낭으로 구분된다. 진피성 모낭은 표피성 모낭의 바깥쪽을 싸고 있으며 표피성 모낭의 가장 안쪽은 털의 모표피 세포와 이 모양으로 서로 맞물려 있다.
  ㉡ 모구:모근 뿌리부분의 팽윤되어 있는 부위이다. 이곳에서부터 털이 성장하고, 전구모양으로 모근이 들어가 골을 이루고 있다.
  ㉢ 모유두:모구 바닥 부분의 오목하게 들어간 곳으로 모구에 영양을 공급하는 혈관과 신경이 있다. 세포분열이 시작되는 피부의 기저층으로 모기질이 감싸고 있다.
  ㉣ 모모세포(모기질):모발의 기원세포로 모유두 상부에 있어 모유두로부터 영양분과 산소를 공급받아 세포분열을 하는데, 골수 다음으로 가장 왕성한 세포분열을 하는 곳이다. 멜라닌형성세포가 있어 모발의 색을 결정한다.
  ㉤ 내·외 모근초:모낭과 모표피층 사이에 존재하는 세포증이다. 내측 모근초

는 초소피(Sheath Cuticle), 헉슬리층(Huxley's Layer), 헨레층(Henle's Layer)으로 구분되며, 외측 모근초는 모구부에서 모발의 각화가 마무리될 때까지 보호하고 표피까지 운반한다.
- ⓑ 피지선:모발표면에 산성막을 형성하여 윤기를 부여하고 모발을 보호하는 기능을 한다.
- ⓢ 입모근:평활근으로 교감신경계의 신경섬유들이 분포한다. 힘줄에 의해 모낭 아래쪽에 위치하며 모낭 위쪽 진피 유두와 연결되어 있다. 자율신경에 의해 지배되며 입모근이 수축하면 털이 꼿꼿이 서고 모공부분이 들려 올라가 소름(닭살)으로 나타난다. 속눈썹, 눈썹, 뺨, 입술주변, 겨드랑이털, 코털 등에는 입모근이 없다.

② 모간부

모표피, 모피질, 모수질로 이루어져 있다.
- ㉠ 모표피(Cuticle):털의 가장 외부에 위치해 모피질을 보호한다. 각질화된 세포로 6~8층의 비늘이 서로 겹쳐진 모양이다. 큐티클층으로 물리적 마찰과 화학약품에 대한 저항력이 강하다. 모발의 10~15%를 차지한다.
- ㉡ 모피질(Cortex):모발의 85~90%를 차지하며 멜라닌 색소를 함유하며 화학약품의 작용이 용이하다. 친수성으로 모발의 탄력과 강도 등 모발의 성질을 결정하는 중요한 부분이다. 피질 세포 사이에 간충물질(Matrix)이 존재하는데 잦은 펌이나 샴푸는 간충물질의 유출을 일으켜 모발 손상의 원인이 된다.
- ㉢ 모수질(Medulla):유아의 체모엔 없는 벌집모양의 세포로 공기와 케라틴, 영양소를 함유하고 있다.

(4) 모발의 모양

모간의 형태가 직모, 곱슬 등 모발의 외양을 결정한다. 털의 굵기나 질, 색, 성장 속도 등은 유전적 요소가 강하다. 또한 털의 종류에 따라 구조, 길이, 성장 속도, 자극에 대한 반응도가 다르다.

(5) 모발의 색

모발의 색은 분포된 멜라닌 색소의 유형과 양에 따라 조절, 결정된다.
① 은발 : 멜라닌 세포가 적어 색소 침착 있는 모발과 없는 모발의 혼재로 인해 생긴다.
② 백발 : 모구에 멜라닌 세포가 전혀 없다.
③ 금발 : 멜라닌을 적게 생성하고, 입자의 침착이 불완전하다.
④ 적발 : 페오멜라닌(Pheomelanin) 형태로 철성분을 함유하고 있다.

(6) 체모의 분류

① 생후 6개월까지의 털 : 섬모, 태모, 취모
② 연모 : 생후 6개월쯤 취모가 연모로 바뀐다. 부드러우며 수질이 없고, 멜라닌 색소도 없다
③ 종모 : 사춘기를 거치면서 연모가 길고 검게 변화되는데 이를 종모라 하며 멜라닌 색소가 충분하고 수질이 있다.
④ 성모 : 수염이나 음모 등 성호르몬의 영향으로 종모가 되는 털을 말한다.

(7) 모발의 생장

① 모구의 모유두 접합 부분(모모)에서 새로운 털세포가 만들어져 차례로 위를 향해 밀려 나가는데 이를 체모의 생장이라고 한다.
② 수명은 3~10년 정도로 종류와 특성에 따라 다르며 모발의 생장기가 가장 긴데 2~6년에 이르고 휴지기는 짧다.
③ 모발의 생장속도는 하루에 약 0.35mm 정도가 자라 한달 평균 1cm 정도 자란다.
  * 눈썹 : 100일, 속눈썹 : 150일
④ 영양 상태와 호르몬, 기온, 일광의 영향을 받는다.
⑤ 남성호르몬은 체모, 액와모, 안면모 등에 영향을 미친다.
⑥ 모발은 호르몬에 의해 빠지지만 눈썹은 그렇지 않다.

⑦ 눈썹이나 코털 등은 나이가 들면서 생장주기가 길어진다.

⑧ 생장속도는 대개 여성이 남성보다 빠르고, 두정부가 측두부보다 빠르다.

⑨ 수염은 개인차가 있으나 보통 1일 0.27mm 정도 생장하며, 5~6월에 성장이 가장 빠르다.

모발의 발생주기와 성장속도

모의 종류	모주기	1일 성장(mm)	1개월 성장(cm)
모발(Hair)	남성 3~5년, 여성 4~6년	0.37~0.44	0.81~1.32
수염(Beard)	2~3년	0.27~0.38	0.71~1.14
액와모(Underarm)	1~2년	0.23	0.69
음모(Pubid)	1~2년	0.2	0.6
미모(Eve Brows)	4~5개월	0.18	0.54
속눈썹(Eyelash)	3~4개월	0.15	0.51

(8) 모발의 단계별 성장주기

모발(Hair)은 일생동안 계속해서 성장하는 것이 아니라, 각각의 모발에는 독립된 수명이 있어서 성장·탈모·신생을 반복한다. 이것을 모발 사이클(모주기)이라 한다. 모발을 성장시키는 성장기(Anagen), 성장을 종료하고 모구부가 축소하는 시기인 퇴화기(Catagen), 모유두가 활동을 시작하거나 또는 새로운 모발을 발생시켜 오래된 모발을 탈모시키는 시기인 휴지기(telogen)로 나눌 수 있다.

모발은 성장기(Anagen) : 3~6년 → 퇴화기(Catagen) : 3~4주 → 휴지기(Telogen) : 2~3개월 주기로 반복하면서 성장한다.

예/상/문/제

01. 표피에서 중 각화과정이 실질적으로 시작되는 층은?

① 투명층　　② 과립층
③ 유극층　　④ 각질층

Answer: 각화과정은 표피의 과립층에서 시작된다.

02. 다음 각질층에 대한 설명 중 틀린 것은?

① 20~25층의 무핵의 세포층이다.
② 천연보습인자(NMF), 피지 등으로 구성되어 있다.
③ 외부의 침입에 무방비하다.
④ 케라틴 50%, 수용액 23%, 수분 7%로 구성되어 있다.

Answer: 각질층은 피부 표면의 층으로 인체를 보호하는데 우선적인 역할을 한다.

03. 표피 중에서 피부로부터 수분이 증발하는 것을 막는 층은?

① 각질층　　② 기저층
③ 과립층　　④ 유극층

Answer: 과립층은 수분저지막(배리어존)이 있어 내부의 수분증발을 막아주고 외부로부터 수분침투를 막아준다.

04. 인간의 생명유지를 위한 피부의 작용이 아닌 것은?

① 호흡작용　　② 반사작용
③ 흡수작용　　④ 보호 작용

Answer: 피부는 보호, 체온조절, 분비, 배설, 감각, 저장, 흡수, 비타민 D 생성, 면역, 호흡 등의 기능을 한다.

05. 다음 중 피부의 대표적인 기능에 해당하지 않는 것은?

① 보호 및 호흡작용　　② 저장작용
③ 재생작용　　　　　④ 분비작용

Answer: 피부는 보호, 체온조절, 분비, 배설, 감각, 저장, 흡수, 비타민 D 생성, 면역, 호흡 등의 기능을 한다.

06. 추울 때 나타나는 피부의 반응으로 옳은 것은?

① 땀 분비
② 동공의 확장
③ 근육 수축
④ 모세혈관 확장

Answer: 몸이 추우면 신체는 오한이나 소름 등 근수축에 의해 열을 발생한다.

07. 땀의 기능으로 옳지 않은 것은 무엇인가?

① 발한 작용으로 체온 조절
② 잉여 열량의 저장
③ 체내 노폐물 배설
④ 피지와 약산성 보호막 조성

Answer: 잉여 열량의 저장은 지방이 담당하는 기능이다.

08. 인체의 피부 중에서 가장 두꺼운 부위는?

① 발바닥
② 손바닥
③ 무릎
④ 팔꿈치

Answer: 발바닥은 투명층이며 인체에 있어서 가장 두껍다.

09. 피지선에 대한 내용으로 틀린 것은?

① 진피층에 놓여 있다.
② 손바닥과 발바닥, 얼굴, 이마 등에 많다.
③ 사춘기 남성에게 집중적으로 분비된다.
④ 입술, 성기, 유두, 귀두 등에 독립피지선이 있다.

Answer: 사춘기 이후에 발달하는 것은 아포크린선(대한선)이다.

10. 에크린선에 대한 설명으로 틀린 것은?

① 실밥을 둥글게 한 것 같은 모양으로 진피 내에 존재한다.
② 특수한 부위를 제외한 거의 전신에 분포한다.
③ 사춘기 이후에 주로 발달한다.
④ 손바닥, 발바닥, 이마에 가장 많이 분포한다.

Answer: 손·발바닥은 피지선이 전혀 없는 부위이다.

11. 빠른 피부 흡수에 도움을 주는 요인으로 잘못된 것은?

① 높은 습도
② 높은 온도
③ 입자가 크고 수용성인 상태
④ 지용성인 상태

Answer: 피부흡수에 영향 주는 요인 : 높은 습도와 온도, 작은 입자, 지용성

정답 01. ② 02. ③ 03. ③ 04. ② 05. ② 06. ③ 07. ② 08. ① 09. ② 10. ③ 11. ③

12. 피부의 피지막은 보통 어떤 유화상태로 존재하는가?

① W/S 유화　② W/O 유화
③ S/W 유화　④ O/W 유화

Answer: 피부의 피지막은 W/O 유화로 존재한다.

13. 99% 수분과 요소, 염분, 단백질로 구성되어 신진대사에 작용하는 것은 무엇인가?

① 피지　② 엘라스틴
③ 콜라겐　④ 땀

Answer: 땀의 대부분은 수분으로 피부에서 신진대사와 보습, 노폐물 배출 등 매우 중요한 물질이다.

14. 피부와 관련된 다음의 설명 중 틀린 것은?

① 이상적인 피부의 pH는 5.2~5.8이다.
② 랑게르한스 세포와 조직구는 면역담당 세포이다.
③ 비타민 D는 칼슘 흡수를 촉진시키고, 뼈의 발육에 도움을 준다.
④ 경피 흡수는 피부표면에 접촉된 물질이 진피까지 도달하는 방법으로 주로 수용성 물질이 용이하다.

Answer: 경피흡수는 주로 지용성물질이 쉽고 빠르다.

15. 켈로이드는 어떤 조직이 비정상적으로 성장한 것인가?

① 상피조직　② 피하지방조직
③ 결합조직　④ 정상 분비선 조직

Answer: 켈로이드는 진피의 결합조직의 비정상 성장이다.

16. 다음 중 피부의 기능은 어느 것인가?

① 호흡작용　② 운반작용
③ 혈액세포생산　④ 수의근 조절

Answer: 피부의 기능은 보호기능, 분비기능, 체온조절기능, 감각기능, 배설기능, 흡수기능, 호흡작용

17. 피부의 pH에 대한 설명으로 틀린 것은?

① 박테리아에 맞서 면역체를 형성하고 방어한다.
② 땀과 피지가 혼합되어 피부를 덮고 있는 피지막의 pH를 말한다.
③ 인종과 성별, 나이, 시기에 따라 다르다.
④ 아무것도 묻지 않은 피부 자체의 pH를 말한다.

Answer: 피부의 pH란 피지막으로 둘러싸인 피부 표면의 pH를 측정한다.

18. 천연보습인자(NMF)는 부족하면 피부 건조를 유발한다. 다음 중 NMF의 소실을 불러오지 않는 것은?

① 아토피 피부염
② 건선
③ 노인성 건조피부
④ 지루성 피부염

Answer: 아토피 피부염, 건선, 노인성 건조피부 : NMF의 소실

19. 다음 중 피지선이 전혀 존재하지 않는 부위로 짝지워진 것은?

① 이마와 등
② 눈가와 입가
③ 항문과 뺨
④ 손바닥과 발바닥

20. 피부의 부속기관에 대한 설명으로 옳지 않은 것은?

① 아포크린선 : 대한선으로 겨드랑이에 많이 분포하며 모낭에 연결된다.
② 에크린선 : 소한선으로 이마, 손 발바닥에 많으며 체온을 조절한다.
③ 피지선 : 모공을 통해 피지를 배출하여 피부 보호막을 형성한다.
④ 조갑 : 보호와 장식기능을 하며 인체의 노폐물을 배출한다.

Answer: 보호, 장식, 노폐물 배출은 모발의 기능이다.

21. 손톱의 구조에 대한 설명 중 맞는 것은?

① 조근 : 손톱의 끝부분
② 반월 : 케라틴화 되지 않은 흰 부분
③ 조구 : 손톱이 모이는 부분
④ 조상 : 손톱의 상피부분

Answer: 조근은 손톱의 뿌리부분, 조상은 손톱을 받치고 있는 살 부분이다.

22. 인체의 체온을 조절하는 곳은?

① 투명층 ② 림프선
③ 한선   ④ 피지선

Answer: 한선에서 노폐물 배설과 체온을 조절하여 피부 건도를 방지

23. 피부의 각화과정(keratinization)이란?

① 피부가 손톱, 발톱으로 딱딱하게 변하는 것을 말한다.
② 기저세포 중의 멜라닌 색소가 많아져서 피부가 검게 되는 것을 말한다.
③ 피부가 거칠어져서 주름이 생겨 늙는 것을 말한다.
④ 피부세포가 기저층에서 각질층까지 분열되어 올라가 죽은 각질세포로 되는 현상이다.

Answer: 피부의 각화과정은 기저층에서 각질층까지 올라가면서 죽은 각질세포로 변하는 현상을 말한다.

정답 12. ② 13. ④ 14. ④ 15. ③ 16. ② 17. ④ 18. ④ 19. ④ 20. ④ 21. ②
22. ③ 23. ④

Chapter 05

네일살롱의 안전과 경영

1. 네일살롱의 안전관리

1) 네일살롱의 안전관리

(1) 화학물질 안전관리

① 글루, 젤, 아크릴 리퀴드, 솔벤트 등의 화학제품은 피부를 건조시키고 껍질이 벗겨지게 하거나 상처를 통해 침입하므로 사용 시 주의한다.
② 솔벤트나 프라이머 아세톤은 눈에 들어가면 부상을 입을 수 있으므로 사용 시 주의한다.
③ 화학제품의 과다 사용은 자연 네일을 약하고 부서지게 하므로 적당하게 사용한다.
④ 모든 재료는 사용 후 뚜껑을 덮는다.
⑤ 네일 팔리쉬와 글루드라이어는 인화성이 강하므로 사용 시 난로를 멀리하고 흡연을 금한다.
⑥ 소독제는 설명서에 따라 적정농도로 사용한다.
⑦ 시술 시 화학약품이 눈에 들어가면 응급 처치 후 병원으로 간다.
⑧ 시술할 때 제품이 피부에 닿지 않게 한다.
⑨ 모든 용기에는 내용물에 대한 표기를 하고 어떤 화학물인지 모르는 것은 폐기한다.

> **TIP**
>
> 화학물질의 과다노출시 발생 가능한 증상
> - 피부발진 및 염증, 가벼운 두통, 불면증, 콧물과 눈물, 목이 마르고 몸이 피곤하고 나른함, 발가락이 따끔 거리는 증상이 나타날 수 있다.
> - 화학물질 중 산성 물질에 노출 되었을 경우에는 흐르는 물로 닦고 알칼리수로 중화시켜 준다.

> **TIP**
>
> MSDS(재료 안전 자료 표/ Material Safety Data Sheet)
> - 제품을 사용하는 사람들이 제품에 필요한 모든 정보를 볼 수 있게 제조회사가 수록해 놓은 것
> - 위험 첨가물에 대한 정보, 물리적 위험성, 보건위험, 화학물질의 발암 위험성, 주의사항과 취급방법, 보호나 예방 조치, 긴급 및 응급절차, 보관 및 처리방법에 대한 정보가 있다.

(2) 전기안전관리

① 젖은 손으로 전기기구를 만지지 않도록 한다.
② 안전기에 반드시 정격퓨즈를 사용하여 한다.
③ 전기장치를 끌 때는 전원의 스위치를 먼저 끄고 플러그를 뽑는다.
④ 한 개의 콘센트에 많은 전기기구를 사용하지 않는다.
⑤ 화재의 위험이 있으므로 불량 전기기구를 사용하지 않는다.
⑥ 손상된 전기선이나 코드는 빨리 교체한다.
⑦ 사용하지 않을 때는 전원을 뽑아놓는다.

2) 네일리스트의 안전관리

① 파일링 시 먼지흡입 방지를 위해 마스크를 착용하여 호흡기를 보호한다.
② 살롱의 실내는 통풍이 잘되어야 하므로 환기는 자주 하도록 한다.
③ 작업 시에는 보호안경을 써서 눈을 보호한다.
④ 화학물질 재료가 많아 화재 위험성이 있으므로 실내에서는 흡연을 피한다.
⑤ 화학물질이 공중에 분산되지 않도록 한다.
⑥ 살롱에서 마시거나 먹는 것을 삼간다.
⑦ 위생장갑을 착용한다.

3) 고객 안전관리

① 발 각질 제거용 면도날은 매 고객마다 새것으로 사용하여 감염을 방지한다.
② 네일 팁은 조상(네일 베드) 길이의 반을 넘지 않도록 붙인다.
③ 메탈도구나 화학약품의 사용으로 알레르기가 생기는 경우 시술을 중단하고 피부과 치료를 권유 한다.
④ 글루의 과다사용은 자연네일을 약하고 부서지게 하므로 적당량을 사용한다.
⑤ 큐티클을 너무 세게 밀거나 바짝 자르면 상처로 인한 감염의 위험이 있으므로 큐티클을 1mm 정도 남기고 정리한다.

2. 네일살롱의 경영

1) 고객관리

네일리스트로써 서비스를 하기 전에 상담을 통해 고객의 기호를 이해하고 고객에게 맞는 서비스를 해줌으로서 고객만족도를 높이고 고객과 좋은 관계를 유지 할 수 있다.

(1) 고객 상담과 기록

① 고객 상담

　㉠ 성명, 성, 생년월일, 주소, E-mail 주소, 전화번호 등을 기재한다.
　㉡ 네일의 건강상태를 체크한다.
　㉢ 신체 질병 유무에 관해 상담한다.
　㉣ 알레르기 여부, 생활습관에 관해 상담한다.
　㉤ 고객의 병력에 따른 네일아티스트의 유의사항을 파악한다.
　㉥ 고객이 원하는 서비스에 대해 정확히 상담한다.(고객이 추구하는 스타일, 기호)
　㉦ 고객이 최종적으로 선택한 서비스를 기록한다.
　㉧ 서비스 제공내역과 서비스 금액을 기재한다.

② 고객상담카드 작성

고객 상담, 서비스 카드						
성 명				기념일		
생년월일				핸드폰		
주 소						
E-mail						
병력						
고객의 기호						
날 짜	서비스 내용	가 격	제품판매	사용했던 제품	보관제품	네일상태	디자이너
/							

2) 네일리스트의 자세

① 스케줄을 점검하고 예약시간을 엄수하여 고객의 신뢰도를 높인다.
② 고객을 맞이하기 전 필요한 도구 및 장비 등을 청소·소독하고 청결한 상태로 관리한다.
③ 친절하고 예의바르게 고객을 맞이한다.
④ 위생적이고 단정한 옷차림으로 고객을 맞이한다.
⑤ 전문인으로서의 자신감과 긍지를 가지고 고객을 대한다.
⑥ 고객에 대한 불평을 하지 않으며 고객의 사생활을 보호하고 고객과 말다툼을 하지 않는다.
⑦ 고객에 필요에 따른 최고의 기술 제공하고 고객의 요구와 필요에 맞춰 기술을 향상한다.

3. 네일살롱의 위생과 소독

위생은 질병을 예방하고 고객과 네일아티스트의 건강을 지키는데 매우 중요하므로 살롱 내부는 물론 기기, 기구 등을 소독·멸균하여 항상 청결한 상태를 유지해야 한다.

1) 네일살롱의 위생

① 접수대, 선반, 보관장, 기구 등의 위생 상태가 청결하게 한다.
② 알맞은 조도, 적정한 온·냉방, 환기를 좋게 한다.
③ 화학 성분이 포함되어 있는 용액을 흘렸을 경우 즉시 제거한다.
④ 깨끗한 물품을 넣은 보관함에 오염된 도구를 함께 보관하지 않는다.
⑤ 살롱 내에 개, 강아지, 새 등 애완동물의 출입을 금지한다.

⑥ 온수와 냉수의 충분한 공급이 이루어져야 한다.
⑦ 크림이나 연고는 스파츌러를 이용해 용기에 덜어 사용한다.
⑧ 1회용 도구들은 재사용하지 않는다.

2) 네일리스트의 위생

① 적절한 위생 절차를 숙지하고, 이를 꼭 준수한다.
② 전염 가능성이 있거나 감염이 된 고객을 관리할 때는 감염되지 않도록 주의하며 병원 치료를 받도록 권유한다.
③ 시술 전·후에 70% 알코올이나 손 소독 용액으로 시술자와 고객의 손을 소독한다.
④ 관리 작업 시 마스크를 착용한다.
⑤ 손이나 피부에 상처가 나지 않도록 주의한다.
⑥ 깨끗하게 세탁한 유니폼을 입도록 하며, 항상 손의 청결을 유지한다.
⑦ 화학물질을 사용하거나 혼합물을 사용할 때는 항상 명시된 설명과 지시에 따른다.
⑧ 화학물질을 사용하는 동안 피부 또는 눈을 만지거나 닿지 않도록 한다.
⑨ 화학물질 사용 후에 항상 손을 씻는다.

3) 네일살롱의 소독

① 시술 전에 작업대는 70% 알코올이나 소독제로 닦는다.
② 모든 도구와 기구는 사용 후 소독처리하고 필요한 경우 멸균처리 한다.
③ 니퍼, 메탈푸셔, 랩가위, 클리퍼, 니퍼 등은 사용 후 70% 알코올에 약 20분 동안 담가둔 후 자외선 소독기에 넣어둔다.

예/상/문/제

01. 위생처리 도구를 소독제에 담가두는 가장 적합한 시간은?

① 최소 10분 이상
② 최소 20분 이상
③ 최소 10시간 이상
④ 최소 20시간 이상

Answer: 70%알코올의 소독 효과를 얻으려면 최소 20분 이상 담가둔다.

02. 손, 피부 소독을 위한 알코올의 적당한 % 용액은?

① 40~60% ② 60~70%
③ 60~90% ④ 80~90%

Answer: 도구 소독은 70% 정도의 알코올에 최소 20분 정도 담가둔다.

03. 위생법과 그에 따른 규칙들은 무엇을 목적으로 만들어졌나?

① 고객만족 ② 보험
③ 살롱발전 ④ 건강과 안전

04. 소독된 도구 보관으로 가장 적합한 것은?

① 서랍
② 주머니
③ 드라이/캐비넷 소독 기구
④ 종이타월

Answer: 멸균-병원성, 비병원성 미생물 및 포자까지 완전 사멸한다.

05. 어떤 물건을 낮은 농도의 살균제를 사용하여 살균작용을 유도하나 포자는 사멸되지 않는 단계는?

① 소독   ② 위생
③ 멸균   ④ 청결

06. 네일 도구를 소독하기 위한 알코올의 적당한 농도는?

① 40%   ② 50%
③ 60%   ④ 70%

정답 01. ② 02. ② 03. ① 04. ③ 05. ① 06. ④

07. 고객으로부터 예약을 접수받을 때 우리가 지켜야 할 사항이 아닌 것은?

① 전화를 받을 때 자신의 이름과 살롱의 이름을 먼저 말한다.
② 예약 접수 기록부, 필기도구, 메모지를 준비한다.
③ 식사 중에는 전화를 내려놓는다.
④ 일찍 예약을 받았으면 전날 손님에게 전화하여 재확인 한다.

08. 테이블, 기구 소도구를 사전 위생 처리하는 시간은?

① 최소 20분전에 멸균 소독 처리해서 손님을 받는다.
② 12시간 정도는 멸균 소독 처리해서 손님을 받는다.
③ 13시간 멸균 소독 처리해서 손님을 받는다.
④ 최소 5분 정도는 멸균소독 처리해서 손님을 받는다.

09. 네일 숍에서 행하는 소독법으로 잘못 된 것은?

① 기구, 도구의 살균 소독은 필수적인 살롱의 행위이다.
② 도구 소독제로 70%는 알코올 30%, 물 70%의 희석액이다.
③ 뚜껑이 있는 긴 유리컵의 소독으로 널리 사용되고 있다.
④ 니퍼, 푸셔, 클리퍼는 자외선 소독기에 넣어 2시간 이상 소독한다.

Answer: · 알코올(70%)+물(30%)=소독약(100%)
· 용질+용매= 용액

10. 화학물질을 사용 할 때 고객과 자기 자신을 보호 할 수 있는 방법이 아닌 것은?

① 환기가 되어야 한다.
② 화학물질을 공중으로 뿌려야 한다.
③ 마스크를 착용한다.
④ 살롱 내에서는 콘택트렌즈 사용보다는 안경을 착용하는 것이 안전하다.

11. 재료안전자료 표(MSDS)에 반드시 포함되지 않아도 되는 사항은?

① 물리적 혹은 화학적 위험성을 나타내는 사용 화학 물질의 표시
② MSDS준비 책임자의 인성을 표기해야 한다.
③ 주의사항과 취급방법
④ 보관 및 처리방법

Answer: MSDS에 기재사항- 위험첨가물에 대한 정보, 보건 위험, 물리적 위험성, 신체 적합성, 화학물질의 발암 위험성, 주의 사항과 취급방법, 보호나 예방 조치, 긴급 및 응급절차, 보관 및 처리방법

12. 화학물질에 과다 노출되었을 때 나타나는 증상이 아닌 것은?

① 머리가 아프다.
② 호흡 장애가 생긴다.
③ 머리카락이 빠진다.
④ 발가락이 따끔거린다.

Answer: 화학물질의 과다 노출 시 증상- 호흡장애, 피부 발진 및 염증, 가벼운 두통, 불면증, 눈물과 콧물, 목이 마르고 아픔, 몸이 피곤하고 나른함, 발가락이 따끔거림

13. 습식 매니큐어 소도구 위생처리 방법으로 맞는 것은?

① 하루에 한번 한다.
② 매 시술마다 한다.
③ 한 시간에 한번 한다.
④ 아무 때나 해도 무관하다.

14. 재료안전자료를 뜻하는 용어는?

① MSDS   ② MSCS
③ MADS   ④ MSOS

15. 화학제품 중 산성 물질에 노출 되었을 경우 네일테크니션의 올바른 대처 방법은?

① 그냥 두어도 무관하다.
② 젖은 수건으로 닦아준다.
③ 흐르는 물로 잘 닦고 알칼리수로 중화 시켜준다.
④ 오일을 발라준다.

Answer: 과다하게 산성에 노출되면 알칼리수로 중화시킨다.

Part 1 네일 개론

16. 화학물질 안전관리 중 틀린 것은?

① 아크릴 리퀴드, 솔벤트 사용 시 주의한다.
② 화학제품의 과다 사용금지한다.
③ 소독제는 적정농도 50%로 사용한다.
④ 시술 시제품이 피부에 닿지 않게 한다.

Answer: 소독제의 적정농도는 70%이다.

17. 네일리스트의 안전관리 중 틀린 것은?

① 마스크를 착용한다.
② 살롱 내에서는 금연한다.
③ 보호안경은 착용하지 않아도 된다.
④ 위생장갑을 착용한다.

18. 고객의 안전관리 중 옳지 않은 것은?

① 네일 팁은 조상(네일 베드) 길이의 1/4를 넘지 않도록 붙인다.
② 큐티클을 너무 세게 밀거나 바짝 자르지 않는다.
③ 글루의 과다사용을 하지 않는다.
④ 발 각질 제거용 면도날 재사용을 금지한다.

19. 고객 상담카드 작성 시 기재하지 않아도 되는 것은?

① 네일의 건강상태
② 고객이 원하는 서비스
③ 고객의 혈액형
④ 서비스 제공내역과 서비스 금액

20. MSDS(재료안전자료 표)는 무엇의 약자인가?

① Material Safety Data Sheet
② Material Safety Daily Sheet
③ Material Safety Data Shell
④ Match Safety Data Sheet

Answer: MSDS(재료 안전 자료 표/ Material Safety Data Sheet)는 제품을 사용하는 사람들이 제품에 필요한 모든 정보를 볼 수 있게 제조회사가 수록해 놓은 것이다.

정답 16. ③ 17. ③ 18. ① 19. ③ 20. ①

Chapter 06 네일 색채학

1. 색의 분류

1) 무채색

흰색, 회색, 검정 – 명도만 있다. (세 가지 색이며 밝고 어두움의 차이만을 가진 색)

2) 유채색

무채색을 제외한 모든 색 – 명도, 채도, 색상 모두 있다. (명도는 색의 밝고 어두움, 채도는 색의 맑고 탁함)

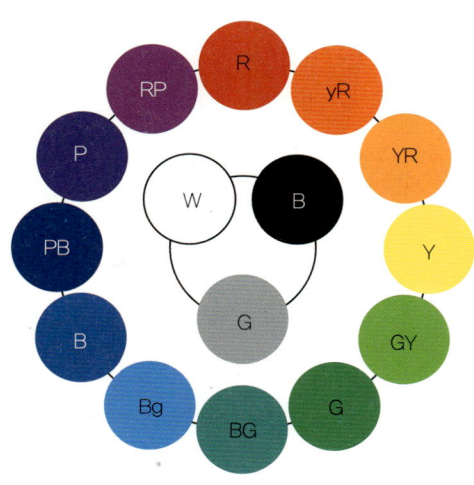

2. 색의 3속성[Three attributes of Color]

색의 3속성이란 색상(색조/Hue), 채도(Chroma), 명도(Value) 등의 3가지를 말한다. 이 세 속성이 모여 색(Color)을 이루며, 세 속성 모두 수치로서 표현하고 있다. 이 3속성은 별도로 독립되지 않고 밀접한 관계를 이루고 있으며, 서로 간에 영향을 끼치고 있다.

1) 색상(색조/Hue)

색상은 빨강, 노랑, 파랑 등과 같이 색을 구별하는 그 특성을 이야기한다. 주로 색상환(Color circle)에 의해 표현되며 먼셀의 색상환이 많이 사용되고 있다. 우리나라는 먼셀의 색 체계를 사용하고 있으며, 한국 산업규격에 따른 색 이름은 먼셀의 색 체계 중 10색을 기준으로 하고 있다. 기준색은 빨강(5R), 주황(5YR), 노랑(5Y), 연두(5GY), 녹색(5G), 청록(5BG), 파랑(5B), 남색(5PB), 보라(5P), 자주(5RP) 이다.

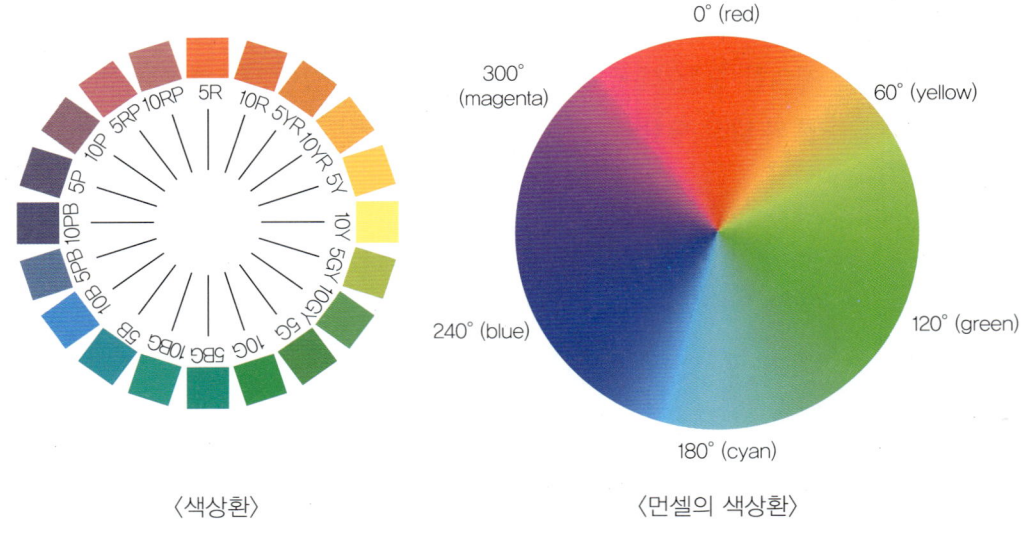

〈색상환〉　　　　　　　〈먼셀의 색상환〉

위 그림처럼 색상환은 원으로 표현되고 있다. 0°, 120°, 240°에 위치한 색상은

Red, Green, Blue로써 바로 가산혼합 방식의 3원색이다. 그리고 그 사이에 위치한 60°, 240°, 300°의 색은 Cyan, Magenta, Yellow 즉, 감산혼합 방식의 3원색이다. 색상환을 일자로 늘어놓으면 아래와 같은 모양이 된다.

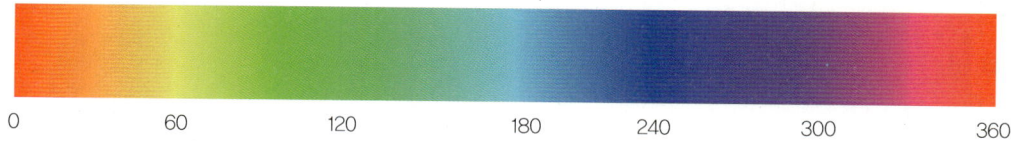

2) 채도(Chroma, Saturation)

채도는 색의 양을 이야기한다. 비유를 들자면 물감과 물을 섞을 때, 전혀 섞지 않은 상태의 물감을 채도 100%라고 한다면, 물은 채도 0이라고 할 수 있다. 그리고 섞는 양에 따라 채도의 값이 결정된다. 사람의 눈은 보통 20~30 정도의 채도를 구분한다. 색상(Hue)과 채도의 관계는 아래의 표처럼 표현할 수 있다.

0	(0,100,80)	(0,75,80)	(0,50,80)	(0,25,80)	(0,0,80)
60	(60,100,80)	(60,75,80)	(60,50,80)	(60,25,80)	(0,0,80)
120	(120,100,80)	(120,75,80)	(120,50,80)	(120,25,80)	(0,0,80)
180	(180,100,80)	(180,75,80)	(180,50,80)	(180,25,80)	(0,0,80)
240	(240,100,80)	(240,75,80)	(240,50,80)	(240,25,80)	(0,0,80)
300	(300,100,80)	(300,75,80)	(300,50,80)	(300,25,80)	(0,0,80)
360	(360,100,80)	(360,75,80)	(360,50,80)	(360,25,80)	(0,0,80)

이것을 색상환과 연결시키면 아래의 그림처럼 표현될 수 있습니다.

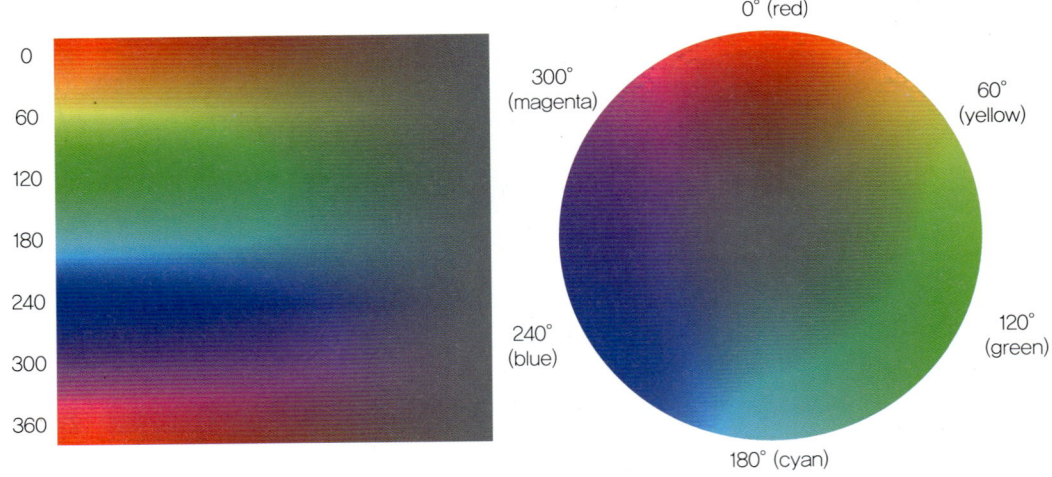

왼쪽의 것은 평면으로 펼쳐놓은 것이다. 왼쪽이 가장 채도가 높은 색이고, 오른쪽으로 갈수록 색이 없어져서 채도 값이 0이 되는 것이다. 오른쪽의 그림은 원으로 표현한 것이다. 원의 가장자리에 있는 색이 채도가 가장 높은 색이고, 중앙으로 갈수록 색이 옅어져서 그 중심은 채도 0이 되는 것이다.

(1) 순색

순색은 색의 기본이 되는 색이다. 즉, 가장 순수한 색으로서 색과 색의 혼합으로는 만들어질 수 없는 색이다. 때문에 가장 높은 채도를 가진다. 하지만 채도가 높다고 해서 모두 순색이 되는 것은 아니다. 먼셀의 20색 중 순색은 빨, 주, 노, 초, 파, 남, 보, 이렇게 7가지 색이다. 나머지 색은 이 7까지 색을 섞어서 만들 수 있기 때문이다.

(2) 무채색

무채색은 채도가 0인 색을 이다. 이 말은 색상(Hue)을 갖지 못한 색(Color)이라는 뜻이다. 색의 3속성 중 명도만을 가진다. 가장 밝은 색은 흰색, 가장 어두운 색은 검은색, 그 사이에 있는 색은 회색이라는 이름을 가진다.

3) 명도(Value, Brightness)

　명도는 색의 밝고 어두움을 이야기 한다. 3속성 중 사람이 가장 잘 인지할 수 있는 속성이다. 가장 밝은 색은 흰색, 가장 어두운 색은 검은색으로 표현하지만 실제 가장 밝은 색과 가장 어두운 색은 표현이 불가능하다. 사람의 눈으로는 약 200단계까지 인지가 가능하며 먼셀의 표색계에서는 0~10까지 11개 중 표현이 불가능한 가장 어두운 0과, 가장 밝은 10은 빼고 1~9 단계로 표현하고 있습니다. 포토샵에서는 8bit, 즉 가장 어두운 단계인 0부터 가장 밝은 단계인 255까지 256단계로 표현하고 있습니다.

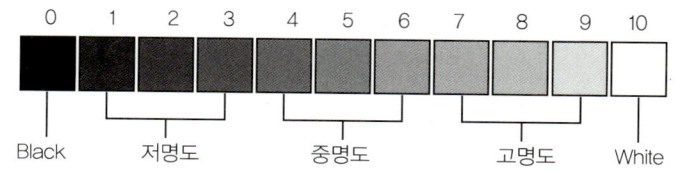

〈먼셀의 표색계의 명도〉

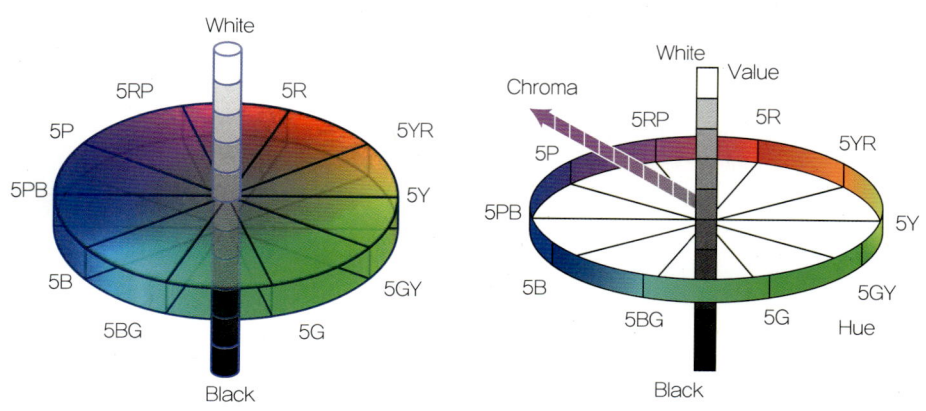

　명도와 색상, 채도와의 관계를 입체적으로 구성하면 위의 그림처럼 된다. 명도 기둥을 중심으로 색상이 원을 이루고 있는 형태이다. 원의 어느 각에 위치하느냐에 따라 색상이 달라진다. 명도는 위쪽으로 올라가면 밝아지고 아래쪽으로 내려가면 어두워진다. 그리고 그 기둥에서 멀어질수록 채도는 높아가고 반대로 기둥에 가까워질수록 채도는 낮아진다.

4) 먼셀 표색계(Munsell color system)

미국의 화가 먼셀이 고안한 색체계이다. 색의 3속성인 Hue(색상), Value(명도), Chroma(채도)에 의해 표기하는 방법을 사용하고 있다. 우리나라에서도 한국산업규격(KS A0062)에서 채택하였으며, 색채 교육용으로 채택된 표색계이다.

(1) 표기법

'HV/C'의 형태로 표시합니다. 예를 들어 빨강은 '5R4/14'라고 표기 된다. 5R은 색상, 4는 명도의 단계, 14는 채도의 단계가 됩니다. 채도의 단계는 무채색의 경우를 0으로 하며 그 수치가 올라갈수록 높은 채도를 가지게 된다. 0~14까지의 단계를 가지고 있다.

(2) 먼셀의 색입체

실제 색을 입체로 표현하면 위쪽의 그림처럼 대칭을 이루는 형태가 되지 않는다. 기본이 되는 20색상이라도 명도나 채도가 차이가 나기 때문이다. 기본 색상 중 명도가 가장 밝은 색은 노랑이며, 채도가 가장 높은 색은 빨강, 노랑 등이다. 실제 입체는 옆 그림처럼 표현될 수 있다.

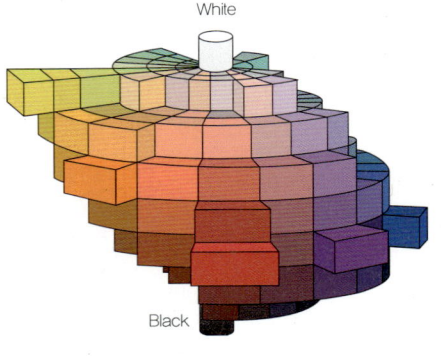

〈먼셀의 색입체〉

5) 색의혼합

(1) 가산혼합(빛의 혼합)

빛의 혼합으로 빛이 겹칠수록 밝아진다.
예) 무대조명, 네온사인, 색유리등을 통과한 광선의 혼합으로 겹칠수록 명도가 높아진다, 더 밝아짐

* 빛3원색: 빨강+파랑+녹색=흰색(백광색)

(2) 감산혼합(물감의 혼합)

물 감, 잉크 등 섞을수록 명도가 낮아져 어두워진다.

* 물감3원색: 빨강+파랑+노랑=검정

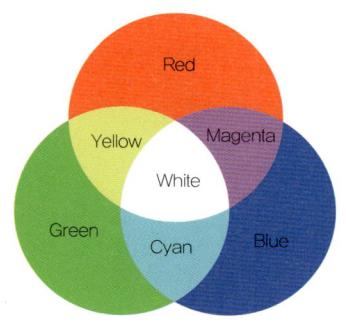 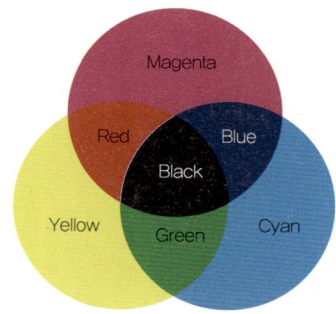

(3) 중간혼합

두 색을 섞으면 중간명도가 된다. 직접적인 것이 아니라 시각적인 혼합효과이다.
① 병치혼합:직물의 짜임, 모자이크, 점묘화 등 멀리서보면 두 색이 섞여 중간색으로 보인다.
② 회전혼합:색팽이, 바람개비 등 두 색을 회전시키면 중간색으로 혼색되어 보인다.

3. 배색과 보색

1) 배색(Arangement color)

배색의 이론에는 먼저 세브룰의 유사와 대비의 조화배색론이 있다. 색상·채도·명도를 각각의 각도에서 깊이 구명하면 다음과 같다. a는 공통요소를 많이 포함한 부드럽고 섬세한 관계의 색상·채도·명도의 배색을 말한다. b는 명확한 시각효과를 가질 경우의 배색으로 색상·채도·명도가 상이할 때, 색상이 서로 접근해 있고 명도가 크게 다를 때는 상쾌한 자극을 낳는다. 그래서 자극이 크고 색상거리가 가장 먼 보색의 인접배치는, 채도·명도가 가까울수록 강하나, 백(White)이나 흑(Black)을 가하면 안정된 보색대비가 된다.

오스트발트는 색상·채도·명도의 수리적인 삼각색표를 사용한 일정의 법칙성을 주창하였다. 먼셀도 오스트발트와 같이 색입체를 사용하였다. 그는 조화배색을 선정할 때 색의 3속성에 기초를 둔 색입체 위에서, 어떤 방향을 따라 선정한다. 그러면 명도만이 변화하는 배색, 색상만이 변화하는 배색, 채도만이 변화하는 배색을 얻을 수 있다. 또한 3개의 복합된 배색도 얻을 수 있다고 구명하고 있으나, 그다지 일반적인 것은 아니다.

기본배색

내추럴한/
자연에서 볼 수 있는 산의 녹색빛, 나무, 흙 등의 색은 편안하고 자연스러운 느낌을 줄 수 있습니다.

모던한/
도시에서 볼 수 있는 삭막하면서도 세련된 느낌의 무채색을 이용하여 단순하면서도
세련된 느낌과 현대적인 감각을 줄 수 있습니다.

심플한/
너무 많은 색을 사용하지 않고, 색상과 색조를 통일해서 전체 사이트를
디자인하면 간결하고 심플한 분위기를 줄 수 있습니다.

여성적인/
붉은색 계열의 은은하고 부드러운 컬러로 여성스러운 분위기를 줄 수 있습니다.

역동적인/
밝고 가벼운 분위기의 선명한 색으로 활달하고 경쾌한 느낌을 줄 수 있습니다.

2) 보색(Complementary color)

 보색이라는 것은 반대되는 색을 이야기 한다. 색상환으로 표현하자면 정 반대의 각에 위치한 색이다. 즉 0°에 위치한 Red의 보색은 180°에 위치한 Cyan이 된다. Yellow의 보색은 Blue, Green의 보색은 Magenta가 되는 것이다. 재밌는 것은 빛의 삼원색인 RGB와 안료(물감)의 삼원색인 CMY(K)는 서로 보색의 관계에 있다는 점이다.

임의의 2가지 색광을 일정 비율로 혼색하여 백색광이 되는 경우, 또는 색상이 다른 두 색의 물감을 적당한 비율로 혼합하여 무채색이 되는 경우로 색상환에서 서로 대응하는 위치의 색. 이 두 색을 서로 상대방에 대한 보색 또는 여색이라 한다. 빨강과 청록, 노랑과 남색, 연두와 보라 등의 색은 서로 보색인데, 이들의 어울림을 보색대비라 한다. 색상환속에서 서로 마주 보는 위치에 놓인 색은 모두 보색 관계이다.

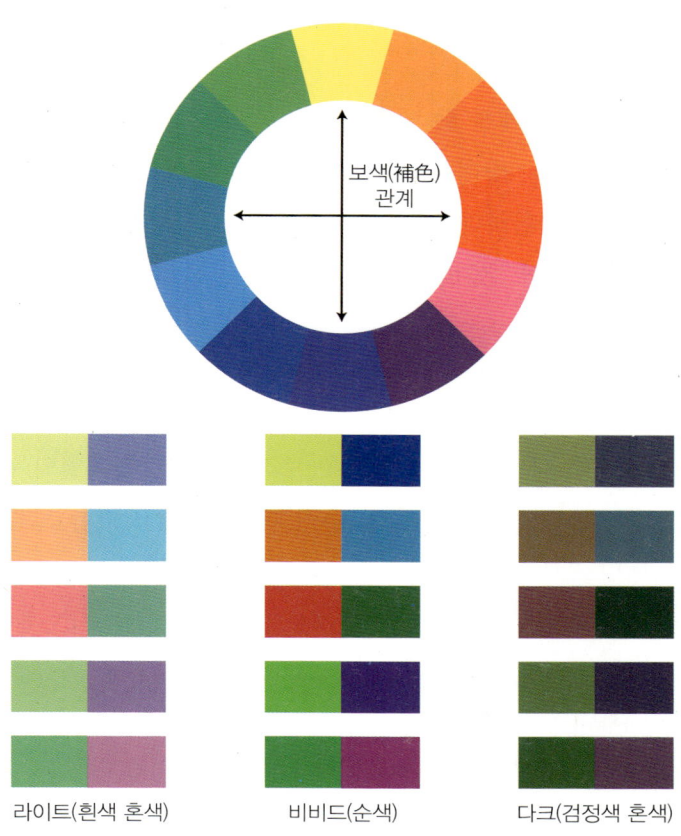

라이트(흰색 혼색) 비비드(순색) 다크(검정색 혼색)

4. 네일 관리와 색채

1) 피부톤에 맞는 색상

 일반적으로 어두운 색상의 매니큐어는 피부톤을 밝아보이게 만들고, 연한 색상의 매니큐어는 피부를 어둡게 보이게 한다. 밝은 형광색 매니큐어는 피부가 하얀 사람에게 잘 어울리지만, 까만 피부를 가진 사람에게는 오히려 피부톤을 칙칙하게 만드는 역효과를 가져올 수 있다.
피부색이 밝고 화사한 사람이 있는가하면 붉은 기가 돌거나 어두운 사람이 있다. 피부가 하얀 친구에게 잘 어울리던 네일 컬러가 까만 피부를 가진 자신에게 어울리지 않는 이유는 바로 손의 피부색 때문이다.

2) 상황에 어울리는 색상

 평소 화려한 색상이 본인에게 잘 어울린다 해도 상황과 자리에 맞지 않는 색이라면 아름답게 보일 수 없다. 장례식장처럼 엄숙하고 점잖은 차림이 필요한 장소에서는 누드계열의 색상이 적합하다. 친구들과 파티에 갈 계획이라면 글리터 매니큐어나 메탈 매니큐어가 적합할 것이다.

3) 메이크업과 매치한 색상

 브라운 계열의 스모키 메이크업을 한 경우 브라운이나 골드계열의 컬러에 호피나 지브라로 포인트를 준 네일이 잘 어울릴 수 있다. 그러나 강렬한 느낌의 새빨간 립스틱과 새파란 네일 컬러는 강한 대비를 이루는 보색효과로 '투 머치'의 역효과를 낳을 수 있다. 패션 감각이 뛰어난 사람이라면 이처럼 과감한 시도를 해볼 수도 있겠지만, 자신의 패션 감각을 자신할 수 없다면 유사한 계통의 색상을 바르는 것이 실수를 줄이는 방법이다.

4) 손톱 길이에 맞는 색상

보통 짧은 손톱에는 선명하고 과감한 색상이 잘 어울리고, 긴 손톱에는 파스텔과 누드계열의 색상이 잘 어울린다. 긴 손톱에 바른 초록색 네온 매니큐어가 잘 어울리지 않는다고 해서 본인에게 맞지 않는 색이라고 단정할 수 없다. 손톱을 짧게 자른 후 발라보면 의외로 자신에게 잘 어울리는 색상일 수 있다.

5) 패션에 맞는 색상

브라운 컬러의 의상과 액세서리를 한 경우에는 피부톤의 누드계열 색상이 고급스러움을 더해 줄 수 있다. 블랙과 화이트 같은 무채색의 스타일은 채도가 높은 컬러보다는 파스텔 톤의 은은한 컬러가 잘 어울리며, 스포츠 웨어 같은 경우에는 단색의 의상들이 많으므로 팔리쉬 색상도 밝은 계열로 구성하는 것이 좋은 방법이다.

6) 계절 맞춤형 색상

봄에는 여성스러움을 부각할 수 있는 파스텔 톤 계열의 색상이 화사하고 자연스럽다. 한여름에는 네온 계열의 색상이 시원한 느낌을 줄 수 있다. 반면 한여름에 어두운 색깔을 바르면 덥고 답답해 보일 수 있고, 금속성 계열의 차가운 색상을 한겨울에 바르는 것은 부적절해 보인다.

예/상/문/제

Forecast Question

01. 색의 3속성이 아닌 것은?
① 색상   ② 명도
③ 농도   ④ 채도

02. 먼셀의 색상환에서 YR의 보색기호는?
① PB   ② RB
③ B   ④ GY

03. 색채를 표시할 때 HV/C로 표시한다. V가 뜻하는 것은 무엇인가?
① 채도   ② 명도
③ 색상   ④ 대비

04. 색의 선명도를 무엇이라고 하는가?
① 채도   ② 명도
③ 색상   ④ 농도

05. 5R 4/14 는 무슨 색인가?
① 빨강   ② 균형색
③ 자주   ④ 주황

06. 다음 색 중 성격이 다른 것은?
① White   ② Gray
③ Yellow ④ Black

07. 명도의 기호는?
① V   ② N
③ H   ④ C

08. 색의 이름을 가리키는 말은?
① 명도   ② 색상
③ 채도   ④ 순도

09. 먼셀의 표준 10색상환에서 PB는 무슨 색인가?

① 남색
② 남보라
③ 자주
④ 감청

10. 먼셀의 색입체를 수평으로 잘랐을 때 나타나는 것은?

① 동일채도면
② 동일명도면
③ 동일색상면
④ 명도의 11단계

11. 보색의 물감끼리 혼합하면?

① 좀 더 밝아진다.
② 좀 더 어두워진다.
③ 색상환에서 중간색이 된다
④ 어두운 탁색이 된다.

12. 색의 3속성은?

① 색상, 명도, 순도
② 색환, 명도, 채도
③ 색상, 명도, 채도
④ 색상, 명도, 포화도

13. 우리나라 문교부 표준 표색계는?

① Munsell Color System이다.
② Ostwald Color System이다.
③ Newton Color System이다.
④ Goethe Color System이다.

14. Munsell 표색계에서 채도 단계는 어느 것인가?

① 8   ② 10
③ 12   ④ 14

15. 색광의 3원색은?

① 빨강, 녹, 청자
② 자주, 노랑, 파랑
③ 빨강, 노랑, 청자
④ 주홍, 녹색, 청자

정답 01. ③ 02. ③ 03. ② 04. ① 05. ① 06. ③ 07. ① 08. ② 09. ② 10. ②
       11. ④ 12. ③ 13. ① 14. ④ 15. ①

Part 1 네일 개론

16. 색의 밝고 어두운 정도를 나타내는 기준은 무엇인가?

① 채도　　② 색상
③ 명도　　④ 색환표

17. 채도란 무엇인가?

① 색의 밝고 어두운 정도
② 색의 맑고 고운 정도
③ 색의 표정
④ 색의 종류

18. 다음에서 보색 관계의 배색은 어느 것인가?

① 보라-빨강
② 보라-노랑
③ 보라-녹색
④ 보라-파랑

19. 다음에서 청록 바탕의 보라색에선 빨강기미를, 빨강 바탕의 보라색에선 청록 기미를 느꼈다. 어떤 현상인가?

① 색상 대비
② 명도 대비
③ 보색 대비
④ 채도 대비

20. 색입체란 무엇을 말하는가?

① 색채를 사용하여 만든 입체적인 작품
② 색을 속성에 따라 분류하고 그것을 계통적으로 배열한 것
③ 색상에 따라 색환을 만들고 그것을 기하학적으로 배열한 것
④ 여러 가지 색을 차례대로 늘어놓은 둥근 원

정답　16. ③　17. ②　18. ②　19. ③　20. ②

PART 02

공중위생 관리학

- Chapter 1   공중보건학의 개념
- Chapter 2   역학 및 감염병 관리
- Chapter 3   환경보건
- Chapter 4   보건관리
- Chapter 5   미생물과 소독
- Chapter 6   공중위생관리법

Chapter 01

공중보건학의 개념

1. 건강과 질병

1) 건강에 대한 정의

(1) WHO(세계보건기구)의 정의

"건강이란 질병이 없거나 허약하지 않을 뿐만 아니라 육체적·정신적·사회적으로 완전한 상태이다." 라고 정의하였다.(1998년)

(2) 대한민국 헌법의 정의

"건강이란 모든 국민이 마땅히 누려야 할 기본적인 권리이다." 우리나라 헌법에서는 건강을 하나의 기본권적 개념으로 보고 있다.

2) 질병의 정의

질병이란 심신의 전체 또는 일부가 일차적 또는 계속적으로 장애를 일으켜서 정상적인 생리기능을 하지 못하는 상태를 말하며 건강은 병인, 숙주, 환경의 상호작용이 균형을 유지할 때 성립한다.

3) 질병의 발생

 질병의 발생은 세 가지 요인에 의하여 결정된다. 그 세가지 요인은 인간이라는 숙주, 질병을 일으키는 병인 및 인간이 살아가고 있는 환경이다. 즉, 숙주, 병인, 환경 세 가지 요인간의 부조화로 숙주에게 불리하게 영향을 미칠 때 질병이 발생하게 된다.

(1) 숙주(Host)요인

연령, 성, 종족, 면역, 생활습관, 직업, 개인위생, 선천적·후천적 지향력, 건강상태, 영양상태 등

(2) 병인(Agent)요인

온도, 습도, 기압, 방사선, 물, 유해가스, 화학성 물질, 중금속 등

(3) 환경(Environment)요인

매개곤충 및 동물, 병원체, 기후, 지형, 상하수도, 계절, 생활습관, 위생상태의 차이, 전쟁, 불경기, 직업, 경제상태 등

4) 질병의 예방

(1) 1차 예방(Primary prevention)

병인, 숙주, 환경 등에 의한 질병 발생의 자극이 있는 시기로 적절한 예방조치를 취하여 건강한 사람이 병들지 않고 그들의 건강상태를 최고 수준으로 향상시키도록 노력하는 것이다.
생활환경 개선, 안전관리 및 예방접종 등의 예방활동이 필요하다.

(2) 2차 예방(Secondary prevention)

질병 초기 또는 임상 질환기에 적용되는 것으로 숙주의 병적 변화가 있는 시기이다. 질병의 조기발견 및 조기치료 등 치료 의학적 예방활동이 필요하다.

(3) 3차 예방(Tertiary prevention)

질병 치료를 하였음에도 심신의 장애를 남긴 사람들에게 필요한 조치이다. 질병의 악화를 방지하고, 잔재 효과를 최소화하며 재활, 사회복귀가 가능하도록 재활 의학적 예방활동이 필요하다.

2. 공중보건학의 개요

1) 공중보건학의 정의

공중보건학은 환경위생의 개선, 감염병의 예방, 개인위생의 원리에 기초를 둔 위생교육, 질병의 조기진단과 예방적 치료를 위한 의료 및 간호 업무의 조직화, 나아가서는 지역사회의 모든 주민이 지역사회의 노력을 통해서 질병을 예방하고 생명을 연장하며, 건강과 인간적 능률의 증진을 꾀하는 학문이다.

(1) 윈슬로(Winslow)의 정의

윈슬로는 조직적인 지역사회의 노력을 통해서 질병을 예방하고 생명을 연장시킴과 동시에 신체적, 정신적 효율을 증가시키는 기술과 과학이다. 라고 정의하였다.

(2) 세계보건기구(WHO)의 정의

① WHO는 "공중보건학은 질병을 예방하고 건강을 유지·증진시킴으로써 육체적, 정신적 능력을 충분히 발휘할 수 있게 하기 위한 과학이며, 그 지식을 사회의 조직적 노력으로 사람들에게 적용하는 기술이다."라고 정의하였다.
② WHO는 국제연합보건전문기관으로 1948년 4월 7일 정식 발족되었으며 스위스 제네바에 그 본부가 있고 우리나라는 1949년 65번째로 정식 가입하였다.

> **TIP**
> 세계보건기구(WHO)의 기능
> - 국제보건사업의 지휘 및 조정
> - 회원국 지원 및 자료공급
> - 전문가 파견으로 기술자문 활동

2) 공중보건학의 특성

(1) 공중보건 사업의 3대 요소
보건교육(가장 중요), 보건행정, 보건관계법규

(2) 공중보건학의 범위

① 환경관리 분야 : 환경위생, 식품위생, 환경오염, 산업보건
② 질병관리 분야 : 감염병 관리, 역학, 기생충관리, 비전염성 질환 관리
③ 보건관리 분야
　보건행정, 보건교육, 모자보건, 의료보장제도, 보건영양, 인구보건, 가족계획, 보건통계, 정신보건, 영·유아보건, 성인병 관리, 사회보장

3) 공중보건학의 발전사

(1) 고대(기원전~서기 500년)

① 점성설: 별자리의 이동에 따라 질병, 기아, 전쟁이 발생
② 히포크라테스
  ㉠ 장기설 - 오염된 공기가 질병의 원인
  ㉡ 4체액설 - 인체는 혈액, 점액, 황담, 흑담의 4체액으로 구성

(2) 중세(500~2500년): 암흑기

① 신벌설: 질병은 신이 내린 벌로 인식하여 의학의 발전이 없음
② 접촉전염설: 사람이 사람에게 질병을 전염시킨다.
③ 1340년 페스트의 창궐로 유럽인구의 1/4 사망

* 검역의 효시: 1383년 프랑스 마르세유(Marseilles)에서 검역법 제정

(3) 근세(1500~1850년): 요람기

개인위생에서 공중 보건으로 개념이 전환된 시기로, 르네상스와 대량생산으로 인한 산업혁명의 가속화, 도시화, 프랑스혁명으로 공중보건의 사상이 싹튼 시기

① 영국: 제너(E. Jenner)는 우두 종두법(1798년) 개발

* 세계 최초로 공중보건법(1848년) 제정 → 공중보건국 설치

② 프랑스: 제로(M. Jero)에 의해 1791년 국립위생회관 건립
③ 스웨덴: 세계 최초의 국세 조사(1749년) 실시
④ 독일: 프랑크(J. P. Frank)는 지역 단위 의료관리조직을 통한 위생행정을 역설
⑤ 미국: 1842년 사무엘 샤턱(Samuel Shattuck)이 도시위생에 관한 보고서 발표

(4) 근대(1850~1900년) : 확립기

① 제도적인 면과 내용적인 면에서 공중보건학의 확립·기초를 다진 시기
② 영국, 독일, 프랑스 등에서 세균학과 면역학, 예방의학사상이 싹튼 시기
③ 미생물의 병인설 : 질병 발생의 원인이 미생물 때문이라는 주장
　㉠ 영국 : 존 스노우(John Snow)
　　콜레라에 관한 역학 조사 보고(1855)
　　* 라돈(Rathome)-방문 간호사법 시작(1862)→보건소 효시
　㉡ 독일 : 비스마르크(Bismark)
　　세계 최초 근로자 질병보호법 제정(1883)
　　* 페텐코퍼(Max von pettenkofer) – 세계 최초로 뮌헨대학에 위생학 교실 창립(1866)
　㉢ 프랑스 : 루이스 파스퇴르(Louis Pasteur 현대의학의 창시자)
　　저온살균법, 탄저균 백신, 광견병 백신 발견
　㉣ 독일 : 로버트 코흐(Robet Koch, 세균학의 선구자)
　　결핵균, 콜레라균, 탄저균 분리

(5) 현대(1901년 이후) : 발전기

공중보건학과 치교의학의 조화로운 발전기이다.
① 영국 세계 최초의 보건부 설치(1919)
② Winslow가 공중보건학 정의를 발표(1920)
③ 사회보장제도 및 국제보건기구 창립
　• WHO(세계보건기구, 1948)
　• ILO(국제 노동기구, 1946)
　• UNICEF(국제연합아동기금, 1946)
　• FAO(국제연합식량농업기구, 1946)

4) 공중보건수준의 평가

(1) 종합건강지표

① 평균수명
② 조사망률
③ 비례사망지수

(2) 보건수준 평가의 3대 지표(국가 간 비교 가능한 종합건강지표)

① 영아사망률
② 비례사망지수
③ 평균수명

- 비례사망지수(PMI):(50세 이상 사망 수 ÷ 총 사망 수) × 100
- 조사망률:(연간사망지수 ÷ 연양인구) × 1,000
- 영아사망률:(연간 1세 미만의 영아사망수 ÷ 연간출생아 수) × 1,000

예/상/문/제

01. 다음 중 공중보건학의 범위가 아닌 것은?

① 역학
② 감염병 관리
③ 감염병 치료
④ 모자보건

Answer: 치료는 공중보건학의 범위가 아니다.

02. 보건행정에 대한 설명으로 가장 올바른 것은?

① 공중보건의 목적을 달성하기 위해 공공의 책임하에 수행하는 행정활동
② 개인보건의 목적을 달성하기 위해 공공의 책임하에 수행하는 행정활동
③ 국가 간의 질병교류를 막기 위해 공공의 책임하에 수행하는 행정활동
④ 공중보건의 목적을 달성하기 위해 개인의 책임하에 수행하는 행정활동

Answer: 보건행정은 공중보건의 목적 달성을 위해 공공의 책임하에 수행하는 행정활동이다.

03. 보건수준 평가의 3대 지표가 아닌 것은?

① 영아사망률
② 출생률
③ 비례사망지수
④ 평균수명

Answer: 보건수준 평가의 3대 지표는 영아사망률, 비례사망지수, 평균수명이다.

04. 사회보장의 분류에 속하지 않는 것은? * 2010년 제2회 국가자격증 기출문제

① 산재보험
② 소득보장
③ 자동차보험
④ 생활보호

Answer: 자동차보험은 사회보장에 속하지 않는다.

정답 01. ③ 02. ① 03. ② 04. ③

05. WHO에서 규정하는 보건행정의 범위는?

㉮ 재해예방	㉯ 보건교육
㉰ 환경위생	㉱ 감염병관리

① ㉱
② ㉮, ㉯, ㉰
③ ㉮, ㉯, ㉰, ㉱
④ ㉮, ㉯

Answer: 보건행정은 재해예방, 보건교육, 환경위생, 감염병관리를 모두 포함한다.

06. 전 세계 최초로 공중보건법이 제정된 시기는?

① 1798년
② 1919년
③ 1848년
④ 1940년

Answer: 1848년 영국에서 최초로 공중보건법이 제정되었다.

07. 보건교육의 내용과 관계가 가장 먼 것은?

① 생활환경위생 : 보건위생 관련 내용
② 성인병 및 노인성 질병 : 질병 관련 내용
③ 기호품 및 의약품의 외용·남용 : 건강 관련 내용
④ 미용정보 및 최신기술 : 산업 관련 기술 내용

Answer: 미용정보 및 최신 기술은 보건 분야에 해당되지 않는다.

08. 질병에 대한 설명으로 거리가 먼 것은?

① 감염성 질환과 비감염성 질환으로 나눌 수 있다.
② 비감염성 질환은 고혈압이나 당뇨병이 있다.
③ 매개물이 없이 사람과 사람으로 직접 전파된다.
④ 질병이란 심신의 전체 또는 일부가 계속적으로 장애를 일으켜 정상적인 기능을 할 수 없는 상태를 말한다.

Answer: 특정질환(성병)의 전파 형태이다.

09. 질병의 예방에서 3차 예방에 속하는 단계는?

① 병인, 숙주 등에 의한 질병발생의 자극이 있는 시기
② 숙주의 병적 변화가 있는 시기
③ 예방접종 등의 예방활동이 필요한 시기
④ 사회복귀가 가능하도록 재활 의학적 예방활동이 필요한 시기

Answer: 3차 단계는 질병이 발생되어 재활을 목적으로 하는 시기이다.

10. 질병의 예방에서 2차 예방에 속하는 단계는?

① 조기발견 및 조기치료 등 의학적 예방활동을 하는 시기
② 생활환경개선 및 안전관리를 해야 하는 시기
③ 잔재효과를 최소화하는데 신경 써야 할 시기
④ 사회복귀가 가능하도록 재활 의학적 예방활동이 필요한 시기

Answer: 숙주의 병적 변화가 있는 시기로서 치료 의학적 예방활동이 필요한 시기이다.

정답 05. ③ 06. ③ 07. ④ 08. ③ 09. ④ 10. ①

Chapter 02

역학 및 감염병 관리

1. 역학 관리

1) 역학의 정의

역학이란 인간 집단을 대상으로 인구의 변화와 건강에 장애가 되는 질병, 장애, 정신이상 등 여러 요인들을 집단적 현상으로 관찰하고 질병의 발생이나 분포 및 유행 경향을 밝히며 그 원인을 규명하고 논리적으로 연구하여 질병발생을 예방하고 근절시키기 위하여 안국하는 학문이다.

2) 역학의 목적과 역할

① 질병의 병인 또는 발생을 결정하는 요인을 규명한다.
② 질병의 측정과 질병 유행발생을 감시한다.
③ 임상 연구에서의 활용을 위함이다.
④ 보건의료기획과 평가를 위한 자료를 제공한다.
⑤ 질병의 자연사에 대한 기술적 역할을 한다.

3) 역학적 개념

① 3대 요인설(삼각형 모형설): 병인, 숙주, 환경의 상호작용에 의해 질병발생

② 거미줄 모형설(원인망 모형설) : 여러 요인이 연결되어 복잡한 상호작용에 의해 질병발생
③ 수레바퀴 모형설 : 숙주의 유전적 요인과 환경의 상호작용에 의해 질병발생

> **TIP**
>
> **코흐의 가설(Koch's postulate)**
> 전염성의 질환에서 원인균 확정을 위한 4가지 조건
> - 그 세균은 분리되어져야 하고 순수 배양에서 자라야 한다.
> - 동일질환을 가진 각 환자 모두로부터 동일 세균이 발견되어야 한다.
> - 감수성 있는 동물에게 그 순수 배양된 세균을 접종하면 동일 질병이 발생되어야 한다.
> - 그 세균은 실험적으로 발병하게 한 동물로부터 다시 발견되어야 한다.

4) 역학조사 시 고려사항

① 질병빈도의 측정   ② 질병의 분포   ③ 질병의 결정 요인

5) 시간적 역학현상

① 추세변화(Secular trend, 장기변화) : 수십 년에서 수백 년을 한 주기로 질병분포 변화가 반복되는 현상
② 주기적 변화(Cyclic trend) : 질병 발생 빈도가 일정 기간을 두고 반복적으로 달라지는 주기성을 나타내는 변화
③ 계절적 변화(Seasonal trend) : 1년을 주기로 하여 발생이 많은 달이나 계절에 따라 유행하는 현상
④ 불규칙 변화(Irregular trend, 일일유행, 돌연유행) : 어떤 질병이 일시적으로 국한된 지역에 발생될 때의 현상

> **TIP**
>
> **시간적 역학현상**
> - 장기변화 : 장티푸스, 디프테리아 등
> - 순환변화 : 홍역 2~3년, 일본뇌염 3~4년, 백일해 2~4년
> - 계절적 변화 : 여름철-소화기계, 겨울철-호흡기계, 가을철 - 쯔쯔가무시, 렙토스피라증, 유행성 출혈열
> - 불규칙변화 : 콜레라 등

6) 감염(Infection)

 감염이란 병원체가 인간이나 동물에 침입하여 장기에 자리 잡고 증식하는 것을 말한다. 감염은 감염원, 감염 경로, 숙주의 감수성 등 3가지가 갖추어졌을 때 일어난다. 감염에는 전혀 증세가 없이 면역만 생기는 불현성 감염과 증세가 나타나는 현성 감염이 있다.

(1) 감염경로

① 호흡 시 공기 중 세균에 의한 감염
② 세균에 노출된 음식 섭취 시 감염
③ 입맞춤이나 악수 등의 직접 접촉에 의한 감염
④ 오염된 물을 마시거나 씻거나 목욕할 때 감염
⑤ 동물에 직접 물리거나 벌레에 물렸을 때 감염
⑥ 질병에 이환된 사람과 접촉 시 감염

TIP

감염과 발병에 관계되는 용어정리

감염	병원체가 신체의 표면이나 의복, 물, 식품 등에 부착 · 혼입된 상태
잠복기	병원체의 접촉에서 발병까지의 기간
병원성	감수성 있는 숙주를 질병으로 유도시키는 병원체의 능력
독력	병원체가 나타내는 병원성의 정도 ex)치명률
현성감염	숙주가 감염되어서 발병한 상태
불현성 감염	숙주가 감염되었더라도 발병에 이르지 않은 상태
건강보균자	감염되었으나 증상이 나타나지 않는 사람으로 무증상보균자라고도 함
병원소	병원체가 원래 생활하고 있는 장소
비말감염	감염된 숙주로부터 가래나 재채기를 통해 배출된 타액에 의한 감염. 장시간 공기 중에 떠다니다가 흡입으로 인해 감염됨
진애감염	의복, 토양, 방바닥 등에서부터 생긴 먼지에 의한 감염
기회감염	질병이나 약에 의해 숙주의 저항력이 저하된 경우. 본래 전염성 낮은 미생물에 의해 감염을 받는 것

2. 감염병 관리

 감염병(Communicable disease)이란 감염된 사람 혹은 동물 등의 병원소로부터 감수성이 있는 새로운 숙주로 병원체 혹은 병원체의 산물이 전파되어 발생하는 병이다.

> **TIP**
> **숙주집단의 3대 요인**
> • 전염원 : 질병 발생요인(환자, 보균자, 보균동물, 곤충, 토양, 음식물)
> • 전염경로 : 감염될 수 있는 상태의 환경
> • 감수성 : 면역이 없고 저항력이 약한 상태

1) 감염병의 분류

(1) 시간에 따른 분류

감염병은 시간경과에 따라 급성과 만성으로 나눠진다.
① 급성 감염병:병원체의 체내 침입에 의해 급격하게 심한 질병이 나타나는 감염병이다.
② 소화기계:장티푸스, 콜레라, 세균성 이질, 파라티푸스, O-157 등
③ 호흡기계:디프테리아, 백일해, 홍역, 두창, 유행성 이하선염, 풍진 등
④ 동물 매개:페스트, 발진티푸스, 공수병, 탄저, 말라리아, 렙토스피라증, 일본뇌염, 쯔쯔가무시증 등
⑤ 만성 감염병:서서히 발생해 3개월 이상 지속되는 감염병으로 결핵, 매독, 한센병(나병) 등이 있다.

(2) 병원체의 종류에 따른 분류

① 바이러스(Virus)성 감염병:병원체가 바이러스인 것으로 B형 간염, 독감(인플루엔자), 소아마비, 일본뇌염, 홍역 등이 있다.
② 세균(Bacteria)성 감염병:병원체가 세균인 감염병을 말한다.
  ㉠ 소화기계:장티푸스, 콜레라, 파라티푸스, 세균성 이질 등
  ㉡ 호흡기계:디프테리아, 백일해, 성홍열, 결핵, 폐렴 등
  ㉢ 리케치아(Rickettisa)성 감염병:발진티푸스, 쯔쯔가무시 등

(3) 법적 규정에 따른 분류

① 제1군(6종): 전파속도가 빠르고 국민건강에 미치는 위해 정도가 너무 커서 즉시 방역대책을 수립해야 하는 감염병으로 환자는 즉시 격리한다.
② 제2군(11종): 예방접종을 통한 예방 또는 관리가 가능하여 국가예방접종사업의 대상이 된다.
③ 제3군(19종): 간접적으로 유행할 가능성이 있어서 발생을 감시하고 예방대책의 수립이 필요한 감염병이다.
④ 제4군(17종): 국내·외 신종 감염병으로 보건복지부령으로 지정한다.
⑤ 제5군(6종): 기생충에 의해 감염되어 발생하는 감염병으로 정기적인 감시가 필요하며 보건복지부령으로 지정한다.
⑥ 지정(12종): 유행여부에 대한 조사 및 감시활동이 요구되는 감염병으로 보건복지부장관이 지정한다.

법적 감염병

구분	특성	종류	질환	신고주기
제1군	발생즉시 환자격리 필요	6	콜레라, 장티푸스, 파라티푸스, 세균성 이질, 장출혈성대장균감염증(O-157), A형 감염	즉시
제2군	예방접종 대상 예방관리 가능	11	디프테리아, 백일해, 파상풍, 홍역, 유행성 이하선염, 풍진, 폴리오, B형간염, 일본뇌염, 수두, 뇌수막염	즉시
제3군	지속적 모니터링 예방홍보 대상	19	말라리아, 결핵, 한센병, 성병(매독), 성홍열, 수막구균성수막염, 레지오넬라증, 비브리오패혈증, 발진티푸스, 발진열, 쯔쯔가무시증, 렙토피라증, 브루셀라증, 탄저, 공수병, 인플루엔자, 후천성면역결핍증(AIDS), 신증후군성출혈혈(유행성출혈혈), 크로이츠펠트 야콥병	즉시
제4군	신동, 재출현 해외유입 방역대책 긴급수립	17	페스트, 바이러스성 출혈열, 뎅기열, 황열, 두창, 보툴리누스 중독증, 중증급성호흡기증후군(SARS), 조류인플루엔자 인체감염증, 신종인플루엔자, 야토병, 큐열, 웨스트나일열, 신종감염병증후군, 라임병, 진드기매개뇌염, 유비저, 치쿤구니야열	즉시
제5군	기생충에 감염, 보건복지부령으로 정하는 감염병	6	회충증, 편충증, 요충증, 간흡충, 폐흡충증, 장흡충증	7일이내

지정	보건복지부 장관이 지정 유행여부 조사·감시	12	C형간염, 수족구병, 임질, 클라미디아, 연성하감, 성기단순포진, 첨규콘딜롬, 반코마이신내성황색포도알균 감염증, 반코마이신내성장알균 감염증, 메티실린내성황색포도알균 감염증, 다제내성녹농균 감염증, 장관 감염증 등	7일이내

2) 감염병의 발생

(1) 감염병의 발생양상

① 세계적 발생: 인플루엔자처럼 한 지역에서 세계적으로 전파되어 발생되는 감염병을 의미한다.
② 유행성발생: 단시일 내에 발생한 감염병이 넓은 범위로 만연하는 경향을 의미한다.
③ 지방적(토착적) 발생: 간디스토마나 장티푸스 등 주기적으로 발생하거나 지역적 특수성으로 발생하는 감염병을 이른다.
④ 산발적 발생: 전파경로가 확실하지 않으며 장소와 시간을 달리해 드문드문 발생하는 감염병을 이른다.

(2) 감염병 유행의 3대 조건

① 전염원의 존재: 질적·양적으로 충분한 병원체 함유 시
② 전염경로의 형성: 전파체가 많이 존재 시(환경)
③ 삼수성 숙주로의 존재: 감수성이 높은 숙주 집단이 클수록 크게 유행

(3) 감염병 발생 요소

이 과정 중 어느 하나라도 차단되거나 결여되면 감염병은 발생하지 않는다.

> 병원체 → 병원소 → 병원소로부터 병원체의 탈출 → 전파 → 새로운 숙주에 침입 → 감수성 숙주의 감염

① 병원체(Agrnt): 감염병을 일으키는 기생물로 세균, 바이러스, 리케치아, 기생충 등이 있다.

② 병원소(Reservoir): 병원체가 증식하면서 다른 숙주에 전파할 수 있는 상태로 저장되는 장소이다.
　㉠ 인간 병원소: 환자, 보균자
　㉡ 동물 병원소: 중요한 병원소는 사람이 키우는 가축과 쥐 등이다.
　㉢ 토양 병원소

③ 병원소로부터 병원체의 탈출
　㉠ 호흡기계 탈출　　㉡ 장관 탈출　　㉢ 비뇨기계 탈출
　㉣ 개방병소로 직접 탈출　㉤ 기계적 탈출

④ 전파
　㉠ 직접 전파: 피부접촉, 호흡기계를 통한 직접 전파
　㉡ 간접 전파비활성 전파
　　　ⓐ 물, 우유, 식품 등
　　　ⓑ 활성 전파: 파리, 모기, 이, 벼룩 등 절지동물에 의해
　㉢ 새로운 숙주에 침입: 병원소로부터 병원체 탈출 경로와 동일
　㉣ 감수성 숙주의 감염: 숙주의 건강 상태, 영양, 유전적 요인, 면역장애 등에 따름

질병발생과 감염병 생성과정의 비교

질병 발생 3대 요소	감염병 생성 6대 요소
병인	병원체 병원소
환경	병원소로부터 병원체의 탈출 전파
숙주	새로운 숙주로의 침입 숙주의 감수성

3) 면역

(1) 면역의 개념

면역이란 어떤 종의 병원체나 독소가 생체 내로 침입했을 때 사람이 지니고 있는 저항력을 말하는데, 이로써 생체를 특별히 보호하는 작용을 한다. 면역반응의 특징으로는 기억현상, 특이성 면역반응, 자기 관용성, 협조현상 등이 있다.

(2) 면역의 종류

면역은 선천적 면역과 후천적 면역으로 나눌 수 있는데 이 중 후천적 면역은 다음과 같다.

① 능동면역 : 병원체 자체 또는 이로부터 분비되는 독소에 의해 체내의 조직세포에서 항체가 만들어지는 면역이다.
  ㉠ 자연능동면역 : 특정 감염병에 감염돼 생기는 면역이다. 비교적 영구적으로 면역이 지속되나 그 기간은 질병에 따라 차이가 있다.
  ㉡ 인공능동면역 : 인공적으로 백신과 톡소이드 등 항원을 투여해 면역체를 얻는 방법이다. 비교적 영구적으로 면역이 지속된다.

② 피동(수동)면역 : 다른 동물이나 사람에게서 이미 형성된 면역원을 체내에 주입하는 것으로 능동면역에 비해 빠른 효력이 나타나나 빨리 사라진다.
  ㉠ 자연피동면역 : 태아가 태반을 통해 항체를 받거나 생후 모유를 통해 항체를 받는 방법 등으로 생후 차차 감소하는데 4~6개월 정도 걸린다.
  ㉡ 인공피동면역 : 항독소, 회복기혈청, 면역혈청 등을 사람이나 동물로부터 얻어 주사하는 것으로 접종 즉시 효력이 생기나 지속시간이 매우 짧고 저항력이 약하다.

면역의 분류

면역	선천적 면역		인종, 종족, 개인 특이성(종종면역, 동족면역, 개체면역)
	후천적 면역	능동 면역	자연 능동 면역
			인공 능동 면역
		수동 면역	자연 수동 면역
			인공 수동 면역

소아기본접종

접종 시기	접종 질병
0~1주	B형간염
0~4주	BCG, B형 간염
2개월	경구용 소아마비, DPT, 뇌수막염
4개월	경구용 소아마비, DPT(디프테리아 · 백일해 · 파상풍), 뇌수막염
6개월	경구용 소아마비, DPT, B형 간염, 뇌수막염
12~15개월	MMR(홍역, 볼거리, 풍진)
12~24개월	일본뇌염

4) 감염병 관리 방법

(1) 전파 예방 및 감염병의 국내 침입을 방지한다

① 전염원 및 전염 경로 대책
  ㉠ 전파 과정을 차단시킨다.
    ⓐ 병원소의 제거   ⓑ 병원소의 격리
    ⓒ 감염력의 감소   ⓓ 환경위생 관리

  ㉡ 검역을 실시한다.

(2) 숙주의 감염병 감염 방지 및 면역을 증강시킨다

① 예방접종을 실시한다.
② 영양관리와 적절한 운동, 휴식, 충분한 수면 등을 취한다.

(3) 환자의 격리 · 치료 및 환자를 관리한다

① 예방되지 못한 환자는 격리시킨다.
② 집단시설의 제도화, 치료를 위한 의료시설의 확충, 무의지역을 해소한다.
③ 지속적인 보건교육을 실시한다.
④ 조기진단과 조기치료를 함으로써 경과를 가볍게 하고 전염원으로 작용하지 못

하도록 조치를 취한다.

3. 급성 감염병 관리

1) 소화기계 감염병

(1) 장티푸스(Typhoid Fever)

우리나라 토착 감염병으로 특히 8~9월에 빈발하는 급성 전신성 열성 질환이다.
① 병원체: 살모넬라균(Salmonella typhi)
② 전파: 환자나 보균자의 대소변에 오염된 음식물이나 식수 또는 파리, 바퀴 등의 곤충을 매개로 전파
③ 증상: 1~2주간의 잠복기 후 지속적 고열, 두통, 서맥, 장미진(피부) 등이 나타나고 합병증으로 장천공 및 장출혈, 담낭염 발생
④ 예방: 개인위생 철저와 분뇨의 위생처리, 상수관리, 예방접종

(2) 콜레라(Cholerae)

20C 초까지 범세계적 유행이 있었으며, 소화기계 감염병 중 가장 급성질환이다.
① 병원체: 비브리오균(Vibrio cholerae)
② 전파: 대개 어패류 등으로 전파되고 환자나 보균자의 분변이나 직접 접촉에 의한 전염도 가능
③ 증상: 심한 구토와 설사, 쌀뜨물 같은 설사, 구토, 갈증, 탈수, 피로
④ 예방: 어패류는 충분히 익혀서 먹고 물과 음식도 끓여 먹는다.

(3) 세균성 이질(Shigellosis)

최근 학교 등 단체급식의 확대로 집단적으로 발생하기도 한다.
① 병원체: 이질균(Shigella dysenteri)
② 전파: 잠복기는 2~7일로, 환자나 보균자의 손이나 음식물로부터 경구침입

③ 증상:고열, 구토, 경련, 복통, 혈변
④ 예방:개인위생 철저와 분뇨의 위생처리, 상수관리

(4) 장출혈성대장균(Enterohemorrhagic escherichia Coli)

① 병원체:E. coli
② 전파:물을 통해 전파되며 주로 쇠고기로 가공된 음식물에 의해 발생한다.
③ 증상:오심, 구토, 비혈변성 설사 → 복톡, 미열, 수양성 설사 → 형청 설사
④ 예방:육류 제품은 충분히 익혀 섭취, 육류 가공 처리 과정의 오염 방지, 가축사육장 방역

(5) 폴리오(Poliomyelitis, 소아마비)

소아에게 발병하여 중추신경계 손상을 일으켜 영구적 마비를 불러온다.
① 병원체:Polio virus
② 전파:환자, 보균자의 호흡 분비물이나 분변에 오염된 음식물로 경구침입
③ 증상:발열, 식욕부진, 두통, 구토, 설사, 오심, 근육통, 이완성 마비
④ 예방:예방접종(생후 2개월부터 2달 간격 실시)

(6) A형 간염(Viral hepatitis A)

① 병원체:Hepatitis A Virus
② 전파:오염된 음식물이나 물, 환자의 분변을 통한 경구감염
③ 증상:발열, 구토, 복통
④ 예방:식품 위생, 상하수도 소독, 개인위생

2) 호흡기계 감염병

(1) 디프테리아(Diphteria)

주로 겨울철에 유행하는 소아성 질환이지만 도시에서는 연중 발생한다.

① 병원체:Corynebacterium diphteriae
② 전파:환자나 보균자에 의한 비말감염, 간접전파, 공기전파
③ 증상:발열, 인두, 후두 등 상기도에 염증과 위막 형성
④ 예방:예방접종(DPT), 환자의 격리와 소독

(2) 홍역(Measles)

주로 2세 미만, 7~12세 사이에 잘 발생하는 급성감염병으로, 사람이 유일한 숙주이며, 1~5년 주기로 발생하는데 전염력이 매우 높다.
① 병원체:Measles virus
② 전파:환자의 객담 등 분비물에 의한 비말감염, 공기전파
③ 증상:8~12일 잠복기, 코플릭스 반점, 발진, 고열, 폐렴이나 중이염 등의 합병증
④ 예방:예방접종(MMR)

(3) 백일해(Pertussis)

1~5세 소아에서 주로 발생하며 중이염, 폐렴을 일으켜 6개월 미만의 영아에서는 사망률과 이환률이 증가한다.
① 병원체:Bordetella pertussis
② 전파:비말전파
③ 증상:전구기(재채기, 미열), 경해기(발한, 짙은 객담, 청색증, 호흡 중지), 회복기
④ 예방:예방접종(DPT), 환자의 격리

3) 동물 매개 감염병

(1) 말라리아(Malaria)

① 전파:감염된 중국얼룩날개모기에 물리거나 수혈 등
② 증상:전구증(미열, 전신권태, 식욕부진), 오한전율, 안면창백
③ 예방:모기 서식지 방제, 모기에 물리지 않기

(2) 페스트(Pest)

중세 유럽에서 유행하여 많은 사상자를 낸 질병으로 현재는 검역감염병으로 지정되어 공항 등에서 검역이 이루어지고 있다.

① 병원체 : Pasteurella pestis
② 전파 : 감염된 쥐벼룩에 물렸을 때, 비말전염
③ 증상 : 폐 페스트(폐렴, 오한, 발열), 림프 페스트(서혜부림프절에 종창, 마비) 패혈성 페스트(패혈증)
④ 예방 : 철저한 검역, 구서작업, 환자의 객담, 대소변 등 완전 소독

(3) 유행성출혈열(Epidemic hemorrhagic fever)

늦봄이나 가을 경기도 북부와 강원도 지방에서 자주 발생하며 주로 야외활동을 많이 하는 농부 등에게서 발생한다.

① 병원체 : Hantan virus
② 전파 : 들쥐의 대소변, 타액 등이 호흡기계를 통해 감염
③ 증상 : 심한 두통, 근육통, 오한, 발열, 전신쇠약감
④ 예방 : 야외활동 시 피부노출을 삼가고 풀밭 등에 눕지 않으며 예방접종, 들쥐의 서식처를 없애고 소독을 실시한다.

(4) 광견병(Rabies)

급성 뇌염의 일종이다. 만일 개에 물렸다면, 상처부위를 비눗물로 씻고 면역혈청을 접종한 뒤, 개를 10여 일간 묶어두고 관찰하여 감염 여부를 먼저 확인해야 한다.

> **TIP**
> **인수공통감염병**
> 브루셀라증, 야토병, 탄저병, 결핵, 공수병 등

① 병원체 : Rabies virus
② 전파 : 감염된 동물에 물리거나 감염동물의 타액이나 조직을 다룰 때, 상처를 통

한 감염
③ 증상:두통, 발열, 지각장애
④ 예방:개의 정기적 광견병 예방접종, 개에 물리지 않도록 한다.

4. 만성질환 관리

1) 만성질환의 정의

성년기 이후 많이 발생하는 비전염성의 만성퇴행성 질환, 성병, 장애, 무능력 상태 및 기능장애

2) 만성질환의 특성

① 직접적 요인이 존재하지 않는다.
② 원인이 다양하다.
③ 잠재기간이 길다.
④ 질병의 발생 시점이 불분명하다.
⑤ 장시간에 걸친 치료와 감시가 필요하다.

3) 만성질환의 증가 요인

① 평균 수명의 증가
② 식습관이나 운동량 등 생활양식의 변화
③ 산업화의 영향으로 인한 건강 위해 요소의 증가:대기오염, 교통사고 등
④ 의학 기술의 발전

4) 대표적 만성질환

(1) 고혈압(Hypertension)

고혈압은 혈압이 올라가서 내려오지 않고 높게 유지되는 상태로, 수축기 혈압이 140mmHg 이상인 경우를 말한다.

① 원인: 본태성(1차성) 고혈압은 고혈압환자의 90%가 속하며 원인을 알 수 없는 경우가 대부분으로 유전적인 성향이 강하게 나타난다. 속발성(2차성) 고혈압은 10% 정도로, 다른 질환이 있어 2차적으로 발생하는데, 신장 이상이 가장 많고 내분비장애, 순환기장애 등이다.

② 증상: 뒷머리가 뻐근한 두통이나 어지러움, 피로, 이명, 불안, 신경질적 증상 등으로 나타날 수 있지만, 증상을 느끼지 못하다가 우연히 발병을 확인하는 것이 대부분이다. 따라서 '무언의 살인자'라고 불린다.

③ 진단: 혈압 측정으로 진단한다. 혈압은 측정 시의 자세와 측정 시간, 날씨 등 여러 요인에 따라 변동이 있을 수 있으므로 두 번 이상 측정한다.

	수축기 혈압(mmHg)	이완기 혈압(mmHg)
정상	120 미만	80 미만
고혈압 전 단계	120~139	80~89
1기	140~159	90~99
2기	160 또는 그 이상	100 또는 그 이상

④ 예방: 표준체중의 유지, 식이요법(저염분, 저지방), 꾸준한 운동습관, 금연, 금주

(2) 동맥경화증(Arteriosclerosis)

동맥의 내벽이 파괴되거나, 지방이나 콜레스테롤, 중성지방 등이 쌓여서 혈관 본래의 탄력성을 잃고 혈액순환이 정상적으로 이루어지지 못하는 현상을 말한다. 동맥경화증이 진전되면 뇌졸중, 협심증, 심근경색증 등의 원인이 된다.

① 원인: 고지혈증, 고혈압, 흡연, 당뇨, 비만, 운동부족, 가족력

② 증상:매우 진행되기 전에는 증상이 나타나지 않는다.
③ 예방:표준 체중 유지, 포화지방산이나 콜레스테롤이 적은 음식 섭취, 고혈압 조절, 적절한 운동, 금연, 정기적인 진료

(3) 당뇨(Diabetes Mellitus : DM)

췌장이 인슐린을 생산하지 못하거나 세포가 인슐린에 반응하지 않아 포도당이 세포로 들어가지 못하고 혈액에 남아 소변으로 배설되는 상태로, 혈액 내에는 포도당이 많으나 신체가 이를 이용하지 못해 여러 증상이 나타나게 되는 것을 당뇨라고 한다.
① 종류
  ㉠ 제1형 당뇨:소아 당뇨 혹은 인슐린 의존성 당뇨. 췌장에서 인슐린이 전혀 분비되지 않거나 분비의 저하로 발생한 당뇨병 전체 발생률의 10% 미만을 차지하며 어린이에게 발생한다.
  ㉡ 제2형 당뇨:인슐린 비의존성 당뇨, 인슐린 저항성 당뇨. 당뇨 발생의 90%를 차지한다. 분비된 인슐린을 인체가 지각하지 못해 혈당이 높아진다.

② 원인:1형은 인슐린 부족, 2형은 인슐린 작용의 장애로 나타난다.
③ 증상:다갈(심한 갈증), 다요(소변을 많이 봄), 다식(많이 먹음), 체중감소, 피로감, 다양한 합병증
④ 예방:체중조절, 균형 잡힌 식이요법, 적당한 운동

5. 기생충질환 관리

1) 기생충의 정의

 다른 생물의 체표나 체내에 일시적 또는 장기적으로 붙어서 영양물을 탈취하는 생활양식을 기생생활이라 하는데, 이 때 서식처 및 영양물을 탈취해 가는 생물을 기생체(Parasite), 이를 제공하는 생물을 숙주(Host)라고 한다.

2) 기생충의 분류

(1) 생물형태에 따른 분류

① 윤충류(Helminths)
　㉠ 선충류 : 회충, 요충, 편충, 구충, 사상충, 동양모양선충 등
　㉡ 조충류 : 유구조충, 무구조충, 광절열두조충 등
　㉢ 흡충류 : 간흡충, 폐흡충, 이형흡충, 요꼬가와흡충(횡천흡충) 등

② 원충류(Protozoa)
　㉠ 근족충류 : 이질 아메바, 대장 아메바 등
　㉡ 포자충류 : 말라리아, 톡소플라즈마 등
　㉢ 편모충류 : 질트리코모나스, 리슈마니아 등
　㉣ 섬모충류 : 대장 발란티디움 등

(2) 전파방식에 따른 분류

① 토양 매개성 : 회충, 편충, 구충, 동양모양선충 등
② 어패류 매개성 : 간흡충, 폐흡충, 요꼬가와흡충 등
③ 물, 채소 매개성 : 회충, 편충, 십이지장충, 이질 아메바 등
④ 수육류 매개성 : 유구촌충, 무구촌충 등
⑤ 접촉 매개성 : 요충, 질트리코모나스 등
⑥ 모기 매개성 : 말라리아, 사상충 등

3) 구충구서 시 지켜야 할 4원칙

① 발생원, 서식처를 제거한다.
② 발생 초기에 실시한다.
③ 상태 습성에 따라 실시한다.
④ 광범위하게 실시한다.

4) 일반적 구제 방법

① 환경적 : 발생원, 서식처를 제거한다.
② 물리적 : 유문등, 각종 트랩을 사용한다.
③ 생물학적 : 천적을 이용하거나 불임웅충 방사법을 쓴다.
④ 화학적 : 살충제를 분무한다.

5) 기생충질환 관리

(1) 조충류

① 무구조충(민촌충)증 : 충란이 소의 먹이(풀) → 소의 장에 기생 → 쇠고기나 내장 → 불충분 가열된 쇠고기 섭취로 감염
② 유구조충(갈고리촌충)증 : 충란 → 돼지 사료 오염 → 불충분 조리된 돼지고기 섭취로 감염

(2) 선충류

① 회충증
  ㉠ 전 세계에 널리 분포하며 소아의 감염률이 가장 높다.
  ㉡ 복통, 빈혈, 발열, 호흡곤란, 식욕감퇴, 오심, 구토, 경련성 기침의 증상이 나타난다.
  ㉢ 잘 씻지 않은 야채를 생식으로 섭취했을 때 나타나므로 야채는 흐르는 물에 4~5회를 씻고 개인위생을 철저히 하며 인분비료의 사용 금지 등 환경개선을 통해 예방할 수 있다.
② 편충증
  ㉠ 대표적인 토양 매개성 기생충으로 과거 감염률이 매우 높았으나 현재는 크게 줄었다.
  ㉡ 신경질, 불면증, 담마진(두드러기) 등을 수반한 호산구증다증, 복통, 변비, 요

통 등이 나타나며 심하면 빈혈 및 체중감소, 탈항 등의 증상이 보인다.
ⓒ 예방법은 회충증과 마찬가지로 야채는 흐르는 물에 깨끗이 씻고 개인위생을 철저히 하며 환경개선을 통해 예방할 수 있다.

③ 요충증
ⓐ 사람에게 가장 흔한 접촉감염성 기생충으로 집단생활 시에 많이 나타나고 성인보다 어린이에게 더 많이 나타난다.
ⓑ 항문소양증이 특징적이며, 2차적으로 종창, 피부발적, 피부염 등이 생길 수 있다. 오심, 구토, 복통, 설사, 야뇨증, 불안증이 나타난다.
ⓒ 단체생활을 할 때는 가족 구성원이 동시에 구충을 실시하며 몸을 청결히 하고 내의와 침구 등을 자주 세탁하고 소독한다.

④ 사상충증
ⓐ 인체 조직이나 체강에 기생하는 선충으로 열대 및 아열대에 널리 분포하는 중요 열대성 풍토병으로 우리나라에 분포하는 것은 말레이사상충이다.
ⓑ 잠복기에 무증상, 급성으로 고열, 전신두통, 림프관염이 나타나고 만성에 사지와 피부가 두꺼워지는 상피증이 나타난다.
ⓒ 모기에 의해 걸리므로 모기에 물리지 않도록 조심하고 모기류를 구제한다.

(3) 흡충류

① 간흡충증
ⓐ 우리나라에서는 한강, 낙동강 등 5대강 유역에서 넓은 유행지를 형성한다. 제1중간 숙주는 쇠우렁이, 제2중간 숙주는 담수어이다.
ⓑ 소화기 장애, 간종대, 황달 등의 증상이 나타난다.
ⓒ 민물고기는 생식 대신 조리를 거치며 조리기구도 철저히 소독한다.
ⓓ 유행지역에서는 생수 음용도 금지하고 분변관리를 철저히 한다.

② 폐흡충증
　㉠ 우리나라에서는 전남 및 경남 해안지역, 제주지역 등에 널리 분포되어 있다. 제1숙주는 다슬기, 제2숙주는 가재나 게이다.
　㉡ 피 섞인 가래, 심한 기침, 피로 등과 기관지염, 기흉, 기관지 확장증 등의 합병증이 나타난다.
　㉢ 가재나 게의 생식을 금하고 게장의 경우 담근 후 일주일이 지난 후 먹도록 하며 생수 음용을 금하고 조리기구 소독을 철저히 한다.

(4) 원충류

① 아메바성 이질
　㉠ 특히 열대와 아열대 지역에 많이 분포하며 우리나라에서는 토착성으로 6~9월 사이에 유행한다.
　㉡ 분변과 함께 배출된 포낭이 식품, 물 등에 오염되어 경구 침입하여 점혈변, 복통, 후중증이 나타난다.
　㉢ 음료수는 반드시 끓여 먹고 분변을 위생처리하며 파리나 바퀴벌레, 쥐 등을 구제한다. 환자 발생 시 격리 치료한다.

② 질트코모나스
　㉠ 세계적으로 분포하며 성접촉을 통해 전파된다.
　㉡ 대하증, 빈뇨, 악취, 소양감, 질점막의 발적 등의 증상이 나타난다.
　㉢ 배우자와 함께 치료해야 하며 변기, 내의 등 위생적인 관리가 필요하다.

6) 위생해충과 질병

(1) 파리

① 소화기계 감염병 : 장티푸스, 파라티푸스, 이질, 콜레라, 식중독
② 호흡기계 감염병 : 결핵, 디프테리아
③ 기생충 질환 : 회충, 편충, 요충

(2) 쥐

① 세균성 질병:페스트, 살모넬라증, 렙토스피라증, 서교열
② 리케치아성 질병:발진티푸스, 쯔쯔가무시증
③ 바이러스성 질병:신증후군출혈열
④ 기생충 질병:아메바성 이질, 선무충증, 리슈마니아

(3) 모기

① 말라리아:중국얼룩날개모기
② 일본뇌염:작은빨간집모기
③ 말레이사상충, 황열:토코숲모기
④ 뎅기열:열대숲모기

(4) 바퀴

① 세균성 이질, 콜레라, 장티푸스
② 야행성, 잡식성, 군서성, 질주성, 가주성
③ 구제법:붕산(40%), 아비산(20%), D.D.T(1%)를 음식에 묻혀둔다.

(5) 벼룩

① 페스트, 발진열
② 구제법:쥐를 없애고 일광소독 및 주거를 청결히 한다.

예/상/문/제

01. 감염병에 관한 설명으로 틀린 것은?

① 만성 감염병으로는 매독, 결핵이 있다.
② 디프테리아, 백일해, 홍역은 소화기계 감염병이다.
③ 급성과 만성으로 나눌 수 있다.
④ 소아마비, 일본뇌염은 바이러스성 감염병이다.

Answer: 호흡기계 감염병이다.

02. 급성감염병에 관한 설명이다. 옳지 않은 것은?

① 병원체의 체내 침입에 의해서 급격하게 심한 증상을 발생시킨다.
② 콜레라, 페스트는 급성 감염병이다.
③ 이질, 일본뇌염은 급성 감염병이다.
④ 바이러스성 감염병이다.

Answer: 병원체의 종류에 따른 분류이다.

03. 세균성 감염병에 관한 설명 중 옳은 것은?

① 병원체가 바이러스이다.
② 소화기계 감염병으로는 장티푸스, 콜레라가 있다.
③ 발진티푸스, 쯔쯔가무시가 있다.
④ 병원체가 리케치아이다.

Answer: 세균성 감염병은 소화기계와 호흡기계로 나뉜다.

04. 법정 감염병 중 제3군 감염병에 속하는 것은?

① 발진열
② B형간염
③ 유행성이하선염
④ 세균성 이질

Answer: 제3군에는 발진열, 성홍열, 쯔쯔가무시, 말라리아, 결핵, 한센병, 탄저병 등이 있다.

정답 01. ② 02. ④ 03. ② 04. ①

05. 전파경로가 확실하지 않으며 드문 드문 발생하는 감염병의 발생양상은?

① 세계적 발생　② 산발적 발생
③ 토착적 발생　④ 유행성 발생

Answer: 산발적 발생은 장소와 시간을 달리해 드문드문 발생하는 감염병이다.

06. 다음 중 제2군 감염병에 해당하지 않는 병은?

① 파라티푸스, 파상풍
② 폴리오, 백일해
③ 홍역, 폴리오
④ 유행성 이하선염, 홍역

Answer: 디프테리아, 백일해, 파상풍, 홍역, 유행성 이하선염 등이 있다.

07. 생균백신 접종 질환으로만 짝지어진 것은?

① 장티푸스, 황열
② 광견병, 폴리오
③ 페스트, 백일해
④ 파라티푸스, 일본뇌염

Answer: 생균백신으로는 두창, 탄저, 광견병, 결핵, 황열, 폴리오, 홍역이 있다.

08. 물로 인한 수인성 감염병 질환은?

① 황열　　　② 뇌염
③ 장티푸스　④ 디프테리아

Answer: 오염된 물로 인한 질병에는 장티푸스, 이질, 간염, 콜레라 등이 있다.

09. 장티푸스나 간디스토마 같은 감염병의 발생양상은?

① 세계적 발생　② 유행성 발생
③ 토착성 발생　④ 산발적 발생

Answer: 지방적인 특수사정에 의해서 발생하거나 주기적으로 발생한다.

10. 기침, 재채기 등을 통해 병원체를 전파하는 방법은?

① 간접접촉　② 매개물 전파
③ 직접접촉　④ 비말전파

Answer: 감염된 사람이 배출하는 미세한 비말을 호흡기를 통해 흡입한다.

정답　05. ②　06. ①　07. ②　08. ③　09. ③　10. ④

Chapter 03 환경보건

1. 환경위생

1) 환경위생의 개념

(1) 환경위생의 정의

WHO(세계보건기구)는 환경위생을 "인간의 신체 발육과 건강 및 생존에 유해한 영향을 미치거나 또는 영향을 미칠 수 있는 인간의 물리적 생활환경에 있어서의 모든 요소를 통제하는 것이다."라고 정의하였다.

① 자연적 환경
　㉠ 생물학적 환경:동·식물, 미생물
　㉡ 생리적 환경:기후, 물, 토양, 광선, 소리, 빛 등

② 사회적 환경
　㉠ 인위적 환경:주택, 의복, 위생시설 등
　㉡ 문화적 환경:정치, 경제, 종교, 교육 등

(2) 환경위생의 발전

환경위생을 근대 과학으로 발전시킨 학자는 페텐코퍼(Max von pettenkofer, 1818~1901)라 할 수 있는데, 뮌헨 대학에서 위생학 강좌를 창설(1886)하였으며, 의식주에 관계되는 분야에 관한 예방의학적 연구에 있어서 이화학적 기술을 도입해

서 실험위생학을 발전시켰다. 또한 근대 실험 의학의 창시자인 베르나르(Claude Bernard, 1813~1878)는 외부 환경의 변화에 대한 내부 환경의 변화에 의해 건강을 유지해 갈 수 있도록 항상성(Homeostasis)을 지니는 것은 인간이나 동물이 갖는 특성이라고 하였으며, 외부 환경의 변동이 장시간 계속되면 생리적 적응을 거쳐 새로운 적응한도가 성립되는데 이를 순화 또는 순응현상이라 하였다.

> **TIP**
> **환경**
> - 편안한 환경 온도, 습도, 소음방지, 문화시설, 환기 등. 환기는 가장 중요한 요소임과 동시에 군집독의 처치방법
> - 환경오염의 원인 : 산업화, 인구증가, 인구의 도시집중, 지역개발, 환경보전의 인식부족

2) 기후와 일광

(1) 기 후

① 정의 : 동일 장소에서 매년 반복되는 대기현상의 평균상태를 말한다.
② 구성요소 : 기온, 강수, 바람, 일사, 습도, 구름량, 일조, 증발량, 강수량
③ 기후의 3대 요소 : 기온, 기습, 기류(바람)

(2) 일 광

① 자외선(Ultra Violet)
  ㉠ 4000Å 이하의 복사선, 파장 200~400nm의 냉선
  ㉡ 도르노(Dorno)선 : 인체에 유익한 건강선. 2,900~3,100Å.
  ㉢ 작용 : 성장과 신진대사, 적혈구 생성, 피부의 색소침착, 비타민 D 형성, 살균 작용 및 치료작용, 피부암 및 결막염, 홍반 유발

② 가시광선(Visible Ray)
  ㉠ 4,000~7,000Å인 광선, 파장 400~800nm
  ㉡ 작용 : 망막을 자극하여 물체의 명암과 색 구별
  ㉢ 조도가 낮으면 안정피로, 근시, 작업능률 저하, 시력 저하

③ 적외선(Infra red ray)
  ㉠ 7,800Å 이상, 파장 800nm 이상으로 열작용이 있는 열선
  ㉡ 작용 : 피부 온도 상승, 혈관 확장 등, 과량 조사 시 화상과 홍반, 중추신경장애, 일사병, 백내장

3) 온열환경 : 기온, 기습, 기류, 복사열

(1) 기온
대기의 온도로 지상 1.5m 높이에서 주위의 복사온도를 배제하여 백엽상 안에서 측정한 온도를 말한다.

* 쾌적온도 : 18±2℃

(2) 기습(비교 습도)
공기 1m³가 포화상태에서 함유할 수 있는 수증기량과 현재 공기 속에 함유해 있는 수증기량의 백분율을 의미한다.

* 쾌감습도 : 40~70%, 온도에 따라 달라진다.

(3) 기류
공기의 흐름, 바람이다. 찬 공기는 밀도가 크고 더운 공기는 밀도가 작다. 태양복사에너지에 의한 공기의 가열은 결국 위도에 따른 온도차를 나타내게 된다. 이런 이유로 대류현상이 일어나게 되고 공기의 흐름이 발생한다.
① 측정도구 : 옥내기류는 카타한란계, 옥외기류는 풍차속도계, 피토트 튜브, 아네모메터 등으로 측정한다.

② 작용 : 인체로부터 수분 증발 및 신체의 열 발산을 촉진시킨다.
③ 불감기류 : 0.2~0.5m/sec는 불감기류라 하며 의복 내의 신진대사를 돕는다.

TIP

불쾌지수(Discomfort Index : DI)
1957년 미국의 Thom이 고안, 기온과 습도에 따라 사람이 불쾌감을 느끼는 정도를 경험적으로 수치화한 것
- 65 이하 : 모든 사람이 쾌적함
- 70 : 약 10%의 사람이 불쾌감을 느낌
- 75 : 약 50%의 사람이 불쾌감을 느낌
- 80 : 거의 모든 사람이 불쾌감을 느낌
- 85 : 견딜 수 없는 상태

4) 공기

(1) 실내오염과 군집독

실내의 공기는 실내의 환경적 조건에 따라 그 조성에 변화를 가져올 수 있어서 특유의 소기후를 형성하게 되는데, 다수인이 밀집한 소기후는 화학적 조성이나 물리적 조성의 큰 변화를 일으켜 불쾌감, 두통, 권태, 현기증, 구토 및 식욕 저하 등의 생리적 이상을 일으키게 되는데 이러한 현상을 군집독이라 한다.

(2) 공기와 건강

공기의 성분 (단 0°C, 1기압)

성 분	질소(N_2)	산소(O_2)	아르곤(Ar)	이산화탄소(CO_2)	기 타
함유비율	78%	21%	0.93%	0.03%	0.04%

① 호흡 : 성인 1일 필요 공기량은 13㎘이다.
② 산소(O_2) : 15% 이하 저산소증, 고농도 시 산소 중독의 위험이 있다.

③ 이산화탄소(CO_2) : 실내 공기오염도의 지표(실내 허용 한계 : 0.1%)로 무색, 무취, 무독성 기체이다.
④ 일산화탄소(CO) : 무색, 무미, 무취, 무자극으로 허용 한도(8시간 기준) 0.01% 이하이다. 만일 0.1% 이상이 되면 생명이 위험하다.
⑤ 질소(N_2)
  ㉠ 고압환경(잠수작업) : 중추신경계의 마취 작용을 한다.
  ㉡ 감압병(잠함병) : 혈액 내 질소의 기포형성으로 혈류를 방해하고 모세혈관에 혈전 현상이 생긴다.

⑥ 오존(O_3) : 산화력이 강해 탈취 · 살균 효과가 있다.
⑦ 아황산가스(SO_2)
  ㉠ 대기 오염 측정의 지표이다.
  ㉡ 중유 연소 시 다량 발생하며 자극적인 냄새가 난다.
  ㉢ 식물의 황사, 고사현상을 일으키고 금속을 부식시킨다.
  ㉣ 환경기준은 0.05ppm이다.
  ㉤ 먼지(Dust) : 0.25~5㎛ 정도의 크기는 폐포까지 도달할 수 있다.

5) 상 수

(1) 물의 중요성

① 생물체의 생존에 필수적이다.
② 체중의 60~70%가 물로 구성된다.
③ 성인 1인의 하루 필요량은 2.0~2.5ℓ이다.
④ 10% 상실 시 생리적 이상이 오고, 20% 이상 시 생명이 위험하다.

(2) 물의 보건 문제

① 수인성 감염병의 전염원 : 장티푸스, 파라티푸스, 세균성 이질, 콜레라, 유행성

간염 등

② 수도열 발생 : 물속의 대장균이나 잡균에 의해 발생한다.
③ 기생충 질병의 전염원 : 간디스토마, 폐디스토마, 주열협충 등
④ 중금속 물질이나 유해 물질의 중독원 : 시안, 수은, 카드뮴, 질산은, 유기인, 페놀
⑤ 수중 불소량과 치아와의 관계 : 과량 함유 시 반상치, 소량 함유 시 우식치

(3) 먹는 물의 수질기준

① 무미, 무취, 무색, 투명하고 색도는 5도, 탁도는 2도 이하일 것
② 일반 세균수는 1㎖ 중에서 100개를 넘지 아니할 것
③ 대장균군은 100㎖ 중에서 검출되지 아니할 것
④ 수소이온농도는 pH 5.8~8.5 일 것
⑤ 경도 300㎎/ℓ 이하
⑥ 증발 잔유물 500㎎/ℓ 이하
⑦ 과망간산칼륨($KMnO_4$) 소비량 : 수중의 유기물량을 간접적으로 추정하는 오염지표(10㎎/ℓ 이하)

(4) 정수법

침사 → 침전 → 여과 → 소독 → 급수

① 침전법 : 보통침전, 약품침전
② 여과법 : 완속여과법(보통침전법과 병행), 급속여과법(약품침전법과 병행)
③ 소독법 : 염소소독법, 가열법, 오존소독법, 자외선소독법, 표백분소독법 등

염소소독과 잔류염소량

- 염소소독 : 액화 염소, 이산화염소, 표백분 등 사용, 강한 소독력, 경제적, 조작 간편, 강한 잔류 효과
- 잔류염소량 : 정수 시 0.2 ppm, 감염병 발생 시의 음료수, 수영장, 제빙용수는 0.4ppm 유지

6) 하수

(1) 하수와 보건
① 하수 : 천수, 가정하수, 산업폐수, 지하수, 도로 세정수 등을 이른다.
② 하수 처리 목적 : 감염병 및 질병 전파 억제, 악취 발생, 세균 번식, 해충 및 쥐의 서식 등 보건위생적 문제 발생을 막기 위해서다.

(2) 하수처리 시설의 종류
① 합류식 : 천수(비, 눈)와 인간용수(공장폐수, 가정하수)를 함께 처리한다. 적은 시설비, 하수관의 자연 청소, 하수관이 커 관리가 쉬운 것이 장점이나 악취 발생, 범람 우려, 천수 이용 불가능 등의 단점이 있다.
② 분류식 : 천수만 별도로 운반하는 방법이다.
③ 혼합식 : 천수와 사용수 일부를 함께 운반한다.

(3) 하수 처리 과정
① 예비처리 : 보통 침전, 약품 침전을 이용한다.
② 본처리
　㉠ 혐기성 처리(메탄가스 발생) : 부패조 처리법, 임호프탱크법
　㉡ 호기성 처리(탄산가스 발생) : 살수여과법, 활성오니(활성슬러지)법

③ 오니(슬러지)처리 : 본 처리 과정에서 발생된 오니를 처리하는 방법이다. 소화법(가장 진보적 방법), 투기법, 소각법 등이 있다.

(4) 하수의 오염도 측정
① BOD(Biochemical Oxygen Demand, 생물화학적 산소 요구량)
　㉠ 20℃에서 5일간 측정하며 20ppm 이하여야 한다.

ⓒ BOD가 높을수록 오염이 심한 물이다.

② DO(Dissolved Oxygen, 용존 산소량)
　　㉠ DO가 낮을수록 높은 오염도를 반영하게 되고, 온도가 낮을수록 DO는 증가한다.
　　ⓒ 4~5ppm 이상이어야 한다.

③ COD(Chemical Oxygen Demand, 화학적 산소 요구량) : 물의 오염 정도를 나타내는 기준이다.

> • mg/ℓ : 물 1ℓ에 오염물질 1천 분의 1g이 들어있는 오염정도를 나타낸다. 수질오염에서 사용되는 ppm과 같다.
> • ppm(part per million) : 기체나 액체·고체 중에 함유되어 있는 어떤 물질의 비율을 나타내는 단위 1ppm은 100만분의 1을 의미한다. 예) 1ppm=0.0001%

7) 폐기물 및 분뇨 처리

(1) 폐기물 종류 및 처리방법

① 생활 폐기물 : 지방자치단체장이 책임
② 산업 폐기물 : 배출자 스스로 책임, 일반적으로 위탁 처리
③ 처리방법
　㉠ 매립법 : 매립경사 30°, 복토의 두께 0.6~1m, 진개의 두께 2m
　ⓒ 소각법 : 가장 위생적이나 대기오염 유발
　ⓒ 재활용법 : 가장 바람직한 방법
　㉣ 퇴비법 : 진개를 4~5개월 발효시켜 퇴비로 이용하는 방법

(2) 분뇨 처리

분뇨의 처리방법으로는 가온식 소화 처리 방법과 무가온식 소화 처리 방법이 있다.

① 가온식 소화 처리 : 28~35℃에서 1개월 실시
② 무가온식 소화 처리 : 2개월 이상 실시

8) 의복 및 주택 보건

(1) 의복

① 의복의 목적 : 체온 조절, 사회생활, 신체 보호, 청결, 미용 등의 관점에서 의복을 입는다.
② 의복 기후 : 의복으로 체온을 조절 할 수 있는 외기 온도범위(10~26℃)를 이른다.

> **CLO**
> - 의복의 보온력의 단위
> - 평균 피부온도가 92°F(33.3°C)로 유지될 때의 보온력이 1CLO이다.

(2) 주택 보건

① 일사와 채광 : 남향 또는 동남향, 자연 채광으로 100~1,000Lux
② 가옥기후 : 적절한 실내 온도는 16~20℃, 적절한 실내 습도는 40~70%, 외부와의 온도차는 5~7℃
③ 인공조명 : 거실 50~100Lux, 화장실 10~20Lux, 사무실 75~150Lux
④ 주거 활동 공간 : 1인당 침실면적 $4m^2$, 공기 용적 $10m^2$

(3) 채광 및 조명

① 자연채광
  ㉠ 창면적은 바닥 면적의 1/5~1/7이 적당하고 방향은 남향이 좋다.
  ㉡ 최소 일조 시간은 4시간 이상, 거실 안쪽 길이는 창틀 윗부분까지 높이의 1.5배 이하인 것이 좋다.

② 인공조명
  ㉠ 직접 조명, 간접 조명, 반간접 조명으로 나뉜다.
  ㉡ 고려 사항 : 주광색, 충분한 조도, 광원은 좌상방에 설치된 간접 조명이 바람

직하며 균일한 조명도와 저렴한 가격을 고려한다.

③ 표준 조도
　㉠ 네일살롱 : 75 Lux 이상
　㉡ 사무실, 학교 : 80~120 Lux, 정밀작업 : 300 Lux

④ 부적당한 조명에 의한 장애 : 근시, 안정피로, 안구진탕증, 백내장, 작업능률 저하 및 재해발생이 나타난다.

(4) 복사열

태양의 적외선에 의한 열로 대류를 통해서 열이 전달되지 않고, 열이 직접 이동하는 것을 말한다. 따라서 열전달이 직접적이고 순간적이다. 사람들이 많이 모여 있는 곳이 난로가 있는 사무실보다 더 따뜻한 것은 그 때문이다. 복사열은 태양에너지의 약 50%를 차지한다.
① 측정도구 : 흑구온도계, 열전도복사계
② 작용 : 인체는 피부 온도보다 낮은 온도를 갖는 물체에 대해서는 복사열을 반사하고, 고온물체로부터는 복사열을 흡수한다.

(5) 체온 조절

① 정상 체온 : 36.1~37.2℃
② 체온 조절 : 영양소의 산화, 수분 증발, 열복사, 열전도
③ 지적 온도 : 체온 조절에 가장 적절한 온도를 말한다.
　㉠ 주관적 지적 온도 : 감각적으로 가장 쾌적하게 느끼는 온도
　㉡ 생산적 지적 온도 : 최소의 작업으로 최대의 생산을 올릴 수 있는 온도
　㉢ 생리적 지적 온도 : 최소의 에너지 소모로 최대의 생리적 기능을 발휘

2. 환경보전

1) 수질오염

(1) 수질오염물질

시안, 카드뮴, 수은, 유기인, 납, 크롬, 유기폐수 등

(2) 수질오염의 지표

① BOD(Biochemical Oxygen Demand, 생화학적 산소 요구량)
② 공공수역의 오염지표
③ 물속의 유기성 오염물질을 미생물의 생화학적 작용으로 분해하는데 필요한 산소량
　㉠ COD(Chemical Oxygen Demand, 화학적 산소 요구량)
　　　ⓐ 호수·해양오염의 지표, 공장폐수의 수질오염도 측정
　　　ⓑ 물속의 유기물질을 화학적으로 산화 분해 시 요구되는 산소량

　㉡ DO(Dissolved Oxygen, 용존 산소량)
　㉢ SS(Suspend Solids, 부유물질량)
　㉣ 대장균군수(MPN, 최확수 : 검수 100㎖당 CFU)
　㉤ pH(수소이온농도의 농도지수)

(3) 수질오염에 의한 질환

① 미나마타병 : 수은 중독, 수은(Hg)을 함유한 공장폐수가 어패류로 오염된 것을 사람이 섭취해 발생, 손의 지각이상, 구내염, 언어장애, 시력 약화 등
② 이따이이따이병 : 카드뮴 중독, 지하수에 카드뮴이 오염되어 농업용수로 사용됨으로써 오염된 농작물 섭취로 인한 중독

③ PCB중독 : 쌀겨유 중독, 미강유 제조 시 가열매체로 사용하는 PCB가 기름에 혼입되어 생기는 중독

2) 대기오염

(1) 대기오염 물질

① 입자상 물질 : 먼지, 재, 연무, 안개, 연기, 훈연 등
② 가스상 물질 : 아황산가스, 황화수소, 이산화탄소, 일산화탄소 등

(2) 대기오염의 피해

① 인체 : 호흡기질병-만성기관지염, 기관지천식, 폐기종, 인후두염 등
② 동·식물의 피해 : 생장 장애, 조직 파괴 등
③ 기상에 미치는 영향 : 산성비, 오존층 파괴, 온실효과
④ 재산 및 경제적 손실 : 건축물 손상, 페인트칠 변색, 금속제품 부식

(3) 대기오염 사건

① 런던 스모그사건 : 1952년 공장과 가정의 석탄 연소에 의한 스모그 발생으로 4,000여 명이 사망
② 로스엔젤레스 스모그사건 : 1943년 공장과 쓰레기 소각로에서 나온 강하분진, 자동차의 질소산화물 등이 햇빛에 반응해 유독성 황갈색 스모그를 형성함
　예) 광화학 스모그

(4) 대기오염 예방

① 석유계 연료의 탈황장치
② 대기오염 방지를 위한 법적 규제와 보완제도
③ 도시계획과 녹지대 조성

> **기온역전과 온실효과**
> - 기온역전: 공기 순환 장애로 인해 대기층의 상부 기온이 하부 기온보다 더 높은 현상으로 호흡기 질환을 일으킨다.
> - 온실효과: 대기 중 이산화탄소(CO_2)의 비율이 높아지면서 지표 부근의 온도 상승으로 발생한다. 이산화탄소가 태양으로부터의 가시광선은 그대로 투과시키지만 지표면에서 방출되는 적외선은 잘 흡수하기 때문에 온실효과가 발생한다.

3) 소음과 진동

(1) 소음

① 소음의 규제 : 소음평가치(NRN)를 기준으로 우리나라는 50dB(A) 이하 허용
② 소음공해로 인한 피해 : 수면장애, 생리적 장애, 맥박 수, 호흡수, 신진대사 항진, 작업능률 저하 등
③ 소음 방지 : 도시계획 합리화, 소음원의 규제와 소음확산 방지 노력

(2) 진동

진동은 진동 레벨 60dB(A) 이하로 규정되며, 국소진동과 전신진동이 있다.

3. 산업보건

1) 산업보건의 정의

세계보건기구(WHO)와 국제노동기구(ILO)에 따르면 모든 산업장의 직업인들이 육체적·정신적·사회적 안녕을 최고도로 증진·유지되도록 하는데 있다. 산업보건학이란 직업인들에게 발생할 수 있는 건강장애요소를 예방하고 근로조건과 환경이 이들에게 적합하도록 연구 개선하는 학문이다.

2) 산업장의 보건관리

산업장의 보건관리가 이루어지려면 작업환경의 보건적 조건이 부합해야 한다.
① 채광 · 조명 설비
② 냉 · 난방, 온도, 습도 조절
③ 환기 및 공기조절 설비
④ 소음 · 진동방지시설
⑤ 재해 예방 및 피난 설비 등

3) 근로자의 건강관리

근로강도에 따른 작업관리의 합리화

> **RMR에 따른 노동 분류**
> - RMR(Relative Metabolic Rate, 에너지대사율) : 육체적 근로강도의 지표
> - RMR에 따른 노동 분류
>   ① 0~1 : 경노동 ② 1~2 : 중등노동
>   ③ 2~4 : 강노동 ④ 4~7 : 중노동
>   ⑤ 7 이상 : 격노동

4) 근로자의 영양관리

근로종류 및 근로자에 따른 영양관리
① 고온작업 : 식염, 비타민 A, B1, C
② 저온작업 : 지방질, 비타민 A, B1, C, D
③ 소음작업 : 비타민 B1
④ 강노동작업 : 비타민류, 칼슘 강화식품
⑤ 근육근로자 : 당질, 지방질, 비타민 B1
⑥ 중노동자 : 충분한 단백질, 비타민 B1

5) 노동 근로시간

① 국제노동기구(ILO) : 1일 8시간씩 주 40시간을 채택한다.
② 우리나라 : 국제노동기구(ILO)와 동일하다. 다만, 당사자 간의 합의에 의하여 1주일에 12시간 한도로 연장 가능하다.

6) 직업병(Occupational disease) 관리

직업병이란 일정 직종이 갖고 있는 특정한 요인에 의해 그 직종에 종사하는 사람에게만 발생하는 질환을 일컫는다.

(1) 물리적 환경에 기인하는 직업병

① 고온 · 고열 환경 : 열중증 발생(식염 소다, 비타민 B, C 투여)
② 이상저온 : 국소의 발적, 전신세포의 기능저하, 동상, 동창, 참호족(고지방 식이)
③ 불량조명 : 근시, 안정 피로, 안구진탕증
④ 자외선 : 피부암, 백내장, 홍반
⑤ 적외선 : 피부장애, 백내장
⑥ 방사선 : 백혈병, 암유발, 불임증, 탈모 등
⑦ 이상고압 : 잠함병
⑧ 이상저압 : 저산소증, 수면장애, 난청, 두통 등
⑨ 소음 : 8시간 작업 기준으로 소음의 허용기준 80dB(A)
 ㉠ 청력장애나 소음성난청 유발. 주파수 3000~6000Hz 음역에서 발생
 ㉡ 90dB(A) 이상 소음에 장기간 노출시 발생

⑩ 진동 : 레이노드병과 골 · 관절장애 등

(2) 직업장의 분진에 의한 질병

① 진폐증 : 산업장에서의 먼지 흡입으로 발생한다. 유리규산과 석면이 대표적인 유발물질이다.
② 규폐증 : 유리규산의 장기 흡입 시 발생하고, 폐조직의 섬유화를 유발한다.
 *3대 직업병 : 규폐증, 납중독, 벤젠 중독
③ 석면폐증 : 폐암의 원인이 되며 2~5㎛ 석면섬유가 가장 유해하다. 절연제 · 내화제 취급 근로자, 브레이크라이닝 등에 많다.

④ 탄폐증 : 탄가루에 의한 폐질환을 초래한다.
⑤ 면폐증 : 폐조직의 섬유화가 생기지는 않는다.

(3) 공업중독

공업중독의 대표적인 물질은 중금속과 벤젠이다.

① 납 중독 : 빈혈, 염기성 과립적혈구수가 증가하며 소변에서 포피린이 배출된다.
② 카드뮴 중독 : 폐와 신장에 축적되어 골연화증을 유발하며 이따이이따이병의 원인 물질이다. 만성중독 시 신장기능장애, 폐기종, 단백뇨가 나타난다.
③ 수은 중독 : 신장에 축적되며 미나마타병의 원인물질로 중추 신경계 장애가 나타난다.
④ 크롬 중독 : 호흡기계 장애를 유발한다.
⑤ 벤젠 중독 : 만성중독 시 조혈 기능 장애가 나타난다.

(4) 부적당한 근로 자세에 의한 직업병

① VDT(Visual Display Terminal) 증후군 : 컴퓨터의 보급으로 등장, 주로 일과성 현상이며 피로현상으로 나타난다.
② CTDs(Cumulative Trauma Disorders) : 근골격계 질환으로 반복성으로 나타나며 긴장장애의 일종이다.

4. 식품위생

1) 식품위생의 개요

① 식품위생법의 정의: 식품위생은 식품첨가물, 기구 또는 용기, 포장을 대상으로 하는 음식에 관한 위생을 말한다.
② 건전한 식품의 요소: 영양생리성, 안전성, 기호성, 저장성, 편리성, 경제성

> **식품의 변질**
> - 부패(Putrefaction): 단백질의 변질
> - 산패(Rancidity): 미생물 이외의 산소, 햇빛, 금속 등에 의하여 산화, 분해
> - 변패(Deterioration): 단백질 이외 성분이 탄수화물과 지질의 분해

2) 식중독

원인에 따라 세균성 식중독, 자연독에 의한 식중독, 화학물질에 의한 식중독, 곰팡이 독소에 의한 식중독으로 나눌 수 있다.

① 일반적으로 병원미생물이나 유해한 화학물질에 오염된 식품을 섭취함으로써 단시간 내에 급작스럽게 생리적 이상이 발생되는 질환으로, 구토, 오심, 복통, 설사 등 급성 위장염 증상을 나타낸다.
② 곰팡이균에 의한 식중독은 당질이 풍부한 식품에서 흔히 볼 수 있다.
③ 식중독은 24시간 이내의 단시간에 집단적으로 발생하고 환자에 의한 2차 감염은 드물다.
④ 세균성 식중독
  ㉠ 감염형 식중독: 살모넬라, 장염 비브리오, 캠파일로박터, O-157, 장구균 식중독 등

ⓒ 독소형 식중독 : 포도상구균, 보툴리누스, 웰쉬균 식중독 등

	식중독의 종류	증상 및 특성
감염형	살모넬라증	장내 세균의 일종이며 대장균과 유사한 병균 균이 장관점막에 작용함으로써 중독증상을 일으킨다.
	장염 비브리오	병원성 호염균에 의한 식중독 절인 식품에서 여름철에 많이 발생한다.
	캠파일로박터	잠복기는 2~7일로 추정 증상은 설사, 복통과 발열 등 음식을 충분히 가열하여 섭취하며 음료수는 완전 살균한다.
	O-157	햄버거에서 많이 발생 오염된 칼 등 고기 가공 과정에서 순간적으로 전파
독소형	보툴리누스	통조림, 소세지 등이 원인 신경계 급성 중독 가장 사망률이 높은 식중독, 혐기성 세균
	웰쉬균	토양에 널리 분포된 크로스트라튬 웰쉬균 등 식품에 침입해 번식하면서 독소 생성
	포도상구균	우리나라에 가장 많은 식중독 식중독균 중 잠복기가 가장 짧음 식중독 독소가 100℃에서 30분간 끓여도 파괴되지 않음

(5) 자연독에 의한 식중독

동물성	복어(테트로도톡신), 조개(미틸로톡신), 굴(베네루핀톡신)
식물성	목이버섯(무스카린톡신), 감자(솔라닌), 보리(맥각, 에르고톡신), 매실(아미그다인톡신)

(6) 복어 식중독의 특징

① 독은 복어의 난소, 고환, 내장에 다량 함유돼 있다.
② 호흡중추신경의 마비증상이 생긴다.
③ 중독증상은 식후 30분에서 5시간 사이 발생한다.
④ 독성은 끓는 물에 9시간 정도 가열해야 상실된다.

3) 식품첨가물

① 보존료(Chemical preservation):식품의 변질·부패를 방지하고 신선도를 보존해 영양가 손실을 방지하는 물질
  예) 소르빈산, 안식향산, 디하이드로 초산, 프로피온산 나트륨 등
② 산화방지제(Antioxidants):공기 중 산소에 의한 변질 방지를 위한 첨가제
  예) 디부틸 히드록시 톨루엔, 몰식자산 프로필, L-아스코르빈산, EDTA 등
③ 살균료(Bacteriocides gemicides):감염병균 또는 식품의 부패 원인균을 사멸시키기 위해 식품에 첨가하는 것
  예) 표백분, 차아염소산나트륨, 이염화이소시아뉼산나트륨 등
④ 조미료(Seasonings):식품의 고유한 맛으로는 충족시키지 못할 때 맛을 좋게 하기 위해 첨가하는 물질
  예) 핵산계, 아미노산계, 유기산계로 구분
⑤ 착색료(Coloring matters):색을 내기 위한 색소로, 자연색소가 바람직하나 합성산소를 쓰기도 함
  예) 합성으로 타르 8종, 알루미늄레이크 7종 등
⑥ 감미료(Nonnutritive sweeterners):당질 이외 감미를 가진 화학적 합성품의 총칭

4) 우유의 관리

① 저온살균법:영양손실이 가장 적은 살균법으로 62~63℃에서 30분 동안 가열처리한다.
② 고온살균법:71.5℃에서 15초간 가열처리 후 60℃ 이하로 급냉시킨다.
③ 초고온살균법:130~150℃에서 순간적으로 가열한다.

5) 식품의 보존법

(1) 물리적 보존법

① 건조 및 탈수법 : 수분 15%이하, 곡류, 두류, 북어, 굴비
② 냉동 및 냉장법 : -4℃, 1~4℃, 생선, 육류, 채소, 과일
③ 가열 살(멸)균법 : 100(120)℃, 우유, 통조림
④ 밀봉법 : 탈수상태유지, 라면, 과자류
⑤ 자외선, 방사선 조사법 : 260nm, α, β, γ선 조사, 감자 씨
⑥ 통조림법 : 가열, 밀봉

(2) 화학적 보존법

① 절임법 : 10~15%, 소금물 50%, 설탕물, 강산성
② 방부제(보존료) : 증식, 발육억제제
③ 가스저장법 : CO_2나 N_2로 호기성 세균 번식억제, 난류
④ 훈증법 : 훈증가스소독, 곡류
⑤ 훈연법 : 참나무 등의 연기성분이용, 어패류, 육류

예/상/문/제

01. 편안한 환경을 조성하기 위해서 가장 중요한 것은?

① 온도   ② 습도
③ 환기   ④ 소음방지

Answer: 환기는 편안한 환경 조성에 가장 중요한 요소. 군집독의 처치방법이다.

02. 다음 중 기후의 3요소에 해당되지 않는 것은?

① 반사열   ② 기온
③ 기습   ④ 기류

Answer: 기후의 3요소는 기온, 기습, 기류이다.

03. 환경오염의 원인이 아닌 것은?

① 인구의 도시집중
② 산업화
③ 환경보전의 인식부족
④ 인구감소

Answer: 인구감소는 환경오염의 원인이 아니다.

04. 환경위생학을 근대 과학으로 발전시킨 학자는?

① 파스퇴르(Pasteur)
② 히포크라테스
③ 윈슬로(Winslow)
④ 페텐코퍼(Pettenkofer)

Answer: 페텐코퍼(Pettenkofer, 1818~1901)는 환경 위생을 근대 과학으로 발전시킨 학자

05. 세균성 식중독이 소화기계 감염병과 다른 점은?

① 균량이나 독소량이 소량이다.
② 대체적으로 잠복기가 길다.
③ 연쇄전파에 의한 2차 감염이 드물다.
④ 원인식품 섭취와 무관하게 일어난다.

Answer: 식중독은 24시간 이내에 발병하며 원인식품에 의해 발병하는 급성질환이다.

정답   01. ③   02. ①   03. ④   04. ④   05. ③

06. 인간이 활동하기 가장 적합한 습도는?

① 30~50%   ② 60~80%
③ 40~70%   ④ 50~70%

Answer: 인간이 활동하는 데 쾌적습도는 40~70%, 온도는 18±2℃이다.

07. 자외선의 기능으로 알맞지 않은 것은?

① 기온상승의 효과가 있다.
② 살균작용의 효과가 있다.
③ 비타민 D를 형성한다.
④ 성장, 신진대사에 관여한다.

Answer: 자외선의 기능으로는 성장과 신진대사, 적혈구 생성, 비타민 D 형성, 살균작용 및 치료 작용 등이 있다.

08. 가시광선에 대한 설명으로 맞지 않는 것은?

① 파장이 2,000~5,000Å인 광선이다.
② 눈에 적당한 조도는 100~1,000Lux이다.
③ 조도가 낮으면 시력저하, 근시, 안정피로의 원인이 되기도 한다.
④ 눈의 망막을 자극하여 명암과 색깔을 구별한다.

Answer: 가시광선의 파장은 4,000~8,000Å이다.

09. 적외선의 인체에 대한 작용으로 잘못된 것은?

① 일사병의 원인이다.
② 백내장을 일으키기도 한다.
③ 피부에 색소 침착을 일으킨다.
④ 과량조사 시 화상과 홍반을 일으킨다.

Answer: 피부의 색소침착은 자외선의 작용이다.

10. 백내장, 일사병, 중추신경 장애의 원인이 되는 광선은?

① 자외선   ② 적외선
③ 가시광선   ④ 복사열

Answer: 적외선은 백내장, 일사병, 신경의 장애, 과량조사 시 화상과 홍반 일으킴

정답 06. ③ 07. ① 08. ① 09. ③ 10. ②

Chapter 04 보건관리

1. 보건행정

1) 보건행정의 개념

(1) 보건행정의 정의

보건행정은 공중보건의 목적을 달성하기 위하여 국민의 질병예방 및 수명연장, 신체적·정신적 효율의 증진 등 공공의 책임하에 수행하는 행정활동으로 지역사회 전체주민을 대상으로 한다. 또한 질병예방, 건강증진, 생명연장 등 공중보건의 목적을 달성하기 위해서 행해지는 기술행정임과 동시에 보건교육, 보건관계 법규, 보건봉사의 세 흐름으로 시행한다.

(2) 보건행정의 범위

세계보건기구(WHO)에서 규정한 보건행정의 범위로는 보건관계 기록의 보존과 대중에 의한 보건교육, 환경위생, 감염병관리, 모자보건, 의료 및 보건간호 그리고 재해예방을 포함하고 있다.

2) 보건행정조직

(1) 중앙보건기구 : 보건복지부

① 국민 보건의 향상과 사회복지증진을 위한 정부의 중앙보건행정조직이다.

② 장점
   ㉠ 감염병 관리 등 지역사회 단위에서는 불가능한 사업을 실시할 수 있다.
   ㉡ 보건사업의 중복을 피할 수 있다.
   ㉢ 정부 부처간 사업을 협력해 시행할 수 있다.

③ 단점 : 각각의 지역사회 특성에 맞는 사업을 시행하기엔 한계가 있다.
④ 역할 : 사회복지정책, 보험연금, 보건의료정책 등을 시행
⑤ 소속기관 : 국립의료원, 질병관리본부(구 국립보건원), 국립정신병원, 국립소록도병원, 국립재활원, 국립검역소, 식품의약품안전청 등

(2) 지방보건기구 : 보건소

① 보건계몽활동의 중심이 된다.
② 시·군·구에 설치돼 있으며 국가의 보조를 받는다.
③ 보건소에 대한 인사, 예산상의 지휘·감독 권한은 시장·군수·구청장에게 있다.
④ 지방자치단체의 사업소적인 성격을 띤다.
⑤ 보건소 간호 사업은 지역사회주민 전체를 대상으로 건강을 스스로 관리할 수 있는 능력 개발, 문제 발생 시 의료기관에 의뢰해 건강을 유지·증진할 수 있도록 하는 것이다.
⑥ 업무
   ㉠ 국민건강증진, 보건교육, 구강건강, 영양개선사업
   ㉡ 감염병 예방, 관리, 진료
   ㉢ 모자보건, 가족계획사업, 노인보건사업
   ㉣ 공중보건 및 식품위생
   ㉤ 의료인 및 의료기관 지도사항
   ㉥ 의료기사, 의무기록사, 안경사 지도
   ㉦ 공중보건의, 보건진료원, 보건지소 지도
   ㉧ 마약, 향정신성 의약품 관리
   ㉨ 응급의료 관련 사항

ㅊ 정신보건사항
ㅋ 가정, 사회복지시설 방문 및 보건의료사업
ㅌ 주민진료, 건강진단 및 만성퇴행성질환 관리사항
ㅍ 장애인 재활사업 및 사회복지사업
ㅎ 주민보건의료 향상 및 증진

(3) 국제보건관련기구

대표적인 국제보건기구로는 세계보건기구(WHO), 유엔환경계획(UNEP), 유엔식량 농업기금(FAO), 국제연합아동긴급기금(UNICEF) 등이 있다.

> **세계보건기구 WHO(World Health Organization)**
> - 1948년 4월에 설립된 국제연합 산하의 전문기관
> - 모든 인류의 최고건강수준 달성을 목적으로 함
> - 스위스 제네바에 본부를 두고 전 세계를 6개의 지역사무소로 나눠 사업 진행(우리나라는 서태평양지역에 속함, 본부는 필리핀 마닐라)

3) 사회보장

(1) 사회보장의 정의

사회보장(Social security)이란 국가가 국민의 생존권 실현과 생활권을 보장하기 위한 방법으로 국민들의 최저생활을 보장하기 위한 제도이다.

(2) 사회보장의 기능

① 인간다운 생활 보장   ② 사회복지 증진
③ 소득의 재분배   ④ 정치적, 소비적 기능

(3) 사회보장제도의 종류

① 사회보험 : 사회보장의 가장 큰 주류, 사회정책 수행 목적, 소요자금 보험료에 의존
  ㉠ 소득보장:국민연금, 실업연금

ⓛ 의료보장:의료보험, 산업재해보험(사회구성원의 예측 불가능한 우발적 사고에만 적용)

② 공적부조
  ㉠ 자력으로 생계유지가 불가능한 자의 생활을 자력으로 생활할 수 있을 때까지 국가재정을 통해 보호해주는 일종의 구빈 제도
  ㉡ 조세를 중심으로 일반재정에 의지(보험료를 내지 않음)
    ⓐ 생활보호:재해구호, 무료배급, 수용소구호, 취로사업, 보훈사업
    ⓑ 의료보호

③ 공공서비스(사회복지서비스)
  ㉠ 일정지역 내의 모든 사람이 대상
  ㉡ 소득에 관계없이 국가, 지방자치단체에서 직접 서비스
    ⓐ 사회복지서비스:환경위생사업, 급수사업
    ⓑ 보건의료서비스:노인복지, 장애인 복지, 아동복지 등
    ⓒ 감염병 관리사업:불특정 다수인

4) 의료보장

(1) 건강보험

의료사고로 인한 경제적인 대비를 위해 재정적인 준비를 필요로 하는 다수인이 자원을 결합해 의료 수요를 상호 분담 충족하는 사회보장 형태. 위험 분산의 기능과 사회보험 성격으로서의 소득재분배 기능을 갖는다.

(2) 의료보호

저소득층 계층과 생활무능력자에 대해 의료비 일부 또는 전액을 부담하는 제도, 공적부조(국고 80%, 지방 20%) 형태로 운영한다.

① 1종(황색카드):사회복지시설 수용자 및 거택 보호자, 이재민, 국가유공자, 인간 문화재, 월남귀순자, 성병감염자, 행려병 환자 등
② 2종(녹색카드):자활보호자와 자활보호유사자

(3) 산재보험

노동부에서 주관. 요양, 휴업, 장해, 일시 급여 등으로 구성돼 각 사업장 단위로 강제적으로 가입해야 하는 보험이다.

5) 연금제도

연금제도는 경제능력이 줄어들거나 없어지는 시기를 대비해 소득을 보장하기 위한 제도로 국민연금, 군인연금, 사립학교교원연금, 공무원연금제도 등이 있다. 특히 국민연금제도는 가입자인 국민이 노령, 폐질 또는 사망으로 소득능력이 상실 또는 감퇴된 경우, 본인이나 그 유족에게 일정액의 급부를 행하여 안정된 생활을 할 수 있도록 국가가 운영하는 장기적인 소득보장제도이다. 국민연금제도는 국내에 거주하는 18세 이상 60세 미만의 국민이면 누구나 가입해야 한다.

2. 인구와 가족계획

1) 인구의 개념

인구(Population)란 일정 시기에 일정한 지역에 생존하는 인간의 집단을 의미하며 인간의 집단을 생물학적, 혈연적 유전공동체로 본 것이 인종이며, 법적 견지에서 국제공동체로 본 것이 국민이다. 인구는 출생, 사망, 이동의 3요소에 의하여 변하며, 이들 3요소를 인구 변수(Components of Population Variables)라 한다.

(1) 맬더스주의(Malthusism)

맬더스(Malthus)의 초기이론은 "인간의 생존에는 식량이 필수적이며, 남녀 간의 성욕은 인간의 본능으로 계속 지속될 것이다."라는 전제 하에 인구는 기하급수적으로 증가하는 데 반해 식량은 산술급수적으로 증가하여 인구 압력이 크게 작용할 것이며, 결국 식량 부족이나 기근, 질병 및 전쟁 등의 인구 문제가 발생될 것이라는 것이었다. 1862년 이후의 후기 이론은 인구는 첫째, 생존수단인 식량에 의해 필연적으로 제한되어지며 둘째, 인구는 매우 강력한 어떤 억제요인이 없는 한 생존수단이 있는 한 변함없이 증가할 것이고 셋째, 이런 강력한 인구 압력을 저지하고 생존수단의 수준에 영향을 미치는 인구 억제책으로서 예방적 억제책과 적극적 억제책을 제시하였다. 맬더스는 종교적 이유로 피임법을 사용하는 것은 반대하였다.

(2) 신맬더스주의(Neo-Malthusism)

신맬더스주의는 맬더스의 인구론은 지지하나 피임방법을 수용하는 주의이며 인구증강의 억제책으로 만혼, 금욕 등을 제시하고 피임법을 적극적으로 권장하였다.

(3) 적정인구론(Optimum Population Theory)

적정인구론은 플라톤 등에 의해 처음으로 제시되었는데 1920~1930년대에 많은 주목을 받았다. 인구와 자원과의 관련성에 근거한 이론으로서 한 나라의 1인당 소득이나 생산성이 최대가 될 수 있는 인구규모를 적정인구라 하는 것이다.

(4) 안정인구론(Stable Population Theory)

현대 인구통계학이론으로 미국의 로트카(Alfred J. Lotka)의 이론이다. 이 이론은 인구 이동 없는 폐쇄인구(Closed Population)에서 어느 지역의 인구 성별, 연령별 사망률, 출생률이 변하지 않고 오랫동안 지속되면 일정한 인구를 유지하는 안정인구가 된다는 것이다.

2) 인구의 구조

(1) 인구조사

① 인구정태(State of Population)조사 : 일정 시점에 일정 지역의 인구의 크기, 자연적 구조(성별, 연령별), 사회적 구조(국적별, 가족관계별), 경제적 구조(직업별, 산업별)에 관한 조사이다.
② 인구동태(Movement of Population)조사 : 어느 기간에 인구의 변동요인, 즉 출생과 사망, 전입, 전출 등에 관한 조사를 말한다.

(2) 인구의 구조형

인구구조 중 성별 및 연령별 인구구조를 기본 인구구조라고 한다. 인구구조를 표시할 때는 가로축에 수량, 세로축에 연령을 표시하며, 남자의 수량표시는 왼쪽에, 여자는 오른쪽에 한다.

① 피라미드형(Pyramid type) : 높은 출산력과 사망력을 지녀 인구가 증가하는 구조로 후진국형이다.
② 종형(Bell type) : 저출생률과 저사망률로 인구증가가 정지되는 인구정지형으로 선진국형이다.
③ 방추형(항아리형, Pot type) : 출생률이 사망률보다 낮아 인구가 감소하는 형이다.
④ 별형(Star type) : 특히 생산연령층의 인구가 많이 모여들고 있는 유입형으로 도시형이다.
⑤ 표주박형(호로병형, Gourd type) : 생산연령층의 인구가 많이 유출돼 있는 전출형으로 농촌형이다.

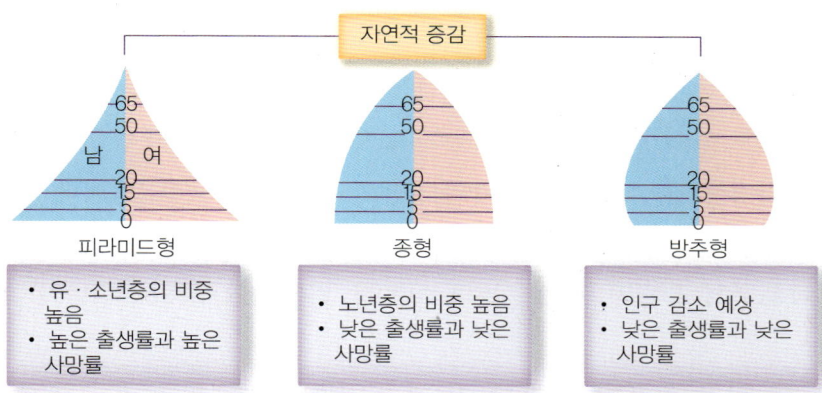

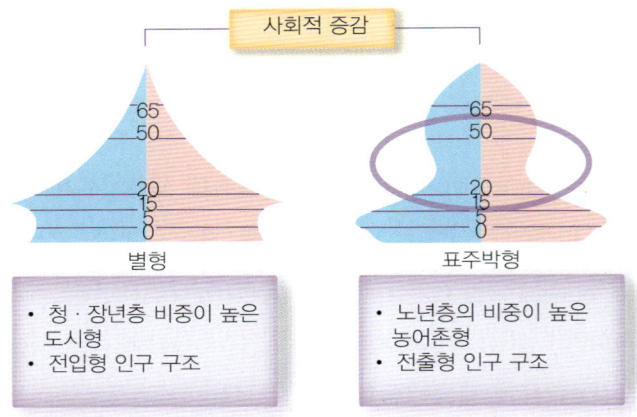

3) 인구지표

인구구조의 지표로는 성별 구성비를 표시한 성비(Sex Ratio), 연령별 인구구성을 표시한 연령구성비, 생산능력을 가진 인구에 대해 생산 능력이 없는 어린이와 노인 인구의 비인 부양비(Dependency Ratio) 등이 있다.

4) 인구문제

인구의 양적 · 질적 불균형 문제 등 인구와 관련된 문제를 인구문제라 한다.
① 3P 문제 : 인구 · 오염 · 빈곤(Population · Pollution · Poverty)
② 3M 문제 : 영양실조 · 질병 · 사망률(Malnutrition · Morbidity · Mortality)

5) 가족계획(Family Planning)

① 가족계획의 정의 : 계획적인 가족형성을 의미하는 것으로 알맞은 수의 자녀를 알맞은 터울로 낳아 잘 양육함으로써 가족 모두가 건강하고 명랑한 환경 속에서 행복한 가정생활을 영위하며 생활의 질을 높이기 위한 생활운동이다. 최종목적은 가정생활의 복지향상이다.
② 가족계획 범위 : 출산 시기 선택, 자녀 수 조정, 터울 조정, 불임증 진단 및 치료 등

③ 가족계획 시 고려사항:모자보건, 인구조절, 가정 또는 국민경제, 자녀교육, 주택문제
④ 가족계획의 필요성:가족계획은 모자보건의 향상 및 자녀의 양육능력 조절과 여성해방의 입장에서 또한 생활양식의 개선, 경제적 능력 조절, 인구 조절 등의 측면에서 필요하다.

3. 보건교육

1) 보건교육의 개념

(1) 보건교육의 정의

① 공중보건을 기초로 하는 조직적 사회교육, 문화운동으로 대중교육
② 건강에 대한 지식을 교육과정을 통해 개인, 더 나아가 집단의 건강한 행동양식으로 바꾸어 놓는 것
③ 건강에 올바른 행동을 일상생활에서 습관화하도록 돕는 교육과정

(2) 보건교육의 중요성

성공적인 보건교육이 이루어진 경우 영구적인 건강 유지나 건강 증진에 기여

(3) 보건교육의 목적

보건교육을 통하여 지역사회 구성원 스스로 건강문제를 해결할 수 있는 능력을 갖도록 하며, 질병 발생 전 예방이 우선되어야 한다.
① 질병예방
② 건강의 유지와 증진
③ 행동과 태도의 변화
④ 질병 유발인자의 제거 및 개선

(4) 보건교육의 특성

① 보건 교육의 원칙
  ㉠ 보건에 대한 지식, 태도, 행동의 변화를 가져오게 한다.
  ㉡ 보건교육 후 효과에 대한 평가를 반드시 시행한다.
  ㉢ 보건교육 계획 시 대상자의 요구를 반영한다.
  ㉣ 교육대상자에게 적합한 교육방법을 선택한다.

② 보건교육의 일반적 내용
  ㉠ 보건교육은 가장 포괄적이고 중요한 사업이다.
  ㉡ 보건교육 중 학교보건은 장기적인 행동변화에 중요하고 능률적이며 효과적이다.
  ㉢ 보건교육의 대상은 지역사회주민 전체이다.
  ㉣ 보건교육 시 가장 중요한 것은 대상자와 함께 계획한다는 점이다.

③ 보건교육에 영향을 미치는 요인 : 조명, 소음, 의자 배열, 교육장 크기
④ 보건교육방법 선정 시 고려 요소 : 교육대상자의 수, 교육에서 도달할 학습목표의 난이도, 참가대상자들의 교육정도, 교육실시 장소와 시설
⑤ 보건사업에 종사하는 모든 사람은 보건교육을 실시할 수 있다.

2) 보건교육의 방법

(1) 개인 접촉

① 방법:가정방문, 진찰, 건강 상담, 예방접종, 전화 편지 등
② 장점:가장 효과적 교육
③ 단점:많은 인원소요, 비경제적

(2) 집단 접촉

① 방법:2명 이상을 대상으로 하는 교육으로 강연회, 집단토론, 심포지엄, 패널토

의, 버즈세션, 실연
② 장점:경제적 방법
③ 단점:개인접촉보다 낮은 효과

(3) 대중매체

① 방법:영화, TV, 라디오, 인터넷, 신문, 포스터 등 매체 활용
② 장점:대중을 상대로 단시간에 강의
③ 단점:개인의 교육 습득 정도를 확인하기 어려움

3) 보건교육의 습득 및 평가

① 보건교육의 습득과정:인지 → 관심 → 평가 → 시도 → 채택
② 보건교육의 평가원칙:명확한 목표와 기대치 명시, 장·단점 지적, 계획·평가·결과 등의 지속적 평가 요구, 계획 및 사업에 참여한 사람이 평가에 참여

4. 노인보건

1) 노인보건의 개념

노인(老人)이란 생리적, 신체적 기능의 쇠퇴와 더불어 심리적인 변화가 일어나 자기유지 기능과 사회적 역할 기능이 약화되고 있는 사람을 말하며, 우리나라에서 노인복지법의 노인 기준 연령은 65세이다. 노인인구는 상대적으로 구성비가 증가하나 생활방식이나 가족문제의 변화에 따라 노인의 부양문제, 소득문제, 보건의료문제, 사회복지문제 등은 이제 사회 전체의 문제로 대두되고 있다.

2) 노인보건의 의의

가능한 노화의 진행을 억제하며 노인들의 건강을 유지함과 동시에 질병을 감소시

커 수명을 연장시키는 것은 물론, 노인이 지역사회에서 의미 있는 삶을 영위할 수 있도록 하는데 의의가 있다.

3) 노인문제

① 경제문제:소득감소와 의존
② 고독과 소외:심리·사회적 갈등 요인
③ 건강문제:의료비 부담
④ 여가문제:사회적 프로그램의 부재

4) 노인의료의 특징

① 장기간의 관리:만성적이고 복잡하다.
② 의료 이용의 제한과 부담:의료비 부담 능력은 낮고 필요는 크다.
③ 인생종말에 대비한 노인과 가족 전체에 대한 관리
④ 젊은 층에 비해 현저한 수발과 돌봄의 필요

5) 노년기 건강관리

① 생리기능과 생활리듬을 적절히 조화시키는 생활습관
② 적절한 영양관리와 균형 있고 규칙적인 식사
③ 피로하지 않을 정도의 개인에 맞는 적당한 운동
④ 충분한 숙면
⑤ 냉·난방이 잘 되는 주거
⑥ 규칙적인 배설
⑦ 정기적 건강검진과 건강교육

예/상/문/제

01. 모든 인류 건강수준의 최고달성을 목적으로 한 기관은 무엇인가?

① WHO(세계보건기구)
② FAO(유엔식량농업기구)
③ UNICEF(국제연합아동긴급기구)
④ UNEP(유엔환경계획)

Answer: 1948년에 4월에 설립되었고 인류의 최고건강수준을 목적으로 한다.

02. 다음 중 국민보건향상을 위한 중앙 보건기구에 속하는 것은?

① 보건사회국   ② 보건소
③ 보건복지부   ④ 보건환경연구원

Answer: 보건복지부는 국민 보건의 향상과 사회복지 증진을 위한 중앙보건행정 조직이다.

03. 보건소의 지휘, 감독 권한은 누구에게 있는가?

① 대통령   ② 보건복지부장관
③ 도지사   ④ 시장, 군수, 구청장

Answer: 보건소에 대한 지휘 감독 권한은 시장, 군수, 구청장에게 있다.

04. WHO에서 정한 보건행정범위에 해당되지 않는 것은?

① 재해예방   ② 보건교육
③ 환경위생   ④ 감염병치료

Answer: 보건교육, 환경위생, 모자보건, 감염병관리, 의료 및 보건관리, 환경위생

05. WHO의 본부가 있는 곳은 어디인가?

① 덴마크 코펜하겐
② 스위스 제네바
③ 이집트 알렉산드리아
④ 프랑스 파리

Answer: WHO는 스위스 제네바에 본부를 두고 있다.

06. 우리나라가 속해 있는 세계보건기구의 사무소가 있는 곳은?

① 대한민국 서울
② 필리핀 마닐라
③ 스위스 제네바
④ 미국 샌프란시스코

Answer: 우리나라는 서태평양지역에 속해있다.

정답 01. ① 02. ③ 03. ④ 04. ④ 05. ② 06. ②

Part 2 공중보건학의 개념

07. 지방보건기구로 시, 군, 구에 설치할 수 있는 것은?

① 의원　　② 보건소
③ 의료원　④ 재활원

Answer: 보건계몽활동의 중심이 되는 보건소는 시, 군, 구에 설치되어 있다.

08. 사회보장에 관한 설명으로 맞지 않는 것은?

① 국가의 국민 생존권 실현을 위한 방법이다.
② 사회보험과 공적 부조, 공공서비스로 나눈다.
③ 국민들의 최고생활을 보장한다.
④ 국가가 국민의 생활권을 보장하기 위한 방법이다.

Answer: 국가가 국민들의 최저생활을 보장하기 위한 제도이다.

09. 연금제도의 종류가 아닌 것은?

① 군인연금
② 복지연금
③ 사립학교 교원연금
④ 국민연금

Answer: 국민연금, 군인요금, 사립학교교원연금, 공무원연금이 있다.

10. 보건행정에 대한 설명으로 가장 올바른 것은?

① 공중보건의 목적을 달성하기 위해 공공의 책임 하에 수행하는 행정활동
② 개인보건의 목적을 달성하기 위해 공공의 책임 하에 수행하는 행정활동
③ 국가간의 질병교류를 막기 위해 공공의 책임 하에 수행하는 행정활동
④ 공중보건의 목적을 달성하기 위해 개인의 책임 하에 수행하는 행정활동

Answer: 우리나라의 중앙보건행정은 보건복지부 주관 하에 진행하고 있다.

정답　07. ②　08. ③　09. ②　10. ①

Chapter 05 미생물과 소독

1. 미생물학의 개요

인류의 역사에서 인간의 건강한 삶과 미생물은 분리해서 생각할 수 없게 되었다. 인간은 생존경쟁과 발전과정에서 끊임없이 새로운 환경에 적응하며 또 새로운 환경을 만들어 변화시키고 있다. 특히 사회의 다변화와 인간 욕구의 극대화에 따라 환경의 급속한 변화를 가져왔고 이러한 급속한 변화는 피부미용계도 예외일 수 없으며 그 어느 때보다도 심각한 영향을 끼치게 되었다. 즉, 피부 관리실의 환경 또한 전염성 질병으로부터 안전지대는 아니다. 네일살롱을 찾는 수많은 사람들의 대화와 직접 접촉은 물론, 각종 기구와 의복 등이 항상 노출되어 있기 때문에 네일리스트의 개인위생 뿐 만 아니라 고객들의 건강관리와 보호를 위해서도 철저한 위생관리와 청결 및 소독과 멸균에 대한 충분한 지식을 갖추고 감염병 관리에 최선을 다해야 할 것이다.

(1) 그리스의 히포크라테스(Hippocrates, B.C 460-357)

독기(Miasma)가 질병 발생의 원인, 공기 중 유해 인자가 질병발생 주요 관련인자라 규정지음

(2) 중세유럽

페스트(흑사병)의 대유행으로 수천만의 인명이 희생, 감염병에 대한 격리와 위생 행정의 필요성 절감

(3) 존 스노우

19세기 런던 발생 콜레라에 대한 역학조사 최초로 실시, 콜레라의 발생과 전파가 음용수의 수질과 깊은 연관이 있음을 밝힘

(4) 코흐와 파스퇴르(19세기 말)

콜레라균과 결핵균 발견, 미생물병인설(미생물이 질병의 원인이 된다) 확립, 특히 접촉전염설(감염병의 발생은 전염원과의 접촉에 의하여 이루어진다.)의 성립

(5) 리스터

영국 의사로, 무균수술법 창안, 산욕열의 발생을 억제함으로써 소독과 멸균이 질병의 발생과 확산을 억제한다는 사실 증명

2. 미생물학의 이해

지구상에는 수많은 종류의 생물들이 살고 있는데 크게 세 가지로 나누면 동물, 식물, 미생물로 나눌 수 있다. 미생물이란 현미경을 통하지 않고는 볼 수 없는 아주 작은 단세포 생물을 뜻하는 것으로, 흔히 생물에게 해로운 병원균 등이 우선적으로 떠오르지만 실제로는 인간에게 유용한 역할을 하는 미생물(정상세균 총)도 많다. 미생물학(Microbiology)의 어원은 Micro=Small(작은), Bios=Living(살아있는), Logy=Study(학문)을 의미하는 합성어로써, 육안으로 볼 수 없는 아주 작은 생물체를 연구하여 감염병과 질병을 방지하려는 학문을 말한다. 따라서 미생물이란 약 0.1mm 이하의 생물체를 말하며, 여기에는 세균(Bacteria), 바이러스(Virus), 리케치아(Rickettsia), 진균(Fungi) 및 클라미디아(Chlamydia) 등이 있다. 피부 관리실에서 병을 일으킬 수 있는 병원균으로는 곰팡이류와 효모, 사상균 및 박테리아, 바이러스가 있다.

3. 미생물의 종류

1) 세균(Bacteria)

세균은 육안으로 관찰할 수 없는 미세한 생물로 질병을 일으키지 않는 비병원균과 질병을 유발하는 병원균으로 나눌 수 있다. 병원균이 일으키는 질병으로는 콜레라, 장티푸스, 디프테리아, 결핵, 나병, 백일해, 페스트 등이 있으며 다음과 같이 나눌 수 있다.

(1) 구균

단독이나 떼지어 나타나는 둥근 모양의 유기체
① 포도상 구균 : 종기, 농포 등 고름을 형성하는 것으로 떼 지어 성장한다.
② 연쇄상 구균 : 고리(사슬) 모양으로 성장하는 고름형성유기체이다.
③ 쌍구균 : 20개의 쌍으로 성장하며 폐렴을 유발한다.

(2) 간균

작고 얇거나 작고 두꺼운 구조, 둘 중 하나로 존재하는 막대기 모양 유기체이다. 가장 흔하며 파상풍, 유행성 감기, 장티푸스, 결핵, 디프테리아 등을 유발한다. 많은 간상균은 포자를 형성한다.

(3) 나선균

곡선 모양이거나 나선형의 유기체이다. 매독균 등이 이에 속한다.

2) 바이러스(Virus)

살아있는 세포 속에서만 생존이 가능한 세균으로, 여과기를 통과하는 가장 작은 미생물이다. DNA나 RNA 중 어느 한 쪽만 가지고 있으며, 증식은 숙주세포에 의존하고 있다. 바이러스가 일으키는 질병에는 홍역, 폴리오, 유행성 이하선염, 일본뇌염, 광견병, 후천성면역결핍증, 간염 등이 있다.

3) 기생충(Parasite)

동물성 기생체로서 원충(Protozoa)과 후생동물(Metazoa)인 연충류가 있다. 기생충이 일으키는 질병은 말라리아, 사상충, 아메바성 이질, 회충증, 간·폐흡충증 등이 있다.

4) 진균(Fungi)

광합성이나 운동성이 없는 생물로서 단단한 세포벽을 가진 것으로 백선, 칸디다증 등을 발생시킨다.

5) 리케치아(Rickettsia)

균보다 작고 살아있는 세포 안에서만 기생하는 특성으로 세균과 구분되어 진다. 예전에는 클라미디아와 함께 바이러스로 분류되기도 하였다. 리케치아가 일으키는 질병은 발진티푸스, 발진열, 쯔쯔가무시병 등이 있다.

6) 클라미디아(Chlamydia)

리케치아와 같이 진핵 생물의 세포 내에서만 증식하는 세포 내 기생체이나 리케치아와 다른 점은 절지동물에 의한 매개를 필수로 하지 않고 균체계 내에 에너지 생산계를 갖지 않는 점으로 인하여 구분되며, 트라코마, 앵무새병(Psittacisis) 등을 일으킨다.

> **미생물의 크기**
> 곰팡이 > 효모 > 세균 > 리케치아 > 바이러스

4. 감염경로

(1) 공기

공기 감염은 비말감염과 포말감염이 있는데, 네일살롱에서는 비말핵과 먼지에 의해 결핵, Q열 브루셀라병, 앵무새병 등이 전파될 수 있다. 감염은 고객의 기침이나 재채기를 통해 공기 중에 떠다니는 균을 들이마시므로 이루어진다. 특히 네일살롱은 고객에게 편안하고 안락함을 주기 위해 외부와의 차단이 이루어지는 가운데 미세먼지, 각종 화장품 사용 등 실내공기가 오염되기 쉬우므로 환기에 매우 주의해서 공기를 통한 감염이 발생하지 않도록 한다.

(2) 접촉

네일리스트는 고객의 피부, 손과 발 등과 직·간접 접촉을 하며 서비스를 제공하는 직업이다. 직접적인 접촉을 통하여 전염되는 것을 직접감염, 기기나 가운, 시술 도구 등을 통해 감염이 되는 것을 간접 감염이라 한다. 각종 시술로 시작되는 각 단계별 관리를 시행하면서 감염을 일으킬 수 있으며 각종 시술도구를 통해서도 균에 노출될 수 있으며 이를 통한 2차 감염도 일어난다. 해면보울이나, 브러시, 족욕기 등의 도구가 일차적 감염원이 될 수 있고, 자칫 습해지기 쉬운 배수구, 냉·온수 조절기 등이 병원균에 노출되기 쉽다. 또한 로션이나 크림, 팩의 변질 및 농가진이나 백선 등 많은 피부 질환의 전염이 일어날 수도 있다. 따라서 네일리스트틀 부적절한 위생처리로 인한 감염이 일어나지 않도록 개인위생을 철저히 하고 시술 시 상처를 내거나 입지 않도록 매우 조심하는 자세가 필요하다.

5. 미생물의 증식환경

1) 온도

온도는 미생물의 증식과 사멸에 있어 가장 중요한 요소 중의 하나이다. 미생물이 생장할 수 있는 최고온도는 사멸을 초래하고 최저온도는 신진대사를 멈춘 휴면상태를 일으키는데 미생물의 종류에 따라 발육에 적합한 온도가 매우 다르다.
① 저온성균 : 최적온도 15~20℃에서 가장 발육이 잘되는 균(수중 세균)
② 중온성균 : 20~40℃에서 가장 발육이 잘되는 균(대부분의 세균)
③ 고온성균 : 최적온도 50~65℃(온천, 세탁기 배수구)

2) 산소

미생물은 그들의 산소 필요량과 내성에 근거하여 분류된다.
① 호기성균 : 산소를 필요로 하는 균(곰팡이, 효모, 식초산균)
② 혐기성균 : 산소를 필요로 하지 않는 균(낙산균)

3) 수분

세균의 균체성분 중 75~85%는 수분으로 이루어져 있다. 세균의 발육과 증식에는 수분이 필요하며 수분이 없으면 세균은 발육과 증식하지 못한다. 건조에 민감한 세균으로는 임질균, 수막염균이 있고, 내성을 가지는 균은 호흡기계 감염균들로 결핵균이 대표적이다.

4) 삼투압

일반적으로 미생물은 견고한 세포막이 있으며 내부의 침투농도와 이온농도를 조절하는 능력이 있다. 염분이나 당분의 농도가 높으면 미생물로부터 수분이 빠져 나오면서 원형질 분리현상이 일어나 미생물이 사멸되며, 절임, 잼 등은 삼투압을 이용한 미생물의 증식 억제 방법의 하나이다.

5) 염도

호염성균으로 알려진 미생물들은 생장을 위해 특별히 보통 3%의 염화나트륨을 필요로 한다

6) 산도(Acidity)와 수소이온 농도(pH)

일반적으로 병원 미생물들은 pH가 중성인 6.5~7.5에서 증식이 가장 잘 되며 pH 5.0 이하의 산성과 pH 8.5 이상의 알카리성에서 증식이 억제되어 사멸된다. 호산균(Acidophiles)의 경우 pH 2.0~3.0, 호알카리균(Basophiles)의 경우 pH 10~11에서도 잘 생장한다.

6. 소독학

1) 소독학의 개요

(1) 용어의 정의

① 소독(Disinfection) : 병원미생물의 생활력을 파괴하여 감염력을 없애는 것을 소독이라 한다.
② 멸균(Sterilization) : 모든 미생물의 생활력은 물론 미생물 자체를 없애는 것으로 모든 균을 사멸시켜 무균상태로 만드는 방법이다.
③ 방부(Antiseptic) : 병원성 미생물의 발육과 그 작용을 저지나 정지시켜 음식물 등의 부패나 발효를 방지하는 것 또는 미생물의 발육증식을 억제하는 것을 말한다.

소독력

강력한 정도 : 멸균 → 소독 → 방부관리실에서는 적절한 절차와 소독 약품을 사용하여 병원체의 수를 적정 수준까지 줄여 감염능력을 없애거나 멸균을 통해 특정한 도구를 관리한다.

2) 소독의 구비조건

① 소독의 효과가 확실해야 한다
② 경제적이고 사용방법이 간편한 것이 좋다.
③ 부식성, 표백성이 없고 용해성이 높으며 안정성이 있어야 한다.
④ 표면과 내부까지 소독이 되어야 한다.
⑤ 소독할 때 가축이나 사람에게 해를 주어서는 안 된다.

3) 소독약의 조건

① 살균작용과 침투력이 강하고 사용이 간편하며 값이 싸야 한다.
② 용해성이 높고 방취력이 있어야 한다.
③ 부식성과 표백성이 없으며 인체와 동물에게 해가 없어야 한다.
④ 짧은 시간에 효과적이어야 하며, 필요한 경우 내부까지 소독할 수 있어야 한다.

> **소독약의 농도 표시**
> - 소독약이 고체일 때: 소독약 1g을 물100cc에 녹이면 1% 수용액이 된다. 물은 1g이 1cc이므로 1%용액이라 하면 1g을 100cc에 녹인 것을 말하며 100배 용액이라고도 한다.
> - 소독약이 액체일 때 소독약 5cc에 물 95cc를 넣어 전체를 100cc로 만든 것 용질량(소독약)/용액량(희석액)×100=퍼센트(%) 용질량(소독약)/용액량(희석액)×1,000=퍼밀리(‰) 용질량(소독약)/용액량(희석액)×1,000,000=피피엠(ppm)

4) 소독제의 이상적인 구비조건

① 생물학적 작용을 충분히 발휘할 수 있는 것이라야 한다.
② 유기물질, 비누오염, 세제에 의한 오염, 물의 경도 및 물의 산도 변화에 따라 효력의 저하가 없는 것이라야 한다.
③ 충분한 세척력을 가져야 한다.

④ 독성이 적으면서 사용자에게 자극성이 없어야 한다.
⑤ 필요한 농도만큼 쉽게 수용액을 만들 수 있는 것이라야 한다.
⑥ 냄새가 없는 것 혹은 냄새가 나더라도 불쾌감을 주지 않아야 한다.
⑦ 원액 혹은 희석된 상태에서 화학적으로 안정된 것이라야 한다.
⑧ 소독할 대상물인 기구나 기계 등을 부식시키지 않아야 한다.

5) 소독약품을 사용할 때 주의사항

① 소독약품은 의약품으로서 약사법에 의해서 취급된다.
② 농도 표시에 주의한다.
③ 소독약병도 세균오염의 근거지가 될 수 있으므로 1회용으로 소량 용기에 시판한다.
④ 소독약품은 보관 중에 약효가 감소되는 경우가 있으므로 주의사항에 따라 보관한다.
⑤ 소독약품의 폐기는 환경오염 문제를 일으킬 수 있으므로 폐기 시 유의하여야 한다.

6) 소독약품 사용할 때 고려해야 할 상항

① 병원체의 종류
② 전파체의 종류
③ 병원체의 전파양식
④ 소독대상물의 종류

소독대상물에 따른 소독방법

소독대상	소독방법
대소변, 배설물, 토사물	소각법이 가장 좋다. 석탄산수, 크레졸수, 생석회분말 등도 사용된다.
의복, 침구류	일광소독, 증기소독, 자비소독을 하거나 석탄산수, 크레졸수에 2시간 정도 담가둔다.
초자기구, 도자기류	석탄산수, 크레졸수, 승홍수, 포르말린수 등이 사용된다.
고무, 피혁제품, 칠기	석탄산수, 크레졸수, 포르말린수 등이 사용된다.
화장실, 쓰레기통, 하수구	분변에는 생석회, 쓰레기통, 하수구는 석탄산수, 크레졸수, 승홍수, 포르말린수 등을 뿌린다.
병실	석탄산수, 크레졸수, 포르말린수 등을 뿌리거나 닦는다.
환자 및 환자 접촉자	석탄산수, 크레졸수, 승홍수, 역성비누를 사용하고 몸은 역성비누로 목욕시킨다.

7) 소독 시 주의사항

① 소독할 물건에 알맞은 소독약과 소독법을 선택한다.
② 소독대상물이 열, 광선, 소독약 등에 충분히 접속되도록 한다.
③ 소독작용을 일으키기에 충분한 수분이 주어지도록 한다.
④ 열, 광선, 소독약 등이 충분히 작용할 수 있도록 작용시간을 주어야 한다.
⑤ 소독방법에 따라 적절한 온도와 압력을 유지해 주어야 한다.
⑥ 약물은 사용할 때마다 새로 제조하여야 한다.
⑦ 화학적 소독의 경우에는 소독약에 따라 정확한 사용농도를 준수하여야 한다.
⑧ 약물을 밀폐시켜 냉암소에 보존하여야 한다.

7. 소독방법

1) 자연소독법

(1) 태양광선(Sunlight)

① 태양광선의 살균작용은 가시광선, 적외선 및 대기 등의 공동작용인 산화에 의해 좌우된다.
② 이 중 가장 강력한 살균작용이 있는 파장은 2,900~3,200Å 정도의 자외선이다.

(2) 한랭(Cold)

① 저온상태를 이용한 자연소독법이다.
② 저온은 세균의 신진대사 기능에 필요한 효소의 촉매속도 등을 지연시키게 되므로 세균발육이 저지되기는 하나 사멸되지는 않는다.

(3) 희석(Dilution)

① 희석 자체에 의한 살균효과는 없으나 대상자에게 청결하게 세척한 후 무한히 희석시키면 세균은 군란을 형성하므로 발육이 지연된다.
② 어떠한 감염원을 희석시켜 주는 행위 자체만으로도 소독의 실시와 같이 균수를 감소시킬 수 있게 된다.

2) 물리적 소독법(Physical Disinfection : 이학적 소독법)

(1) 건열법

수분을 제거한 건조한 상태에서 미생물을 사멸시키는 방법이다.

① 화염멸균법(Flame Sterilization):알코올램프나 버너를 이용해 불꽃에 20초 이상 직접 접촉시켜 표면에 붙어있는 미생물을 사멸시키는 방법으로 미용기구 소독에 적합하다. 핀셋 등 금속류, 유리제품, 도자기류 등의 내열성이 강한 제품들이 적합하다. 재생가치가 없는 오물이나 폐기물을 태워버리는 소각법도 화염멸균법으로 가장 강력한 멸균법이다.

② 건열멸균법(Dry Heat Sterilization):건열멸균기를 이용하여 미생물을 산화 또는 탄화시켜 멸균하는 방법이다. 보통 멸균까지 140°C에서 4시간, 170°C에서 1~2시간 정도 소요되는데, 유리 기구, 주사기, 분말, 파라핀, 거즈, 오일 종류가 적합하다(미용분야의 대부분 기구들은 플라스틱 종류가 많으므로 건열을 이용하는 것은 부적절하다).

(2) 습열법

건열에 비하여 멸균대상물의 모든 부분에 골고루 열이 빠르게 전달되어 단시간 내에 멸균효과를 가져올 수 있어 가장 광범위하게 사용되는 멸균방법이다.

① 자비소독법(Boiling)
100℃ 끓는 물에서 15~20분간 끓이는 방법으로 완전한 멸균은 되지 않으나 대부분의 세균은 사멸한다(세균포자, 간염바이러스에는 효과가 없다).
　㉠ 기름류는 비누로 씻고 깨끗이 닦은 후 소독한다.
　㉡ 기포가 생기지 않도록 소독기 뚜껑을 꼭 밀폐한다.
　㉢ 물품이 완전히 물에 잠기도록 하고 물이 끓기 시작해서 10~20분간 끓인다.
　㉣ 유리제품은 처음부터 찬물에 넣고 소독하고 유리가 아닌 것은 물이 끓기 시작할 때 소독기에 넣는다.
　㉤ 끝이 날카로운 기구를 응급으로 사용하고자 할 때는 끝을 거즈나 소독포에 싸서 소독하거나 소다를 넣고 끓이면 끝이 무디어짐을 방지할 수 있다.

② 저온살균법(Pasteurization)
파스퇴르가 고안한 방법으로 62~63℃에서 30분, 75℃에서 15분 정도 가열 소독하는 방법이다. 영양성분파괴 방지나 맛의 변질을 막고 결핵균, 소의 유산균, 살모넬라균, 구균들의 감염방지를 목적으로 한다. 분유제품, 알코올, 건조과실 등의 음식물에 주로 사용되는 살균법이다. 단, 대장균은 이 방법으로 전혀 사라지지 않는다는 단점이 있다.

③ 고압증기멸균법(Autoclaving)
주로 이·미용기구, 의류, 고무제품, 약액 등의 멸균에 이용하며 현재 병원이나 실험실 등에서 가장 많이 이용되는 멸균법이다. 121℃정도의 고온의 수증기를 20(10Lbs, 115.2℃-30분, 15Lbs, 121℃-20분, 20Lbs, 126.5℃-15분)분간 7kg의 압력으로 접촉시켜서 아포를 포함한 모든 미생물을 사멸시키는 방법이다.
　㉠ 장점
　　　ⓐ 포자를 사멸시키는데 소용되는 멸균시간이 짧다.
　　　ⓑ 멸균 물품에 잔류 독성이 없다.
　　　ⓒ 많은 물품을 한꺼번에 처리할 수 있고 비용이 저렴하다.
　　　ⓓ 수증기 투과성만 좋으면 멸균 효과가 변화되지 않는다.

ⓒ 단점
  ⓐ 100℃ 이상의 온도에서 견딜 수 없는 물품은 멸균할 수 없다.
  ⓑ 약제용 캡슐과 같이 물기가 닿으면 용해하는 것은 멸균할 수 없다.
  ⓒ 수증기가 통과하지 못하는 것, 분말, 모래, 부식되기 쉬운 재질, 예리한 칼날 등은 멸균할 수 없다.
  ⓓ 멸균 완료 후 멸균된 물건들을 꺼낼 때 주의사항
  • 멸균이 완전히 끝난 후에 문을 열어야 한다.
  • 멸균 후 시간이 지연되면 바깥 공기에 의한 오염이 일어날 수 있으므로 가능한 한 빨리 멸균시킨 물건들을 꺼낸다.
  ⓔ 반드시 두꺼운 목장갑, 멸균된 수건 등을 이용하여 꺼낸다.

④ 간헐멸균법(Fractional Sterilization)
고압증기멸균법에 의한 가열온도(100℃ 이상)에서 파괴될 수 있는 기구들을 멸균하는 방법으로 일정한 시간동안 간헐적으로 가열을 3회 정도 되풀이하여 멸균하는 방법이다. 주의사항으로 처음 가열 후 다음 가열 때까지, 즉 가열과 가열 사이에 20℃ 이상의 온도를 항상 유지해야 한다. 금속성 재료, 여과지, 액상재료, 물 등을 소독할 때 사용한다.

(3) 무가열처리법

열을 가하지 않고 균을 사멸시키거나 균의 활동을 억제하는 방법이다.

① 자외선조사멸균법
저전압 수은램프를 이용하여 살균력이 강한 260~280㎚의 전자파를 방사시켜서 멸균하는 방법
  ㉠ 무균실, 수술실, 제약실 등에서 공기, 식품, 기구 및 용기 등의 소독에 사용된다. 침투력은 약하기 때문에 물질의 표면에 붙어있는 미생물을 살균시키거나 미생물 발육에 필수조건인 수분을 제거하는 건조작용을 한다.
  ㉡ 1cm2당 85㎼ 이상의 자외선을 20분 이상 쬐어준다.
  ㉢ 260~280㎚의 파장 구간이 가장 강한 살균력 나타낸다.

② 방사선 멸균법

코발트나 세슘과 같은 대량으로 방사선을 방출할 수 있는 방사선원을 이용하여 식품이나 산업용품, 의료품과 같은 피멸균품에 조사시킴으로써 피멸균품 내에 존재하는 미생물을 살균하는 방법이다. 방사선의 생물에 대한 작용이 하등생물일수록 저항력이 강하다

장점은 물품에 대한 방사선 투과력이 강해서 완전 포장된 물품의 멸균을 가능하게 하며 짧은 시간 내에 멸균효과를 얻을 수 있다. 멸균 과정 중에 온도 상승이 아주 적어 가열멸균이 불가능한 물품에도 적용할 수 있다.

③ 여과 멸균법

열에 불안정한 액체 멸균에 이용되는 것으로, 가열에 의하여 변질될 가능성이 있는 혈청, 당 요소 등과 같은 재료의 멸균이나 바이러스의 분리 및 세균의 대사물질을 균체로부터 분리하고자 할 때 이용된다.

④ 초음파 살균법

초음파는 화학작용, 기계적 작용, 가열작용이 일어날 때 미세한 입자들의 움직임을 활성화시켜 충돌의 기회를 늘려 응집작용이 일어날 수 있으며, 이런 작용을 이용하여 살균의 한 방법으로 사용한다.

　㉠ 장점 : 신속하게 살균할 수 있다
　㉡ 단점
　　　ⓐ 정확하게 측정하기 어려운 살균력의 문제
　　　ⓑ 고주파 가청음이 나와 사용자에게 불쾌감을 주는 문제
　　　ⓒ 사용자마다 각기 다른 살균력의 차이를 보이는 것

3) 화학적 살균법

가스 멸균법은 멸균제를 가스 상태 혹은 공기 중에 분무시켜 미생물을 멸균시키는 화학적 살균의 방법으로, 고형재료, 기자재, 장치물, 식품 및 밀폐 공간 등에 존재하는 미생물을 사멸시킬 목적으로 이용된다.

(1) 가스 멸균법 사용 약제

① 에틸렌 옥사이드(E.O)

E.O가스 멸균은 일반적인 액체 상태의 살균제와 같이 작용은 신속하지 못하나 광범위한 미생물에 대해 수용액 상태나 가스 상태에서도 살균작용을 나타낸다. 낮은 온도(50% 습도에 54℃에서 5시간)에서 멸균하므로 냉멸균이라고도 한다.

- ㉠ 장점: 열에 약한 물품, 모든 미생물과 아포 멸균, 비부식성으로 손상을 주지 않음, 구멍 있는 모든 물질을 완전히 투과, 쉽게 저장하고 취급용이, 소독물품 유효기간이 길다.
- ㉡ 단점: 특수하고 비싼 기계가 필요하고, 멸균시간이 증기멸균보다 길고, 충분한 통기시간을 가진 후 사용해야 한다. 가스비가 비싸 비용이 많이 들고 가스의 인체 유해함이 논란이 되고 있다.

② 포름알데히드(HCHO)

포르말린액을 가열하거나 포르말린액에 과망간산칼륨을 투입하여 얻는 것으로, 포름알데히드는 세균포자를 포함한 광범위한 미생물 살균에 유효하다. 감염병 환자에 대한 가스 살균제로 이용되어 왔으나 투과성이 좋지 않는 점으로 인해 실용상의 문제점을 안고 있다. 살균력에 대한 수분의 영향은 매우 커서 대개 5% 정도까지 습도의 증가와 함께 살균력이 상승된다.

③ 오존

물의 살균제로 가장 유효한데 반응성이 풍부하고 산화작용이 강하다.
단점으로는 불안정한 독성, 부식성으로 일반 멸균제로서의 이용범위가 매우 좁다. 습한 공기 중보다 건조한 공기 중에서 더욱 안정하며, 살균력은 작용조건이 달라짐에 따라 살균농도도 달라진다.

(2) 석탄산류(페놀화합물)

콜타르(Coaltar)에서 얻어지며, 세포단백질을 응고시켜 살균하는데, 작용이 강하고 약간의 열이나 건조한 곳에서 일정 농도가 유지되며 값이 싸다.

① 석탄산(Phenol)
석탄산 수용액으로 손 소독 시 3%, 기구 소독 시 5% 용액을 사용한다. 피부에 자극이 강하여 인체에는 잘 사용하지 않고, 오염의류, 침구커버, 천, 브러시, 고무제품 등에 사용된다. 소독액의 온도가 높을수록 효력이 높다. 소독약의 살균력 지표로 가장 많이 이용된다.

② 크레졸
석탄산보다 2~3배 살균력이 강하고 물에 잘 녹지 않아 보통 비누액에 50%를 혼합한 크레졸 비누액을 사용한다. 피부 자극성은 없으나 냄새가 강한 단점이 있다.

(3) 기타

① 알코올(Alcohol)
오래전부터 사용되어 온 소독제의 하나로 70% 농도의 에탄올(Ethanol)과 에탄올의 대용으로 30~50%의 이소프로판올(Isopropanol)이 널리 사용되고, 보통 손, 피부, 기구의 소독에 이용한다. 30% 알코올은 방부제로 분류되고, 70% 알코올은 소독제로 분류된다. 피부 표면에 있는 미생물 수를 감소시키는데 있어 물과 비누보다 효과적이지만 완전 멸균을 시키는 것이 아니라 세포활동을 정지시키는 소독으로 소독력이 약하다.

② 과산화수소(H_2O_2)
  ㉠ 무독성 살균제인 과산화수소는 살균 및 표백, 탈취작용을 한다.
  ㉡ 자극성이 적어 상처, 구내염, 입안 세척, 인두염에 사용한다.
  ㉢ 3% 용액을 상처 소독제로 사용하는데 보관시 어두운 병에 보관한다.

③ 염소
  ㉠ 가스 또는 표백분으로 사용한다.
  ㉡ 균체의 단백질을 변성시켜 살균 작용을 나타낸다.
  ㉢ 값이 싸고 강하나 독특한 냄새가 결점이다.

④ 붕산

약한 정균작용과 방부작용이 있다. 살균제보다 세척용으로 많이 쓰인다.

⑤ 질산은(AgNo)

점막소독이나 질염의 치료제로 쓰이며, 1% 용액은 신생아의 임균성 안염 예방에 사용한다.

⑥ 승홍수($HgCl^2$)

염화 제2수은의 수용액이다. 강력한 살균력이 있어 피부소독에는 0.1%, 매독성 질환에는 0.2%의 용액을 사용한다. 독성이 강하고 금속을 부식시키므로 점막이나 금속 기구를 소독하는데는 적당하지 않다. 수용액을 만들 때 같은 양의 염화칼륨이나 식염을 첨가하면 용액은 중성이 되고 자극성이 완화된다.

⑦ 역성 비누

과일, 야채, 식기 소독은 0.01~0.1%로, 손 소독은 10%의 원액을 이용한다.

4) 소독약의 살균기전

(1) 소독제에 따른 살균 기전

소독제	살균기전
염소(Cl_2)와 그 유도체, 과산화수소(H_2O_2), 과망간산칼륨($KMnO_4$), 오존(O_3)	산화작용
석탄산, 알코올, 산, 알칼리, 크레졸, 승홍수	균체의 단백 응고 작용
강산, 강알카리, 열탕수	가수분해
석탄산, 알코올, 중금속염, 역성비누	균체 효소계의 침투에 의한 불활성화 작용
식염, 설탕, 알코올, 포르말린	탈수작용
중금속염	균체내 염의 형성 작용
석탄산, 중금속염	균체막 삼투압의 변화 작용
이상 상호 작용의 복합에 의한 소독	복합작용

(2) 주요 소독약의 종류와 효능

소독약	사용농도	효능
석탄산 (Phenol)	3% 수용액	· 병원환자의 오염의류, 용기, 오물, 실험대, 배설물, 배설물 방역용으로 가장 많이 사용 · 고온일수록 소독효과가 크며 바이러스, 세균 포자에는 효과 없으나 세균 소독, 금속 부식성
알코올 (Alcohol)	메틸 75% 에틸 70%	· 무포자균에 유효 · 피부, 기구 소독
크레졸 (Cresol)	3% 수용액	· 손, 식기, 오물, 객담 · 물에 난용성으로 비누액(3%)으로 사용. 소독력은 강하나 냄새가 강한 단점
과산화수소	3% 수용액	· 자극성이 적어 상처, 구내염, 입안세척, 인두염에 · 적당무포자균 살균
승홍수	0.1% (1000배 희석)	· 무색 · 무취이므로 색소 첨가 후 사용 · 손 · 발, 피부
역성비누	0.01 ~ 0.1%	· 보통비누와 반대로 양이온을 가진 부분이 활성을 띈다. · 일반비누와 사용 시 살균효과 감소 식품소독, 수저, 식기, 행주, 도마, 손 등의 소독 · 무독, 무해, 무미, 무자극성이나 강한 침투력과 살균력
머큐로롬	2%	· 피부 점막이나 상처 소독 무독성이나 저살균력
생석회		· 분변, 하수, 오수, 오물, 토사물 등 · 결핵균과 아포형성균에 효과 · 공기 중에 장기 노출 시 소독효과 저하
표백분	유효염소30% 이상	· 채소류, 과일, 음용수, 수영장
석회유	생석회분말: 물(2:8)	· 건조한 소독 대상물

예/상/문/제

01. 한 개의 세포로 이루어진 미생물로서 너무 작아 현미경으로만 볼 수 있는 것은?

① 바이러스　　② 박테리아
③ 파라사이드　④ 리케치아

Answer: 병원성과 비병원성으로 나뉘어져 있다.

02. 다세포 식물성, 동물성 기생충은?

① 훵거스　　② 파라사이트
③ 리케치아　④ 박테리아

Answer: 질병의 원인이되어 병원체라고도 일컫는다.

03. 벼룩이나 참 진드기, 이 등의 원인균을 가지는 것은?

① 파라사이트　② 훵거스
③ 박테리아　　④ 리케치아

Answer: 박테리아 중 병원체 박테리아는 30%이다.

04. 박테리아보다 작은 병원체 균의 이름은?

① 바이러스　　② 미생물
③ 바실리　　　④ 세균

05. 포도상구균을 바르게 설명한 것은?

① 체인식으로 서식하며 폐혈증, 류머티즘을 일으킨다.
② 무리를 지어 서식하며 국부적 감염에 나타난다.
③ 두 개씩 쌍으로 서식하며 폐렴을 발생 시킨다.
④ 파상풍, 임플루엔자, 장티푸스 같은 것을 유발한다.

Answer: 농포, 종기, 종양을 일으키는 균이다.

정답 01. ②　02. ②　03. ④　04. ①　05. ②

06. 어떤 물건을 낮은 농도의 살균제를 사용하여 살균작용을 유도하나 포자는 사멸되지 않는 단계는?

① 소독　　　② 위생
③ 멸균　　　④ 청결

07. UV광선이나 건열, 열탕 소독은 어떤 종류에 속하나?

① 물리적 소독　　② 화학적 소독
③ 기술적 소독　　④ 기능적 소독

08. 물리적인 방법의 소독은?

① 방부제를 사용한 처리방법이다.
② 자외선, 습열성, 건성열을 말한다.
③ 멸균제를 사용한 소독 방법이다.
④ 항균제를 사용한 소독 방법이다.

Answer: 화학적 방법 – 화학물질을 이용한 소독 방법

09. 다음 중 소독제의 이상적인 조건에 해당되지 않는 것은?

① 살균력이 강해야 한다.
② 안전성이 있어야 하며 인체에 무해·무독해야 한다.
③ 용해성과 안정성이 있어야 한다.
④ 비교적 냄새가 강한 것이 소독력이 뛰어나다.

Answer: 냄새가 없거나 불쾌감을 주지 않아야 한다.

10. 살균 및 표백, 탈취작용을 하며 상처, 구내염, 입안세척에 사용하는 소독제는?

① 알코올
② 과산화수소
③ 석탄화합물(페놀)
④ 포르말린(포름알데히드)

Answer: 상처, 구내염, 입안세척, 인두염에 사용한다.

11. 박테리아가 성장과 분열하기에 가장 적절한 환경은?

① 덥고, 어둡고, 건조한 곳
② 뜨겁고, 습하고, 햇빛이 있는 곳
③ 덥고, 어둡고, 습한 곳
④ 춥고, 건조하고, 햇빛이 있는 곳

Answer: 병원성균은 어둡고, 덥고, 습한 곳에서 성장과 분열이 가장 적합하다.

12. 병원성 박테리아의 설명이 맞는 것은?

① 우리 몸에 유익하다.
② 박테리아의 약70%가 병원체이다.
③ 독소나 유해물질을 발생시켜 질병을 확산 시킨다.
④ 부패, 분해시키는데 중요한 역할을 한다.

13. 파상풍, 디프테리아, 폐결핵 등의 질병을 유발시키는 것은?

① 나선균   ② 쌍구균
③ 구균   ④ 간상균

14. 체인식으로 서식하며 혈독증을 유발 시키는 것은?

① 포도상구균   ② 연쇄상구균
③ 나선균   ④ 파라사이트

15. 인체 중 박테리아가 가장 많이 서식하는 곳은?

① 발톱 밑   ② 네일 밑
③ 입안   ④ 큐티클 주변

Answer: 발톱 밑은 통기도 안 되고 습하며 손보다 덜 씻어 박테리아가 가장 많이 서식한다.

16. HIV가 인체로 침투하여 파괴하는 것은?

① 신경   ② 기관
③ 뼈   ④ 면역

정답 06. ① 07. ① 08. ② 09. ④ 10. ② 11. ③ 12. ③ 13. ④ 14. ② 15. ① 16. ④

Part 2 공중보건학의 개념

17. 연쇄상구균의 감염으로 인해 발생되는 증상이 아닌 것은?

① 폐렴　　② 인후염
③ 류머티스 열　　④ 폐혈증

Answer: 구균이 쌍을 이루어 서식하며 폐렴, 기관지염, 이염 등을 유발한다.

18. 박테리아가 성장할 때 주위환경이 좋지 않게 변화되어 박테리아가 두꺼운 껍질 층을 만드는 것을 무엇이라 하는가?

① 성장상태
② 포자상태
③ 번식상태
④ 영양섭취상태

19. 에이즈(AIDS), 즉 HIV바이러스의 침투 경로는?

① 정액과 혈액　　② 정액이나 기침
③ 접촉이나 공기　　④ 혈액이나 공기

Answer: 인체에 침입하면 면역을 파괴하고 혈액, 정액에 의해 감염된다.

20. 비병원성 박테리아의 역할로 틀린 것은?

① 부패와 분해
② 음식물과 산소생산
③ 감염과 질병의 원인
④ 토양을 증진시키는 비료 합성물

Answer: 비병원성 박테리아는 인간에게 유익한 세균이다.

정답　17. ①　18. ②　19. ①　20. ③

Chapter 06 공중위생관리법

1. 공중위생관리법의 목적(제1조)

 공중이 이용하는 영업과 시설의 위생관리 등에 관한 사항을 규정함으로써 위생 수준을 향상시켜 국민의 건강증진에 기여함을 목적으로 한다.

2. 공중위생관리법의 정의(제2조)

1) 공중위생영업

 다수인을 대상으로 위생관리 서비스를 제공하는 영업으로 숙박업, 목욕장업, 이용업, 미용업, 세탁업, 위생관리용역업을 말한다.

2) 미용업

 손님의 얼굴, 머리, 피부 등을 손질하여 손님의 외모를 아름답게 꾸미는 영업을 말한다.
① 미용업(일반):파마·머리카락자르기·머리카락모양내기·머리피부손질·머리카락염색·머리감기, 의료기기나 의약품을 사용하지 아니하는 눈썹손질, 얼굴의 손질 및 화장을 하는 영업

② 미용업(피부):의료기기나 의약품을 사용하지 아니하는 피부상태분석·피부관리·제모(除毛)·눈썹손질을 하는 영업
③ 미용업(손톱·발톱):손톱과 발톱을 손질·화장하는 영업
④ 미용업(종합):①번부터 ③번까지의 업무를 모두 하는 영업

3. 공중위생영업의 신고 및 폐업신고(제3조)

1) 공중위생영업을 하고자 하는 자는 공중위생영업의 종류별로 보건복지부령이 정하는 시설 및 설비를 갖추고 시장·군수·구청장에게 신고하여야 한다.

(1) 제출서류

영업시설 및 설비개요서, 교육필증, 면허증 원본신규 영업신고의 구비서류에 하자가 없는 경우 즉시 영업신고증을 교부해 시설 및 설비에 대한 확인이 필요한 경우에는 영업신고증 교부 후 15일 이내에 신고사항을 확인하여야 한다.

(2) 재교부

영업신고증재교부신청서(전자문서로 된 신청서 포함)를 영업신고증을 포함하여 시장·군수·구청장에게 신청한다.
① 영업신고증을 잃어버렸을 때
② 영업신고증이 헐어서 못 쓰게 된 때
③ 영업신고증의 기재사항이 변경된 때(성명과 주민등록번호 변경에 한함)

> **공중위생영업의 시설 및 설비기준**
> - 미용기구는 소독을 한 기구와 소독하지 아니한 기구를 구분하여 보관 할 수 있는 용기를 비치하여야 한다.
> - 소독기·자외선 살균기 등 미용기구를 소독하는 장비를 갖추어야 한다.
> - 영업소 내에 작업 장소·응접장소·상담실·탈의실·물품보관실을 설치할 수 있으나, 외부에서 내부를 확인할 수 있도록 작업 장소, 응접장소, 상담실, 탈의실 등에 들어가는 출입문의 1/3이상은 투명하게 하여야 한다.
> - 피부미용을 위한 작업 장소 내에는 베드와 베드 사이에 칸막이를 설치할 수 있으나, 작업 장소 내에 설치된 칸막이에 출입문이 있는 경우 그 출입문의 1/3이상은 투명하게 하여야 한다.

2) 보건복지부령이 정하는 중요 사항을 변경하고자 하는 때에도 시장·군수·구청장에게 신고하여야 한다.

(1) 보건복지부령이 정하는 중요사항

① 영업소의 명칭 또는 상호
② 영업소의 소재지
③ 신고한 영업장 면적 3분의 1 이상의 증감
④ 대표자의 성명(법인의 경우)

* 신고를 받은 시장·구청장은 영업신고증을 고쳐 쓰거나 재교부하여야 한다.

(2) 공중위생영업의 승계

승계자는 1월 이내에 시장·군수·구청장에게 신고해야 한다.
① 공중위생업자가 그 공중위생영업을 양도하거나 사망한 때, 법인의 합병이 있는 때
② 민사집행법에 의한 경매, '채무자 회생 및 파산에 관한 법률'에 의한 환가나 국세징수법·관세법, 또는 지방세법에 의한 압류재산의 매각, 그 밖에 이에 준하는 절차에 따라 공중위생영업 관련시설 및 설비의 전부를 인수한 자
③ 미용업의 경우, 규정에 의한 면허를 소지한 자에 한해 승계할 수 있다.

④ 상속의 경우, 가족관계증명서 및 상속인임을 증명할 수 있는 서류를 제출한다.

3) 폐업 신고

신고를 한 자(이하 공중위생영업자)는 공중위생영업을 폐업한 날부터 20일 이내에 시장·군수·구청장에게 신고하여야 한다(영업신고증 첨부).

4. 공중위생영업자의 위생관리의무 등(제4조)

공중위생영업자는 그 이용자에게 건강상 위해요인이 발생하지 아니하도록 영업 관련 시설 및 설비를 위생적이고 안전하게 관리하여야 한다.

> **이·미용기구의 소독기준 및 방법**
> - 자외선소독 : 1㎠당 85㎼ 이상의 자외선을 20분 이상 쬐어준다.
> - 건열멸균소독 : 섭씨 100℃ 이상의 건조한 열에 20분 이상 쐬어준다.
> - 증기소독 : 섭씨 100℃ 이상의 습한 열에 20분 이상 쐬어준다.
> - 열탕소독 : 섭씨 100℃ 이상의 물속에 10분 이상 끓여준다.
> - 석탄산수소독 : 석탄산수(석탄산 3%, 물 97%의 수용액)에 10분 이상 담가둔다.
> - 크레졸소독 : 크레졸수(크레졸 3%, 물 97%의 수용액)에 10분 이상 담가둔다.
> - 에탄올 소독 : 에탄올수용액(에탄올 70%)에 10분 이상 담가 두거나 에탄올 수용액을 머금은 면 또는 거즈로 기구의 표면을 닦아준다.

> **미용업자가 준수하여야 할 위생관리기준**
> - 점 빼기·귓불 뚫기·쌍꺼풀 수술·문신·박피술 그 밖에 이와 유사한 의료행위를 하여서는 아니 된다.
> - 피부미용을 위하여 약사법 규정에 의한 의약품 또는 의료용구를 사용하여서는 아니 된다.
> - 미용기구 중 소독을 한 기구와 소독하지 아니한 기구는 각각 다른 용기에 넣어 보관하여야 한다. 미용기구의 소독 기준 및 방법은 보건복지부령으로 정한다.
> - 1회용 면도날은 손님 1인에 한하여 사용하여야 한다.
> - 업소 내에 미용업신고증, 개설자의 면허증 원본 및 미용요금표를 게시하여야 한다.
> - 영업장안의 조명도는 75룩스 이상이 되도록 유지하여야 한다.

5. 공중이용시설의 위생관리(제5조)

1) 실내 공기는 보건복지부령이 정하는 위생관리기준에 적합하도록 유지할 것

2) 영업소·화장실 기타 공중이용시설 안에서 시설이용자의 건강을 해할 우려가 있는 오염물질이 발생되지 아니 하도록 할 것. 이 경우 오염물질의 종류와 오염허용기준은 보건복지부령으로 정한다.

(1) 공중이용시설의 실내공기 위생관리 기준

① 24시간 평균 실내 미세먼지의 양이 $150\mu g/m^3$을 초과하는 경우에는 실내공기 정화 시설(덕트) 및 설비를 교체 또는 청소하여야 한다.
② 실내공기 정화시설 안의 퇴적 분진량이 $5g/m^3$을 초과하는 때에는 청소를 하여야 한다.
③ 제1호의 규정에 따라 청소하여야 하는 실내공기 정화시설 및 설비는 다음과 같다.
　㉠ 공기정화기와 이에 연결된 급·배기관(급·배기구를 포함한다)
　㉡ 중앙집중식 냉·난방 시설의 ·배기구

ⓒ 실내 공기의 단순 배기관
ⓔ 화장실용 배기관
ⓜ 조리실용 배기관

(2) 공중이용시설 안에서 발생되지 아니하여야 할 오염물질의 종류와 허용되는 오염의 기준

오염물질의 종류	오염 허용기준
미세먼지(PM-10)	24시간 평균치 150㎍/㎥
일산화탄소(CO)	1시간 평균치 25ppm 이하
이산화탄소(CO_2)	1시간 평균치 1,000ppm 이하
포름알데히드(HCHO)	1시간 평균치 120㎍/㎥ 이하

6. 미용사의 면허 등(제6조)

1) 미용사가 되고자 하는 자는 보건복지부령에 의하여 시장·군수·구청장의 면허를 받아야 한다.

① 전문대학 또는 이와 동등 이상의 학력이 있다고 교육과학기술부 장관이 인정하는 학교에서 미용에 관한 학과를 졸업한 자(졸업증명서 또는 학위증명서). '학점인정 등에 관한 법률'에 따라 대학 또는 전문대학을 졸업한 자와 동등 이상의 학력이 있는 것으로 인정되어 미용에 관한 학위를 취득한 자
② 고등학교 또는 이와 동등 이상의 학력이 있다고 교육과학기술부 장관이 인정하는 학교에서 미용에 관한 학과를 졸업한 자(졸업증명서 또는 학위증명서).
③ 교육과학기술부 장관이 인정하는 고등기술학교에서 1년 이상 미용에 관한 소정의 과정을 이수한 자(이수증명서).
④ 국가기술자격법에 의한 미용사의 자격을 취득한 자(자격증 사본).

2) 미용사 면허 신청 시 첨부서류

① 고등학교 이상 전공자에 한 해 이수증명서 또는 졸업 증명서 1부
② 건강진단서 1부
③ 사진 2매 : 6개월 이내 찍은 3×4의 탈모한 정면 상반신 사진 2매

3) 미용사의 면허를 받을 수 없는 자

① 금치산자
② 간질병자 또는 정신질환자(단, 정신질환자의 경우, 전문의가 미용사(피부)로 적합하다고 인정하는 자는 진단서 제출 후 제외)
③ 공중의 위생에 영향을 미칠 수 있는 감염병 환자로 보건복지부령이 정하는 자 : 결핵(비전염성인 경우 제외) 환자
④ 마약 기타 대통령령으로 정하는 약물 중독자 : 대마 또는 향정신성의약품의 중독자
⑤ 면허가 취소된 후 1년이 경과되지 아니한 자

7. 미용사의 면허취소 등(제7조)

1) 시장·군수·구청장은 면허를 취소하거나 6월 이내의 기간을 정하여 그 면허의 정지를 명할 수 있다.

① 법 또는 법에 따른 명령에 위반한 때
② 결격사유에 해당하게 된 때
③ 면허증을 다른 사람에게 대여한 때
   면허가 취소되거나 정지명령을 받은 자는 지체 없이 관할 시장·군수·구청장에게 면허증을 반납하여야 하며, 반납한 면허증은 그 면허정지기간 동안 관할 시장·군수·구청장이 이를 보관하여야 한다.

2) 면허증의 기재사항에 변경(성명 및 주민등록번호의 변경에 한함)이 있는 때, 면허증을 잃어버린 때, 면허증이 헐어 못 쓰게 된 때에는 시장·군수·구청장에게 면허증의 재교부를 신청할 수 있다 : 면허증의 원본, 6개월 이내 찍은 상반신 사진 제출

3) 면허증을 잃어버린 후 재교부 받은 자가 그 잃어버린 면허증을 찾은 때에는 지체 없이 재교부 받은 시장·군수·구청장에게 이를 반납하여야 한다.

4) 미용사의 수수료

① 이용사 또는 미용사 면허를 신규로 신청하는 경우:5천 500원
② 이용사 또는 미용사 면허를 재교부 받고자 하는 경우:3천원

8. 미용사의 업무 범위 등(제8조)

1) 미용사의 면허를 받은 자가 아니면 미용업을 개설하거나 그 업무에 종사할 수 없다. 다만, 미용사의 감독을 받아 미용 업무의 보조를 행하는 경우에는 그러하지 아니하다.

2) 미용의 업무는 영업소 외의 장소에서 행할 수 없다. 다만, 보건복지부령이 정하는 특별한 사유가 있는 경우에는 그러하지 아니하다.

① 질병 기타의 사유로 인하여 영업소에 나올 수 없는 자에 대하여 미용을 하는 경우
② 혼례 기타 의식에 참여하는 자에 대하여 그 의식 직전에 미용을 하는 경우
③ 이 외 특별한 사정이 있다고 시장·군수·구청장이 인정하는 경우

> **미용사의 업무범위**
>
> 1. 미용사(일반)
> - 2007년 12월 31일 이전에 미용사 자격을 취득한 자로 미용사 면허를 받은 자 파마, 머리카락 자르기, 머리카락 모양내기, 머리피부손질, 머리카락 염색, 머리감기, 손톱과 발톱의 손질 및 화장, 피부미용(의료기기나 의약품을 사용하지 아니하는 피부 상태 분석, 피부 관리, 제모, 눈썹손질을 말한다), 얼굴의 손질 및 화장
> - 2008년 1월 1일 이후 국가기술자격법에 의하여 미용사(일반)의 자격을 취득한 자 파마, 머리카락 자르기, 머리카락 모양내기, 머리피부손질, 머리카락 염색, 머리감기, 손톱과 발톱의 손질 및 화장, 의료기기나 의약품을 사용하지 아니하는 눈썹손질, 얼굴의 손질 및 화장.
>
> 2. 미용사(피부)
> - 2008년 1월 1일 이후 국가기술자격법에 의하여 미용사(피부)의 자격을 취득한 자의료기기나 의약품을 사용하지 아니하는 피부상태 분석, 피부 관리, 제모, 눈썹손질

9. 보고 및 출입·검사(제9조)

특별시장·광역시장·도지사 또는 시장·군수·구청장은 공중위생 관리 상 필요하다고 인정하는 때에는 공중위생영업자 및 공중이용시설의 소유자 등에 대하여 필요한 보고를 하게 하거나 소속 공무원으로 하여금 영업소·사무소·공중이용시설 등에 출입하여 공중위생영업자의 위생관리의무 이행 및 공중이용시설의 위생관리 실태 등에 대하여 검사하게 하거나 필요에 따라 공중위생영업장부나 서류를 열람하게 할 수 있다.

1) 보고 및 출입. 검사의 방법

관계공무원은 그 권한을 표시하는 증표를 지녀야 하며, 관계인에게 이를 내보여야 한다.

2) 검사의뢰

특별시장·광역시장·도지사 또는 시장·군수·구청장은 소속 공무원이 공중위생영업소 또는 공중이용시설의 위생관리실태를 검사하기 위하여 검사대상물을 수거한 경우에는 수거증을 공중위생영업자 또는 공중이용시설의 소유자, 점유자, 관리자 등에게 교부하고 검사를 의뢰하여야 한다.
① 특별시·광역시 도의 보건환경연구원
② 국가표준기본법 제 23조 규정에 의해 인정을 받은 시험·검사기관
③ 시·도지사 또는 시장·군수·구청장이 검사능력이 있다고 인정하는 검사기관

3) 출입·검사 결과의 기록

출입 검사를 실시한 관계 공무원은 당해 업소가 비치한 서식의 출입·검사 등의 기록부에 그 결과를 기록하여야 한다.

10. 공중위생영업소의 폐쇄(제11조)

1) 시장·군수·구청장은 공중위생영업자가 공중위생관리법 또는 이 공중위생관리법에 의한 명령에 위반하거나 또는 『성매매알선 등 행위의 처벌에 관한 법률』·『풍속영업의 규제에 관한 법률』·『청소년보호법』·『의료법』에 위반하여 관계행정기관의 장의 요청이 있는 때에는 6월 이내의 기간을 정하여 영업의 정지 또는 일부 시설의 사용 중지를 명하거나 영업소 폐쇄 등

을 명할 수 있다.

2) 영업의 정지, 일부 시설의 사용중지와 영업소 폐쇄 명령 등의 세부적인 기준은 보건복지부령으로 정한다.

3) 시장·군수·구청장은 공중위생영업자가 영업소 폐쇄 명령을 받고도 계속 영업 시 다음의 조치를 할 수 있다.

① 해당 영업소의 간판 기타 영업표지물의 제거
② 해당 영업소가 위법한 영업소임을 알리는 게시물 등의 부착
③ 영업을 위하여 필수불가결한 기구 또는 시설물을 사용할 수 없게 하는 봉인

4) 같은 종류의 영업 금지

① 성매매알선 등 행위의 처벌에 관한 법률·풍속영업의 규제에 관한 법률·청소년보호법을 위반하여 폐쇄령을 받은 자는 2년이 경과하지 아니한 때에 같은 종류의 영업을 할 수 없다.
② 그 외의 법률을 위반하여 폐쇄명령을 받은 자는 1년이 경과하지 아니한 때에는 같은 종류의 영업을 할 수 없다.
③ 성매매알선 등 행위의 처벌에 관한 법률·풍속영업의 규제에 관한 법률·청소년보호법을 위반하여 폐쇄명령이 있은 후 1년이 경과하지 아니한 때에는 누구든 그 폐쇄명령이 이루어진 영업장소에서 같은 종류의 영업을 할 수 없다.
④ 그 외의 법률 위반으로 폐쇄명령이 있은 후 6개월이 경과하지 아니한 때에는 누구든 그 영업장소에서 같은 종류의 영업을 할 수 없다.

11. 청문(제12조)

 시장·군수·구청장은 미용사의 면허취소나 면허정지, 공중위생영업의 정지, 일부 시설의 사용중지 및 영업소 폐쇄명령 등의 처분을 하고자 하는 때에는 청문을 실시하여야 한다.

12. 위생서비스 수준의 평가(제13조)

1) 위생서비스 수준의 평가는 2년마다 실시한다.

 시·도지사는 위생서비스평가계획을 수립하여 시장·군수·구청장에게 통보하고, 시장·군수·구청장은 평가한다.

2) 위생관리등급의 구분

① 최우수업소 : 녹색등급
② 우수업소 : 황색등급
③ 일반관리대상 업소 : 백색등급

3) 위생관리 등급 판정을 위한 세부 항목, 등급 결정 절차와 기타 위생서비스 평가에 필요한 구체적인 사항은 보건복지부장관이 정하여 고시한다.

13. 공중위생감시원(제15조)

1) 공중위생감시원의 배치

관계 공무원의 업무를 행하게 하기 위하여 특별시·광역시·도 및 시·군·구에 공중위생감시원을 둔다.

2) 공중위생감시원의 자격 및 임명

시·도지사 또는 시장·군수·구청장은 다음에 해당하는 소속 공무원 중에서 공중위생감시원을 임명한다.
① 위생사 또는 환경기사 2급 이상의 자격증이 있는 자
② 고등교육법에 의한 대학에서 화학, 화공학, 환경공학 또는 위생학 분야를 전공하고 졸업한 자 또는 이와 동등 이상의 자격이 있는 자
③ 외국에서 위생사 또는 환경 기사의 면허를 받은 자
④ 3년 이상 공중위생행정에 종사한 경력이 있는 자

* 예외:시·도지사 또는 시장·군수·구청장은 위생에 해당되는 자만으로 공중위생감시원의 인력확보가 곤란하다고 인정되는 때에는 공중위생행정에 종사하는 자 중 공중위생감시에 관한 교육훈련을 2주 이상 받은 자를 공중위생행정에 종사하는 기간 동안 공중위생감시원으로 임명할 수 있다.

3) 공중위생감시원의 업무 범위

① 공중위생영업의 신고에 의한 설비 및 설비의 확인
② 공중위생영업자의 위생관리의무 등에 의한 공중위생영업 관련 시설 및 설비의 위생상태 확인·검사, 공중위생영업자의 위생관리 의무 및 영업자 준수사항 이행 여부의 확인
③ 공중이용시설의 위생관리에 의한 공중이용시설의 위생관리상태의 확인·검사
④ 위생지도 및 개선명령에 의한 위생지도 및 개선명령 이행 여부의 확인
⑤ 공중위생영업소의 폐쇄 등에 의한 공중위생영업소의 영업의 정지, 일부 시설의 사용중지 또는 영업소 폐쇄명령 이행 여부의 확인
⑥ 위생교육에 의한 위생교육 이행 여부의 확인

4) 명예공중위생감시원의 자격

명예공중위생감시원은 시·도지사가 다음에 해당하는 자 중에서 위촉한다.
① 공중위생에 대한 지식과 관심이 있는 자
② 소비자 단체, 공중위생관련 협회 또는 단체의 소속 직원 중에서 당해 단체 등의 장이 추천하는 자

5) 명예공중위생감시원의 업무

① 공중위생 감시원이 행하는 검사대상물의 수거 지원
② 법령위반 행위에 대한 신고 및 자료 제공
③ 그 밖에 공중위생에 관한 홍보·계몽 등 공중위생관리업무와 관련하여 시·도지사가 따로 정하여 부여하는 업무

6) 명예공중위생감시원의 운영

① 시·도지사는 명예감시원의 활동지원을 위하여 예산의 범위 안에서 시·도지사가 정하는 바에 따라 수당 등을 지급 할 수 있다.
② 명예감시원의 운영에 관하여 필요한 사항은 시·도지사가 정한다.

14. 위생교육(제17조)

① 공중위생영업자는 매년 3시간씩 위생교육을 받아야 한다.
② 시장·군수·구청장은 위생교육의 전문성을 높이기 위해 필요하다고 인정하는 경우에는 관련 전문기관 또는 단체로 하여금 위생교육을 실시할 수 있다. 이 경우 위생교육을 실시하는 기관 또는 단체는 교육목적과 교육대상자별로 적절한 교육교재를 편찬하여 교육대상자에게 제공하고, 수료증을 교부하여야 한다.

③ 교육 대상자 중 질병 등 부득이한 경우로 위생교육을 받을 수 없는 자는 통지된 교육일로부터 6월 이내에 받게 할 수 있다.
④ 공중위생영업신고를 하고자 하는 자는 미리 위생교육을 받아야 한다. 위생교육을 받아야 하는 자 중 영업에 직접 종사하지 아니하거나 2곳 이상의 장소에서 영업을 하고자 하는 자는 종업원 중 공중위생에 관한 책임자를 지정하는 경우 그 책임자로 하여금 위생교육을 받게 할 수 있다.
⑤ 시장·군수·구청장은 교육대상자 중 교육 참석이 어렵다고 인정되는 도서·벽지 등의 영업자에 대하여는 교육교재 배부하여 숙지·활용하도록 함으로써 교육에 갈음할 수 있다.
⑥ 위생교육 실시한 기관 및 단체는 교육실시의 결과를 교육 후 1월 이내에 관할 시장·군수·구청장에게 보고하여야 하며, 교육에 관한 기록을 2년 이상 보관·관리하여야 한다.

15. 위임(제18조)

① 권한의 위임:보건복지부장관은 이법에 의한 권한의 일부를 대통령령이 정하는 바에 의하여 시·도지사 또는 시장·군수·구청장에게 위임할 수 있다.
② 업무의 위탁:보건복지부장관은 대통령령이 정하는 바에 의하여 관계전문기관 등에 그 업무의 일부를 위탁할 수 있다.

16. 국고보조(제19조)

국가 또는 지방자치단체는 위생서비스평가를 실시하는 자에 대하여 예산의 범위 안에서 위생 서비스 평가에 소요되는 경비의 전부 또는 일부를 보조 할 수 있다.

17. 벌칙(제20조)

1) 1년 이하의 징역 또는 1천만 원 이하의 벌금

① 공중위생영업 규정에 의한 신고를 하지 아니한 자
② 공중위생 영업소의 영업정지명령 또는 일부 시설의 사용중지명령을 받고도 그 기간 중에 영업을 하거나 그 시설을 사용한 자 또는 영업소 폐쇄명령을 받고도 계속하여 영업을 한 자
③ 미용사 면허를 취득하지 않고 영업을 개설한 자

2) 6월 이하의 징역 또는 500만 원 이하의 벌금

① 공중위생영업의 변경신고를 하지 아니한 자
② 공중위생영업자의 지위를 승계한 자로서 신고를 하지 아니한 자
③ 건전한 영업질서를 위하여 공중위생영업자가 준수하여야 할 사항을 준수하지 아니한 자

3) 300만 원 이하의 벌금

① 위생관리기준 또는 오염허용기준을 지키지 아니한 자로서 개선명령에 따르지 아니한 자
② 면허가 취소된 후 계속하여 업무를 행한 자 또는 동조동항의 규정에 의한 면허정지기간 중에 업무를 행한 자
③ 규정에 위반하여 미용 업무를 행한 자

18. 과태료(제22조)

1) 300만 원 이하의 과태료

① 규정을 위반하여 폐업신고를 하지 아니한 자
② 보고를 하지 아니하거나 관계 공무원의 출입·검사 기타 조치를 거부·방해 또는 기피한 자
③ 개선명령에 위반한 자

2) 200만 원 이하의 과태료

① 미용업소의 위생관리 의무를 지키지 아니한 자
② 영업소 외의 장소에서 미용업무를 행한 자
③ 위생교육을 받지 아니한 자

19. 과태료의 부과징수절차(제23조)

1) 과태료는 대통령령이 정하는 바에 의하여 시장·군수·구청장이 부과·징수한다.

2) 과태료처분에 불복이 있는 자는 그 처분의 고지를 받은 날부터 30일 이내에 처분권자에게 이의를 제기할 수 있다 : 10일 이상의 기간을 정하여 과태료처분 대상자에게 구술 또는 서면에 의한 의견진술의 기회 부여

3) 과징금의 부과 및 납부

시장·군수·구청장은 영업정지가 이용자에게 심한 불편을 주거나 그 밖에 공익을

해할 우려가 있는 경우에는 영업정지처분에 갈음하여 3천만 원 이하의 과징금을 부과할 수 있다. 다만, 「풍속영업의 규제에 관한 법률」 등에 의하여 처분을 받게 되는 경우를 제외한다.

① 시장·군수·구청장은 공중위생사업자의 사업규모, 위반행위의 정도 및 횟수 등을 참작하여 과징금의 금액의 1/2 범위 안에서 이를 가중 또는 경감할 수 있다. 이 경우 가중하는 과징금의 총액이 3천만 원을 초과할 수 없다.

② 과징금을 부과하고자 할 때에는 그 위반행위의 종별과 과징금의 금액 등을 명시하여 이를 납부할 것을 서면으로 통지하여야 한다.

③ 통지를 받은 날부터 20일 이내에 과징금을 시장·군수·구청장이 정하는 수납기관에 납부 하여야 한다. 다만, 천재, 지변 그 밖의 부득이한 사유로 인하여 그 기간 내에 과징금을 납부할 수 없을 때에는 그 사유가 없어진 날부터 7일 이내에 납부하여야 한다.

④ 과징금의 수납기관은 과징금을 수납한 때에는 지체 없이 그 사실을 시장·군수·구청장에게 통보하여야 한다.

⑤ 과징금은 이를 분할하여 납부할 수 없다.

⑥ 과징금의 징수 절차는 보건복지부령으로 정한다.

위반 행위	과태료 한도
규정에 의한 보고를 하지 아니하거나 관계 공무원의 출입·검사 기타 조치를 거부·방해 또는 기피한 자	100만 원
규정에 의한 개선명령을 위반한 자	100만 원
미용업의 위생관리 의무를 지키지 아니한 자	50만 원
영업소 외의 장소에서 미용업무를 행한 자	70만 원
위생교육을 받지 아니한 자	20만 원

20. 개선명령

시·도지사 도는 시장·군수·구청장은 다음에 해당하는 자에 대하여 즉시 또는 일정한 기간을 정하여 그 개선을 명할 수 있다.

① 공중위생영업의 종류별 시설 및 설비 기준을 위반한 공중위생영업자
② 위생관리의무 등을 위반한 공중위생영업자
③ 위생관리의무를 위반한 공중위생시설의 소유자 등

21. 개선기간

시·도지사 또는 시장·군수·구청장은 위반사항의 개선에 소요되는 기간 등을 고려하여 즉시 그 개선을 명하거나 6월의 범위 내에서 기간을 정하여 개선을 명하여야 한다. 단, 천재지변 기타 부득이한 사유로 인하여 개선기간 이내에 개선을 완료할 수 없을 경우 그 기간이 종료되기 전 연장 신청 가능하며, 이 경우 6월의 범위 내에서 개선 기간을 연장 할 수 있다.
개선명령을 한 때에는 위생관리기준, 발생된 오염물질의 종류, 오염허용기준을 초과한 정도와 개선기간 명시하여야 한다.

22. 행정처분기준

1) 일반기준

① 위반 행위가 2 이상인 경우로서 그에 해당하는 각각의 처분기준이 다른 경우에는 그 중 중한 처분기준에 의하되, 2 이상의 처분기준이 영업정지에 해당되는

경우에는 가장 중한 정지처분기간에 나머지 각각의 정지처분기간의 2분의 1을 더하여 처분한다.

② 위반행위의 차수에 따른 행정처분기준은 최근 1년간 같은 위반행위로 행정처분을 받은 경우에 이를 적용한다. 이때 그 기준적용일은 동일 위반사항에 대한 행정처분일과 그 처분 후의 재적발일을 기준으로 한다.

③ 행정처분권자는 위반사항의 내용으로 보아 그 위반정도가 경미하거나 해당 위반사항에 관하여 검사로부터 기소유예의 처분을 받거나 법원으로부터 선고유예의 판결을 받은 때에는 개별기준에 불구하고 그 처분기준을 다음의 구분에 따라 경감할 수 있다.

㉠ 영업정지의 경우에는 그 처분기준일수의 2분의1의 범위 안에서 경감할 수 있다.
㉡ 영업장폐쇄의 경우에는 3월 이상의 영업정지처분으로 경감할 수 있다.

2) 행정처분기준

위반 사항	근거 법령	행정처분 기준			
		1차 위반	2차 위반	3차 위반	4차 위반
1. 미용사의 면허에 관한 규정을 위반한 때	법 제 7조 제 1항				
가. 국가기술자격법에 따라 미용사자격이 취소된 때		면허취소			
나. 국가기술자격법에 따라 미용사자격정지 처분을 받은 때		면허정지 (국가기술자격법에 의한 자격 정지처분 기간에 한한다.)			
다. 법 제6조 제2항 제1호 내지 제4호의 결격사유에 해당한 때		면허취소			
라. 이중으로 면허를 취득한 때		면허취소(나중에 발급받은 면허를 말한다.)			
마. 면허증을 다른 사람에게 대여한 때		면허정지 3월	면허정지 6월	면허취소	
바. 면허정지 처분을 받고 그 정지 기간 중 업무를 행한 때		면허취소			
2. 법 또는 법에 의한 명령에 위반한 때	법 제 11조 제 1항				
가. 시설 및 설비기준을 위반한 때	법 제 3조 제1항	개선명령	영업정지 15일	영업정지 1월	영업장 폐쇄명령
나. 신고를 하지 아니하고 영업소의 명칭 및 상호 또는 영업장 면적의 3분의 1 이상을 변경한 때		경고 또는 개선명령	영업정지 15일	영업정지 1월	영업장 폐쇄명령
다. 신고를 하지 아니하고 영업소의 소재지를 변경한 때		영업장 폐쇄명령			

위반사항	관련법규	1차위반	2차위반	3차위반	4차위반
라. 영업자의 지위를 승계한 후 1월 이내에 신고하지 아니한 때	법 제3조의 2 제4항	개선명령	영업정지 10일	영업정지 1월	영 업 장 폐쇄명령
마. 소독을 한 기구과 소독을 하지 아니한 기구를 각각 다른 용기에 넣어 보관하지 아니하거나 1회용 면도날을 2인 이상의 손님에게 사용한 때	법 제4조 제 4항	경고	영업정지 5일	영업정지 10일	영 업 장 폐쇄명령
바. 피부미용을 위하여 약사법 규정에 의한 의약품 또는 의료용구를 사용하거나 보관하고 있는 때	법 제4조 제7항	영업정지 2월	영업정지 3월	영 업 장 폐쇄명령	
사. 공중위생업자의 위생관리의무 등을 위반한 때	법 제4조 제 4항 및 제 7항				
(1) 점빼기·귓볼뚫기·쌍커풀수술·문신·박피술 그 밖에 이와 유사한 의료행위를 한 때		영업정지 2월	영업정지 3월	영 업 장 폐쇄명령	
(2) 미용영업신고증, 면허증원본 및 미용요금표를 게시하지 아니하거나 업소내 조명도를 준수하지 아니한 때		경고또는 개선명령	영업정지 5일	영업정지 10일	영 업 장 폐쇄명령
아. 영업소 외의 장소에서 업무를 행한 때	법 제 8조 제 2항	영업정지 1월	영업정지 2월	영 업 장 폐쇄명령	
자. 시·도지사, 시장·군수·구청장이 하도록 한 필요한 보고를 하지 아니하거나 거짓으로 보고한 때 또는 관계공무원의 출입·검사를 거부·기피하거나 방해한 때	법 제 9조 제1항	영업정지 10일	영업정지 20일	영업정지 1월	영 업 장 폐쇄명령
차. 시·도지사 또는 시장·군수·구청장의 개선명령을 이행하지 아니한 때	법 제 10조	경고	영업정지 10일	영업정지 1월	영 업 장 폐쇄명령
카. 영업정지처분을 받고 그 영업 정지기간 중 영업을 한 때	법 제 11조 제 1항	영 업 장 폐쇄명령			
타. 위생교육을 받지 아니한 때	법 제17조				
3. 성매매알선 등 행위의 처벌에 관한 법률·풍속영업의 규제에 관한 법률·의료법에 위반하여 관계행정기관장의 요청이 있는 때	법 제 11조 제 1항				
가. 손님에게 성매매알선 등 행위 또는 음란행위를 하게 하거나'이를 알선 또는 제공한 때					
(1) 영업소		영업정지 2월	영업정지 3월	영 업 장 폐쇄명령	
(2) 미용사(업주)		면허정지 2월	면허정지 3월	면허취소	
나. 손님에게 도박 그 밖에 사행행위를 하게 한 때		영업정지 1월	영업정지 2월	영 업 장 폐쇄명령	
다. 음란한 물건을 관찰·열람하게 하거나 진열 또는 보관한 때		개선명령	영업정지 15일	영업정지 1월	
라. 무자격안마사로 하여금 안마사의 업무에 관한 행위를 하게 한 때		영업정지 1월	영업정지 2월	영 업 장 폐쇄명령	

예/상/문/제

01. 공중위생관리법의 정의에 대한 설명 중 틀린 것은?

① 공중위생영업이라 함은 숙박업, 목욕장업, 이용업, 미용업, 세탁업, 위생관리 용역업을 말한다.
② 숙박업에는 청소년 기본법에 의한 청소년 수련시설을 포함한다.
③ 목욕장업이라 함은 손님이 목욕할 수 있도록 시설 및 설비 등의 서비스를 제공하는 업을 말한다.
④ 공중이용시설이라 함은 다수인이 이용함으로서 이용자의 건강 및 공중위생에 영향을 미칠 수 있는 건축물 또는 시설로서 대통령이 정하는 것을 말한다.

Answer: 숙박업에는 청소년 기본법에 의한 청소년 수련시설은 제외된다.

02. 공중위생영업의 승계에 대한 설명 중 틀린 것은?

① 공중위생영업의 신고를 한 자가 사망한때에는 상속인에게 공중위생영업자의 지위가 승계된다.
② 민사행정법에 의한 경매에 따라 공중위생 영업 관련 시설을 인수한 자는 그 공중위생 영업자의 지위를 승계한다.
③ 공중위생영업자의 지위를 승계한 자는 2개월 이내에 보건복지부령이 정하는 바에 따라 신고하여야 한다.
④ 영업 양도의 경우 양도, 양수를 증명할 수 있는 서류 사본 및 양도인의 인감증명서를 가지고 해당관청에 신고한다.

Answer: 공중위생영업자의 지위를 승계한 자는 1개월 이내에 보건복지부령이 정하는 바에 따라 신고하여야 한다.

03. 이용기구 및 미용기구의 소독에 주로 사용되는 에탄올 수용액의 %농도 중 옳은 것은?

① 에탄올 50%
② 에탄올 60%
③ 에탄올 70%
④ 에탄올 80%

Answer: 이·미용기구의 소독에 이용되는 에탄올 수용액은 에탄올 70%를 말한다.

04. 법적으로 미용사면허를 받을 수 없는 사람 중 틀린 것은?

① 금치산자
② 간질병자
③ 폐결핵
④ 만성간염

Answer: 만성간염은 미용사 면허를 받을 수 있다.

05. 공중위생영업소가 법을 위반한 경우 6개월 이내의 기간을 정하여 영업소의 폐쇄명령을 내릴 수 있는 법적근거 중 틀린 것은?

① 공중위생관리법
② 의료법
③ 약사법
④ 청소년 보호법

Answer: 공중위생영업소의 폐쇄명령을 내릴 수 있는 법적 근거는 공중위생관리법, 의료법, 청소년보호법, 풍속영업의 규제에 관한 법률 등이다.

06. 공중위생영업을 하고자 하는 자는 공중위생 영업의 종류별로 보건복지부령이 정하는 시설 및 기준을 갖추고 ( )에게 ( )하여야 한다. 다음 빈칸에 들어갈 내용 중 옳은 것은?

① 시장·군수·구청장 – 신고
② 시·도지사 – 신고
③ 시장·군수·구청장 – 허가
④ 시·도지사 – 허가

Answer: 공중위생영업을 하고자 하는 자는 공중위생 영업의 종류별로 보건복지부령이 정하는 시설 및 기준을 갖추고 시장·군수·구청장에게 신고하여야 한다.

정답 01. ② 02. ③ 03. ③ 04. ④ 05. ③ 06. ①

Part 2 공중보건학의 개념

07. 위생교육을 필히 받아야 하는 자 중 틀린 것은?

① 공중위생영업의 신고를 하는 자
② 공중위생영업을 승계한자
③ 공중위생법을 위반한 영업주
④ 공중위생법을 위반한 종업원

Answer: 공중위생법을 위반한 종업원은 위생교육 필수 대상자가 아니다.

08. 미용사 면허증을 영업소 안에 게시하지 않거나, 영업소 외의 장소에서 이·미용 업무를 행한 자에 대한 과태료 중 옳은 것은?

① 200만 원 이하
② 300만 원 이하
③ 400만 원 이하
④ 500만 원 이하

Answer: 과태료는 200만 원 이하를 부과한다.

09. 감염병 분류 중 연결이 틀린 것은?

① 제1군 감염병 – 콜레라, 페스트, 세균성이질
② 제2군 감염병 – 홍역, 풍진, 백일해
③ 제3군 감염병 – 말라리아, 결핵, 한센병
④ 제4군 감염병 – 황열, 두창, 수막구균성수막염

Answer: 수막구균성 수막염은 제3군 감염병이다.

10. 미용사의 면허증을 인정받을 수 없는 사람 중 옳은 것은?

① 교육인적자원부장관이 인정하는 고등기술학교 에서 1년 이상 이용 또는 미용에 관한 소정의 과정을 이수한 자
② 국가기술 자격법에 의한 이용사 또는 미용사의 면허를 취득한자
③ 교육부 장관이 인정하는 학원에서 미용관련학업을 이수 한자
④ 고등학교 또는 이와 동등의 학력이 있다고 교육인적자원부장관이 인정하는 학교에서 이용 또는 미용에 관한 학교를 졸업한자

Answer: 교육인적자원부장관이 인정하는 학원에서 미용관련 학업을 이수한 자는 국가기술자격법에 의해 이용사 또는 미용사의 면허를 취득해야 한다.

정답 07. ④ 08. ① 09. ④ 10. ③

P·A·R·T 03

네일미용기술

- **Chapter 1**   네일케어
- **Chapter 2**   네일 팁(Nail Tip)
- **Chapter 3**   네일 랩(Nail Wraps)
- **Chapter 4**   아크릴릭 네일
- **Chapter 5**   젤 네일(Gel Nail)
- **Chapter 6**   보수 및 제거
- **Chapter 7**   아트네일
- **Chapter 8**   비트

네일케어

1. 네일기 재료 및 기구

1) 네일기구

① 네일 테이블(Nail table)
네일리스트와 고객이 편안하게 네일 서비스 시술을 받을 수 있도록 고안된 네일 전용테이블이다. 네일 화학제품에 의한 손상이 낮은 재질과 네일 서비스에 필요한 기기 및 도구, 재료 등을 위생적으로 정리 및 보관할 수 있는 수납공간이 확보되고 시술이 편리한 테이블을 선택한다.

② 시술의자(Nail chair)
네일리스트와 고객의 체형에 맞추어 높낮이를 조절할 수 있으며, 네일 서비스 소요시간 동안 편안하게 앉을 안락한 의자를 선택한다.

③ 시술패드(Pad)
네일 서비스 시술 시 네일 재료로 인한 네일 테이블 오염을 방지하기 위한 시술패드이다.

④ 손목받침대(Hand cushion)
네일 서비스 시술 시 고객의 손을 편안하게 올려놓을 수 있는 쿠션이다.

⑤ 재료 받침대(Supply tray)
네일 테이블에 네일 도구 및 재료 등을 정리 정돈하여 수납하는 쟁반 형태나 바구니 형태의 받침대 등을 말한다.

⑥ 파일꽂이
네일 서비스에 사용되는 파일, 오렌지 우드스틱 등의 스틱 형태의 재료 등을 정리하여 꽂아 놓는다.

⑦ 솜 보관기(Supply tray)
네일 서비스에 사용되는 화장솜을 보관하는 용기이다.

⑧ 습식 소독기(Water sterilizer)
네일 도구를 소독제에 담가 소독하는 용기로 유리 재질로 되어 있다. 도구소독은 알코올 70~90%에 20분 이상 담가 소독한다.

⑨ 자외선 살균 소독기(UV sterilizer)
네일 케어 시술 시 큐티클 제거에 사용되는 니퍼, 푸셔 및 패디큐어에 사용되는 콘 커터 등을 자외선으로 소독하는 살균기이다. 니퍼, 큐셔, 콘 커터 등은 매 시술 시 소독된 제품으로 교체하여 네일 서비스를 해야한다.

⑩ 네일 드라이어(Nail dryer)
네일 컬러링 시술 후 네일 팔리쉬를 빠르게 건조시켜 주는 전기도구이다.

⑪ 파라핀기(Paraffin machine)
파라핀기는 고체상태의 파라핀을 액체상태로 녹여주는 기기로 용해된 파라핀 액에 손을 담가 파라핀팩의 형태로 관리해줌으로써 큐티클의 거스러미가 발생하는 행 네일이나 거친 손에 유·보습을 주는 효과가 있다.

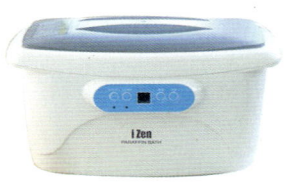

⑫ 네일 드릴(Nail drill)
손톱과 발톱의 관리 시 자연네일의 표면이나 인조 손톱의 표면, 발 각질제거를 빠르게 정리할 때 사용되는 전동 기기이다.

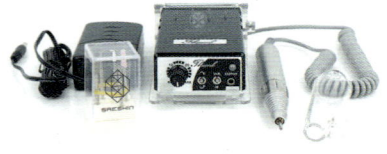

⑬ 젤 램프(Nail gel lamp)
네일 젤 시술 시 젤을 빛으로 응고시키는 큐어링 기기로 UV와 LED램프가 있다.

⑭ 왁스 워머기(Wax warmer)
제모를 위하여 고체상태의 왁스를 녹이거나 적정한 온도로 데울 때 사용하는 기기이다.

⑮ 각탕기
패디큐어 시술 시 각탕기 전용 솔트를 첨가하여 따뜻한 물에 발을 불려주어 발바닥의 각질제거를 용이하게 도와는 주는 기기로 발의 피로회복에도 도움을 준다.

⑯ 에어 컴프레셔(Air compressor)
에어브러시 작업에 필요한 공기를 만들어내는 기계이다.

⑰ 에어브러시 건(Airbrush gun)
에어브러시 물감을 담아 분사시키는 도구이다.

2) 네일 재료 및 도구

① 큐티클 니퍼(Cuticle nipper)
손톱 주위의 큐티클과 거스러미를 정리할 때 사용하는 도구이다. 올바르지 못한 니퍼 사용과 비위생적인 도구보관으로 질병 감염시킬 수 있으므로 소독과 위생적인 보관처리가 필요하다.

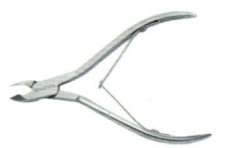

② 푸셔(Pusher)
큐티클을 밀어 올릴 때 사용되는 도구로 메탈푸셔와 스톤푸셔 등으로 구분된다. 메탈푸셔는 금속성분의 재질이며, 스톤푸셔는 입자가 고운 광물질 성분으로 구성되어 있다. 때에 따라서 오렌지 우드스틱을 푸셔 대용으로 사용하기도 한다. 손톱표면에 손상이 가지 않도록 45°각도를 유지하여 사용하여야 한다.

왼) 메탈푸셔. 오) 스톤푸셔

③ 팁 커터기(Tip Cutter)
인조팁 시술 시 팁의 후리 엣지 부분을 잘라 길이를 조절할 때 사용한다.

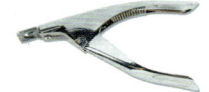

④ 콘 커터(Con cutter)

페디큐어 시술 시 발바닥의 굳은살을 제거하기 위한 도구이다. 콘 커터기 안에 면도날을 끼워서 사용하므로 상처가 나지 않도록 주의하여 사용해야 한다. 면도날은 1회용으로 1회 시술 시 반드시 안전하게 처리하여 폐기하여야 한다.

⑤ 클리퍼(Nail clipper)

자연 손톱과 인조 손톱의 길이를 조절할 때 사용한다. 네일 서비스에 사용되는 클리퍼는 일자형 헤드를 사용한다.

⑥ 실크 가위(Silk scissors)

네일 랩핑 시술 시 실크를 재단할 때 사용한다.

⑦ 핸드 드릴(Hand drill)

네일 댕글아트를 하기 위하여 손톱에 구멍을 뚫을 때 사용된다.

⑧ 더스티 브러시(Dusty brush)

네일 서비스 시술 시 발생되는 손톱 위의 먼지 및 이물질 등을 털어낼 때 사용된다. 브러시에 미생물의 번식과 감염 및 위생을 위하여 천연모 소재의 브러시 종류는 피하는 것이 좋으며, 큐티클과 손톱표면의 자극을 방지하기 위해 위에서 아랫방향으로 사용해준다.

⑨ 핑거볼(Finger bowl)

습식 매니큐어 시술과정에 손을 담궈 큐티클을 불리기 위한 도구로 미온수에 소독제나 손톱미백제 등을 용해시켜 사용하며, 손과 손톱의 이물질을 제거시키는데 도움을 준다.

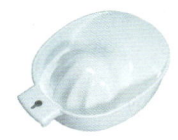

⑩ 디스펜서(Dispenser)
디스펜서는 리무버를 담아서 사용하는 용기로 플라스틱 재질과 도자기 재질 등이 있다.

⑪ 디펜디쉬(Dappen dish)
아크릴릭 리퀴드 용액을 담아서 사용하는 용기이다. 살롱 내 공기오염을 방지하기 위하여 뚜껑이 있는 디펜디쉬를 선택해서 사용하는 것이 좋으며, 시술 후에는 뚜껑을 닫아서 보관한다.

⑫ 오렌지 우드스틱(Orange wood stick)
천연항균 소재인 오렌지 나무재질인 우드스틱은 푸셔대신 큐티클을 밀어올리거나 팔리쉬 제거 등의 다양한 네일서비스 시술에 활용되는 도구이다.

⑬ 파일(File)
자연 손톱과 인조 네일 시술 시 손톱의 모양과, 길이조정, 표면을 다듬을 때 사용되는 도구로서 거칠기가 그리트(Grite)에 따라 다양하다. 그리트의 수가 높을수록 파일의 입자가 곱고

부드러우며, 그리트의 수가 낮을 수록 파일의 입자가 거칠고 강하다. 자연 네일에는 180~220그리트의 파일을 적용시킬 수 있으며, 인조 손톱에는 100그리트 파일부터 적용할 수 있다.

⑭ 쓰리웨이 버퍼(3-Way buffer)
주로 인조 손톱 시술의 마지막 단계에 적용되는 버퍼로 파일 하나에 3가지 그리트(Grite) 기능이 포함되어, 자연 손톱의 표면과 인조 손톱의 표면의 스크래치(Scratch)를 없애주고 광택을 내주는 기능을 한다.

⑮ 샌딩 블록(Sanding block, Sanding buffer)

자연 손톱과 인조 손톱의 표면을 정리하는데 사용된다. 샌딩 블록은 자연손톱의 유분기 제거 및 표면을 버핑하는 화이트 샌드와 인조 손톱 시술 시 파일링 후 표면을 버핑하는 블랙 샌드가 있다. 화이트 샌드보다 블랙 샌드의 그리트(Grite)가 낮다.

⑯ 라운드 패드(Round pad, Disk pad)

자연 손톱과 인조 손톱의 파일링 후 손톱 뒷면의 거스러미를 제거하는데 사용한다.

⑰ 패디 파일(Pedi file)

페디큐어 시술 시 발바닥의 굳은살을 제거하거나 콘 커터 사용 후 발바닥의 표면을 버핑하기 위하여 사용된다.

⑱ 토우 세퍼레이터(Toe seperator)

페디큐어 시술 시 발톱에 컬러링이나 아트 서비스가 손상되지 않도록 발가락 사이에 끼워 주는 도구이다.

⑲ 소독용 알코올(Alchol)

네일 서비스 시술 전·후 70% 농도의 알코올을 사용하여 네일 기구 및 도구 등을 소독한다.

⑳ 손 소독제(Antiseptic)

네일 서비스 시술 전 시술자와 고객의 손을 청결하게 소독할 때 사용한다.

㉑ 네일 팔리쉬 리무버(Nail polish remover, Nail enamel remover)
네일 컬러링을 제거하기 위하여 사용되는 제품이다. 아세톤이 들어있지 않아 컬러링 제거 시 네일팁과 실크익스텐션, 아크릴릭 등과 같은 인조 손톱이 녹는 손상을 일으키지 않는 논 아세톤 리무버(Non-acetone Remover) 제품도 있다.

㉒ 지혈제
습식 매니큐어 시술 중 큐티클을 정리할 때 잘못된 니퍼의 사용으로 출혈이 발생될 경우 출혈부위에 떨어트려 혈액을 응고시켜주는 제품이다.

㉓ 큐티클 오일(Cuticle oil)
습식 매니큐어 시술 시 큐티클을 정리하기 전에 도포하여 큐티클을 유연하게 연화시켜 시술을 용이하게 돕는 역할을 하며, 손톱 주변 피부와 손톱자체에 영양분을 공급하여 유·수분 밸런스를 맞추어주는 역할을 한다.

㉔ 큐티클 리무버(Cuticle remover)
소디움과 글리세린이 함유되어 큐티클을 부드럽게 연화시켜 손톱주변의 거스러미와 굳은살을 정리하기 편하도록 돕는 역할을 한다.

㉕ 네일 보강제(Nail treatment, Nail hardener)
자연 손톱에 바르는 투명 팔리쉬 형태의 네일 영양제로 손톱 끝의 케라틴층이 분리되거나 단백질이 부족하여 네일이 얇게 자라 손톱 끝이 휘어지고 찢어지는 손상된 손톱에 효과적이다. 네일 컬러링 전에 베이스 코트 대용으로 바르기도 한다.

㉖ 베이스 코트(Base coat)

네일 컬러링을 바르기 전에 손톱 표면을 보호하고 유색 팔리쉬의 안료가 착색되는 것을 방지하는 코팅막 역할과 네일 팔리쉬가 잘 접착되도록 해준다.

㉗ 탑 코트(Top coat)

탑 코트는 유색 팔리쉬 위에 바르는 제품으로 니트로 셀룰로오즈 성분이 함유되어 있어 광택을 내고 피막을 형성하여 네일 팔리쉬를 보호하고 스크래치나 벗겨지는 등의 손상을 방지해주는 역할을 한다.

㉘ 네일 팔리쉬(Nail polish)

손톱에 도포하는 유색 네일 화장품으로 네일 에나멜(Nail Enamel), 네일 컬러(Nail Color), 네일 락카(Nail Lacquer) 등으로도 불린다.

㉙ 팔리쉬 드라이어(Polish dryer)

네일 팔리쉬를 빠르게 건조시켜주는 스프레이 형태의 제품이다.

㉚ 네일 미백제(Nail bleach)

네일 블리치는 20볼륨(Volume)의 과산화수소와 구연산으로 구성된 제품으로 유색 팔리쉬로 인한 착색, 담배, 잉크 등의 외부오염 물질로부터 누렇게 변색된 자연손톱에 도포하여 손톱 표면을 탈색시켜 미백을 돕는 제품이다.

㉛ 핸드로션(Hand lotion)

네일 서비스 시술 시 손과 발을 마사지할 때 수분과 유분을 공급해주는 역할을 한다.

㉜ 라이트 글루(Light glue)

네일 전용 글루로서 인조 팁이나 실크를 접착과 네일 표면을 전체적으로 도포할 때 사용된다.

㉝ 필러 파우더(Filler powder)

팁이나 실크를 이용한 인조 손톱 연장 시술 시 라이트 글루와 함께 사용하여 손톱의 두께를 보강하기 위하여 사용된다.

㉞ 젤 글루(Gel glue)

점성이 있는 네일 전용 글루로서 인조 팁 접착 작업과 팁과 실크를 이용한 인조 손톱 마무리 단계에 네일 표면을 전체적으로 도포하여 두께감과 코팅효과를 주어 강도를 보강하는 작업에 사용된다.

㉟ 글루 드라이어(Glue dryer, Activator)

글루을 사용하는 인조 손톱 시술 시 글루를 빠르게 건조시켜 네일 서비스 시간을 단축하기 위하여 사용되는 스프레이 형태의 글루 냉각용 제품이다. 인화성이 강하므로 보관 시 화기에 노출되지 않도록 조심해야 한다. 글루 드라이어 제품을 사용할 때는 인조 손톱과의 작업거리를 10~15cm 정도 떨어진 거리에서 분사하여야 한다.

㊱ 팁(Tip)

자연 손톱의 길이를 연장할 때 사용하며 재질은 플라스틱, 나일론, 아세테이트 등의 소재로 되어 있어 유연성과 탄력성을 갖고 있다. 팁의 종류로는 레귤러 팁, 풀 팁, 프렌치 팁, 디자인 팁, 컬러 팁 등 다양한 종류가 있다.

㊲ 실크(Silk)

약하거나 손상된 자연 네일을 보강해주는 네일 랩 작업과 실크를 사용하여 자연 네일의 길이를 연장하는 실크 익스텐션 작업에 사용된다. 사용되는 랩의 종류로는 실크, 화이버글래스, 린넨 등이 있다.

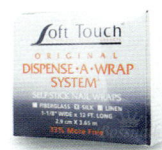

㊳ 프라이머(Primer)

아크릴릭 네일 서비스 작업 전에 자연 손톱의 표면에 발라주어 유분기를 제거하는 역할과 아크릴릭이 네일표면에 잘 부착할 수 있도록 접착력을 높여준다. 메타크릴산(Methacrylic acid)이 주요성분으로 세균번식을 막아주는 역할도 한다.

㊴ 아크릴릭 리퀴드(Acrylic liquid, Monomer)

아크릴릭 리퀴드는 액체상태로 아크릴 파우더를 녹여 반죽하는데 사용한다. 휘발성 용액으로 보관 시 환기와 통풍이 잘되는 서늘한 곳에 보관하는 좋다.

㊵ 아크릴릭 파우더(Acrylic powder, Polymer)

아크릴 리퀴드를 고체화시킨 파우더 타입의 제품으로 자연 손톱의 길이를 연장하거나 강도를 보강하기 위하여 리퀴드와 혼합하여 아크릴 볼을 만들어 사용한다.

㊶ 아크릴 브러시(Acrylic brush)

아크릴릭 리퀴드와 파우더를 혼합하여 볼을 만들 때 사용되는 아크릴릭 전용 브러시이다. 아크릴릭 네일 서비스 작업 후 브러시 클리너에 세척하여 보관해야 한다.

㊷ 아크릴릭 폼(Acrylic form)
네일 스컵춰 서비스 시술 시 인조 손톱의 길이를 연장할 수 있게 지지대 역할을 해주는 일회용 종이 폼이다.

㊸ 브러시 클리너(Brush cleaner)
아크릭릴 브러시에 아크릴 볼이 뭉쳐있을 때 녹여주거나 깨끗하게 세척할 때 사용하는 브러시 세척제이다. 아크리릭 파우더와 혼합하여 아크릭릴 3D 작업을 할 때도 사용된다.

㊹ 팔리쉬 띠너(Polish thinner)
굳어 있는 팔리쉬를 유화시켜주는 제품이다.

㊺ 젤 본더(Gel bonder)
젤 네일 서비스 시술 전에 자연 손톱에 소량 도포하여 젤의 접착력을 높여준다.

㊻ 베이스 젤(Base gel)
젤 네일 서비스 시 자연 손톱에 유색 젤에 의한 착색방지와 손톱의 표면을 매끄럽게 만들어주는 역할을 한다.

㊼ 탑 젤(Top gel/sealer)
젤 네일 서비스의 마지막 단계에서 사용하여 광택과 지속력을 높여준다.

㊽ 젤(Gel)
젤은 점성이 높은 아크릴릭 제품으로 UV램프나 LED램프 빛에 큐어링하여 사용한다.

㊾ 젤 클리너(Gel cleaner)

젤 네일 서비스 후 끈적이는 젤의 잔여물을 제거하기 위하여 사용된다.

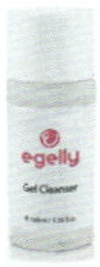

㊿ 젤 브러시(Gel brush)

젤의 볼을 뜰 때 사용되는 젤 네일 전용 브러시이다. 젤 네일 서비스 시술 시 UV램프나 LED램프 빛에 브러시가 노출되면 큐어링되어 굳을 수 있으므로 주의해야 한다.

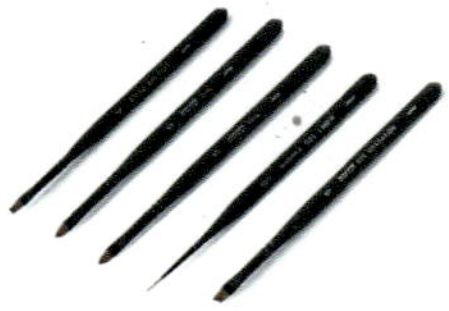

(51) 젤 브러시 클리너(Gel brush cleaner)

젤 네일 서비스 후 끈적이는 젤의 잔여물을 제거하기 위하여 사용된다.

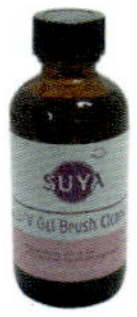

(52) 에어브러시 물감(Airbrush paint)

에어브러시 물감은 수성, 유성, 아크릴 타입이 있다. 네일아트에는 아크릴 물감이 주로 사용된다.

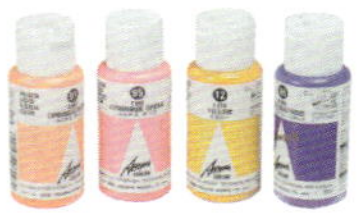

(53) 스텐실(Stencil)

스텐실은 강화 팔리에스테르 필름 재질로 되어 있으며, 다양한 네일아트 디자인을 연출할 수 있는 모양틀이다.

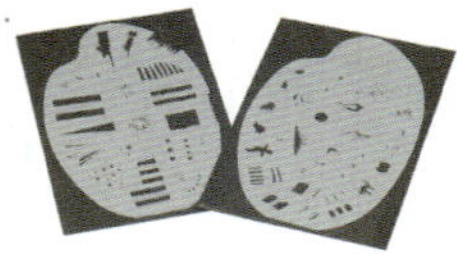

2. 네일케어 기본 테크닉

1) 네일의 모양

 네일 케어 서비스 시 손톱의 형태는 고객과 사전상담 후 결정하여야 하며, 고객의 손가락 굵기 및 길이, 피부 색, 고객의 직업, 생활양식, 고객의 취향 등과 네일아트 트렌드를 적용시켜 네일의 모양을 결정해야 한다.

① 스퀘어 네일(Square shape nail)
스퀘어 네일은 파일의 각도가 90°로 고객들이 일반적으로 많이 선호하는 스타일이다. 컴퓨터를 많이 다루는 사무직에 종사하거나, 손끝을 많이 사용하는 직업을 갖은 고객들에게 적당하며 활동적이며 트렌디한 이미지를 준다.

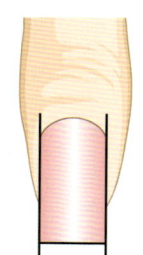

② 라운드 스퀘어 네일(Round shape nail, Square off nail)
라운드 네일은 파일의 각도가 30~35°로 사각형 손톱의 양 사이드를 둥근 곡선을 형성하도록 파일링한 스타일로 스퀘어 네일보다는 부드러운 이미지를 형성하여 세련되고 실용적이다.

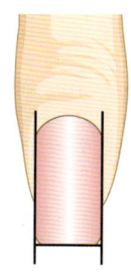

③ 라운드 네일(Round shape)
라운드 네일은 파일의 각도가 45°로 가장 기본적인 스타일이며 손톱이 약해 잘부러지거나 손톱의 끝부분인 후리 엣지 층이 약한 손톱에 적합하다.

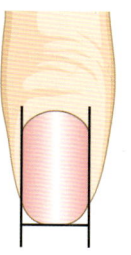

④ 오발 네일(Oval nail)
오발 네일은 파일의 각도가 15°로 손가락이 길어 보이는 효과가 있으며 여성적이고 우아한 스타일이다. 손톱의 스트레스 포인트 부분이 잘 찢어질 수 있으므로 얇고 약한 손톱에는 적합하지 않다.

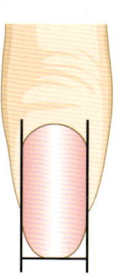

⑤ 포인트 네일(Point nail, Almond nail)
포인트 네일은 파일의 각도가 180°로 손가락이 길고 가늘어 보이며 손톱의 폭이 좁아보이는 효과가 있어 섹시하고 도발적인 여성미를 강조하는 스타일이다. 손톱의 끝이 좁아지고 가늘어져 외부충격에 대한 내구성이 약해 잘 부러지기 쉽다.

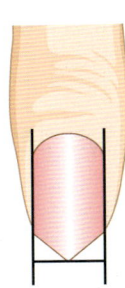

2) 네일의 모양에 따른 파일링

 네일의 형태를 잡기위한 파일링 방법은 네일 서비스의 기술 작업에 있어 가장 기본적인 단계이며 손톱의 구조상 끝 부분의 층간이 분리되지 않도록 주의하여 시술하여야 한다. 파일링 작업 시에는 손목의 힘을 빼고 파일을 부드럽게 잡고 시술해야 한다.

(1) 스퀘어 네일 파일링

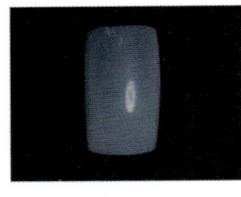

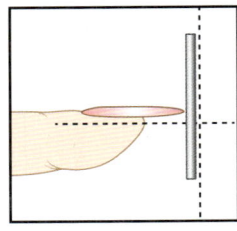
① 우드파일을 직각인 90°각도로 세워 한쪽 방향에서 반대쪽 방향으로 파일링한다.

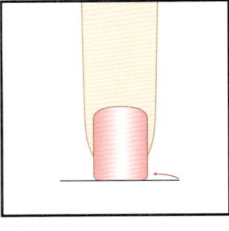
② 우드파일을 사이드쪽 스트레스포인트 부분에 평행이 되도록 놓고 손톱 측면에서 직선이 되도록 한쪽 방향으로 파일링한다.

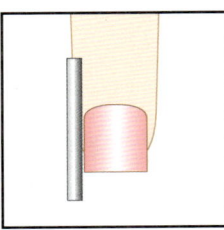
③ 우드파일을 네일글루브에 일자가 되도록 얹고 위에서 아래로 직선 방향으로 파일링한다.

(2) 라운드 스퀘어 네일 파일링

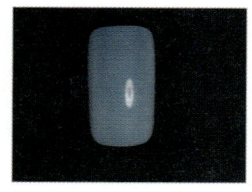

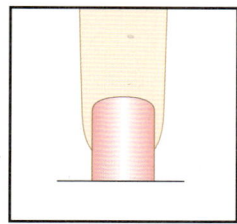
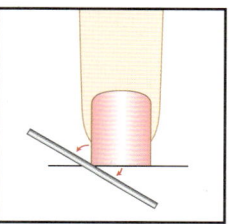
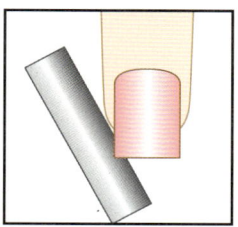

① 우드파일로 스퀘어 모양으로 파일링한다.

② 우드파일 30~35° 각도로 뉘어서 한쪽 사이드를 둥글게 파일링 한다.

③ 반대쪽 사이드도 같은 방법으로 파일링해 준다.

(3) 라운드 네일 파일링

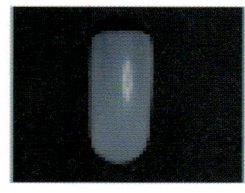

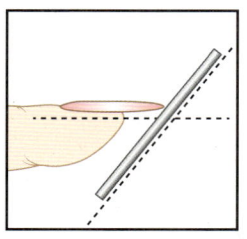
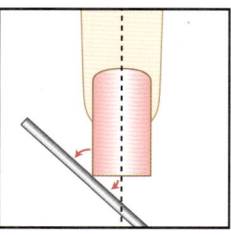
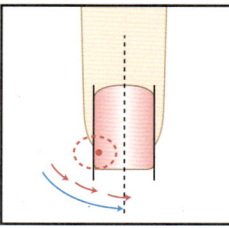

① 우드파일을 45° 각도로 뉘어서 한쪽 사이드부터 라운드 모양으로 2/3지점까지 파일링한다.

② 반대쪽 사이드도 파일의 각도가 45°로 유지되도록 한 후 같은 방법으로 파일링해준다.

③ 라운드 된 손톱의 형태가 좌우대칭을 이루도록 파일링으로 조정해준다.

(4) 오발 네일 파일링

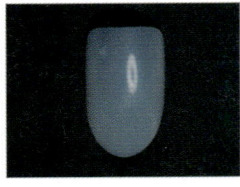

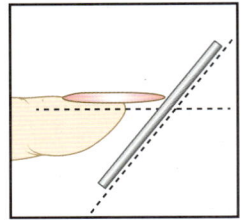
① 우드파일을 15° 각도로 뉘어서 손톱 한쪽 사이드의 스트레스 포인트 부분부터 중앙 부분까지 둥굴게 오발 모양으로 파일링한다.

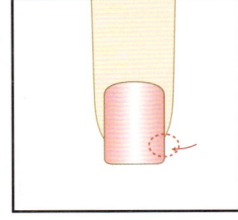
② 반대쪽 사이드 스트레스 포인트 부분부터 파일이 각도가 15°되도록 유지한 뒤 ①번과 동일한 방법으로 파일링해준다.

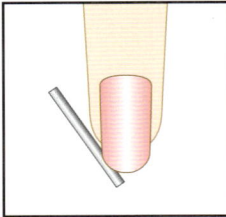
③ 오발 모양이 된 손톱의 좌우대칭이 맞도록 파일링으로 조정해준다.

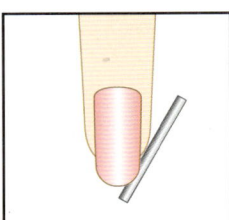

(5) 포인트 네일 파일링

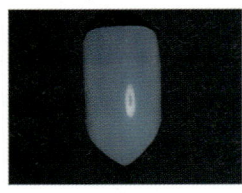

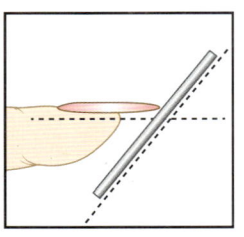
① 우드파일을 180° 각도로 뉘어서 손톱 한쪽 사이드의 스트레스 포인트 부분부터 중앙 부분까지 포인트 모양으로 파일링한다.

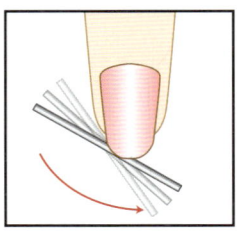
② 반대쪽 사이드 스트레스 포인트 부분부터 파일이 각도가 180°되도록 유지한 뒤 ①번과 동일한 방법으로 파일링해준다.

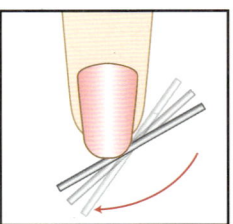
③ 포인트 모양이 된 손톱의 좌우대칭이 맞도록 파일링으로 조정해준다.

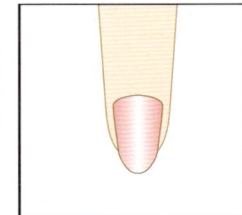

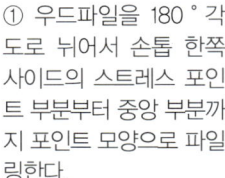

3) 큐티클 정리

 네일의 큐티클은 각질 세포로 이루어져 있으며 손톱의 주변을 덮고 있는 피부로 네일의 성장에 직접적으로 관여하는 네일 루트와 네일 매트릭스를 외부환경으로 보호하고 세균이 침투하는 것을 막아주는 방어기재 역할을 담당한다. 큐티클은 네일케어 서비스 시 니퍼와 푸셔 도구를 사용하여 정리되는 손톱 주변의 피부이므로 2차 감염이 이루어지지 않도록 도구의 위생관리가 철저하게 이루어져야 한다.
큐티클을 정리한 뒤에는 손톱 주변피부에 거스러미가 일어나는 행 네일(Hang nail)이 발생될 수 있으므로 유·수분을 충분히 공급하여 큐티클이 건강하게 관리될 수 있도록 큐티클 오일과 핸드로션을 발라주거나 파라핀 매니큐어 관리를 해주는 것이 좋다.

(1) 큐티클 불려주기

큐티클은 각질세포이므로 니퍼로 정리하기 전에 소독제가 함유된 따뜻한 물이 담긴 핑거볼에 담가 부드럽게 불려주거나, 큐티클 유연제를 발라주어 딱딱한 큐티클을 니퍼로 정리하기 편하도록 연화시킨다.

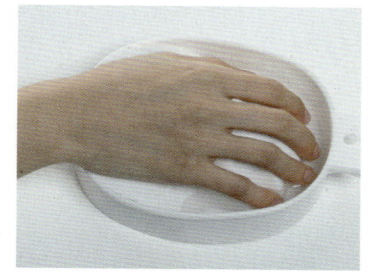

(2) 큐티클 오일 바르기

부드럽게 연화된 큐티클이 니퍼를 사용하여 정리하는 동안 다시 건조되는 것을 막아주고 손톱과 손톱 주변 피부에 영양분이 공급될 수 있도록 큐티클 오일을 큐티클에 발라 준다.

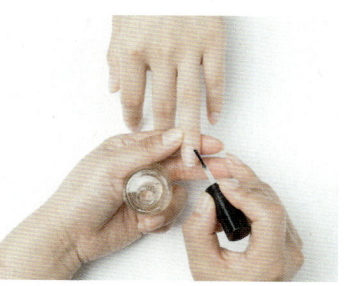

(3) 큐티클 밀어 올리기

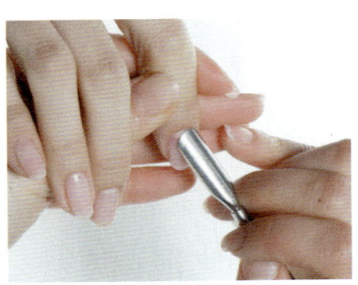

① 자연 손톱과 큐티클이 손상되지 않도록 푸셔를 45°각도로 유지하여 손톱 한쪽 사이드의 네일 구루브에서 큐티클 방향으로 루즈 스킨을 푸셔링해준다.
② 손톱의 각질화가 완벽하게 이루어지지 않은 루룰라가 손상되지 않도록 큐티클을 부드럽게 푸셔링한다.
③ 반대쪽 사이드의 네일 구루브에서 큐티클 방향으로 루즈 스킨을 푸셔링 한 후 ②번을 다시 한 번 더 시행한다.

(4) 큐티클 정리하기

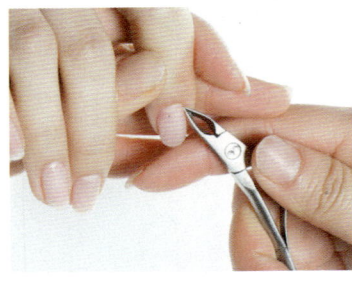 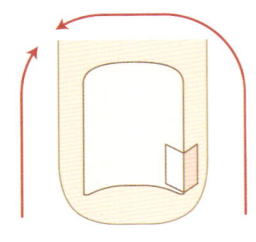

① 니퍼를 사용하여 손톱 한쪽 사이드와 네일 구루브 사이의 루즈 스킨을 큐티클 방향으로 니퍼링하여 정리한다.
② 큐티클의 오른쪽 코너에서 반대쪽 코너까지 니퍼로 큐티클을 뒤로 잡아당기듯이 일자로 잘라서 정리한다.
③ 손톱의 반대쪽 사이드와 네일 구루브 사이의 루즈 스킨을 큐티클 방향으로 니퍼링하여 정리한다.

(5) 큐티클 소독하기

니퍼를 사용하여 큐티클을 정리한 뒤 2차 감염예방을 위하여 반드시 소독제를 사용하여 소독한다.

3. 네일 컬러링

1) 컬러링의 종류

네일 컬러링 서비스는 고객의 연령과 생활습관, 평소 패션스타일, 직업, 고객의 컬러링 선호도 등을 사전 고객 상담 시 조사하여 참고하여 최신 네일트렌드 경향과 접목시켜 시술해야 한다.

① 풀 코트(Full coat):네일 컬러링 중 가장 기본적인 스타일로 손톱 전체에 컬러링 하는 방법이다.
② 후리 엣지(Free edge, Hairline tip):후리 엣지 부분을 제외한 손톱 바디에 컬러링을 하는 스타일이다.
③ 프렌치 스타일(French Manicure):후리 엣지 부분에만 컬러링하는 스타일로 스퀘어 네일에 가장 잘 어울리는 컬러링이다.
④ 루눌라 프렌치(Lunula French, Half moon) :루눌라 부분을 제외한 손톱 바디 전체에 컬러링하는 스타일이다.
⑤ 후리 월(Free wall, Slim line):손톱의 폭이 가늘고 길게 보이도록 컬러링 하는 방법으로 손톱의 양 옆면을 1.5mm 정도 남겨주고 컬러링한다.

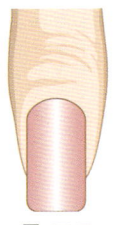 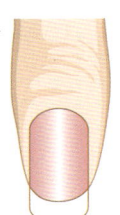 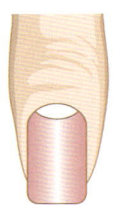 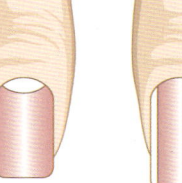

풀 코트　　후리 엣지　　프렌치 스타일　　루눌라 프렌치　　후리 월

2) 컬러링 방법

① 네일 컬러링 서비스는 고객의 연령과 생활습관, 평소 패션스타일, 직업, 고객의 컬러링 선호도 등을 사전 고객 상담 시 조사하여 참고하여 최신 네일트렌드 경향과 접목시켜 시술해야 한다. 네일 컬러링은 손톱을 보호하고 색채를 부여함으로써 손을 아름답게 보이게 하며 각 개인의 미적 개성을 표현해 준다.

② 네일 컬러링 서비스 시술에 있어 완성도를 높이기 위해서는 팔리쉬의 양을 손톱의 표면적에 따라 적절하게 조절하여 팔리쉬가 뭉치거나 결이가지 않도록 팔리쉬브러시를 45°각도를 유지하여 고르게 펴 발라주는 것이 중요하다.

③ 네일 컬러링 서비스가 종료된 후에는 팔리쉬의 병 입구를 페이퍼 타올에 리무버를 묻혀 컬러의 잔여물이 남지 않도록 깨끗하게 닦아 보관해야 하여 팔리쉬가 공기와 접촉되어 굳는 것을 예방할 수 있다.

④ 잦은 컬러링으로 팔리쉬가 농도가 짙어졌을 때는 뚜껑이 닫힌 컬러병을 양손 바닥으로 감싸쥔 뒤 좌·우로 돌려주어야 한다. 팔리쉬병을 위아래로 흔들면 컬러링시 손톱의 표면에 기포가 발생될 수 있다.

> **Polish제품 적용순서**
> Base coat(1coat) → 유색 Polish (2coat) → Top coat(1coat)

(1) 베이스 코트 바르기

손톱의 표면에 유색 팔리쉬의 색상이 착색되지 않도록 하기 위하여 발라 주는 제품으로 베이스 코트의 브러시를 45°각도로 눕혀서 뭉치지 않도록 1/2coat 겹쳐서 발라준다.

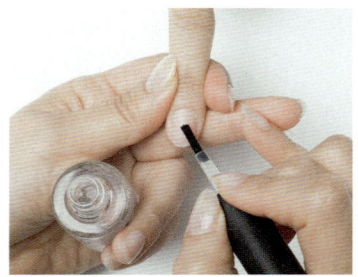

(2) 팔리쉬 바르기

① 풀코트(full coat)
  ㉠ 유색 팔리쉬의 1coat는 팔리쉬 브러시를 45°각도를 되도록 눕혀서 큐티클

라인 아래쪽 손톱의 정중앙에서 후리 엣지 방향으로 팔리쉬를 펴 발라준다.

ⓒ 손톱의 왼쪽 가장자리를 큐티클 라인 아래쪽에서 후리 엣지 방향으로 팔리쉬를 발라준다.

ⓒ 팔리쉬가 발라진 ①번과 ②번 사이에 팔리쉬가 뭉쳐있지 않도록 쓸어내리듯이 팔리쉬를 발라준다.

ⓔ 손톱의 반대쪽도 ⓒ번 ~ ⓒ번 시술방법과 동일하게 시술한다.

ⓜ 후리 엣지의 측면 부분을 컬러링해준다.

ⓗ 유색팔리쉬의 2coat는 손톱의 한쪽 사이드부터 반대쪽 방향으로 브러시를 1/2coat겹쳐서 컬러가 뭉치지 않게 골고루 잘 발라준다.

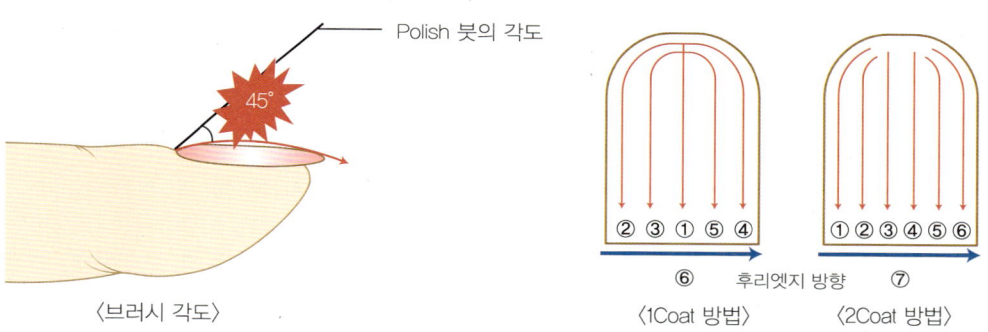

② 프렌치 컬러

ㄱ 스마일라인 / 프렌치 스타일(French Manicure):후리 엣지 부분에만 컬러링하는 스타일로 스퀘어 네일에 가장 잘 어울리는 컬러링이다.

ⓐ 브러시 각도가 45°기울도록 왼쪽에서 오른쪽으로 바른다.

ⓑ 오른쪽 끝부분은 오른쪽에서 왼쪽으로 바른다.

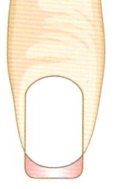 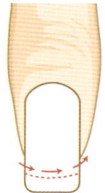 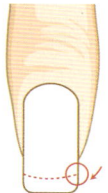

ⓒ 하프 문 / 루눌라 프렌치(Lunula French, Half moon)
딥 프렌치라고도 하며 루눌라 부분을 제외한 손톱바디 전체에 컬러링 하는 스타일이다.

ⓐ 브러시 각도가 45° 기울도록 왼쪽에서 오른쪽으로 바른다.
ⓑ 양 끝부분을 브러시 끝부분으로 꼼꼼히 바른다.

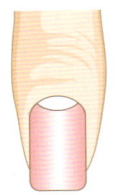
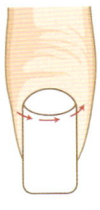
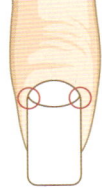

③ 그라데이션 컬러
팔리쉬 색상이 서서히 밝아지거나 어둡게 변화는 것을 말한다.
ⓐ 컬러 팔리쉬를 스폰지에 묻힌 후 가볍게 ①번 부분에 두드린다.
ⓑ ②번 부분까지 두드린다.
ⓒ ③번 부분까지 두드린다.

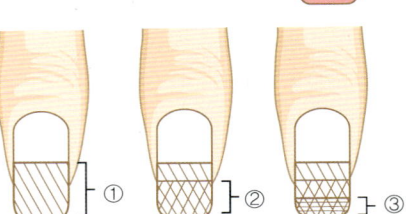

(3) 탑 코트 바르기

유색팔리쉬의 광택과 지속력을 높여주기 위하여 발라 주는 제품으로 브러시를 45° 각도로 눕혀서 뭉치지 않도록 1/2coat 겹쳐서 발라 준다.

4. 매니큐어(Wet manicure)

1) 습식 매니큐어

습식 매니큐어란 레귤러 매니큐어(Regular manicure)라고도 칭하며, 손톱 모양을 예쁘게 만들고 손톱 위의 지저분한 각질제거와 혈액 순환 촉진을 위한 손 마사지, 컬러링 등의 일반적인 네일 관리를 말한다.

(1) 습식매니큐어 재료

① 니퍼　　　　　② 푸셔　　　　　③ 핑거볼　　　　　④ 안티셉틱

⑤ 지혈제　　　　⑥ 리무버　　　　⑦ 파일(종류 별)　⑧ 오렌지 우드스틱

⑨ 더스트 브러시　⑩ 큐티클 오일　　⑪ 핸드로션　　　　⑫ 팔리쉬 : 베이스 코트
　　　　　　　　　　　　　　　　　　　　　　　　　　　　유색 팔리쉬, 탑 코트

⑬ 팔리쉬 드라이어　⑭ 타월과 키친타올　⑮ 손목 받침대　　⑯ 솜

(2) 실기 사전준비

① 네일 서비스 시술 테이블과 도구 및 재료를 알코올로 소독한다.
② 큐티클제거에 사용되는 니퍼와 푸셔를 시술 20분전에 소독용 알코올이 담긴 소독볼에 담가 놓는다.
③ 타월과 키친 타올을 깔아주고 손목받침대를 세팅한다.
④ 실기재료를 세팅한다.
⑤ 비닐팩을 시술테이블에 부착해준다.
⑥ 미온수가 담긴 핑거볼을 준비한다.

(3) 습식매니큐어 시술방법

① 손 소독하기
　㉠ 준비된 솜에 안티셉틱을 뿌린 다음 시술자의 손을 먼저 소독한다.

ⓒ 안티셉틱을 솜에 뿌린 다음 고객의 왼손부터 소독한다.

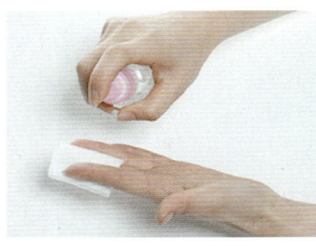
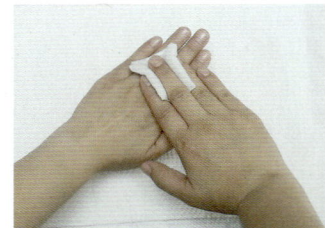
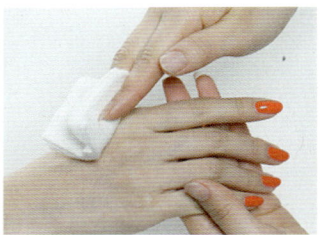

② 팔리쉬 지우기

ⓐ 1/4등분으로 자른 솜에 리무버를 묻혀서 컬러링이 되어 있는 고객의 손톱 위에 5초 가량 얹어 팔리쉬를 녹인다.

ⓑ 왼손의 5지 손가락부터 시작하여 큐티클에서 후리 엣지 방향으로 리무버 솜을 지그시 눌러 준 상태로 비벼주듯이 닦아 내려온다.

ⓒ 큐티클과 후리 엣지 주변에 남아있는 팔리쉬의 잔여물은 오렌지 우드스틱이나 면봉에 리무버를 묻혀 깨끗이 닦아낸다.

③ 손톱 모양 잡기

ⓐ 우드 파일을 사용하여 왼손의 5지부터 파일링을 시작한다.

ⓑ 먼저 손톱의 길이를 조절한 뒤에 양 사이드의 쉐입을 잡아준다. (스퀘어 → 라운드 쉐입 형태 변형)

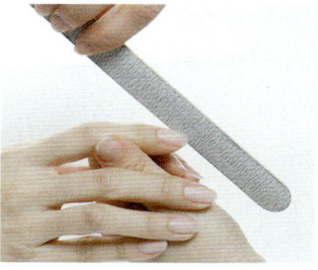

④ 표면정리
  ㉠ 자연손톱에 적합한 화이트 샌딩을 이용하여 손톱 전체의 표면을 고르게 정리하고 유분기를 제거하는 작업이다.
  ㉡ 큐티클이 손상되지 않도록 화이트 샌딩의 각도를 10~15°각도 앞으로 기울여 준 후, 왼손의 5지부터 손톱의 중앙에서 시작하여 손톱의 좌·우 전체를 골고루 샌딩하여 표면을 정리한다.

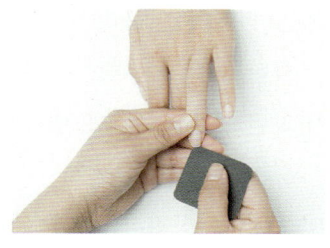

⑤ 라운드 패드
파일링과 샌딩 작업에서 발생 된 손톱 밑의 거스러미를 제거 한다.

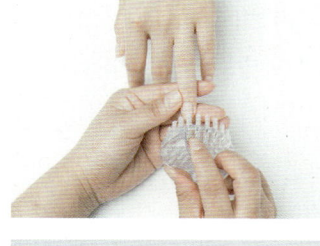

⑥ 먼지제거
더스트 브러시를 사용하여 큐티클 방향에서 후리 엣지 방향으로 쓸어내려 주듯이 손가락과 손톱의 먼지를 제거해준다.

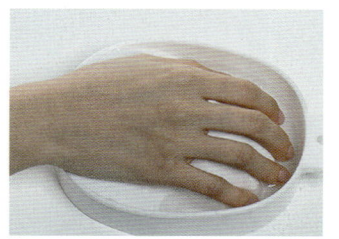

⑦ 손 불리기
소독제가 함유된 미온수를 담은 핑거볼에 손을 넣어 3~4분 정도 큐티클을 불려준다.

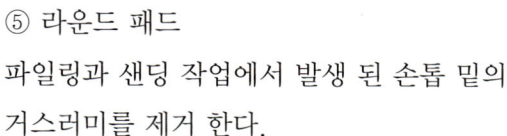

왼손의 큐티클을 핑거볼에서 불리는 동안 오른손도 ③ ~ ⑥번까지의 네일 서비스를 시행한 뒤 왼손을 꺼내 물기를 제거하고 오른손을 핑거볼에 담근다.

⑧ 물기제거하기
핑거볼에서 꺼낸 왼손을 페이퍼 타올로 감싸주고
지그시 눌러 물기를 제거한다.

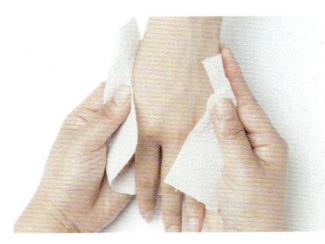

⑨ 큐티클 오일 바르기
핑거볼에 불린 큐티클의 건조를 막아주고 연화
과정을 유지시켜 큐티클 제거를 용이하게 도와준다.

⑩ 큐티클 밀어올리기
푸셔나 오렌지 우드스틱을 45°각도로 사용하여
연화된 큐티클을 부드럽게 밀어 올려준다.

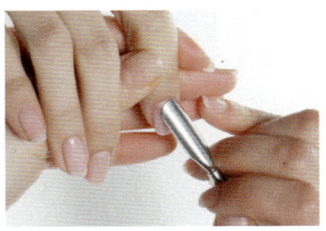

⑪ 큐티클 정리하기
니퍼를 45°각도로 사용하여 오른쪽에서
왼쪽 방향으로 큐티클을 정리한다.

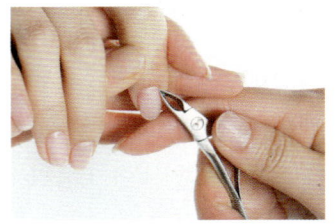

TIP

- 푸셔와 니퍼를 사용하여 큐티클을 정리할 시에는 각질화가 완성되지 않은 루눌라부분의 표면이 긁혀서 손톱이 변형되지 않도록 주의해야 한다.
- 큐티클을 정리할 때는 가능한 잘라낸 큐티클이 끊어지지 않도록 한 줄로 연결되도록 정리해야 한다.

오른손을 핑거볼에서 꺼낸 다음 ⑧ ~ ⑪번까지의 네일 서비스를 시행한다.

⑫ 손 소독하기

큐티클이 감염되지 않도록 손 소독제인
안티셉틱을 시술된 고객의 손 위에 뿌려준다.

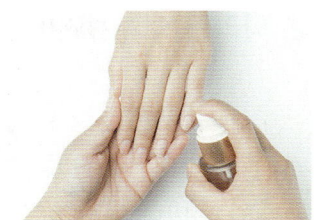

⑬ 손 마사지

손 마사지를 시행한다. 마사지 작업을 마친 뒤에는
따뜻한 온타올을 사용하여 손과 손톱의 유분기를
제거한다.

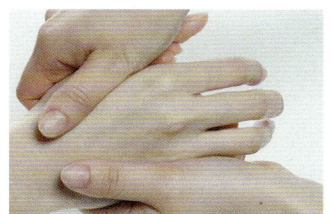

⑭ 유분기 제거

오렌지 우드스틱에 솜을 말아서 사용하거나
면봉을 이용하여 손톱의 유분기를 제거한다.

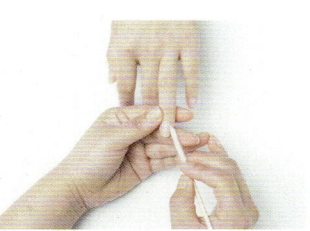

⑮ 베이스 코트 바르기

손톱표면을 보호하고 유색 팔리쉬의 색상이 착색되는
것을 방지하기 위하여 베이스 코트를 발라 준다.
손톱이 약한 고객의 손톱에는 네일 영양제로
베이스 코트를 대체해도 무방하다.

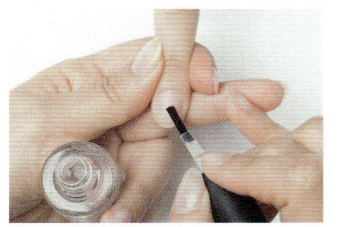

⑯ 팔리쉬 바르기

팔리쉬는 두 번(2coat)을 기본으로 한다. 첫 번째 시행
되는 팔리쉬 1coat에서는 후리 엣지까지 컬러링을
발라주고 두 번째 시행되는 팔리쉬 2coat에서는
네일바디 부분에만 컬러링을 발라주고 후리 엣지는
생략해도 무방하다.

⑱ 탑 코트 바르기

팔리쉬의 광택과 지속력을 높여준다.

2) 파라핀 매니큐어(Paraffin manicure)

 파라핀 매니큐어는 따뜻하게 녹인 파라핀 액에 손과 발을 담가 의학적 물리치료를 목적으로 사용되었으나 파라핀의 미용적 효과으로 인하여 네일 서비스에 널리 사용되고 있다. 파라핀은 콜라겐(Collagen)과 비타민 E(Tocopherol), 유칼립터스(Eucalyptus), 식물성 오일 등이 함유되어 노화되고 거칠고 갈라진 피부를 부드럽게 하면서 원래의 피부 색으로 돌아올 수 있도록 도움을 주고 핫 팩 효과로 건조하여 거스러미가 잘 발생되는 큐티클과 손톱에 영양공급과 보습에 효과적이다. 단, 피부에 염증성 상처나 감염성 질환, 고혈압, 정맥류 질환 등이 있을 경우에는 시술을 금해야 한다.

(1) 파라핀 매니큐어 재료

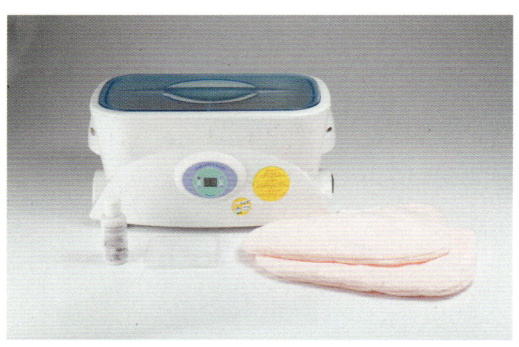

① 습식재료　　② 파라핀 워머기　　③ 파라핀

④ 일회용 비닐 장갑　⑤ 면장갑　　⑥ 핸드로션
or 비닐 팩

(2) 실기 사전준비

① 네일 서비스 시술 테이블과 도구 및 재료를 알코올로 소독한다.
② 습식 매니큐어의 사전준비와 동일하다.
③ 파라핀을 파라핀 워머기에 넣고 사전 예열하여 녹여준다.

(3) 파라핀 매니큐어 시술방법

① 손 소독하기
　㉠ 준비된 솜에 안티셉틱을 뿌린 다음 시술자의 손을 먼저 소독한다.
　㉡ 안티셉틱을 솜에 뿌린 다음 고객의 왼쪽 팔꿈치 아래부터 시작하여 손을 소독한다.

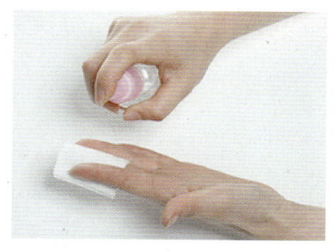 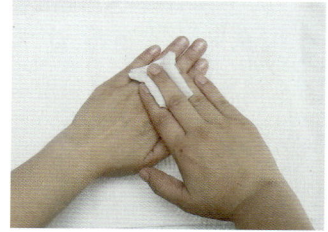 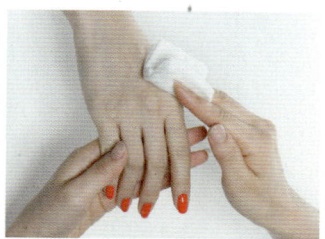

② 팔리쉬 지우기
왼손의 5지 손가락부터 시작하여 팔리쉬를 제거한다.

③ 손톱 모양 잡기
우드 파일을 사용하여 왼손의 5지부터 파일링을
시작하여 쉐입 → 샌딩을 사용하여 손톱 표면정리
→ 디스크 패드를 사용하여 후리 엣지 밑의 거스
러미 제거 → 더스트 브러시로 먼지를 제거하여
손톱 모양을 잡아준다.

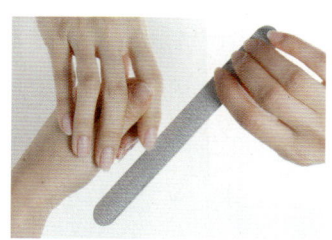

④ 큐티클 정리하기
핑거볼에 큐티클을 불려 연화시킨 후 큐티클 오일 →
푸셔로 밀어 올려 준 후 → 니퍼로 큐티클을 제거한다.

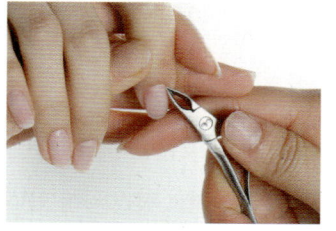

⑤ 손 소독하기
큐티클이 감염되지 않도록 손 소독제인 안티셉틱을 시술된 고객의 손 위에 뿌려준다.

⑥ 손 마사지
손 마사지를 시행하고 온 타올을 사용하여 마사지의 잔여물을 깨끗하게 제거한다.

⑦ 파라핀 담그기
㉠ 파라핀 워머기에 녹여진 파라핀에 손을 살짝 넣어 고객에게 파라핀의 온도를 감지하도록 한다.
㉡ 파라핀액이 손목 부위까지 오도록 충분히 담가준 후 천천히 손을 담갔다 빼는 동작을 3~5회 정도 반복하여 파라핀 팩을 형성시킨다.

> **TIP**
> 파란핀에 담가 파라핀 팩을 형성시킬 때 다섯 손가락을 살짝 벌려 주도록 한다. 손가락마다 팩이 형성되어 파라핀 효과를 높여 줄 수 있다.

⑧ 장갑 씌우기
㉠ 파라핀 팩이 형성된 손에 1회용 비닐 장갑이나 비닐 팩을 씌워준다.
㉡ 파라핀 핫 팩의 효과를 높여 줄 수 있도록 면장갑을 10~15분 정도 씌워준다.

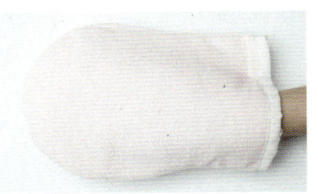

> **TIP**
> 일회용 비닐 장갑은 파라핀 팩 제거를 효율적으로도와 주며, 핫 팩 효과를 지속시킬 수 있도록 도움을 주는 면장갑에 파라핀이 오염되지 않도록 하는 역할을 한다.

⑨ 손 마사지

⑩ 유분기 제거
오렌지 우드스틱이나 면봉에 리무버를 묻혀 손톱표면과 후리 엣지의 유분기를 제거한다.

> **TIP**
> 파라핀 매니큐어는 풍부한 영양성분이 손의 피부는 물론 손톱에도 깊숙이 침투하므로 시술 후 컬러링을 하는 경우에는 팔리쉬가 잘 발라지고 오래 유지될 수 있도록 유분기를 꼼꼼하게 제거하는 것이 좋다.

⑪ 팔리쉬 바르기
손톱 보강제나 컬러링을 시술한다.

3) 핫 크림 매니큐어(Hot cream manicure)

핫 크림 매니큐어는 따뜻하게 데워진 크림에 손을 담가 피부가 건조한 가을과 겨울철에 거칠어지고 갈라진 손에 영양을 공급해주는 네일 서비스이다. 특히, 큐티클의 거스러미가 잘 발생되는 행 네일과 손톱의 끝이 갈라지고 벗겨지는 약한 손톱에 효과적이다. 단, 피부에 염증이나 상처, 감염성 질환이 있는 경우에는 시술을 금해야 한다.

(1) 핫 크림 매니큐어 재료

① 습식재료　　② 크림 워머기　　③ 크림　　④ 스파츌라

(2) 실기 사전준비

① 네일 서비스 시술 테이블과 도구 및 재료를 알코올로 소독한다.
② 습식 매니큐어의 사전준비와 동일하다.
③ 크림을 핫 크림 워머기에 넣고 사전 예열하여 데워준다.

(3) 핫 크림 매니큐어 시술방법

① 손 소독하기
  ㉠ 준비된 솜에 안티셉틱을 뿌린 다음 시술자의 손을 먼저 소독한다.
  ㉡ 안티셉틱을 솜에 뿌린 다음 고객의 왼쪽 팔꿈치 아래부터 시작하여 손을 소독한다.

② 팔리쉬 지우기
왼손의 5지 손가락부터 시작하여 팔리쉬를 제거한다.

③ 손톱 모양 잡기
우드 파일을 사용하여 왼손의 5지부터 파일링을 시작하여 쉐입 → 샌딩을 사용하여 손톱 표면정리 → 디스크 패드를 사용하여 후리 엣지 밑의 거스러미 제거 → 더스트 브러시로 먼지를 제거하여 손톱 모양을 잡아준다.

④ 핫 크림 담그기
  핫 크림 워머기에 따뜻하게 데워진 크림에 왼손을 담근다.

> 왼손이 핫 크림 워머기에 담겨 있는 동안 오른손에 ③의 네일서비스를 시행한 후 왼손을 꺼낸 다음 오른손을 핫 크림 워머기에 담근다.

⑤ 손 마사지
  ㉠ 스파츌라를 이용하여 워머기에서 적당량의 크림을 덜어 왼손을 마사지한다.
  ㉡ 마사지 후 온 타올을 사용하여 크림을 닦아낸다.

⑥ 큐티클을 정리하기
핑거볼에 큐티클을 불려 연화시킨 후 큐티클 오일 → 푸셔로 밀어 올려 준 후 → 니퍼로 큐티클을 제거한다.

> 오른손을 핫 크림 워머기에 꺼내 ⑤ ~ ⑥의 네일 서비스를 시행한다.

⑦ 손 소독하기

큐티클이 감염되지 않도록 손 소독제인 안티셉틱을 시술된 고객의 손 위에 뿌려준다.

⑧ 유분기 제거

오렌지 우드스틱이나 면봉에 리무버를 묻혀 손톱표면과 후리 엣지의 유분기를 제거한다.

⑪ 팔리쉬 바르기

손톱 보강제나 컬러링을 시술한다.

> **TIP**
> 핫 크림 매니큐어는 파라핀 매니큐어와 마찬가지로 손톱 주변의 피부와 손톱에 풍부한 영양성분 깊숙이 침투하므로 시술 후 컬러링을 하는 경우에는 팔리쉬가 잘 발라지고 오래 유지될 수 있도록 유분기를 꼼꼼하게 제거하는 것이 좋다.

4) 손 마사지(Hand massage)

손은 작은 근육들이 모여 있어 일상생활에서 복잡하고 정교한 운동들을 수행한다. 따라서 손의 근육들은 쉬이 피로해질 수 있다. 손 마사지를 통하여 손의 근육들을 이완시켜 근육의 피로를 풀어주고 신지대사를 촉진시켜 고객에게 편안함과 휴식을 제공할 수 있다. 또한 마사지 크림에 함유된 유효성분들로 인하여 손과 손톱에 영양분과 보습을 주어 건강하고 탄력적인 아름다운 손을 만들어준다.

(1) 쓰다듬기

① 마사지 크림을 시술자의 손바닥에 적당량 도포하여 양손바닥에 골고루 묻힌다.
② 고객의 손과 팔꿈치 아래 부분까지 부드럽게 쓰다듬어 마사지의 시작을 알리는 동시에 긴장을 완화시켜 준다.

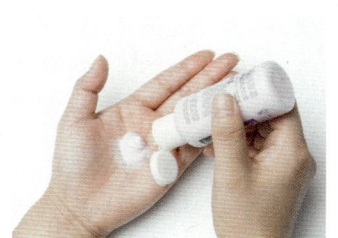
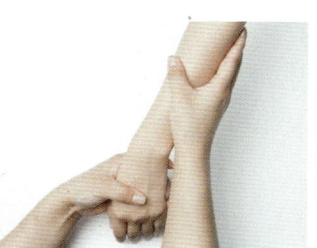
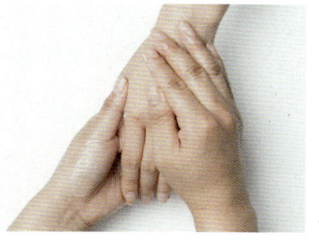

(2) 손목 회전시키기

① 고객의 팔목을 한 손으로 받치고 다른 손으로 고객의 손 가락사이에 깍지를 끼운다.
② 고객의 손목을 부드럽게 양 방향을 회전시켜 손목의 근육을 부드럽게 이완시킨다.

(3) 손등 문지르기

① 시술자의 양손 5지를 고객의 엄지와 5지 사이에 끼워 고정시킨다.
② 시술자의 양 엄지로 고객의 손등을 3등분하여 손가락에서 손목방향으로 부드럽게 연결하여 반원을 그리듯 문지른다.

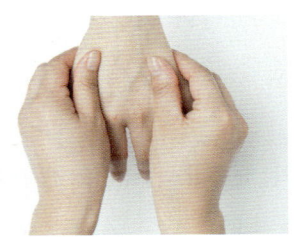

(4) 손가락 풀어주기

① 지골사이 문지르기
  ㉠ 시술자의 한손 손바닥에 고객을 손을 올려놓고 고객의 밑 손목을 잡는다.
  ㉡ 시술자는 엄지를 사용하여 고객의 손가락 사이의 지골을 반원을 그리듯 문지른다.

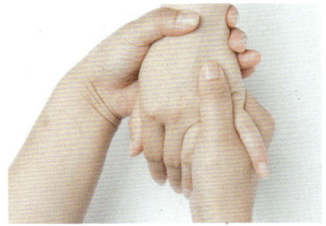

② 회전시키기
  ㉠ 시술자의 한쪽 손바닥에 고객을 손을 올려놓고 고객의 밑 손목을 잡는다.
  ㉡ 고객의 왼손 5지 손가락부터 시술자의 엄지와 검지를 갈고리 모양으로 만들어 그 사이에 끼우고 아래방향으로 손가락 마디사이를 회전시키고 당기듯이 내려온다.

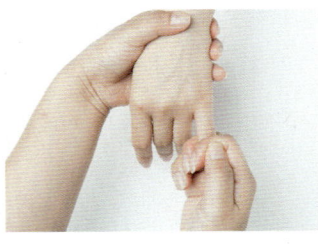

(5) 손바닥 늘려주기

① 시술자의 양손 5지를 고객의 엄지와 5지 사이에 끼워 고정시킨다.
② 시술자는 양 엄지손가락을 이용하여 고객의 손바닥을 뒤로 젖히듯 밀어주어 근육을 스트레칭 시킨다. 고객의 손바닥을 3등분하여 같은 동작을 반복해준다.
③ 양 엄지손가락을 교차하여 손바닥을 지그시 눌러준다.

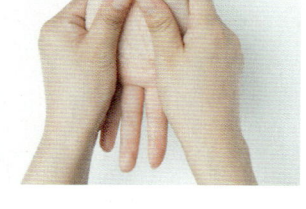

(6) 손가락 빼주기

① 시술자는 고객의 팔꿈치를 세우고 한 손으로 고객의 손목을 감싸 쥔다.
② 다른 한 손으로 고객의 손바닥 쪽으로 깍지를 끼우고 고객의 손가락을 위쪽으로 3~5회 정도 잡아당기듯이 빼주고 좌·우로 털어준다.

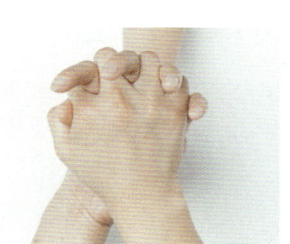

(7) 손바닥과 손등 두드리기

① 시술자는 한 손에 고객의 손등을 받쳐주고 주먹을 쥐고 가볍게 두드려준다.
② 시술자는 한 손에 고객의 손을 올려놓고 주먹을 쥐고 가볍게 두드려준다.

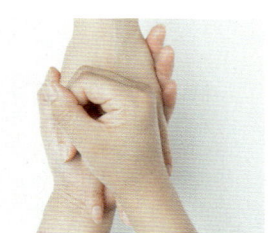

(8) 쓰다듬기

고객의 손을 쓰다듬어 위쪽으로 쓸어 올려준다.

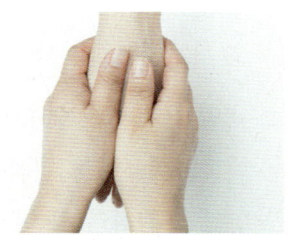

(9) 마무리

따뜻한 온·냉 습포로 손 전체의 유분기를 제거한다.

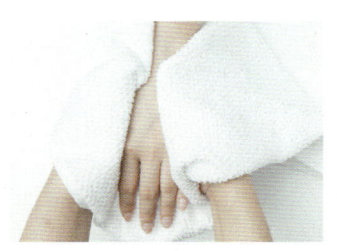

5. 패디큐어(Pedicure)

패디큐어란 라틴어에서 파생된 합성어로 발을 의미하는 페누스(Penus)와 '손질하다'라는 의미를 갖는 큐라(Cura)에서 파생되었다. 손을 관리하는 습식 매니큐어와 마찬가지로 발을 건강하고 아름답게 가꾸어주는 총괄적인 발 관리를 말한다.

1) 패디큐어

(1) 패디큐어 재료

① 니퍼　　② 푸셔　　③ 핑거볼　　④ 안티셉틱
⑤ 지혈제　⑥ 리무버　⑦ 파일(종류 별)　⑧ 오렌지 우드스틱
⑨ 더스트 브러시　⑩ 큐티클 오일　⑪ 핸드로션　⑫ 팔리쉬:베이스 코트, 유색 팔리쉬, 탑 코트
⑬ 팔리쉬 드라이어　⑭ 타월과 키친타올　⑮ 손목 받침대　⑯ 솜
⑰ 콘 커터　⑱ 패디 파일　⑲ 토우 세퍼레이터　⑳ 각탕기 or 분무기

(2) 실기 사전준비

① 네일 서비스 시술 테이블과 도구 및 재료를 알코올로 소독한다.
② 매니큐어 사전준비와 동일하다
⑦ 고객은 책상 위로 안전하게 앉히고 발은 시술자의 무릎에 올려놓는다.

(3) 패디큐어 시술방법

① 손 소독하기
  ㉠ 준비된 솜에 안티셉틱을 뿌린 다음 시술자의 손을 먼저 소독한다.
  ㉡ 안티셉틱을 솜에 뿌린 다음 고객의 왼발부터 소독한다.

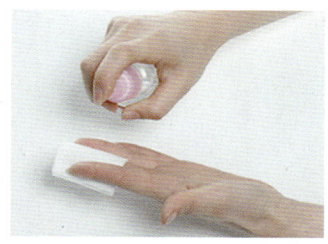 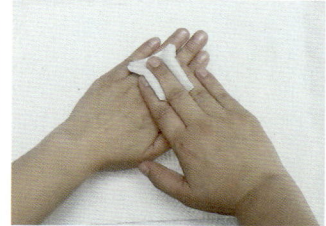 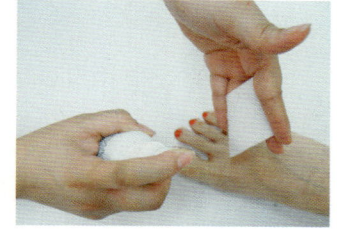

② 팔리쉬 지우기
  ㉠ 1/4등분으로 자른 솜에 리무버를 묻혀서 컬러링이 되어 있는 고객의 발톱위에 5초가량 얹어 팔리쉬를 녹인다.
  ㉡ 왼발의 5지 발가락부터 시작하여 큐티클에서 후리 엣지 방향으로 리무버 솜을 지그시 눌러준 상태로 비벼주듯이 닦아 내려온다.
  ㉢ 큐티클과 후리 엣지 주변에 남아있는 팔리쉬의 잔여물은 오렌지 우드스틱이나 면봉에 리무버를 묻혀 깨끗이 닦아낸다.

③ 발톱 모양 잡기
  ㉠ 우드 파일을 사용하여 왼발의 엄지발가락부터 파일링을 시작한다.
  ㉡ 먼저 손톱의 길이를 조절한 뒤에 스퀘어 모양으로 발톱의 쉐입을 잡아 준다.

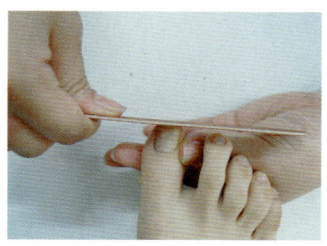

> **TIP**
>
> 페디큐어 서비스에서 발톱의 모양은 반드시 스퀘어로 잡아주어 발톱이 살 속으로 파고들어 통증과 염증을 동반하는 오니코크립토시스 증상을 예방해야 한다.

④ 표면정리

㉠ 자연발톱에 적합한 화이트 샌딩을 이용하여 발톱 전체의 표면을 고르게 정리하고 유분기를 제거하는 작업이다.

㉡ 큐티클이 손상되지 않도록 화이트 샌딩의 각도를 15°도 각도 정도 앞으로 기울여 준 후, 왼발의 엄지발가락부터 발톱의 중앙에서 시작하여 손톱의 좌·우 전체를 골고루 샌딩하여 표면을 정리한다.

⑤ 라운드 패드

파일링과 샌딩 작업에서 발생 된 발톱 밑의 거스러미를 제거한다.

⑥ 먼지제거

더스트 브러시를 사용하여 큐티클 방향에서 후리 엣지 방향으로 쓸어내려 주듯이 발톱과 발톱주변의 먼지를 제거해준다.

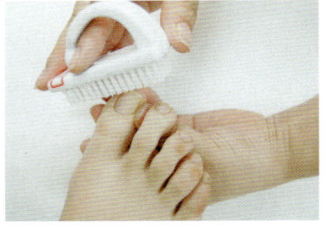

⑦ 발 불리기

패디스파 전용 솔트가 녹여진 따뜻한 물이 담긴 각탕기에 왼발을 담근다.

> 왼손의 큐티클을 핑거볼에서 불리는 동안 오른손도 ③ ~ ⑥번까지의 패디큐어 서비스를 시행한 오른발도 각탕기에 담근다.

⑧ 물기제거하기

각탕기에서 꺼낸 발은 페이퍼 타올이나 마른 타올로 감싸주고 지긋이 눌러 물기를 제거한다.

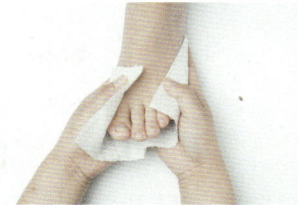

⑨ 큐티클 오일 바르기

각탕기에 불려진 큐티클이 건조되는 것을 막아주고 연화과정을 유지시켜 큐티클 제거를 용이하게 도와준다.

⑩ 큐티클 밀어올리기

푸셔나 오렌지 우드스틱을 45°각도로 사용하여 연화된 큐티클을 부드럽게 밀어 올려준다.

⑪ 큐티클 정리하기

니퍼를 45°각도로 사용하여 오른쪽에서 왼쪽 방향으로 큐티클을 정리한다.

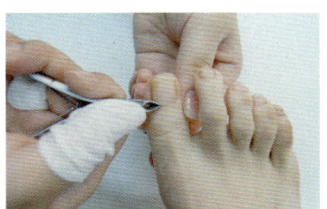

> 오른발도 ⑧ ~ ⑪번까지의 패디큐어 서비스를 시행한다.

⑫ 발바닥 각질 제거하기

　㉠ 콘 커터

　　ⓐ 발바닥 윗부분은 시술하지 않는 손의 엄지손가락과 등으로 발가락을 뒤쪽으로 감싸서 당겨 준 뒤 족문의 결에 따라 각질을 제거한다.

　　ⓑ 콘 커터를 사용하여 먼저 발뒷꿈치의 1/2등분하여 족문의 결에 따라 안에서 바깥쪽으로 각질을 제거한다.

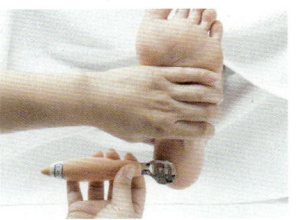

ⓛ 패디 파일
  ⓐ 패디 파일에 로션을 묻혀서 콘 커터로 각질을 제거한 부위를 파일링해준다.
  ⓑ 패디 파일을 시술방향도 콘 커터와 동일하게 시행한다.

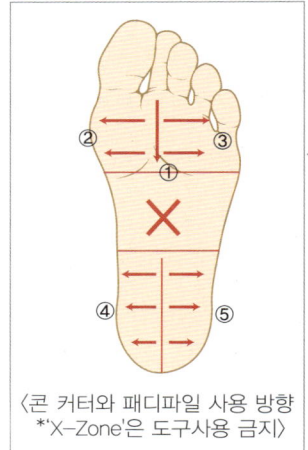

〈콘 커터와 패디파일 사용 방향
*'X-Zone'은 도구사용 금지〉

TIP

- 콘 커터에 사용되는 1회용 면도날은 감염예방을 위하여 재사용을 금해야 하며, 사용 후 에는 안전하게 처리하여 폐기처분하여야 한다.
- 콘 커터와 패디 파일을 사용하여 각질제거를 시행할 때는 반드시 족문의 결 방향대로 도구를 사용하여 발바닥에 거스러미가 발생되는 것을 예방한다.

⑬ 발 소독하기
니퍼와 콘 커터를 사용한 발관리 부위가 감염되지 않도록 안티셉틱 뿌려준다.

⑭ 발 마사지
손 마사지를 시행한다. 마사지 작업을 마친 뒤에는 따뜻한 온 타올을 사용하여 발과 발톱의 유분기를 제거한다.

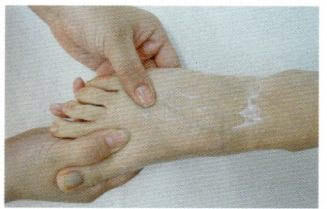

⑮ 유분기 제거
오렌지 우드스틱에 솜을 말아서 사용하거나 면봉을 이용하여 발톱의 유분기를 제거한다.

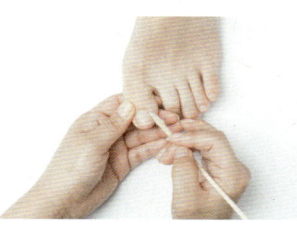

⑯ 토우 세퍼레이터 끼우기

발가락 사이의 서비스 공간을 확보하여 발가락끼리 부딪혀 컬러링이 손상되지 않도록 한다.

⑰ 베이스 코트 바르기

왼발의 엄지발톱부터 베이스 코트를 바른다.

⑱ 팔리쉬 바르기

왼발의 엄지발톱부터 컬러링을 시행한다.

⑱ 탑 코트 바르기

팔리쉬의 광택과 지속력을 높여 준다.

2) 발 마사지(Foot massage)

발은 신체 건강의 근원이며 '제2의 심장'이라 칭할 만큼 우리 신체의 건강상태와 발의 건강은 깊은 연관성을 갖는다. 우리 몸의 하중을 지탱하고 원활한 일상생활을 할 수 있도록 중요한 역할을 수행하므로 발 마사지를 통하여 혈액순환을 촉진시키고 대사능력을 활성화시켜 발 근육의 스트레스를 감소시키고 건강하고 아름다운 발을 유지할 있도록 한다.

(1) 쓰다듬기

① 마사지 크림을 시술자의 손바닥에 적당량 덜어 양 손바닥에 골고루 묻힌다.
② 고객의 발과 무릎까지 부드럽게 쓰다듬어 마사지의 시작을 알리는 동시에 긴장을 완화시켜 편안함을 제공한다.

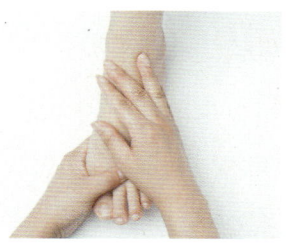

(2) 발목 회전시키기

① 고객의 발목을 한 손으로 받치고 다른 손으로 고객의 발바닥을 감싸 쥔다.
② 고객의 발목을 부드럽게 양 방향을 회전시켜 발목의 근육을 부드럽게 이완시킨다.

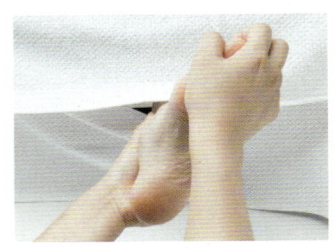

(3) 발가락 풀어주기

① 발가락 훑어주기
  ㉠ 시술자의 한손은 고객을 발등을 감싸 지지한다.
  ㉡ 시술자는 엄지를 사용하여 고객의 5지 발가락부터 아래에서 위쪽으로 밀듯이 훑어서 관절을 풀어준다.

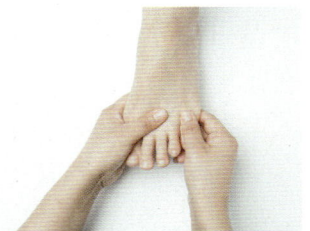

② 발가락 뽑아주기
시술자는 검지와 중지를 갈고리 모양으로 만들어 그 사이에 고객의 엄지발가락부터 끼우고 원을 그리듯이 회전시켜 내려주면서 가볍게 뽑아준다.

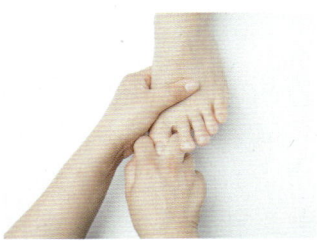

③ 중족골 문지르기
시술자의 엄지손가락 측면으로 고객의 중족골 사이를 원을 그리며 올라갔다가 내려오면서 쓸어준다.

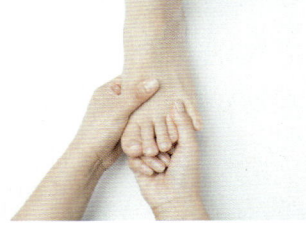

(4) 발등 문지르기

시술자의 양손 사지로 고객의 발을 감싸 쥐고 양쪽 엄지손가락을 교차하여 반원을 그리듯 아래에서 위쪽으로 지그시 문지른다.

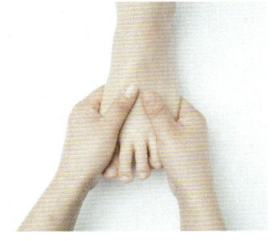

(5) 복사뼈 둥글려 주기

시술자의 양손 사지로 고객의 복사뼈를 바깥에서 안쪽으로 원을 그리듯 지긋이 눌러 둥글려준다.

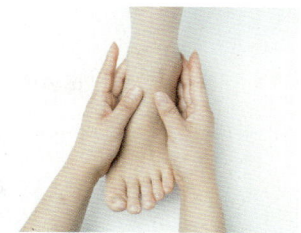

(6) 발바닥 풀어주기

① 발바닥 누르기
시술자의 양손 사지로 고객의 발등을 감싸 쥐고 양손 엄지로 발바닥의 용천혈을 지그시 눌러 준다.

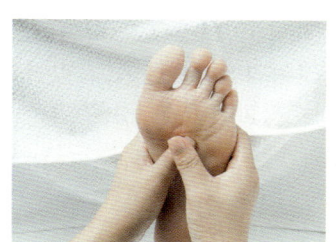

② 발바닥 문지르기
시술자는 양손 엄지를 교차하여 발바닥을 지그시 눌러 쓸어주듯이 문지른다.

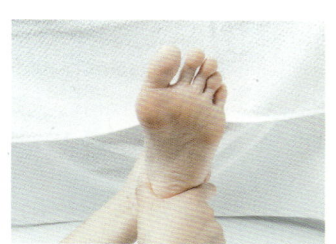

③ 발바닥 두드리기
시술자의 한손은 고객을 발등을 감싸 지지하고 다른 손은 주먹을 쥐고 고객의 발바닥을 가볍게 두드려준다.

(7) 발 털어주기

시술자는 한 손은 고객의 발목을 받치고 다른 손으로는 고객의 발을 감싸 쥐고 좌·우로 털어준다.

(8) 쓰다듬기

고객의 발을 쓰다듬어 위쪽으로 쓸어올려준다.

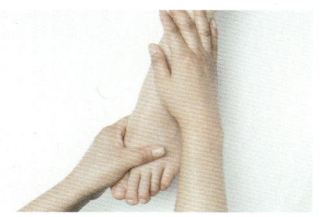

(9) 마무리

따뜻한 온 타월로 발전체의 유분기를 제거한다.

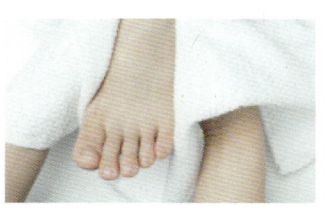

Forecast Question

예/상/문/제

01. 네일리스트가 컬러링 서비스 시 팔리쉬의 색상 선택에 있어 고려해야 하는 사항이 아닌 것은?

① 손의 피부색　② 시술자의 기호
③ 손님의 의상　　④ 계절

02. 색상의 벗겨짐을 방지하기 위한 컬러링 타입은?

① 풀 코트(full coat)
② 프리 월(free wall)
③ 후리 엣지(free edge)
④ 프렌치(french)

Answer: 후리 엣지 부분을 바르지 않는 타입으로 헤어라인 팁과 후리 엣지가 있다.

03. 팔리쉬에 대한 설명으로 맞지 않는 것은?

① 팔리쉬가 굳는 것을 방지하기 위해 사용 후 병 입구를 닦아 보관한다.
② 팔리쉬는 비인화성 물질이다.
③ 팔리쉬는 색상과 광택을 부여하는 화장제이다.
④ 팔리쉬의 특성에 따라 보통 2~3회 정도 바른다.

Answer: 팔리쉬는 인화성 물질로 열에 직접적으로 노출되지 않도록 주의해야 한다.

04. 손가락과 손톱이 길고 가늘게 보이도록 팔리쉬를 바르는 방법은?

① 하프문　　　② 훌 코트
③ 후리 엣지　　④ 슬림 라인

05. 손톱 주위의 큐티클을 정리할 때 사용 되는 도구는?

① 푸셔　　　　② 큐티클 니퍼
③ 오렌지 우드스틱　④ 네일 클리퍼

Answer: 큐티클 정리 시에는 푸셔를 45°각도로 이용하여 큐티클을 밀러올리고 니퍼를 사용하여 정리한다.

08. 파일의 그리트(grit)의 숫자가 높을수록 띄는 특징은?

① 길이가 길어진다.
② 거칠어진다.
③ 부드러워진다.
④ 폭이 넓어진다.

06. 큐티클 오일을 사용하는 주된 목적으로 올바른 것은?

① 큐티클을 유연하게 하기 위해서
② 네일 표면의 변색과 오염을 방지하기 위해서
③ 네일 표면에 광택을 주기 위해서
④ 큐티클을 건조하게 하기 위해서

Answer: 큐티클오일은 큐티클을 유연하게 연화시켜주는 역할과 손톱 주변 피부와 손톱자체에 영양분을 공급한다.

09. 네일 시술 시 출혈 발생에 대한 대처법으로 올바른 것은?

① 상처부위 혈액응고를 위하여 필러 파우더를 뿌려준다.
② 출혈부위에 지혈제를 바른다.
③ 상처부위를 손으로 눌러 지혈시킨다.
④ 혈액순환 촉진을 위하여 소독제를 뿌려준다.

Answer: 네일 서비스 시 출혈이 발생할 시에는 소독제를 뿌려준 후 지혈제를 발라 혈액을 응고시킨다.

07. 다음 중 연결이 잘못 된 것은?

① 큐티클 오일- 글리세린을 함유하고 있다.
② 네일 에나멜 띠너- 굳은 팔리쉬를 묽게 해주기 위해 사용한다.
③ 네일 보강제- 자연손톱이 약한 고객에게 사용하면 효과적이다.
④ 네일 블리치- 인조손톱을 접착시킬 때 사용된다.

정답　01. ②　02. ③　03. ②　04. ④　05. ②　06. ①　07. ④　08. ③　09. ②

10. 남성들이 가장 선호하는 손톱 모양은?

① 포인트 네일
② 사각 네일
③ 둥근 네일
④ 오발 네일

11. 다음 중 설명이 잘못된 것은?

① 더스트 브러시는 손톱표면의 먼지를 제거할 때 사용된다.
② 3-Way는 손톱 표면의 거칠음과 기복을 없애주고 광택을 내는 데 사용한다.
③ 클리퍼는 빠른 시간 내에 손톱을 자를 수 있으므로, 손님에게 적극 사용하도록 권한다.
④ 금속성 도구는 사용 후 반드시 소독한 뒤에 사용한다.

12. 파라핀 매니큐어와 비슷한 효과가 있는 매니큐어의 종류는?

① 오일 매니큐어
② 습식 매니큐어
③ 핫 로션 매니큐어
④ 프렌치 매니큐어

Answer: 건조하고 거칠어진 손과 손톱관리를 위한 매니큐어에는 파라핀 매니큐어와 핫 로션 매니큐어가 있다.

13. 모든 네일 서비스의 절차 중 가장 먼저 하는 시술의 순서는?

① 큐티클 밀어올리기
② 손 소독
③ 팔리쉬 제거
④ 손톱모양 정리

14. 매니큐어 시술에 대한 설명 중 옳은 것은?

① 니퍼로 손질 시 큐티클을 너무 잘라내어 손님에게 통증을 주지 않도록 한다.
② 손톱 건강을 위하여 소량의 유분기가 손톱에 남아있을 때 컬러링을 한다.
③ 더스트 브러시는 좌·우 방향으로 사용한다.
④ 큐티클은 세게 밀어 올려 깨끗이 작업되도록 한다.

15. 자연 손톱의 쉐입(shape)을 잡을 때 파일의 방향을 주의해야 하는 이유는?

① 네일의 과잉성장을 방지 하기위하여
② 네일의 결이 손상되어 후리 엣지가 층간 분리되는 것을 방지하기 위하여
③ 네일이 살 속으로 파고드는 것을 방지하기 위하여
④ 네일이 얇아지는 것을 방지하기 위하여

16. 자연 손톱에 사용하는 파일의 그리트(grit)으로 적당한 것은?

① 40 ~ 80 grit
② 180 ~ 250 grit
③ 80 ~ 100 grit
④ 300 ~ 400 grit

Answer: 그리트는 숫자가 높을수록 부드럽고 낮을수록 부드럽다.

17. 일반 매니큐어 시술 시 필요하지 않은 것은?

① 니퍼　　　② 샌딩 블록
③ 라이트 글루　④ 핑거볼

Answer: 라이트 글루는 인조손톱 시술에 사용되는 네일 전용 접착제이다

18. 패디큐어 시술 방법으로 맞는 것은?

① 티눈이 있는 경우는 콘 커터로 제거한다.
② 발톱의 모양은 일자형으로 한다.
③ 고혈압, 심장병 환자에게는 마사지를 더 많이 한다.
④ 발톱의 쉐입은 고객이 원하는 대로 한다.

Answer: 발톱이 살 속으로 파고들어가는 '오니코크립토시스'를 예방하기 위하여 스퀘어 모양으로 파일링 한다.

Part 3 네일실전기술

19. 굳은살을 제거 할 때 사용하는 도구의 명칭은 무엇인가?

① 콘 커터(크레도)
② 패디 파일
③ 토우세퍼레이터
④ 팁 커터

Answer: 팁 커터는 인조손톱의 길이를 조정할 때 사용되는 도구이다.

20. 발톱이 살을 파고드는 원인으로 가장 적당한 것은?

① 잦은 컬러링으로 인하여 발생된다.
② 굽이 낮은 신발을 신어서 발생된다.
③ 발톱의 길이가 길 때 발생된다.
④ 발에 꽉 끼는 신발을 장시간 착용할 때 발생된다.

정답 18. ② 19. ① 20. ④

Chapter 02

네일 팁(Nail Tip)

1. 네일 팁의 정의

네일 팁(Nail tip)은 인조 손톱을 이용하여 자연 손톱의 길이를 연장하는 네일 서비스이다. 네일 팁 시술을 통하여 약하고 부러지기 쉬운 손톱의 강도를 보완하고 자연 손톱의 형태를 교정하는 역할을 한다. 네일 팁 서비스에는 팁의 종류 중 레귤러 팁과 스퀘어 팁이 사용된다.

1) 네일 팁

① 네일 팁은 플라스틱(Plastic), 나일론(Nylon), 아세테이트(Asetate) 재질로 되어 있어, 탄력성과 유연성을 갖고 있다.
② 팁의 웰(Well) 부분은 자연손톱과 부착되는 부분으로 외부 충격에 취약하여 잘 찢어지거나 손상되기 쉬운 스트레스 포인트(Stress point)를 감싸주어 손톱의 강도를 보완해준다.
③ 팁 웰의 형태에 따라 풀 웹팁(Full well, Square Tip)과 하프 웰팁(Half well, Reqular Tip)으로 나누어진다.

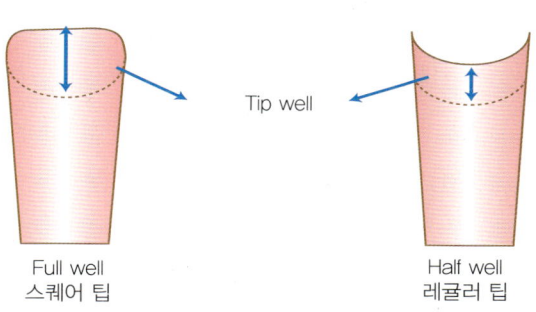

2) 네일 팁 부착 방법

① 네일 팁의 사이즈는 자연 손톱의 옐로우 라인과 스트레스 포인트를 완전히 덮어 줄 정도로 딱 맞는 사이즈이거나 손톱보다 조금 큰 사이즈를 선택하여 팁을 폭을 조정하여 부착한다.

② 글루를 이용하여 팁을 부착 시에는 45°각도를 유지하여 공기가 유입되 버블이 발생되지 않도록 한다.

③ 팁을 자연 손톱에 부착할 때는 손가락의 두 번째 마디를 기준으로 센터를 맞추어 손톱의 1/2미만으로 부착한다.

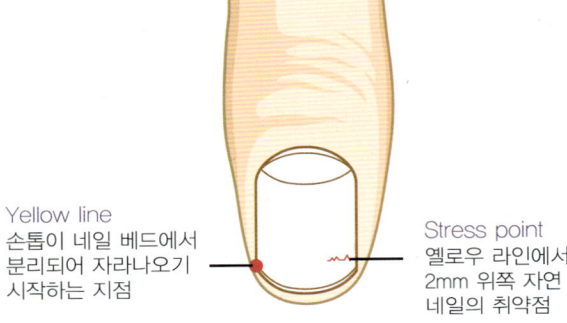

TIP

- 팁 부착 시 팁 웰 부분에 버블이 발생 될 경우 팁이 잘 떨어지거나 네일 몰드와 펑거스와 같은 질병이 발생될 수 있다.
- 고객이 손을 사용하는 생활습관으로 인하여 손가락의 끝이 틀어지거나 휘어져 있으므로 손톱을 기준으로 센터를 맞추어 팁을 부착할 경우 길이가 연장됨에 따라 손가락 변형이 더 강조될 수 있다. 그러므로 손가락의 두 번째 마디를 기점으로 팁을 교정하여 부착해서 손가락을 길고 곧아보이게 한다.

2. 팁 위드 파우더

1) 팁 위드 파우더 재료

① 습식재료　② 레귤러 팁　③ 글루드라이　④ 팁 커터기
⑤ 라이트 글루　⑥ 젤 글루　⑦ 필러 파우더　⑧ 파일 종류별

2) 실기 사전준비

① 네일 서비스 시술 테이블과 도구 및 재료를 알코올로 소독한다.
② 습식 매니큐어의 사전준비와 동일하다.

3) 팁 위드 파우더 시술방법

(1) 손 소독하기

① 준비된 솜에 안티셉틱을 뿌린 다음 시술자의 손을 먼저 소독한다.
② 안티셉틱을 솜에 뿌린 다음 고객의 왼손부터 소독한다.

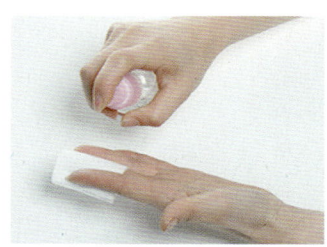 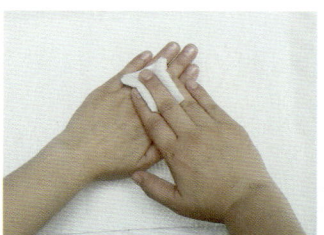 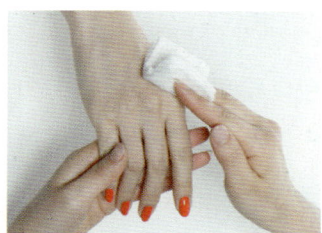

(2) 팔리쉬 지우기

왼손의 5지 손가락부터 시작하여 팔리쉬를 제거한다.

(3) 큐티클 밀기

팁 위드 파우더 시술 시 파일링에 큐티클이 손상될 수 있으므로 푸셔나 오렌지우드 스틱을 사용하여 큐티클을 밀어준다.

> **TIP**
> 팁을 부착하기 전에 로션, 큐티클 오일 등의 유분기가 있는 네일 제품을 사용할 시에는 팁이 부착력이 저하되므로 금해야 한다.

(4) 손톱 모양 및 길이조정

① 파일링
  ㉠ 우드 파일을 사용하여 왼손의 5지부터 파일링을 시작한다.
  ㉡ 손톱의 쉐입은 팁 웰과 같은 라운드 모양으로 잡아주고 후리 엣지의 길이는 1mm정도로 조정해준다.

② 표면정리
팁이 잘 부착될 수 있도록 자연손톱의 표면정리와 유분기를 제거한다.

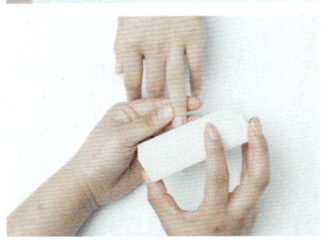

③ 라운드 패드
파일링과 샌딩 작업에서 발생 된 손톱 밑의 거스러미를 제거한다.

④ 먼지 제거
더스트 브러시를 사용하여 손톱의 먼지를 제거해준다.

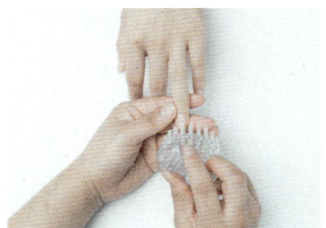

(5) 팁 부착하기

① 팁 선택하기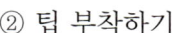
고객의 자연손톱과 팁의 사이즈가 맞는 팁을 선택한다.

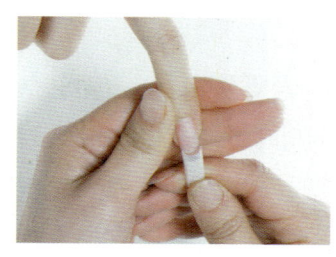

② 팁 부착하기

㉠ 라이트 글루을 이용하여 팁 웰과 손톱의 각도를 45°각도가 되도록 맞추어 준 후 공기가 유입되어 버블이 발생되지 않도록 부착한다.

㉡ 팁 부착 시 팁 웰의 뒷 면에 글루를 바르거나 또는 자연손톱의 후리 엣지에 글루를 발라 부착할 수 있다.

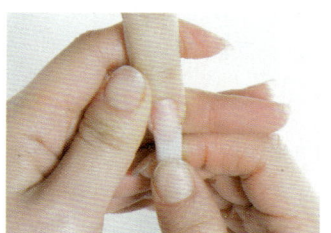

> **TIP**
> 팁을 부착할 시에는 라이트 글루와 젤 글루를 선택하여 사용하기도 한다. 젤 글루를 사용하여 팁을 부착했을 경우에는 두께감이 형성되어 파일링 시술 시간이 많이 소요된다.

③ 길이 조정하기
부착된 팁과 팁 커터기의 각도가 90°가 되도록 유지한 후 원하는 팁의 길이만큼 길이를 조정해준다.

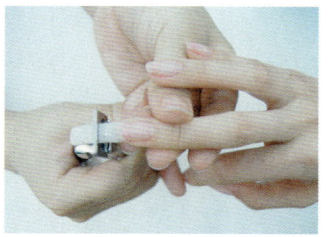

④ 팁 턱 제거하기
고객의 자연네일이 손상되지 않도록 180그리트의 파일의 각도를 10~15°앞쪽으로 기울여주고 파일의 방향을 잘 조절하여 부착된 팁 웰 부분만 파일링 한다.

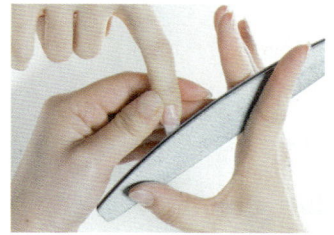

⑤ 표면정리
샌딩으로 파일링 자국이 남지 않도록 표면을 고르게 정리한다.

⑥ 먼지 제거

(6) 필러 파우더

① 필러 파우더 뿌리기
손톱의 측면에서 완만한 곡선이 형성될 수 있도록 하이포인트(Hi-point) 부분을 중심으로 필러 파우더를 골고루 뿌려준다.

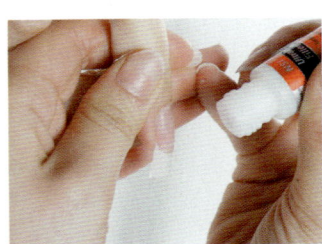

② 라이트 글루 도포하기
뿌려진 필러 파우더를 라이트 글루로 적셔주어 고착시킨다.

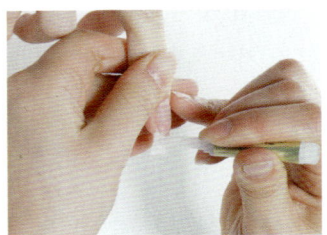

③ 손톱에 일정한 두께가 형성될 때가지 필러 파우더와 글루 도포를 2~3회 정도 반복한다.

> **TIP**
> 필러 파우더와 글루 시술 시 큐티클과 네일 그루브 부분에 제품이 넘치지 않도록 주의하여 시술하여야 한다. 제품이 넘쳤을 경우 파일링 시술 시 큐티클과 주변 피부를 자극하여 상처를 줄 수 있으며, 네일 팁이 잘 떨어지는 원인이되기도 한다.

(7) 글루 드라이어 뿌리기

네일 서비스 시간을 단축을 위하여 글루을 냉각시켜 굳히는 글루 드라이어를 뿌려준다. 글루 드라이어는 15~20㎝ 정도 거리를 유지한 후 분사한다.

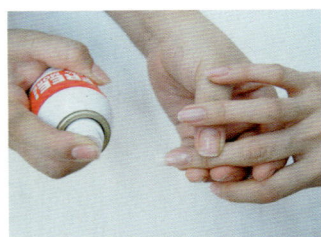

(8) 파일링

① 손톱 모양을 잡아준다.
② 옆 사이드 부분을 스트레이트로 파일링한다.
③ 필러파우더와 글루 시술로 고르지 못한 표면을 파일링한다.

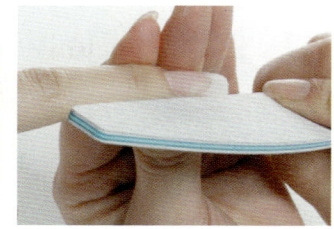
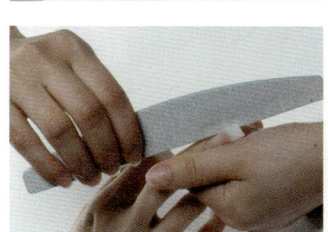
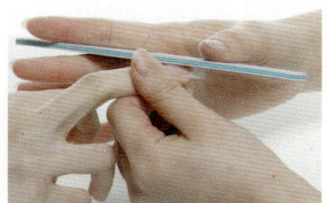

(9) 표면정리

고르게 샌딩하고 먼지를 제거한다.

(10) 글루도포

① 라이트 글루를 전체적으로 도포한다.
② 젤 글루를 전체적으로 도포하여 코팅역할과 두께감을 부여한다.
③ 글루 드라이어를 분사여 굳혀준다.

(11) 표면정리

① 샌딩으로 표면을 정리한다.
② 3-WAY 파일의 3면을 사용하여 광택을 내준다.

(12) 큐티클 오일 바르기

(13) 완성

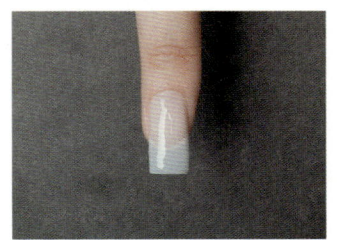

팁 위드 파우더

3. 프렌치 팁

1) 프렌치 팁 재료

① 습식재료 　② 프렌치 팁 　③ 글루드라이 　④ 팁 커터기
⑤ 라이트 글루 　⑥ 젤 글루 　⑦ 필러 파우더 　⑧ 파일 종류별

2) 실기 사전준비

① 네일 서비스 시술 테이블과 도구 및 재료를 알코올로 소독한다.
② 습식 매니큐어의 사전준비와 동일하다.

3) 프렌치 팁 시술방법

(1) 손 소독하기

① 준비된 솜에 안티셉틱을 뿌린 다음 시술자의 손을 먼저 소독한다.
② 안티셉틱을 솜에 뿌린 다음 고객의 왼손부터 소독한다.

(2) 팔리쉬 지우기

왼손의 5지 손가락부터 시작하여 팔리쉬를 제거한다.

(3) 큐티클 밀기

큐티클이 파일링에 손상되지 않도록 큐티클을 밀어준다.

(4) 손톱 모양 및 길이조정

왼손 5지부터 손톱의 쉐입은 팁 웰과 같은 라운드 모양으로 후리 엣지의 길이는 1㎜ 정도로 조정 → 샌딩으로 손톱의 표면정리 및 유분기 제거 → 라운드 패드로 거스러미 제거 → 더스트 브러시로 먼지 제거

(5) 팁 부착하기

① 팁 선택하기

고객의 자연 손톱에 맞는 사이즈의 팁을 선택한다.

② 팁 부착하기

㉠ 라이트 글루로 팁 웰과 손톱의 각도를 45°각도가 되도록 맞추어준 후 공기가 유입되지 않도록 부착한다.

㉡ 팁을 부착 한 후 시술자의 양손 엄지손톱 등부분으로 고객 손톱의 스트레스 포인트 부분을 눌러주어 팁의 밀착력을 높인다.

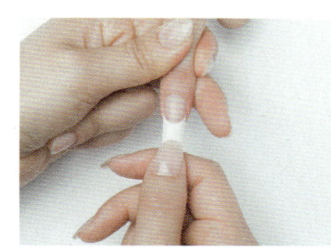

③ 길이 조정하기

고객과 상의하여 원하는 팁의 길이로 조정한다.

④ 팁 턱 제거하기

㉠ 자연 손톱과 프렌치 팁의 웰 부분의 경계를 완화시키기 위하여 자연 손톱에 라이트 글루를 발라준다.

㉡ 자연 손톱과 팁의 경계선이 자연스럽게 연결될 수 있도록 부드러운 파일로 팁 턱을 파일링 해준다.

* 팁 턱 제거 생략 무방

ⓒ 파일링 작업 시 프렌치팁의 스마일라인(Smile line)이 손상되지 않도록 주의한다.

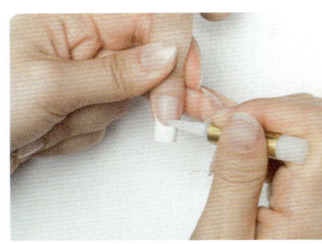 

자연 손톱에 라이트 글루 도포   프렌치 팁 파일링

⑤ 표면을 정리하고 먼지를 제거한다.

(6) 필러 파우더

손톱의 측면에서 완만한 곡선이 형성될 수 있도록 하이포인트(Hi-point) 부분을 중심으로 글루를 발라 준 후 → 필러 파우더를 골고루 뿌려주고 → 라이트 글루로 고착 → 일정한 두께가 형성되도록 필러 파우더와 글루 도포를 2~3회 정도 반복한다.

 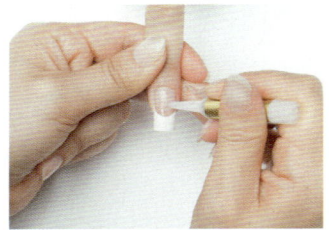

필러 파우더   라이트 글루

(7) 글루 드라이어 뿌리기

(8) 파일링

손톱 모양 잡기 → 옆 사이드 부분 스트레이트로 파일링 → 필러파우더와 글루 시술로 고루지 못한 표면 파일링

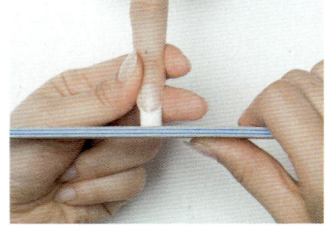

(9) 표면정리

고르게 샌딩하고 먼지를 제거한다.

(10) 글루도포

① 라이트 글루를 전체적으로 도포한다.
② 젤 글루를 전체적으로 도포하여 코팅역할과 두께감을 부여한다.

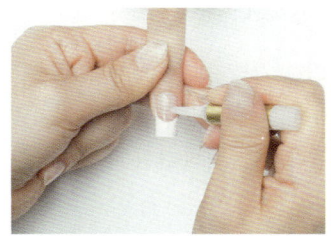
라이트 글루

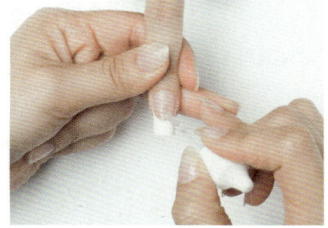
젤 글루

(11) 표면정리

① 샌딩으로 표면을 정리한다.
② 3-WAY 파일의 3면을 사용하여 광택을 내준다.

(12) 완성

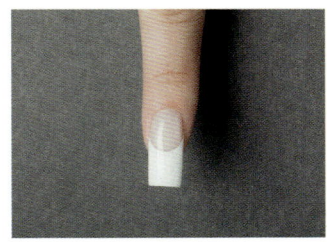
프렌치 팁

예/상/문/제

01. 네일 팁을 붙이는 방법으로 올바른 것은?

① 자연 손톱보다 작은 크기의 팁을 선택한다.
② 자연 네일의 2/3이상을 커버한다.
③ 큐티클에 가깝게 부착한다.
④ 네일 팁 부착 시 45° 각도를 유지한다.

Answer: 네일 팁 부착 시 공지의 유입을 방지하기 위하여 45° 각도를 유지한다.

02. 네일 팁을 부착하기 전에 자연 손톱의 광택을 제거 하는 주된 이유는?

① 자연 네일의 표면을 부드럽게 하기 위하여
② 팔리쉬의 접착력을 높이기 위하여
③ 네일 팁의 접착력을 높이기 위하여
④ 필러 파우더의 접착력을 높이기 위하여

03. 팁이 자연 손톱에 잘 접착되도록 하는 방법이 아닌 것은?

① 자연 손톱의 광택을 제거 한 후 붙인다.
② 팁이 자연 네일의 1/2 이상을 붙여야 오래가며 잘 떨어지지 않는다.
③ 자연 손톱의 모양은 팁웰과 같은 라운드 모양으로 잡아준다.
④ 네일 팁 부착 시 45° 각도를 유지하여 공기나 기포가 들어가지 않도록 한다.

Answer: 네일 팁은 자연 네일의 1/2 미만을 넘지 않도록 한다.

04. 하이포인트(Hi-point)에 대한 설명으로 바른 것은?

① 인조 네일의 길이가 길면 하이 포인트의 위치는 큐티클 라인 쪽에 가깝다.
② 하이 포인트의 위치는 누구나 다 똑같다.
③ 손톱의 길이에 따라 하이포인트의 위치는 약간의 차이가 있다
④ 손톱이 짧으면 하이포인트의 위치는 큐티클 라인 쪽에 가깝다.

05. 팁 시술전 과정에 대한 설명 중 틀린 것은?

① 고객과 시술자 모두 손 소독을 한다.
② 팁이 잘 부착될 수 있도록 자연 손톱의 표면을 정리한다.
③ 자연손톱의 후리 엣지의 길이가 1mm 정도 있는 것이 적당하다.
④ 큐티클이 잘 밀어 올려지도록 큐티클 오일을 발라준다.

06. 인조 네일 서비스 시 자연손톱과 팁의 턱의 경계를 효과적으로 메꾸어 줄 수 있는 제품은?

① 젤
② 필러 파우더
③ 아크릴 파우
④ 프라이머

07. 네일 팁 사이즈 고르는 방법이다. 틀린 것은?

① 자연 손톱의 옐로우 라인 양쪽 끝을 모두 커버해야 한다.
② 자연 손톱 길이의 절반 이상 덮어서는 안 된다.
③ 팁 웰의 크기가 너무 클 경우는 갈거나 잘라서 쓴다.
④ 손톱이 클 경우 폭이 좁아보이게 만들기 위해서 작은 인조 손톱을 붙인다.

08. 네일 팁 부착 시 주의점이 아닌 것은?

① 자연 손톱의 길이가 일정하지 않더라도 무방하다.
② 자연 손톱의 모양은 라운드형이 적당하다.
③ 자연손톱의 후리 엣지의 길이는 1mm정도가 적당하다.
④ 푸셔를 이용하여 큐티클을 밀어주어 파일링에 의한 손상을 예방한다.

09. 네일 팁 서비스 시 글루와 글루 드라이어를 과다 사용했을 경우 손톱에 통증을 유발 시킬 수 있는 자연 손톱의 구조는?

① 네일 바디
② 네일 베드
③ 후리 엣지
④ 네일 월

10. 네일 팁 서비스를 할 때 고객의 자연 손톱을 불려서는 안 되는 주된 원인은?

① 인조 네일이 금방 떨어지기 때문이다.
② 습기를 먹은 자연 손톱은 곰팡이나 균이 번식하기 적당하기 때문이다
③ 필러 파우더나 글루 작업이 용이하지 못하다.
④ 파일링이 쉬워진다.

정답 01. ④ 02. ③ 03. ② 04. ③ 05. ④ 06. ② 07. ④ 08. ① 09. ② 10. ②

Chapter 03
네일 랩(Nail Wraps)

1. 네일 랩의 정의

네일 랩(Nail wraps)은 '포장하다', '감싸다'라는 뜻을 갖고 있다. 네일 랩 서비스는 네일 전용 글루을 사용하여 천(Fabric)이나 종이(Paper)를 손톱에 접착시키는 방법이다. 자연 손톱이 약하여 깨지거나 찢어지는 손톱이나 네일 팁 시술위에 랩을 덧씌워 줌으로써 강도를 보강해주는 네일 서비스이다.

	네일 랩의 종류와 기능	
실크(Silk)	재 질	매우 가는 명주 실로 조직이 부드럽고 섬세하게 짜여 있다.
	장 점	투명성이 뛰어나고 자연스러우며 가볍다. 조직이 섬세하고 탄탄하여 네일 랩 작업이 용이하여 일반적으로 널리 사용된다.
리넨(Linen)	재 질	얇은 아마포 소재로 조직이 좀 더 굵은 실로 짜여져 있다.
	장 점	다른 소재의 랩에 비하여 견고하고 네일 랩의 지속력이 높다.
	단 점	조직이 투박하고 두꺼워 글로로 접착시키기가 힘들로 랩 턱 제거 작업이 어렵다. 조직의 특성상 리넨 랩 시술 후에는 짙은 색상의 유색 팔리쉬를 발라야 한다.
화이버글래스 (Fiber glass)	재 질	매우 가는 인조유리섬유로 짜여져 있다.
	장 점	표면이 반짝거리고 부드럽고 실크보다 강하다
	단 점	조직이 성글어 랩 작업 시 조직이 잘 밀리고 변형이 잘 되며, 글루와 필러 파우더를 이용한 작업에 주의가 필요하다.
페이퍼 랩 (paper wrap)	재 질	얇은 섬유질이 함유된 종이 재질로 임시 랩으로 사용된다.
	장 점	일시적으로 자연손톱의 내구력을 높여 준다.
	단 점	얇은 종이 재질로 되어 있어 리무버에 쉽게 녹아, 네일 컬러링 교체 시 재작업이 필요하다.

2. 팁 위드 랩(Tip with wrap)

1) 팁 위드 랩 재료

① 습식재료　② 레귤러 팁　③ 실크　④ 글루드라이
⑤ 팁 커터기　⑥ 실크 가위　⑦ 라이트 글루　⑧ 젤 글루
⑨ 필러 파우더　⑩ 파일 종류별

2) 실기 사전준비

① 네일 서비스 시술 테이블과 도구 및 재료를 알코올로 소독한다.
② 습식 매니큐어의 사전준비와 동일하다.

3) 팁 위드 랩 시술방법

(1) 손 소독하기

① 준비된 솜에 안티셉틱을 뿌린 다음 시술자의 손을 먼저 소독한다.
② 안티셉틱을 솜에 뿌린 다음 고객의 왼손부터 소독한다.

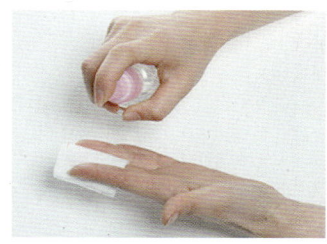 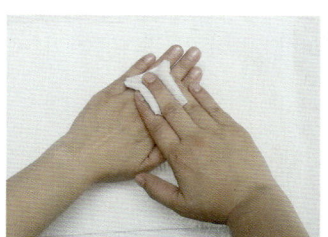 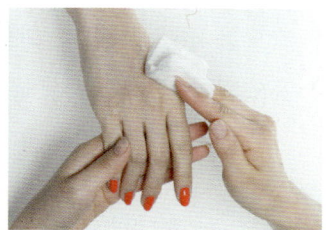

(2) 팔리쉬 지우기

왼손의 5지 손가락부터 시작하여 팔리쉬를 제거한다.

(3) 큐티클 밀기

팁 위드 랩 시술 시 파일링에 큐티클이 손상될 수 있으므로 푸셔나 오렌지우드 스틱을 사용하여 큐티클을 밀어준다.

(4) 손톱 모양 및 길이조정

① 파일링
　㉠ 우드 파일을 사용하여 왼손의 5지부터 파일링을 시작한다.
　㉡ 손톱의 쉐입은 팁 웰과 같은 라운드 모양으로 잡아주고 후리 엣지의 길이는 1㎜정도로 조정해준다.

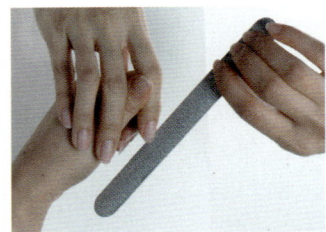

② 표면정리 : 팁이 잘 부착될 수 있도록 자연손톱의 표면정리와 유분기를 제거한다.
③ 라운드 패드 : 파일링과 샌딩 작업에서 발생 된 손톱 밑의 거스러미를 제거한다.
④ 먼지 제거 : 더스트 브러시를 사용하여 손톱의 먼지를 제거해준다.

(5) 팁 부착하기

① 팁 선택하기 : 고객의 자연손톱과 팁의 사이즈가 맞는 팁을 선택한다.
② 팁 부착하기
라이트 글루나 젤 글루를 이용하여 팁 웰과 손톱의 각도를 45° 각도가 되도록 맞추어 준 후 공기가 유입되어 버블이 발생되지 않도록 부착한다.

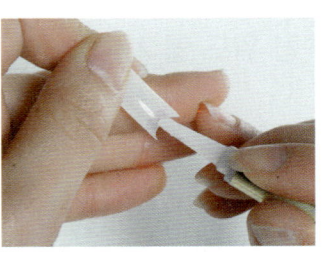

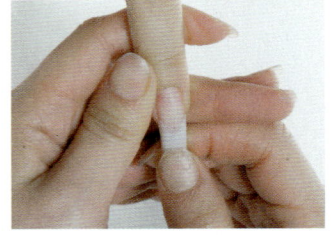

③ 길이 조정하기

부착된 팁과 팁 커터기의 각도가 90°가 되도록 유지한 후 원하는 팁의 길이 만큼 길이를 조정해준다.

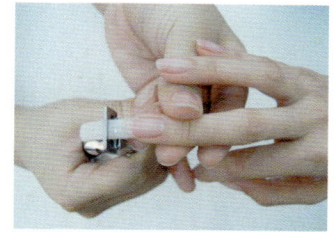

④ 팁 턱 제거하기

고객의 자연네일이 손상되지 않도록 180그리트의 파일의 각도를 10~15° 앞쪽으로 기울여주고 파일의 방향을 잘 조절하여 부착된 팁 웰 부분만 파일링 한다.

⑤ 표면정리 : 샌딩으로 파일링 자국이 남지 않도록 표면을 고르게 정리한다.
⑥ 먼지 제거

(6) 필러 파우더

① 필러 파우더 뿌리기

손톱의 측면에서 완만한 곡선이 형성될 수 있도록 하이 포인트(Hi-point) 부분을 중심으로 필러 파우더를 골고루 뿌려준다.

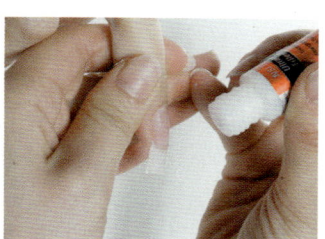

② 라이트 글루 도포하기

뿌려진 필러 파우더를 라이트 글루로 적셔주어 고착시킨다. 글루를 사용하기 전에 큐티클과 그루브 부분에 넘쳐있는 필러 파우더를 오렌지 우드스틱으로 깨끗하게 제거한다.

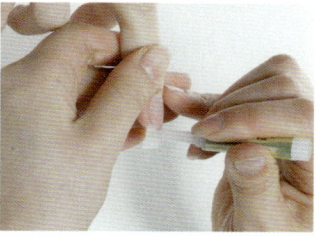

③ 손톱에 일정한 두께가 형성될 때가지 필러 파우더와 글루 도포를 2~3회 정도 반복한다.

(7) 글루 드라이어 뿌리기

네일 서비스 시간을 단축을 위하여 글루을 냉각시켜 굳히는 글루 드라이어를 뿌려준다. 글루 드라이어는 15~20㎝ 정도 거리를 유지한 후 분사한다.

(8) 파일링

① 손톱 모양을 잡아 준다.
(※국가자격증시험:스퀘어 모양)

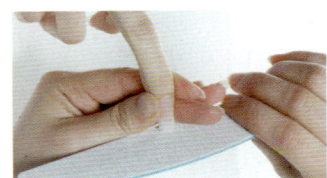

② 옆 사이드 부분을 스트레이트로 파일링한다.

③ 필러파우더와 글루 시술로 고루지 못한 표면을 파일링한다.

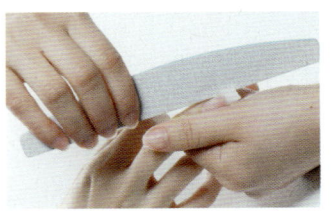

(9) 실크 부착

① 실크재단:실크를 자연 손톱보다 조금 작게 사다리 모양으로 재단하고 한쪽 큐티클 부분의 모서리를 둥글게 다듬어준다.

② 실크 부착
실크를 큐티클 아래 1.5㎜정도 여유 공간을 남겨놓고 손톱에 부착한다.

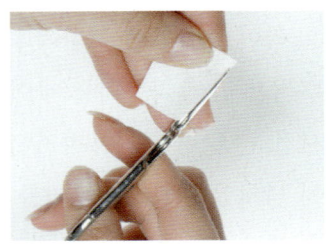

③ 실크 오리기
손톱에 부착된 실크를 손톱의 사이드인 양쪽 그루브에서 1㎜정도 안쪽으로 실크가위로 오려준다.

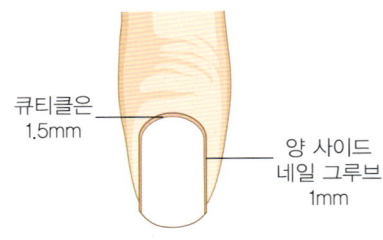

큐티클은 1.5mm
양 사이드 네일 그루브 1mm

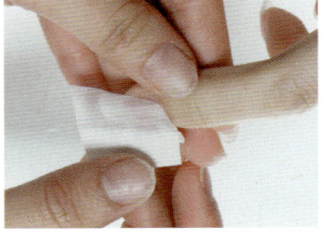

④ 글루 바르기

부착된 실크위에 글루을 도포하여 단단히 고정시켜 준 후, 글루 드라이어로 굳힌다.

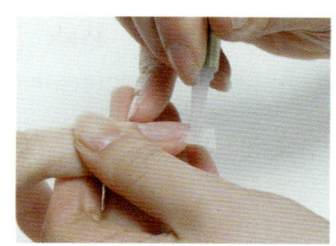

⑤ 실크 턱 제거하기

 ㉠ 자연 손톱이 손상되지 않도록 손톱과 실크의 턱을 180Grit 파일을 사용하여 제거한다.(실크는 얇고 조직이 손상되기 쉬우므로 파일링을 할 때 힘을 가볍게 주고 시술한다.)

 ㉡ 실크 턱 제거 후 전체적인 손톱의 쉐입을 파일로 정리한다.

(9) 표면정리 고르게 샌딩하고 먼지를 제거한다.

(10) 글루도포

① 라이트 글루를 전체적으로 도포한다.
② 젤 글루를 전체적으로 도포하여 코팅역할과 두께감을 부여한다.
③ 글루 드라이어를 분사여 굳혀준다.

(11) 표면정리

① 샌딩으로 표면을 정리한다.
② 3-WAY 파일의 3면을 사용하여 광택을 내준다.
 (습식 매니큐어 시행 시 생략 가능)

(12) 큐티클 오일 바르기

(13) 완성

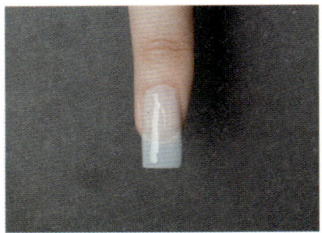

팁 위드 랩

3. 실크 익스텐션(Silk extenson)

실크 익스텐션(Silk extenson)은 네일 랩에 사용되는 천(Fabric)의 소재 중 실크와 글루, 필러 파우더를 사용하여 자연 손톱의 길이를 연장하는 방법으로 가벼우면서도 내구성을 갖춘 인조 네일서비스이다.

1) 실크 익스텐션 방법

(1) 실크 재단

① 실크 익스텐션 시 실크의 재단은 'C-curve'의 형성을 위하여 자연손톱에 부착 전에 사다리 모양으로 재단한다.

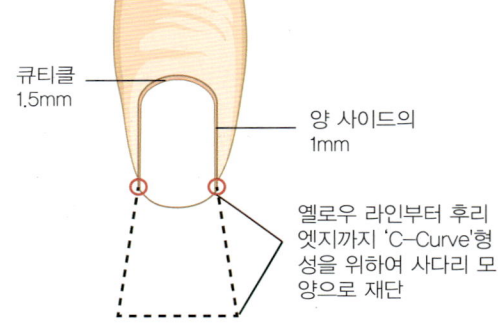

② 자연 손톱에 실크 부착 시 큐티클에서 1.5㎜ 여유 공간을 확보한 후 부착하고 양사이드의 그루브에서 1㎜ 정도 여유를 주고 실크를 재단한다.

> **TIP**
> 필러 파우더와 글루 시술 시 큐티클과 네일 그루브 부분에 제품이 넘치지 않도록 주하여 시술하여야 한다. 제품이 넘쳤을 경우 파일링 시술 시 큐티클과 주변 피부를 자극하여 상처를 줄 수 있으며, 실크 익스텐션이 잘 떨어지는 원인되기도 한다.

(2) C-curve

실크 익스텐션의 후리 엣지 'C-curve'는 아름다운 손톱의 미적기능만을 수행하는 것이 아니라 손톱의 외부 충격을 완화시켜 주는 역할을 하며, 30~40% 정도의 'C-curve'가 가장 이상적이라 할 수 있다.

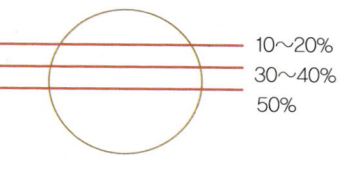

(3) 투명도

필러 파우더와 글루 도포 작업 후 네일 서비스 시간의 단축을 위하여 사용되는 글루 드라이 사용 정도에 따라 투명도가 좌우되므로 한 번에 많은 양의 글루 드라이어보다는 소량의 글루 드라이어를 사용하는것이 실크 익스텐션으로 연장된 후리 엣지의 'C-curve'을 형성시키는 작업에서 투명도와 깨짐 현상을 방지할 수 있다.

(4) 두께

필러파우더 작업 시 한곳에 뭉쳐지지 않도록 실크 익스텐션 손톱의 표면에 고르게 뿌려지도록 작업해야 하며, 한 번에 많은 양의 필러 파우더를 뿌리고 글루 도포을 하면 표면이 고르지 않고 두께가 두꺼워져 'C-curve' 형성에 방해가 되므로 소량의 필러 파우더 작업을 반복해야 한다.

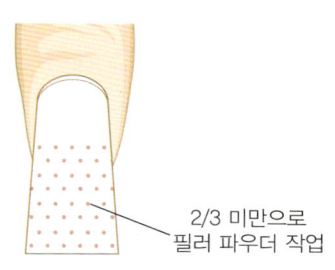

> **TIP**
>
> 필러 파우더는 그라데이션(Garadation)이 되도록 인조 손톱의 표면에 골고루 도포해야 하며, 자연 손톱의 2/3미만으로 도포한다. 필러 파우더 작업 위에 글루 도포 시 글루의 입구가 표면에 닿지 않도록 주의한다. 글루의 입구를 표면에 밀착시켜 도포 작업을 하면 글루 입구의 막힘 현상과 인조 손톱의 표면 찍힘 현상으로 표면이 고르지 못하게 된다.

2) 실크 익스텐션 재료

① 습식재료　② 실크　③ 글루드라이　④ 실크 가위
⑤ 라이트 글루　⑥ 젤 글루　⑦ 필러 파우더　⑧ 파일 종류별

3) 실기 사전준비

① 네일 서비스 시술 테이블과 도구 및 재료를 알코올로 소독한다.
② 습식 매니큐어의 사전준비와 동일하다.

4) 실크 익스텐션 시술방법

(1) 손 소독하기

① 준비된 솜에 안티셉틱을 뿌린 다음 시술자의 손을 먼저 소독한다.
② 안티셉틱을 솜에 뿌린 다음 고객의 왼손부터 소독한다.

 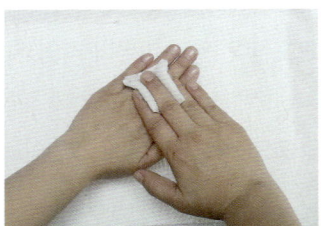 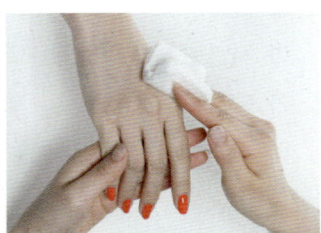

(2) 팔리쉬 지우기

왼손의 5지 손가락부터 시작하여 팔리쉬를 제거한다.

(3) 큐티클 밀기

팁 위드 랩 시술 시 파일링에 큐티클이 손상될 수 있으므로 푸셔나 오렌지우드 스틱을 사용하여 큐티클을 밀어준다.

(4) 손톱 모양 및 길이조정

① 파일링

우드 파일을 사용하여 왼손의 5지부터 손톱의 쉐입은 라운드 모양으로 잡아주고 후리 엣지의 길이는 1mm정도로 조정해준다.

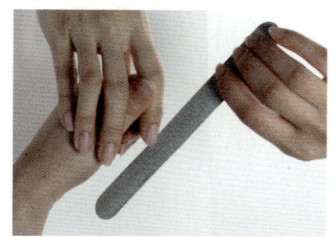

② 표면정리:팁이 잘 부착될 수 있도록 자연손톱의 표면정리와 유분기를 제거한다.
③ 라운드 패드:파일링과 샌딩 작업에서 발생된 손톱 밑의 거스러미를 제거한다.
④ 먼지 제거:더스트 브러시를 사용하여 손톱의 먼지를 제거해준다.

(5) 실크 부착

① 실크재단

실크는 C-커브(C-curve) 형성을 위하여 사다리 모양으로 재단하고 한쪽 큐티클 부분의 모서리를 둥글게 다듬어준다.

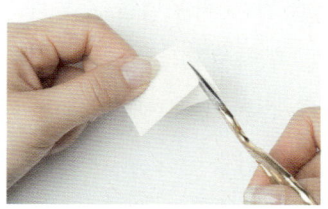

② 실크 부착

실크를 큐티클 아래 1.5mm정도 여유 공간을 남겨놓고 손톱에 부착한다.

③ 실크 오리기

손톱에 부착된 실크는 자연 손톱의 큐티클은 1.5mm정도, 옐로우 라인부터 양쪽 그루브에서 1mm정도 안쪽으로 실크가위로 오려준다.

④ 글루 바르기

   ㉠ 네일 바디 부분에 부착된 실크위에 글루을 도포하여 단단히 고정시켜 준다.
   ㉡ C-커브를 만들어 줄 후리 엣지에 글루를 도포한 후 시술자의 양쪽 엄지 손톱 등쪽을 이용하여 스트레스 포인트 부분을 핀칭을 주어 C-커브 형성에 도움을 준다.
   ㉢ 스트레스 포인트 부분에 핀칭을 주기 전 글루 드라이를 소량 분사하여 실크의 표면을 굳혀주어 시술자의 손에 실크와 글루가 달라 붙지 않도록 주의한다.

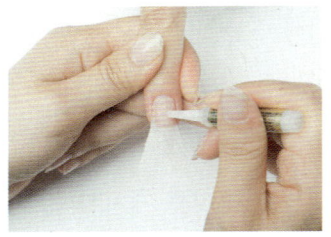  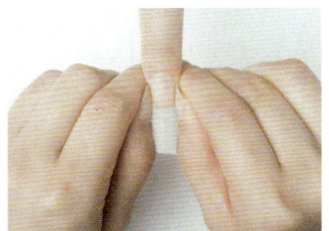

(6) 필러 파우더

① 필러 파우더를 스트레스 포인트부터 연장된 실크의 후리 엣지까지 얇게 골고루 뿌려주고 글루를 도포한다.
② 손톱의 측면에서 완만한 곡선이 형성될 수 있도록 하이포인트 부분까지 필러 파우더를 골고루 뿌려준다.
③ 후리 엣지에 일정한 두께와 C-커브의 모양이 형성될 때까지 필러 파우더와 글루 도포 작업을 반복한다.

(7) C-커브 만들기

① 후리 엣지가 굳기 전에 연장된 실크의 양쪽 모서리를 안쪽으로 말아주듯이 잡아 당겨 C-커브를 만들어준다.
② 스트레스 포인트 부분에 핀칭을 주어 C-커브 형성을 용이하게 한다.
③ C-커브가 완성되면 필러 파우더와 글루를 사용하여 하이 포인트와 후리 엣지의 두께를 완성해주고 글루 드라이어를 분사하여 굳혀준다.

(8) 파일링

① 손톱 모양을 잡아준다.

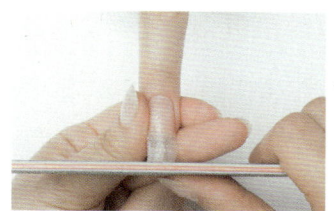

② 옆 사이드 부분을 스트레이트로 파일링한다.

③ 자연손톱에 접착된 실크의 턱선을 제거한다.

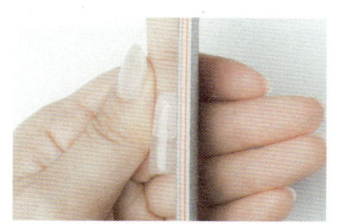

④ 필러파우더와 글루 시술로 고루지 못한 표면을 파일링한다.

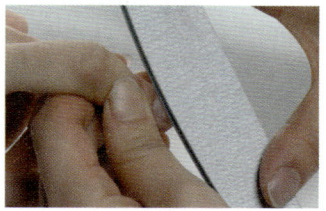

(9) 표면정리

고르게 샌딩하고 먼지를 제거한다.

(10) 글루도포

① 라이트 글루를 전체적으로 도포한다.
② 젤 글루를 전체적으로 도포하여 코팅역할과 두께감을 부여한다.
③ 글루 드라이어를 분사여 굳혀주면서 다시 한 번 스트레스 포인트를 핀칭하여 C-커브를 완성한다.

(11) 표면정리

① 샌딩으로 표면을 정리한다.
② 3-WAY 파일의 3면을 사용하여 광택을 내준다. (습식매니큐어 시행 시 생략 가능)

(12) 큐티클 오일 바르기

(13) 완성

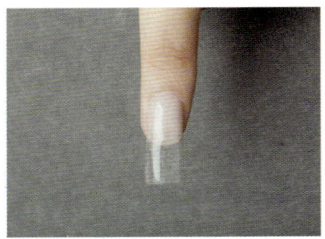

실크 익스텐션

예/상/문/제

01. 네일 랩 서비스 시 랩을 접착하는 방법으로 바른 것은?

① 큐티클로부터 1cm
② 큐티클로부터 0.5㎜
③ 큐티클로부터 1.5㎜
④ 자연네일 크기와 동일하게

Answer: 랩은 큐티클에서 1.5mm정도 양 사이드 네일 그루브 1mm 정도 여유를 주고 접착한다.

02. 랩의 종류에 따른 각각의 장점이 아닌 것은?

① 페이퍼 랩은 글루를 잘 흡수하여 실크보다 튼튼하다.
② 화이버 글래스는 매우 가느다란 인조유리섬유로 짜여 있어 접착제가 잘 스며든다.
③ 리넨은 실크보다 두껍고 강하며 오래간다.
④ 실크는 천연명주 실로 조직이 촘촘하고 가볍고 내구성이 좋다.

Answer: 페이퍼 랩은 1회용 랩으로 리무버에 취약하다.

03. 네일 랩의 가장자리가 접착이 안 될 경우에 처리 방법으로 가장 알맞은 것은?

① 시술자의 손톱으로 살짝 눌러준다.
② 파일로 살짝 눌러준다.
③ 오렌지 우드스틱으로 살짝 눌러준다.
④ 메탈 푸셔로 살짝 눌러준다.

Answer: 오렌지 우드스틱은 네일 주위에 묻은 팔리쉬를 제거 할 때도 사용한다.

04. 다음 중 네일 랩 시술이 적합하지 않은 경우는?

① 자연 손톱의 길이를 연장 할 때
② 자연 손톱이 부러지지 않고 자라게 할 때
③ 자연 손톱이 살 속으로 파고들 때
④ 자연 손톱이 찢어졌을 때

정답 01. ③ 02. ① 03. ③ 04. ③

05. 실크 랩의 장점에 대한 설명 중 틀린 것은?

① 투명하다.
② 부드럽다.
③ 조직이 견고하다.
④ 1회용 랩이다.

Answer: 실크 랩은 1~2주마다 보수하고 약 1~2개월까지도 유지 할 수 있다.

06. 네일 랩 시술 시 네일 팁과 자연 네일의 경계선에 홈이 파였을 경우 처리 방법으로 맞는 것은?

① 홈이 파인 상태 그대로 랩을 접착한다.
② 필러 파우더로 홈을 메우고 랩을 접착한다.
③ 아크릴 파우더로 메운 후 랩을 접착한다.
④ 젤을 두껍게 도포 한 후 랩을 접착한다.

Answer: 필러 파우더는 인조 네일 서비스 시 경계선의 홈을 매꾸거나 두께감을 부여할 때 사용된다.

07. 실크, 필러 파우더, 글루만을 사용하여 자연 손톱의 길이를 연장하는 시술의 명칭은 무엇인가?

① 팁 위드 랩
② 실크 익스텐션
③ 실크 리페어
④ 실크 오버레이

08. 실크 익스텐션 시술 방법으로 바르지 않은 것은?

① 투명도를 위하여 후리 엣지 뒷면에 글루를 도포한다.
② 익스텐션의 두께는 가능한 두껍게 한다.
③ 네일의 능선이 자연스럽게 형성시키기 위하여 필러 파우더를 골고루 뿌려야 한다.
④ C-커브가 각이 생기지 않게 하는 것이 중요하다.

09. 실크 익스텐션 시술 시 네일의 밑 부분에 글루를 도포하는 이유는?

① 투명도를 높이기 위하여
② 필러 파우더를 뿌리기 위하여
③ 적당한 두께를 위하여
④ C-커브를 잡기 위하여

10. 실크 익스텐션 시술 시 실크의 올바른 접착 방법이 아닌 것은?

① 큐티클에서 1/16인치 떨어트려 실크를 부착한다.
② 실크가 손톱표면에 완전히 밀착할 수 있도록 한다.
③ 늘리고자 하는 길이만큼만 잘라 재단한다.
④ 양쪽 후리 엣지 부분은 사다리꼴로 여유 있게 재단한다.

Chapter 04

아크릴릭 네일

1. 아크릴릭 네일의 정의

1) 아크릴 리퀴드(Acrylic Liquid, Monomer, 단량체)

아크릴 리퀴드는 액체상태로 아크릴 파우더를 녹여 반죽하는데 사용되며 서로 연결되지 않은 작은 구슬형태의 구형물질로 폴리머(Polymer)를 만들기 위해 이루어진 저분자 화합물이다. 현재 아크릴릭 네일 서비스에는 에틸렌글리콜 디메타크릴메이트(Ethylen glycol demethacrylate) 성분으로 구성된 E.M.A 리퀴드 제품이 주로 사용된다.

아크릴 리퀴드의 종류	
E.M.A (Ethyl methacrylate)	에틸 메타크릴레이트는 의치상이나 관절 보철 접착제로도 사용되며, 인조 네일 서비스에 널리 사용되고 있다. * 미국식약청(F.D.A : Food & Durg Admistination) 승인제품
M.M.A (Methyl methacrylate)	메틸 메타크릴레이트는 공업용 화학제품으로 많이 사용되며, 인체에 적용 시 실명, 위장장애, 자궁 이상 등을 유발하여 현재는 네일 서비스에 사용을 금지하고 있다. * 미국식양청(F.D.A : Food & Durg Admistination) 금지제품

> **TIP**
> 아크릴 리퀴드는 휘발성 인화 제품으로 밀봉하여 직사광선을 피해 서늘하고 통풍이 잘 되는 곳에 보관해야 한다.

2) 아크릴 파우더(Acrylic Powder, Polymer, 종합체)

 아크릴 파우더는 아크릴 리퀴드를 고체화시킨 분말타입이며 폴리에틸 메타크릴레이트(PEMA: Polyethyl methacrylate)가 주성분으로 아크릴 리퀴드와 혼합이 되면 구슬들이 길게 체인모양으로 연결된 형태로 구성되며 서로 연결된 작은 분자들의 조합으로 인하여 매우 단단한 구성력을 갖으며, 파우더의 혼합 형태에 따라 다양한 형태의 제품들이 있다.

- 카탈리스트 (Catalyst, 촉매제):아크릴 리퀴드와 파우더를 혼합하였을 때 발생되는 화학반응으로 아크릴릭을 빨리 굳게 해주는 작용이다.
- 아크릴릭 네일은 온도에 민감하게 반응하며 고온에서는 빨리 굳고 저온에서는 천천히 굳는다. 가장 적합한 온도는 화씨 72°(섭씨 22~25°)정도이다.

3) 접착촉매제(Primer)

 아크릴이 자연손톱에 잘 접착되도록 발라주는 접착촉매제이며 메타크릴산(methacrylic acid) 성분의 리퀴드와 Non-acid 성분의 제품이 있다. 프라이머는 자연손톱의 pH 7.0 ~ 7.3을 pH 5.3 ~ 5.7로 조절해주어 접착력 상승과 방부제 역할을 해준다.

프라이머는 손톱 표면의 단백질을 화학작용으로 녹여주어 아크릴릭의 접착력을 높여주는 역할을 하므로 Acid성분이 함유된 프라이머를 사용할 때는 손톱 주위 피부에 닿지 않도록 주의해서 사용해야 한다. 프라이머가 피부에 묻었을 경우에는 흐르는 물에 세척하여 중화시켜 주어 피부 손상을 예방한다.

4) 아크릴 브러시

아크릴 브러시의 명칭	
Back	브러시의 붓대 부분으로 아크릴 볼을 넓게 펴주거나 길이를 조절에 사용
Belly	브러시의 중간 부분으로 아크릴릭 네일의 길이, 두께, 표면을 매끄럽게 정리하고 아크릴 볼이 그라데이션이 되도록 부드럽게 연결해주는 작업에 사용
Tip	• 브러시의 끝부분으로 아크릴 볼을 뜨거나 큐티클 라인 정리와 스마일 라인 형성, 디자인 스캅춰 작업과 같은 섬세한 작업에 사용

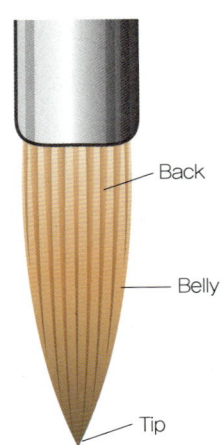

5) 아크릴 볼뜨기

(1) 리퀴드의 양을 잘 조절하여 45° 각도로 파우더를 뜬다.

(2) 브러시 끝에 동그랗게 맺히도록 볼을 뜬다.

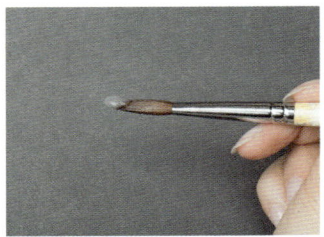

2. 아크릴 오버레이

1) 준비재료

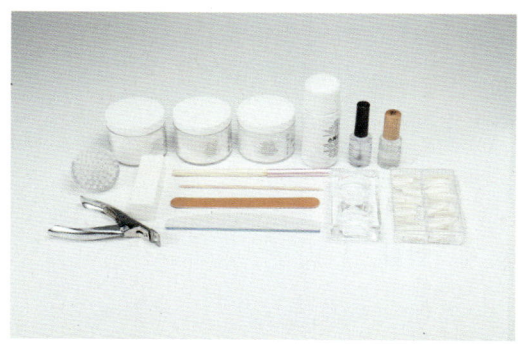

① 레귤러, 화이트 팁　② 팁 커터기　③ 글루　④ 아크릴 리퀴드
⑤ 브러시 크리너　⑥ 아크릴 파우더　⑦ 프라이머　⑧ 아크릴 브러시
⑨ 디펜디쉬　⑩ 파일 종류별

2) 실기 사전준비

① 네일 서비스 시술 테이블과 도구 및 재료를 알코올로 소독한다.
② 습식 매니큐어의 사전준비와 동일하다.

3) 아크릴 오버레이 시술방법

레귤러(내츄럴)팁과 화이트(컬러)팁 오버레이 두 가지 방법이 있다.

(1) 손 소독하기

① 준비된 솜에 안티셉틱을 뿌린다.
② 시술자의 손을 먼저 소독한다.

③ 고객의 손을 소독한다.

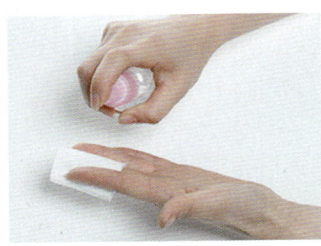
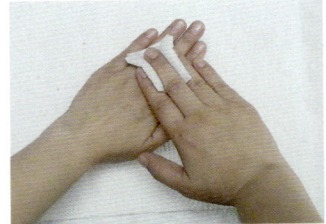

(2) 팔리쉬 지우기

왼손의 5지 손가락부터 시작하여 팔리쉬를 제거한다.

(3) 큐티클 밀기

시술 시 파일링에 큐티클이 손상될 수 있으므로 푸셔나 오렌지우드 스틱을 사용하여 큐티클을 밀어준다.

(4) 손톱 모양 및 길이조정

① 파일링
   ㉠ 우드 파일을 사용하여 왼손의 5지부터 파일링을 시작한다.
   ㉡ 손톱의 쉐입은 팁 웰과 같은 라운드 모양으로 잡아주고 후리 엣지의 길이는 1mm정도로 조정해준다.

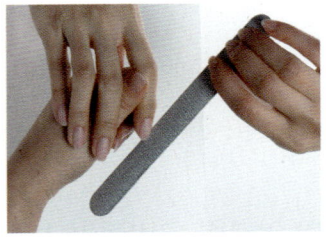

② 표면정리 : 팁이 잘 부착될 수 있도록 샌딩블럭이나 버퍼를 이용하여 자연 손톱의 표면정리와 유분기를 제거한다.
③ 라운드 패드 : 파일링과 샌딩 작업에서 발생 된 손톱 밑의 거스러미를 제거한다.
④ 먼지 제거 : 더스트 브러시를 사용하여 손톱의 먼지를 제거해준다.

(5) 팁 부착하기

① 팁 선택하기
고객의 자연손톱과 팁의 사이즈가 맞는 팁을 선택한다.

* 팁 사이즈가 잘 맞지 않을 경우 작거나 딱 맞는 팁보다 약간 큰 사이즈의 팁을 선택하여 손톱크기에 맞게 양 사이드를 갈아서 사용한다.

② 팁 부착하기
ㄱ) 팁 안쪽의 홈에 글루를 적당량 바른다.

ㄴ) 팁 웰과 손톱의 각도를 45°도 각도가 되도록 맞추어 준 후 공기가 유입되어 버블이 발생되지 않도록 위에서 누르듯이 부착한다.

③ 길이 조절하기
부착된 팁과 팁 커터기의 각도가 90°가 되도록 유지한 후 원하는 팁의 길이만큼 길이를 조정해준다.

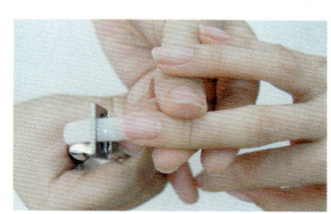

④ 팁 턱 제거하기
(화이트 팁 오버레이 시 에는 팁 턱을 제거하지 않는다.)
고객의 자연네일이 손상되지 않도록 180그리트의 파일의 각도를 10~15° 앞쪽으로 기울여주고 파일의 방향을 잘 조절하여 부착된 팁 웰 부분만 파일링한다.

⑤ 쉐입잡기
90° 각도로 스퀘어로 잡는다.

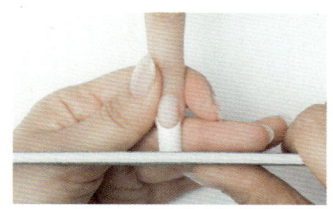

⑥ 표면정리
샌딩으로 파일링 자국이 남지 않도록 표면을 고르게 정리한다.

(6) 프라이머 바르기

아크릴릭 볼을 올리기 전에 자연 손톱 부분에 프라이머를 1~2회 도포하여 아크릴릭의 접착력을 높여준다.

(7) 아크릴릭 볼 올리기

① 아크릴 1볼 올리기
아크릴릭 브러시에 리퀴드를 적셔준 후 브러시의 팁 부분으로 1볼을 만들어 인조팁의 후리 엣지에 올려준 후 브러시의 벨리부분으로 눌러서 두께와 표면을 고르게 한다.

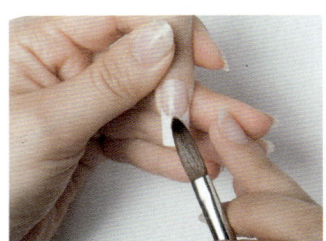

② 아크릴 2볼 올리기
아크릴 2볼은 손톱의 측면에서 완만한 곡선이 형성될 수 있도록 하이포인트 부분에 올려주고 브러시로 표면을 정리하면서 부드럽게 쓸어내려서 후리 엣지와 연결해준다.

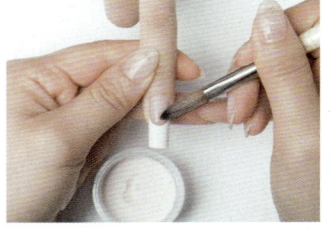

③ 아크릴 3볼 올리기
아크릴 3볼은 약간 묽게 하여 큐티클 아래로 1.5㎜정도 여유를 주고 볼을 올려주고 하이포인부분과 연결해준다.

④ 브러시에 리퀴드를 묻혀서 전체적으로 표면을 정리한다.

(8) 파일링

파일링 작업 전 아크릴 네일이 건조된 것을 확인하기 위하여 브러시 기둥이나 오렌지 우드스틱으로 두들겨 본다.

① 손톱 모양을 잡아준다.

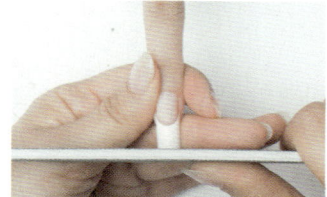

② 옆 사이드 부분을 스트레이트로 파일링한다.

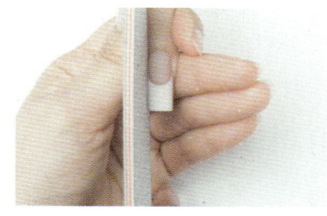

③ 아크릴 시술로 고루지 못한 표면을 파일링한다.

(9) 표면정리

① 샌딩으로 표면을 정리한다.
② 3-WAY 파일의 3면을 사용하여 광택을 내준다.
 (습식매니큐어 시행 시 생략 가능)

(10) 큐티클 오일 바르기

손톱주변에 오일을 발라 손으로 문질러 준다.

(11) 완성

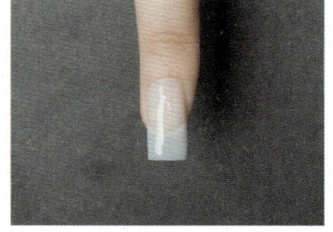

아크릴 오버레이

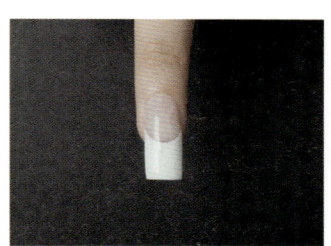

아크릴 화이트오버레이 완성

3. 아크릴 스캅춰 (Acrylic sculpture)

아크릴 스캅춰는 액체 아크릴(Acrylic Liquid)과 파우더 아크릴(Acrylic podwer)를 혼합하여 자연 손톱을 보강하고 길이를 연장시키는 매우 단단한 인조 네일 서비스이다. 아크릴릭 네일은 변형된 손톱과 손톱을 물어뜯는 습관에 의해 발생되는 오니코파지 손톱 등의 교정에 효과적이다.

1) 아크릴 원톤 스캅춰

(1) 준비재료

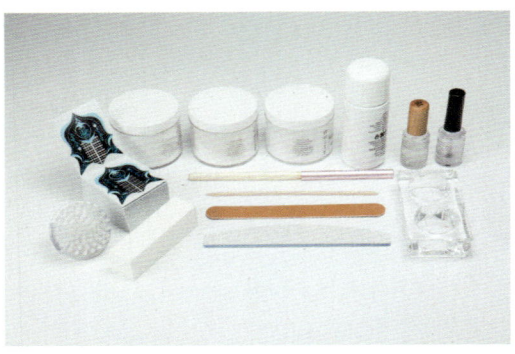

① 아크릴 리퀴드　② 아크릴 파우더(클리어 or 핑크)　③ 브러시 크리너　④ 프라이머
⑤ 아크릴 브러시　⑥ 폼　⑦ 디펜디쉬　⑧ 파일 종류별

(2) 실기 사전준비

① 네일 서비스 시술 테이블과 도구 및 재료를 알코올로 소독한다.
② 습식 매니큐어의 사전준비와 동일하다.

(3) 아크릴 원톤 스캅춰 시술방법

① 손 소독하기
　㉠ 준비된 솜에 안티셉틱을 뿌린다.
　㉡ 시술자의 손을 먼저 소독한다.
　㉢ 고객의 손을 소독한다.

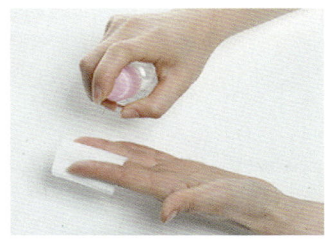 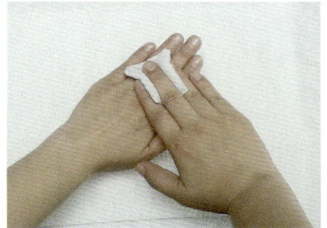 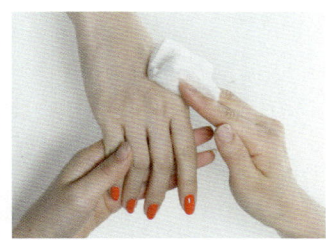

② 팔리쉬 지우기 : 왼손의 5지 손가락부터 시작하여 팔리쉬를 제거한다.

③ 큐티클 밀기 : 시술 시 파일링에 큐티클이 손상될 수 있으므로 푸셔나 오렌지 우드 스틱을 사용하여 큐티클을 밀어준다.

④ 손톱 모양 및 길이조정
　㉠ 파일링 : 우드 파일을 사용하여 왼손의 5지부터 손톱의 쉐입은 라운드 모양으로 잡아주고 후리 엣지의 길이는 1㎜정도로 조정해준다.
　㉡ 표면정리 : 팁이 잘 부착될 수 있도록 자연손톱의 표면정리와 유분기를 제거한다.
　㉢ 라운드 패드 : 파일링과 샌딩 작업에서 발생 된 손톱 밑의 거스러미를 제거한다.
　㉣ 먼지 제거 : 더스트 브러시를 사용하여 손톱의 먼지를 제거해준다.

⑤ 프라이머 바르기
아크릴릭 볼을 올리기 전에 자연 손톱 부분에 프라이머를 1~2회 도포하여 아크릴릭의 접착력을 높여준다.

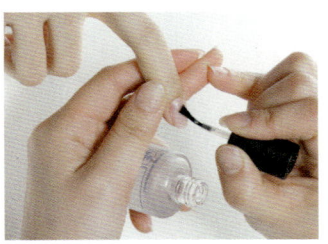

⑥ 폼 끼우기

㉠ C 커브가 잘 잡히게 하기위해 종이폼의 동그란 부분을 떼어 뒷면에 붙여준다.

㉡ 시술자는 폼의 후리 엣지 부분의 양 측면을 양쪽 엄지 손가락을 11자 모양이 되도록 각각 잡아준다.

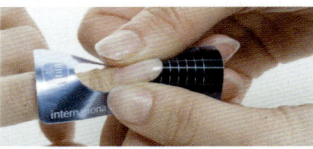

㉢ 폼을 45°각도로 고객의 자연 손톱 후리 엣지 밑에 끼워 넣은 후 고정시키고, 폼의 중앙선을 잘 맞추어 고객의 큐티클 방향으로 폼을 눕혀 손가락에 고정시킨다.

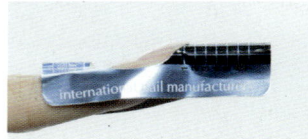

㉣ 종이 폼과 자연 손톱 사이에 공간이 생기지 않도록 주의하여 붙인다.

네일 폼 끼우기

네일 폼은 스캅춰 네일 서비스 시술 시 손톱 밑에 끼워 후리 엣지의 모양을 잡아 주고 길이를 연장할 때 사용되는 틀로 알루미늄, 플라스틱, 종이 재질의 폼이 있으며, 주로 1회용 종이 폼이 사용된다. 자연 손톱의 모양에 따라 적용할 수 있도록 라운드, 스퀘어, 오벌 형으로 나뉜다. 고객의 자연 손톱 모양 맞는 폼을 적용시켜 시술한다.

⑦ 아크릴 볼 올리기

  ㉠ 아크릴 1볼 올리기

  아크릴릭 브러시에 리퀴드를 적셔준 후 브러시의 팁 부분으로 1볼을 만들어 폼의 후리 엣지 부분에 올려준 후 브러시의 벨리와 백 부분으로 눌러서 두께와 길이를 조정한다.

  ㉡ 아크릴 2볼 올리기

  아크릴 2볼은 손톱의 측면에서 완만한 곡선이 형성될 수 있도록 하이포인트 부분에 올려주고 브러시로 표면을 정리하면서 부드럽게 쓸어내려서 프리엣지와 연결해준다.

  ㉢ 아크릴 3볼 올리기

  아크릴 3볼은 약간 물게 하여 큐티클 아래로 1.5mm 정도 여유를 주고 볼을 올려주고 하이포인트부분과 연결해준다.

  ㉣ 브러시에 리퀴드를 묻혀서 전체적으로 표면을 정리한다.

⑧ C-커브 만들기

  ㉠ 아크릴 네일이 건조된 것을 확인 한 후 종이폼을 떼어낸다.

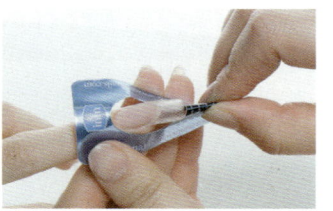

  ㉡ 스트레스 포인트 부분과 후리 엣지 부분에 핀칭(Pinching)을 주어 손톱의 폭을 조절해주고 C-커브를 형성시킨다.

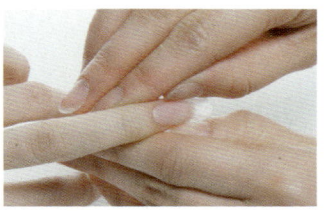

⑨ 파일링

　㉠ 손톱 모양을 잡아준다.

　(※ 국가자격증시험 : 스퀘어 모양)

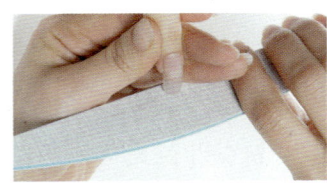

　㉡ 옆 사이드 부분을 스트레이트로 파일링한다.

　㉢ 아크릴 시술로 고루지 못한 표면을 파일링한다.

⑩ 표면정리

　㉠ 샌딩으로 표면을 정리한다.

　㉡ 3-WAY 파일의 3면을 사용하여 광택을 내준다.

　　(습식매니큐어 시행 시 생략 가능)

⑪ 큐티클 오일 바르기

⑫ 완성

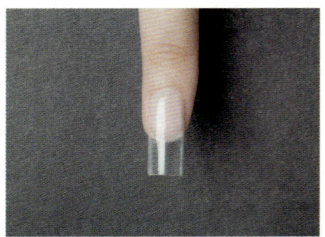

아크릴 원톤 스캅춰

2) 아크릴 투톤 스컵쳐

아크릴 투톤 스캅춰는 화이트 파우더와 내추럴 파우더를 사용하는 방법이 있는데 시술 방법은 동일하다.

(1) 준비재료

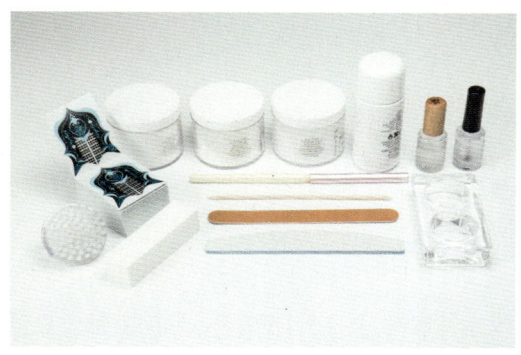

① 아크릴 리퀴드
② 아크릴 파우더 (화이트 or 내추럴)
③ 브러시 크리너
④ 프라이머
⑤ 아크릴 브러시
⑥ 폼
⑦ 디펜디쉬
⑧ 파일 종류별

(2) 실기 사전준비

① 네일 서비스 시술 테이블과 도구 및 재료를 알코올로 소독한다.
② 습식매니큐어의 사전준비와 동일하다.

(3) 아크릴 투톤 스캅춰 시술방법

① 손 소독하기
　㉠ 준비된 솜에 안티셉틱을 뿌린다.
　㉡ 시술자의 손을 소독한다.
　㉢ 고객의 손을 소독한다.

Part 3 네일실전기술

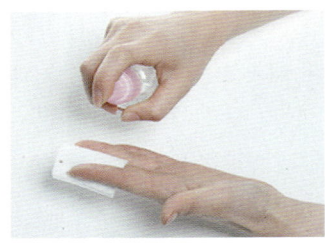 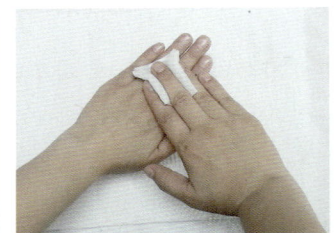 

② 팔리쉬 지우기:왼손의 5지 손가락부터 시작하여 팔리쉬를 제거한다.

③ 큐티클 밀기:시술 시 파일링에 큐티클이 손상될 수 있으므로 푸셔나 오렌지 우드 스틱을 사용하여 큐티클을 밀어준다.

④ 손톱 모양 및 길이조정
   ㉠ 파일링:우드 파일을 사용하여 왼손의 5지부터 손톱의 쉐입은 라운드 모양으로 잡아주고 후리 엣지의 길이는 1㎜정도로 조정해준다.
   ㉡ 표면정리:팁이 잘 부착될 수 있도록 자연 손톱의 표면정리와 유분기를 제거한다.
   ㉢ 라운드 패드:파일링과 샌딩 작업에서 발생 된 손톱 밑의 거스러미를 제거한다.
   ㉣ 먼지 제거:더스트 브러시를 사용하여 손톱의 먼지를 제거해준다.

⑤ 프라이머 바르기
아크릴릭 볼을 올리기 전에 자연 손톱 부분에 프라이머를 1~2회 도포하여 아크릴릭의 접착력을 높여 준다.

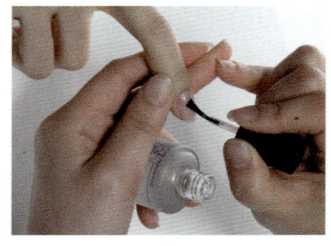

⑥ 폼 끼우기
   ㉠ C 커브가 잘 잡히게 하기위해 종이폼의 동그란 부분을 떼어 뒷면에 붙여준다.

ⓛ 시술자는 폼의 후리 엣지 부분의 양 측면을 양쪽 엄지 손가락을 11자 모양이 되도록 각각 잡아준다.

ⓒ 폼을 45°각도로 고객의 자연 손톱 후리 엣지 밑에 끼워 넣은 후 고정시키고, 폼의 중앙선을 잘 맞추어 고객의 큐티클 방향으로 폼을 눕혀 손가락에 고정시킨다.

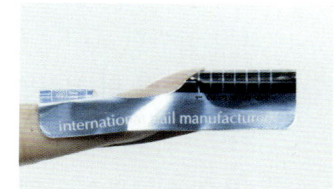

ⓔ 종이 폼과 자연손톱 사이에 공간이 생기지 않도록 주의하여 붙인다.

⑦ 아크릴 볼 올리기
  ㉠ 프렌치 라인만들기 (내추럴 파우더, 화이트 파우더 시술방법이 동일하다.)

  ⓐ 후리 엣지위에 1볼을 올리고 연장할 길이만큼 눌러서 두께와 길이를 조정한다.

  ⓑ 양 사이드를 일직선으로 맞춰준다.

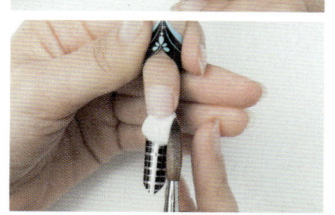

  ⓒ 가운데 프렌치(스마일)라인을 만들어준다.

ⓓ 작은 볼을 떠서 양쪽 사이드에 올리고 사이드 프렌치 라인을 만들어준다.

ⓔ 자연 손톱의 색깔이 건강하지 않을 경우 핑크클리어 파우더를 이용해서 자연네일 부분을 얇게 메꿔준다.

ⓛ 표면 올리기

ⓐ 브러시의 팁 부분으로 1볼을 만들어 폼의 후리 엣지 부분에 올려준 후 브러시의 벨리와 백 부분으로 눌러서 프렌치 부분을 얇게 덮어준다.

ⓑ 손톱의 측면에서 완만한 곡선이 형성될 수 있도록 하이포인트 부분에 올려주고 브러시로 표면을 정리하면서 부드럽게 쓸어내려서 후리 엣지와 연결해준다.

ⓒ 아크릴 볼을 약간 묽게 하여 큐티클 아래로 1.5㎜정도 여유를 주고 볼을 올려주고 하이포인트 부분과 연결해준다.

⑧ C-커브 만들기

㉠ 아크릴 네일이 건조된 것을 확인 한 후 종이폼을 떼어낸다.

㉡ 스트레스 포인트 부분과 후리 엣지 부분에 핀칭(Pinching)을 주어 손톱의 폭을 조절해주고 C-커브를 형성 시킨다.

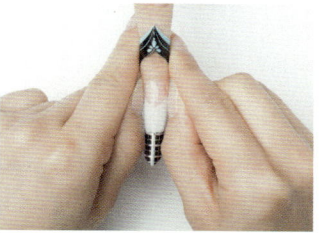

⑨ 파일링

㉠ 손톱 모양을 잡아 준다.
(※ 국가자격증시험 : 스퀘어 모양)

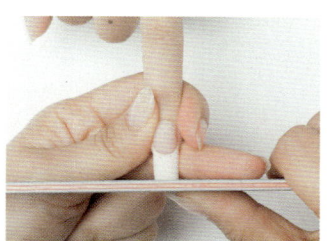

㉡ 옆 사이드 부분을 스트레이트로 파일링한다.

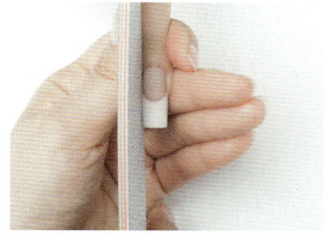

㉢ 아크릴 시술로 고루지 못한 표면을 파일링한다.

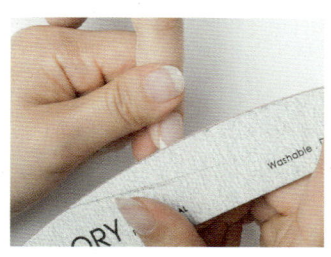

⑩ 표면정리

샌딩으로 표면을 정리하고, 3-WAY 파일의 3면을 사용하여 광택을 내준다. (습식매니큐어 시행 시 생략 가능)

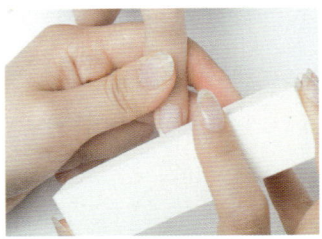

⑪ 큐티클 오일 바르기

⑫ 완성

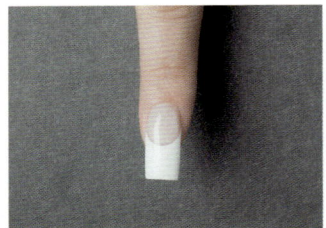
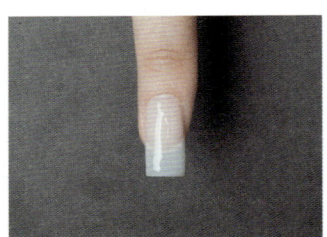

화이트 스캅춰   내추럴 스캅춰

예/상/문/제

01. 프라이머에 대한 설명이다. 바르지 않은 것은?

① 프라이머는 반드시 한 번만 바른다.
② 아크릴 볼이 잘 접착 되도록 자연 손톱에만 바른다.
③ 주요성분은 메타크릴릭산이다.
④ 피부에 닿지 않도록 주의한다.

Answer: 프라이머를 1차 바르고 건조된 후 다시 한 번 바르면 효과적이다.

02. 아크릴의 두께가 가장 얇아야 하는 곳은 어디인가?

① 스트레스 포인트
② 큐티클 부분
③ 후리 엣지
④ 네일 베드

Answer: 큐티클 부분의 아크릴이 두껍게 시술되면 파일링이 원활히 이루어지지 않아 리프팅이 쉽게 발생되며, 파일링에 의하여 큐티클이 손상될 수 있다.

03. 네일 폼 사용 방법으로 옳지 않은 것은?

① 후리 엣지 밑의 피부가 상하지 않도록 깊게 끼우지 않는다.
② 폼을 끼운 후 측면에서 봤을 때 폼이 25° 밑을 향해야 한다.
③ 자연 손톱이 아주 짧을 경우 길이를 연장 한 후에 폼을 끼운다.
④ 자연 손톱의 모양에 맞는 폼의 종류를 선택한다.

Answer: 네일 폼은 자연 손톱의 큐티클 라인과 늘리고자 하는 길이의 끝부분이 일직선을 이루어야 한다.

04. 아크릴 스캅춰 시술 절차에 대해 설명 중 잘못된 것은?

① 오일을 바르지 않은 상태에서 조심스럽게 큐티클을 밀어준다.
② 프라이머는 자연 손톱의 표면에 유분기를 주기하기 위해 바른다.
③ 고객의 손톱 모양에 맞추어 폼을 재단하여 사용한다.
④ 프라이머는 아크릴 볼을 올리기 전까지 발라준다.

Answer: 프라이머는 자연 손톱의 유분기를 제거하여 아크릴의 접착력을 높여주고 방부제 역할을 한다.

정답 01. ① 02. ② 03. ② 04. ②

05. 아크릴릭 네일의 제작 완료된 형태를 가리키는 용어는?

① 모노머 ② 프라이머
③ 폴리머 ④ 카탈리스트

06. 아크릴 브러시 사용 후의 처리 방법으로 가장 올바른 것은?

① 리무버에 담가 보관한다.
② 푸셔로 밀어서 청소한다.
③ 아크릴릭 리퀴드로 세척한다.
④ 브러시 클리너로 뭉친 곳을 깨끗이 세척한다.

07. 아크릴 리퀴드와 파우더를 혼합하였을 때 발생되는 화학반응으로 아크릴릭을 빨리 굳게 해주는 작용은?

① 프라이머 ② 모노머
③ 카탈리스트 ④ 폴리머

08. 아크릴 네일의 문제점이 아닌 것은?

① 적절하지 못한 브러싱에 의해 기포가 생길 수 있다.
② 냄새가 강하다.
③ 자외선에 의해 노랗게 변색 될 수 있다.
④ 아세톤에 잘 녹지 않아 제거할 수 없다.

09. 스마일 라인에 대한 설명 중 틀린 것은?

① 깨끗하고 선명한 라인을 만들어야 한다.
② 라인의 양쪽 포인트와 밸런스는 중요하지 않다.
③ 빠른 시간에 시술해서 얼룩이 지지 않도록 해야한다.
④ 손톱의 상태에 따라 라인의 깊이를 조절할 수 있다.

10. 아크릴릭 네일 시술 시 리프팅 원인으로 맞지 않은 것은?

① 프라이머를 생략했을 경우
② 자연 손톱의 에칭작업을 하지 않았을 경우
③ 핀칭이 제대로 이루어지지 않았을 경우
④ 큐티클 부분의 아크릴릭을 적절하게 파일링하지 않았을 경우

정답 05. ③ 06. ④ 07. ③ 08. ④ 09. ② 10. ③

Chapter 05

젤 네일(Gel Nail)

1. 젤 네일의 정의

1) 젤 네일의 특성

젤 네일은 아크릴릭 원료에서 만들어진 합성수지로 화학구성이 조금 다르다. 젤은 작은 미세한 분자들이 그물 구조 형태의 점성이 있는 액체 덩어리로 구성되어 있는데 이를 '올리고머(Oligomer)'라고 한다. UV 젤은 아크릴에서 변형된 화학구조를 갖고 있어 응고를 도와주는 별도의 카탈리스트는 빛에 굳는 '라이트 큐어드(Light cured)' 방법이다.

라이트 큐어드 젤의 장점	
무향	아크릴릭에 화학적으로 변형된 변형된 분자가 크고 무거워 증발되지 않으므로 자극적인 냄새가 없다.
안전성	아크릴릭 제품에 알러지가 있는 사람도 안심하고 사용할 수 있으며, 인체에 무해하다.
투명성	아크릴릭 네일에 비하여 광택감과 투명감이 높다.
작업의 편리성	점성이 있는 액체 상태로 젤 네일 작업 시 스스로 균일한 두께로 퍼지는 '셀프 레벨(Self level)'이 이루어지므로 라이트 큐어링 전까지 젤의 컨트롤이 쉽다.
시술 시간 단축	라이트 큐어링 방법으로 시술 시간이 짧고 아크릴릭 네일에 비하여 소프트하기 때문에 파일링이 쉽다.

2) 젤 라이트기

아크릴 리퀴드의 종류	
UV 램프	젤 네일을 굳게 하는 자외선 또는 할로겐 전구가 들어 있는 기기 UV 램프는 자외선인 UV-A 라이트를 발산 자외선 빛에 의하여 라이트 리액티브 입자(Light reactive wparticles)가 중합 반응하여 젤 분자들이 응집되면서 굳어진다.
LED 램프	발광 다이오드 반도체 장치로 기존 전구보다 발광이 높다. LED 램프는 빛의 동일 파장에서 UV 램프보다 광량이 더욱 강하여 수지를 경화시키는 시간이 단축되므로 젤 네일의 광택도가 높다.

2. 젤 오버레이(Gel overlay)

1) 준비재료

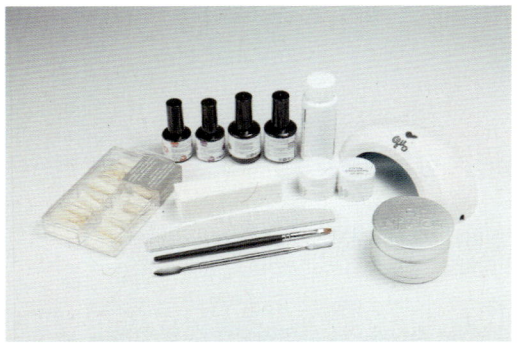

① 팁   ② 클리어, 레귤러, 화이트   ③ 젤 본더   ④ 탑 젤
⑤ UV/LED Gel 라이트기   ④ 탑 젤   ⑤ UV/LED Gel 라이트기   ⑥ 클리어 젤
⑦ 젤 클리너   ⑧ 젤 브러시   ⑨ 페이퍼 or 스펀지   ⑩ 파일 종류별

2) 실기 사전준비

① 네일 서비스 시술 테이블과 도구 및 재료를 알코올로 소독한다.
② 습식 매니큐어의 사전준비와 동일하다.

3) 젤 오버레이 시술방법

레귤러(내츄럴)팁과 화이트(컬러)팁, 클리어 팁을 사용한 오버레이 방법이 있으며 차이점은 레귤러 팁은 팁 턱을 제거하고 나머지는 제거하지 않는다.

(1) 손 소독하기

① 준비된 솜에 안티셉틱을 뿌린다.
② 시술자의 손을 먼저 소독한다.
③ 고객의 손을 소독한다.

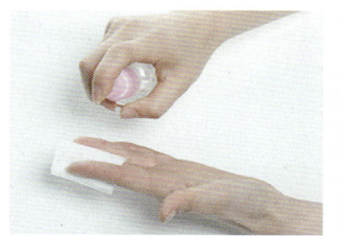
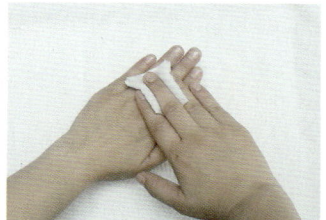
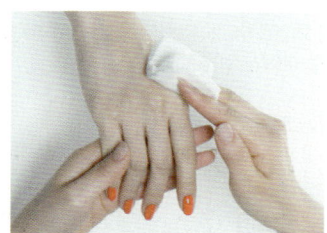

(2) 팔리쉬 지우기

왼손의 5지 손가락부터 시작하여 팔리쉬를 제거한다.

(3) 큐티클 밀기

시술 시 파일링에 큐티클이 손상될 수 있으므로 푸셔나 오렌지 우드스틱을 사용하여 큐티클을 밀어준다.

(4) 손톱 모양 및 길이조정

① 파일링
  ㉠ 우드 파일을 사용하여 왼손의 5지부터 파일링을 시작한다.
  ㉡ 손톱의 쉐입은 팁 웰과 같은 라운드 모양으로 잡아주고 후리 엣지의 길이는 1㎜정도로 조정해준다.

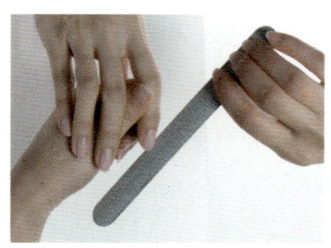

② 표면정리 : 팁이 잘 부착될 수 있도록 자연 손톱의 표면정리와 유분기를 제거한다.

③ 라운드 패드 : 파일링과 샌딩 작업에서 발생 된 손톱 밑의 거스러미를 제거한다.

④ 먼지 제거 : 더스트 브러시를 사용하여 손톱의 먼지를 제거해준다.

(5) 팁 부착하기

① 팁 선택하기
고객의 자연손톱과 사이즈가 맞는 팁을 선택한다.

* 팁 사이즈가 잘 맞지 않을 경우 작거나 딱 맞는 팁보다 약간 큰 사이즈의 팁을 선택하여 손톱크기에 맞게 양 사이드를 갈아서 사용한다.

② 팁 부착하기

㉠ 팁 안쪽의 홈에 글루를 적당량 바른다.

㉡ 팁 웰과 손톱의 각도를 45°각도가 되도록 맞추어 준 후 공기가 유입되어 버블이 발생되지 않도록 위에서 누르듯이 부착한다.

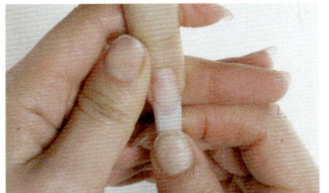

③ 길이 조정하기
부착된 팁과 팁 커터기의 각도가 90°가 되도록 유지한 후 원하는 팁의 길이만큼 길이를 조정해준다.

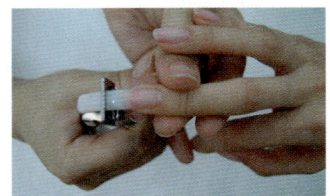

④ 팁 턱 제거하기
고객의 자연네일이 손상되지 않도록 180그리트의 파일의 각도를 10~15°앞쪽으로 기울여주고 파일의 방향을 잘 조절하여 부착된 팁 웰 부분만 파일링한다.

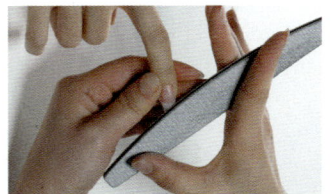

⑤ 표면정리 : 샌딩으로 파일링 자국이 남지 않도록 표면을 고르게 정리한다.

⑥ 먼지 제거

(6) 젤 본더 바르기

① 젤 볼을 올리기 전에 자연손톱 부분에 젤의 접착력을 높여주기 위하여 젤 본더를 얇게 바른다.

② 젤 램프에 30초간 큐어링한다.
액상타입의 프라이머로 pH발란스와 유분기를 조절해 줄 경우에는 베이스젤을 바로 도포한다.

(7) 젤 볼 올리기

① 젤 1볼 올리기(베이스 젤)
젤 브러시를 이용하여 젤 1볼을 떠서 자연손톱의 큐티클 아래로 1.5㎜정도 여유를 주고 전체적으로 얇게 밀착시켜 도포하고 젤 램프에 30초간 큐어링한다.
(젤 본더 시술을 했을 경우 이 과정을 생략한다.)

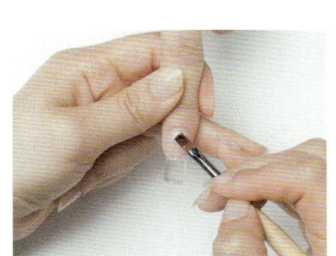

② 젤 2볼 올리기(빌더 젤)
젤 2볼은 클리어 젤을 손톱의 측면에서 완만한 곡선이 형성될 수 있도록 스트레스 포인트를 중심으로 하이 포인트를 만들어 올린 후 1~2분간 큐어링한다. 한 번에 많은 양의 젤을 사용하여 두껍게 볼을 올리면 히팅 현상이 일어날 수 있으므로 주의한다.

③ 젤 3볼 올리기
젤 3볼은 큐티클 아래로 1.5㎜정도 여유를 주고 볼을 올려주고 후리 엣지까지 연결하여 도포하고 1분간 큐어링한다.

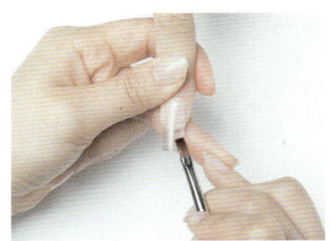

(8) 핀칭 주기

(9) 젤 클리너로 표면 닦기
젤 클리너를 스펀지나 페이퍼에 묻혀 손톱표면의 끈적이는 젤의 잔여물인 미경화 젤을 닦아낸다.

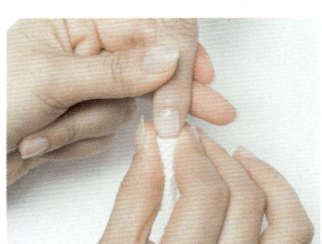

(10) 파일링
① 손톱 모양을 잡아 준다.
(※ 국가자격증시험:스퀘어 모양)

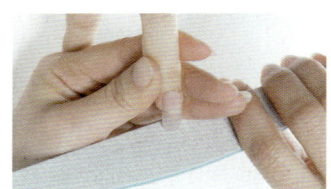

② 옆 사이드 부분을 스트레이트로 파일링 한다.

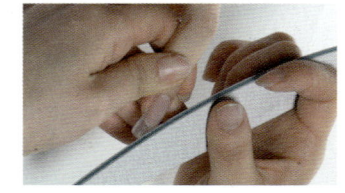

③ 아크릴 시술로 고르지 못한 표면을 파일링 한다.

④ 샌딩으로 표면을 정리하고, 3-WAY 파일의 3면을 사용하여 광택을 내준다.
  (습식매니큐어 시행 시 생략 가능)

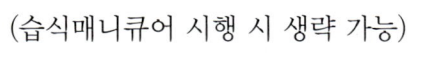
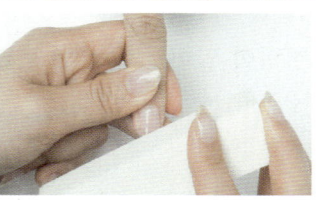

(10) 젤 클리너로 표면 닦기

젤 클리너로 파일링에서 발생된 이물질을 손톱표면과 후리 엣지 뒷면까지 꼼꼼하게 닦아낸다.

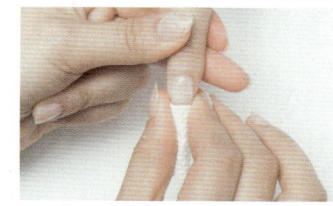

(11) 탑 젤 바르기

젤의 광택과 지속력을 높여주기 위하여 탑 젤을 발라주고 2분간 큐어링한다.

(12) 젤 클리너로 표면 닦기

(13) 큐티클 오일 바르기

(14) 완성

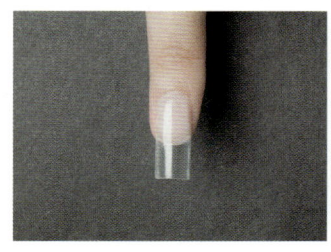 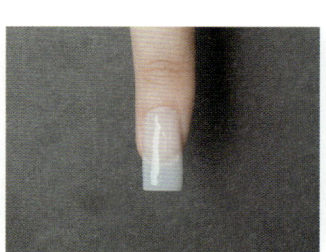 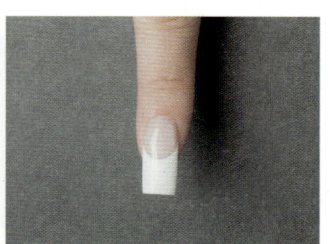

클리어 팁 젤 오버레이   내추럴 팁 젤 오버레이   화이트 팁 젤 오버레이

3. 젤 스캅춰(Gel sculpture)

1) 준비재료

① 습식재료　　② UV/LED Gel 라이트기　③ 젤 본더　　④ 탑 젤
⑤ 클리어 젤　　⑥ 젤 클리너　　　　　　⑦ 젤 브러시　⑧ 페이퍼 or 스펀지
⑧ 파일 종류별

2) 실기 사전준비

① 네일서비스 시술 테이블과 도구 및 재료를 알코올로 소독한다.
② 습식 매니큐어의 사전준비와 동일하다.

3) 젤 스캅춰 시술방법

(1) 손 소독하기

① 준비된 솜에 안티셉틱을 뿌린다.
② 시술자의 손을 먼저 소독한다.
③ 고객의 손을 소독한다.

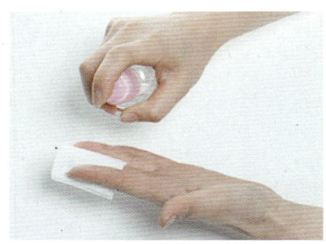 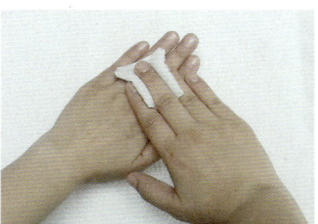 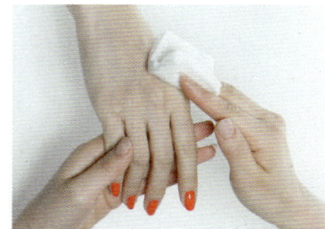

(2) 팔리쉬 지우기

왼손의 5지 손가락부터 시작하여 팔리쉬를 제거한다.

(3) 큐티클 밀기

팁 위드 랩 시술 시 파일링에 큐티클이 손상될 수 있으므로 푸셔나 오렌지 우드스틱을 사용하여 큐티클을 밀어준다.

(4) 손톱 모양 및 길이조정

① 파일링
  ㉠ 우드 파일을 사용하여 왼손의 5지부터 파일링을 시작한다.
  ㉡ 손톱의 쉐입은 팁 웰과 같은 라운드 모양으로 잡아주고 후리 엣지의 길이는 1mm정도로 조정해준다.

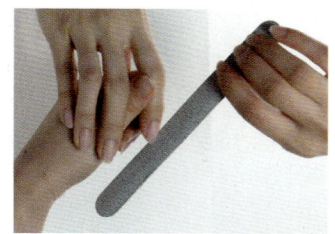

② 표면정리 : 팁이 잘 부착될 수 있도록 자연 손톱의 표면정리와 유분기를 제거한다.
③ 라운드 패드 : 파일링과 샌딩 작업에서 발생 된 손톱 밑의 거스러미를 제거한다.
④ 먼지 제거 : 더스트 브러시를 사용하여 손톱의 먼지를 제거해준다.

(6) 폼 끼우기

① 고객의 손톱모양에 맞게 폼을 오려주면 폼을 끼우기가 수월하다.
② 젤 네일 서비스에서는 빛의 투과를 위하여 투명한 폼을 사용한다.
③ 시술자는 폼의 후리 엣지 부분의 양 측면을 양쪽 엄지 손가락을 11자 모양이 되도록 각각 잡아준다.
④ 폼을 45°각도로 고객의 자연 손톱 후리 엣지 밑에 끼워 넣은 후 고정시키고, 폼의 중앙선을 맞추어 잘 맞추어 고객의 큐티클 방향으로 폼을 눕혀 손가락에 고정시킨다.

⑤ 종이폼과 자연손톱 사이에 공간이 생기지 않도록 주의하여 붙인다.

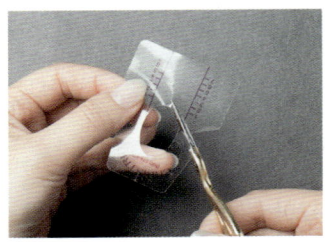 

(7) 젤 본더 바르기

① 젤 볼을 올리기 전에 자연 손톱 부분에 젤의 접착력을 높여주기 위하여 젤 본더를 얇게 바른다.

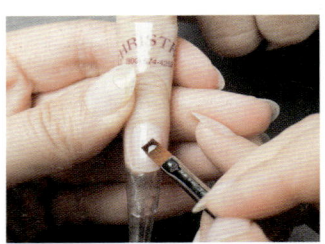

② 젤 램프에 30초간 큐어링한다.

* 액상타입의 프라이머로 pH발란스와 유분기를 조절해 줄 경우에는 베이스 젤을 바로 도포한다.

(7) 젤 볼 올리기

① 젤 1볼 올리기(베이스 젤)
젤 브러시를 이용하여 소량의 젤 1볼을 떠서 자연 손톱의 큐티클 아래로 1.5㎜정도 여유를 주고 전체적으로 얇게 밀착시켜 도포하고 젤 램프에 30초간 큐어링한다.

* 젤 본더 시술을 했을 경우 이 과정을 생략한다.

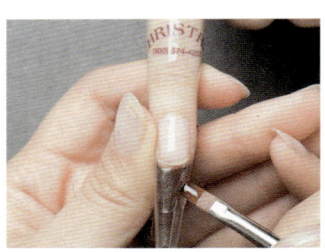

② 젤 2볼 올리기(빌더 젤)
　㉠ 클리어 젤로 후리 엣지를 만들어 준 후 1분간 큐어링한다.
　㉡ 손톱의 측면에서 완만한 곡선이 형성될 수 있도록 스트레스 포인트를 중심으로 하이포인트를 만들어 올린 후 1~2분간 큐어링한다. 큐어링 시 히팅현상이 발생되지 않도록 젤의 양과 두께를 적절하게 조절한다.

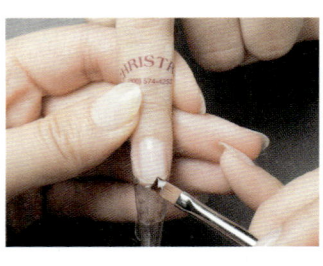

③ 젤 3볼 올리기

젤 3볼은 큐티클 아래로 1.5㎜정도 여유를 주고 볼을 올려주고 후리 엣지까지 연결하듯이 도포하여 1분간 큐어링한다.

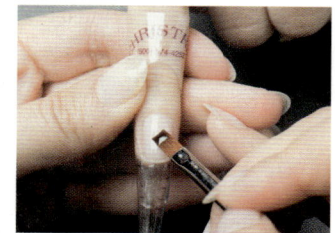

(8) 핀칭 주기

(9) 젤 클리너로 표면 닦기

젤 클리너를 스펀지나 페이퍼에 묻혀 손톱표면의 끈적이는 젤의 잔여물인 미경화 젤을 닦아낸다.

(10) 파일링

① 손톱 모양을 잡아 준다.

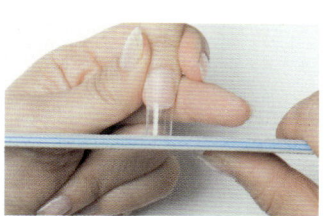

② 옆 사이드 부분을 스트레이트로 파일링한다.

③ 아크릴 시술로 고루지 못한 표면을 파일링한다.

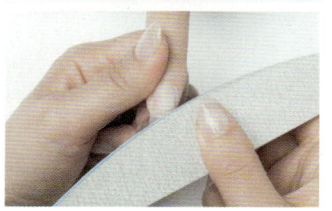

④ 샌딩으로 표면을 정리하고, 3-WAY 파일의 3면을 사용하여 광택을 내준다.
　(습식매니큐어 시행 시 생략 가능)

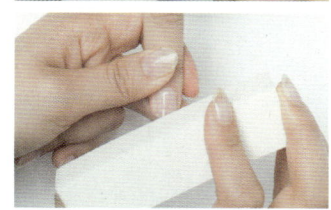

(11) 젤 클리너로 표면 닦기

젤 클리너로 파일링에서 발생된 이물질을 손톱표면과 후리 엣지 뒷면까지 꼼꼼하게 닦아낸다.

(12) 탑 젤 바르기

젤의 광택과 지속력을 높여주기 위하여 탑 젤을 발라주고 2분간 큐어링한다.

(13) 젤 클리너로 표면 닦기

미경화된 젤을 닦아준다.

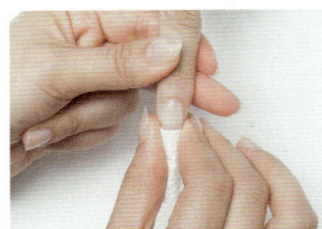

(14) 큐티클 오일 바르기

(15) 완성

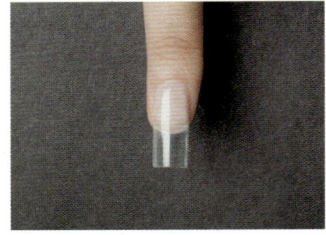

젤 원톤 스캅춰

예/상/문/제

01. 젤 네일에 관한 설명이 바르지 않은 것은?

① 젤은 농도에 따라 점성이 다르다.
② 다양한 색상의 컬러젤이 있다.
③ 팔리쉬를 바르는 것처럼 바르기도 한다.
④ 모든 젤의 큐어링 시간은 2분이다.

Answer: 제품특성이나 시술 과정에 따라 젤의 큐어링 시간은 달라진다.

02. 젤 네일의 장점에 대해 올바르게 설명한 것은?

① 냄새는 강하지만 견고하다.
② 얇게 펴 바르면 파일링이 필요없다.
③ 시술이 복잡하여 작업시간이 길다.
④ 아크릴 네일보다는 덜 견고하다.

Answer: 젤은 상온에서 셀프 레벨이 이루어지므로 표면정리와 두께의 자유로운 조정이 가능하다.

03. UV광선이나 할로겐 램프를 이용하여 젤을 응고시키는 방법은?

① 노 라이트 큐어드젤
② 아크릴 오버레이
③ 스캅춰 네일
④ 라이크 큐어드젤

04. 젤 네일의 특성에 대한 설명 중 올바르지 않은 것은?

① 젤 글루와 같은 성분이 있으며 강도가 강한 접착제이다.
② 젤은 별도의 카탈리스트인 응고제가 필요치 않다.
③ 팔리쉬를 바르는 것처럼 바르기도 한다.
④ 젤은 농도에 따라 묽기가 약간 다르다.

정답 01. ④ 02. ② 03. ④ 04. ②

Part 3 네일실전기술

05. 젤 네일과 아크릴 네일의 특성에 대한 설명으로 올바르지 않은 것은?

① 젤 네일은 아크릴 네일에 비해 냄새가 심하다.
② 젤 네일은 아크릴 네일보다 단단하다.
③ 젤 네일은 아크릴에 비해 시술시간이 길다.
④ 젤 네일은 응고를 위하여 별도의 카탈리스트가 필요하다.

06. 브러시 젤의 사용 방법으로 맞는 것은?

① 마블러를 사용하여 펴 바른다.
② 푸셔를 사용하여 펴 바른다.
③ 아트 브러시를 사용하여 펴 바른다.
④ 오렌지 우드스틱을 사용하여 펴 바른다.

07. 젤 네일이 손상되는 원인이 아닌 것은?

① 젤을 큐티클에서 알맞게 떨어뜨려 발랐을 경우
② 젤을 큐티클 부분까지 발랐을 경우
③ 고객이 부주의하게 관리했을 경우
④ 응고제를 너무 과다하게 사용한 경우

다음 괄호 안의 라이트 큐어드 젤 시술 과정으로 맞는 것은? (8~10번)
(1)- 베이스 젤 올리기- 라이트 큐어링 - 빌더 젤 올리기- (2)- 파일링 -(3) - 젤 클리너로 표면 닦기 - 정리

08. (1)에 들어갈 말은?

① 라이트 큐어링   ② 본더 바르기
③ 광택제거   ④ 탑젤 바르기

09. (2)에 들어갈 말은?

① 라이트 큐어링   ② 본더 바르기
③ 광택제거   ④ 탑젤 바르기

10. (3)에 들어갈 말은?

① 라이트 큐어링
② 본더 바르기
③ 광택제거
④ 탑젤 바르기

정답 05. ③ 06. ④ 07. ① 08. ② 09. ① 10. ④

Chapter 06 보수 및 제거

1. 네일 팁 보수

① 네일 팁 보수 전 네일이 자라나온 상태를 육안으로 관찰한다.
② 턱 제거 : 인조 네일이 큐티클에서부터 자라나온 턱이나 리프팅된 부분을 파일을 이용해 갈아준 후 전체적으로 표면을 샌딩한다.
③ 네일 팁 보수하기 : 새로 자라난 자연 손톱 부분에 큐티클 아래로 0.5㎜정도 여유를 주고 글루와 파우더로 메워 준 후 큐티클 라인과 네일 바디 부분을 자연스럽게 연결시켜 준다.
④ 글루 드라이로 건조시킨 후 파일링 작업을 해준다.
⑤ 젤 글루를 바르고 샌딩블럭으로 표면정리를 한다.

2. 네일 랩 보수

리페어라고도 하며 찢어진 손톱이나 깨진손톱을 보수한다.

① 네일 랩 보수 전 네일이 손상된 상태를 육안으로 관찰한다.
② 깨지거나 찢어진 부위를 덮을만큼 실크를 재단하여 붙인다.
  ㉠ 스트레스포인트 부분이 가장 잘 찢어진다.
  ㉡ 찢어진 부분은 다시 찢어지기 쉬우므로 파일링이나 샌딩을 이용하여 리프팅 된 부분을 제거하고 글루를 한번 바른 후 랩핑을 하면 지속력이 좋아진다.
  ㉢ 사이드 라인을 매끈하게 파일링하여 걸리는 부분이 없도록 한다.

③ 글루와 파우더를 이용하여 표면을 메워준다.
④ 글루 드라이로 건조시킨 후 파일링 작업을 해준다.
⑤ 젤 글루를 바르고 샌딩블럭으로 표면정리를 한다.

3. 아크릴 네일 보수

① 아크릴 시술 전 아크릴 네일이 자라나온 상태를 육안으로 관찰한다.
② 아크릴 턱 제거 : 아크릴 네일이 큐티클에서부터 자라나온 턱이나 리프팅된 부분을 파일을 이용해 갈아준 후 전체적으로 표면을 샌딩한다.
③ 프라이머 바르기 : 아크릴은 접착제를 따로 사용하지 않기 때문에 프라이머를 꼭 바른다.
④ 아크릴 보수하기 : 새로 자라난 자연 손톱 부분에 큐티클 아래로 1.5mm정도 여유를 주고 아크릴 볼을 올려 메꾸어 준 후 큐티클 라인과 네일 바디 부분을 자연스럽게 연결시켜 준다.
⑤ 아크릴이 건조된 것을 확인 한 후 파일링 작업을 해준다.
⑥ 표면정리

4. 젤 네일 보수

① 젤 시술 전에 젤 네일이 자라나온 상태를 육안으로 관찰한다.
② 젤 턱 제거 : 젤 네일이 큐티클에서부터 자라나온 턱이나 리프팅된 부분을 파일을 이용해 갈아준 후 전체적으로 표면을 샌딩한다.
③ 젤 보수하기
  ㉠ 새로 자라난 자연 손톱 부분에 큐티클 아래로 1.5mm정도 여유를 주고 소량의 젤 본더를 바른 후 클리어 젤을 이용해 큐티클 라인까지 채워준다.

ⓒ 큐티클 라인과 자연스럽게 연결되도록 두께감을 주면서 아래쪽으로 쓸어내린 후 1분간 큐어링한다.
④ 젤 클리너로 표면 닦기:손톱표면의 끈적이는 젤의 잔여물인 미경화젤을 닦아낸다.
⑤ 젤 시술로 고르지 못한 표면을 파일링해주고 샌딩으로 표면을 정리한다.
⑥ 젤 클리너로 이물질 닦아내기:파일링과 샌딩 과정에서 발생된 손톱표면의 이물질을 닦아낸다.
⑦ 탑 젤 바르기(2분간 큐어링)
⑧ 젤 클리너로 표면 닦기

5. 인조 네일 제거

1) 팁, 랩, 아크릴 네일 제거

(1) 길이 조정

인조 네일의 후리 엣지 부분을 클리퍼로 잘라낸다.
한 번에 자르지 말고 사이드부터 조금씩 잘라낸다.

(2) 두께 조정

아크릴 네일의 바디부분의 두께를 파일을 이용하여 얇게 갈아낸다.

(3) 퓨어 아세톤 솜 올리고 호일로 감싸기

① 아세톤 원액에 손톱주변의 피부가 자극받지 않도록 큐티클 오일을 손톱을 제외한 손가락 전체에 도포해준다.
② 솜에 아세톤 원액을 적셔서 아크릴 네일 위에 올려놓는다.

③ 호일을 이용하여 솜이 올려진 손가락을 공기와 접촉되지 않도록 밀폐시켜 감싸주어 아세톤 원액의 흡수를 돕는다. 호일의 밀폐 시간은 약 10~15분정도 유지한다.

(4) 호일 제거하기

① 호일을 제거하고 푸셔나 오렌지 우드스틱으로 아세톤에 의해 녹여진 인조 네일을 제거 한다.
② 인조 네일이 덜 녹여졌을 경우 (3)번 ~ (4)번의 시술과정을 반복한다.

(5) 표면정리

파일이나 샌딩을 사용하여 인조 네일의 잔여물을 제거한다.

(6) 오일 바르기

네일 보강제를 사용하여 손톱에 영양분을 공급한다.

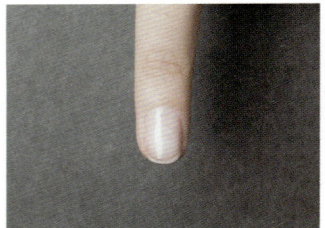

2) 젤 네일 제거 방법

젤 네일 제거 시 속 오프 젤(Soak off Gel)은 네일 팁과 실크 익스텐션, 아크릴릭 네일과 마찬가지로 퓨어 아세톤으로 제거가 가능하나 하드 젤(Hard Gel)은 드릴이나 파일을 이용하여 제거해야 한다.

(1) 속 오프 젤 제거 방법

① 고무성분이 함유되어 있고 중 저급 플라스틱 재질로 되어 있는 소프트 젤은 같은 제품회사에서 시판되고 있는 전용 제거액을 사용하거나 일반적으로 네일 살롱에서 사용되고 있는 100% 아세톤을 사용하여 제거 할 수 있다.
② 젤 네일 표면을 파일이나 네일 드릴(최저 2,000rpm)을 이용해 광택과 함께 없애주고 두께를 얇게 갈아내 준 후 아세톤 원액이 적셔진 솜을 올리고 호일로 10분~15정도 밀폐시켜 방치 한 후 제거한다.
③ 아세톤 원액 사용 전에 손톱주변의 피부가 자극받지 않도록 큐티클 오일을 손톱을 제외한 손가락 전체에 도포 해준다.

(2) 하드 젤 제거 방법

① 최고급 수지와 플라스틱 재질로 되어 아세톤에 반응하지 않는 하드 젤은 드릴과 파일로 갈아내어 제거해야 한다.
② 파일이나 네일 드릴(최저 2,000rpm~20,000rpm)을 이용하여 젤 네일 표면을 깎아내어 제거하므로 시술자의 테크닉에 따라서 손톱의 손상이나 피로도에 영향을 미친다.
③ 하드 젤 제거 시 네일 드릴은 네일 서비스 시간을 단축시킬 수 있어 인조 네일 서비스에 많이 사용되고 있는 기기이나 자연 손톱의 손상 위험도가 높으므로 충분한 숙련과정을 거친 후 사용해야 한다.

Forecast Question
예/상/문/제

01. 속 오프 제거 시 사용하는 제품은?

① 퓨어아세톤 ② 넌아세톤
③ 카탈리스트 ④ 리무버

02. 훼브릭 랩의 보수 기간이다. 옳은 것은?

① 보수는 2주 후, 접착제와 훼브릭을 채우는 보수는 4주
② 보수는 1주 후, 접착제와 훼브릭을 채우는 보수는 3주
③ 보수는 4주 후, 접착제와 훼브릭을 채우는 보수는 2주
④ 보수는 바로, 접착제와 훼브릭을 채우는 보수는 시간 날 때

03. 네일 팁 보수 방법으로 틀린 것은?

① 자라나온 턱이나 리프팅된 부분을 파일을 이용해 갈아주고 표면을 샌딩
② 새로 자라난 자연 손톱 부분을 글루로만 메워 자연스럽게 연결
③ 글루 드라이로 건조시킨 후 파일링 작업
④ 젤 글루를 바르고 샌딩블럭으로 표면정리, 글루와 파우더를 이용하여 메꾼다.

04. 젤 네일 제거 방법이 아닌 것은?

① 속 오프 제거 ② 드릴 제거
③ 파일링 제거 ④ 오일 제거

05. 아크릴 네일의 보수방법으로 적절한 것은?

① 보수는 3주후부터 하는 것이 좋다.
② 휠러와 글루를 이용해 보수해준다.
③ 떨어진 부분의 아크릴을 갈아내고 나머지를 채워준다.
④ 새로 자라난 부분을 파일링하여 모양만 잡아준다.

06. 다음 중 인조 네일 제거 시 사용하는 재료는?

① 글루　　　② 팁 커터
③ 클리퍼　　④ 글루 드라이

07. 찢어진 네일을 보수하기 한 서비스로 맞는 것은?

① 글루로만 채운다.
② 보수용 패치(랩)를 잘라서 손상된 부위를 보수한다.
③ 휠러와 글루를 이용해서 수리한다.
④ 아크릴파우더로 메꾼다.

08. 팁 시술 후 보수에 대한 설명이다. 옳은 것은?

① 특별한 문제가 없다면 떨어질 때까지 있어도 무관하다.
② 최소한 격주마다 팁의 상태를 보수 유지하기 위해 살롱을 찾아야 한다.
③ 떨어진 부분은 손톱으로 떼어낸다.
④ 새로 자라난 부위에 아크릴 볼을 올린다.

09. 아크릴 네일 보수 시 사용하는 재료가 아닌 것은?

① 아크릴 파우더　② 아크릴 리퀴드
③ 글루 드라이　　④ 프라이머

10. 패브릭 랩의 4주 후 보수에 대한 설명으로 옳지 않은 것은?

① 별다른 이상이 없다면 글루를 이용해서 보수한다.
② 랩 재단 시 기존의 랩과 약간 겹칠 만큼의 크기로 자른다.
③ 자연스럽게 보일 수 있도록 보수한다.
④ 떨어진 부분은 파일로 갈 필요없이 글루만을 이용해 채워준다.

11. 아크릴 네일의 보수과정 중 틀린 것은?

① 적당량의 아크릴을 이용해 새로 자라난 부분을 보수한다.
② 아크릴 볼을 큐티클 부위에 올려 후리 엣지까지 덮어준다.
③ 큐티클 라인과 네일 바디 부분을 자연스럽게 연결한다.
④ 새로 자라난 자연 손톱 부분에 프라이머를 발라준다.

정답 01. ①　02. ①　03. ②　04. ④　05. ③　06. ③　07. ②　08. ②　09. ③　10. ④
11. ②

Chapter 07 아트 네일

1. 그라데이션(Gradation Art)

팔리쉬 색상이 서서히 밝아지거나 어둡게 변화하는 것을 말한다.

1) 시술 재료

① 베이스 코트　② 탑 코트　③ 펄 팔리쉬　④ 칼라 팔리쉬
⑤ 스폰지　⑥ 파렛트　⑦ 오렌지 우드스틱　⑧ 팔리쉬 리무버
⑨ 솜

2) 시술방법

① 펄 팔리쉬 색상을 원 코트 한다.
② 손톱 크기의 스폰지에 파스텔핑크 팔리쉬를 묻힌 다음 자연스럽게 그라데이션 한다.

③ 핑크 펄 팔리쉬를 바른다.
④ 탑 코트를 바른다.
⑤ 오렌지 우드스틱으로 마무리한다.
⑥ 완성

> 원톤 그라데이션 시 스폰지 아래쪽에 원톤 칼라를 바른 후 그 위에 살짝 겹치게 탑 코트를 바르고 오른쪽 사이드에서 왼쪽 사이드로 조금씩 찍으면 자연스럽게 경계선이 없어진다.

2. 마블 (Marble Art)

마블은 두 가지 이상의 색상을 자유롭게 섞어 표현 할 수 있는 아트이며, 디자인이 규격화 되어 있지 않게 때문에 다양한 형태의 디자인을 만들어 낼 수 있는 아트이다.

1) 팔리쉬 마블(Folish Marble)

Part 3 네일실전기술

(1) 시술 재료

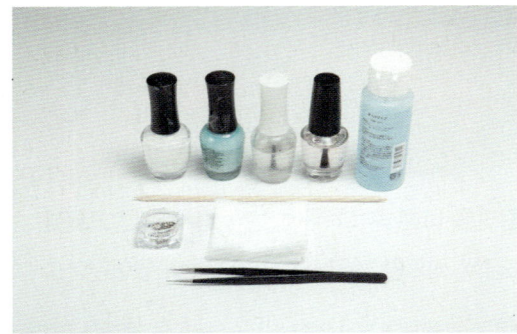

① 베이스 코트　　② 두 가지 이상의 팔리쉬　　③ 오렌지 우드스틱
④ 탑 코트　　　　⑤ 팔리쉬 리무버　　　　　⑥ 솜

(2) 시술 방법

① 민트색 팔리쉬를 2번 도포해준다.
② 흰색 팔리쉬를 떨어트린다.
③ 오렌지 우드스틱으로 무늬를 만들어준다.
④ 오렌지 우드스틱으로 스톤을 올린다.
⑤ 탑 코트를 바른다.
⑥ 완성

2) 워터 마블 (Water Marble)

(1) 시술 재료

① 베이스 코트　　② 두 가지 이상의 팔리쉬　　③ 오렌지 우드스틱
④ 탑 코트　　　　⑤ 팔리쉬 리무버　　　　　　⑥ 솜
⑦ 종이컵

(2) 시술 방법

① 베이스 컬러를 바른다.
② 팔리쉬를 떨어트린다.
③ 오렌지 우드스틱으로 무늬를 만들어준다.
④ 손을 넣어준다.(네일 주위피부에 오일을 바르고 손을 넣으면 후에 피부에 묻은 팔리쉬를 제거하기가 용이하다.)
⑤ 오렌지 우드스틱으로 네일 주변에 묻은 팔리쉬를 닦아 준다.
⑥ 스톤을 붙여준다.
⑦ 탑 코트를 바른다.
⑧ 완성

3. 데칼 아트 (Decal Art)

데칼은 데칼코마니(Decalcomanie)라는 용어에서 비롯되었고 무늬가 그려진 얇은 스티커를 손톱에 붙여 아름답게 표현하는 것이다.
원하는 디자인을 오려서 물에 불려 그림만 떼어내어 디자인하는 워터 데칼과 물에 불리지 않고 바로 디자인하는 드라이 데칼이 있다.

1) 시술 재료

① 베이스 코트　② 팔리쉬　③ 데칼　④ 가위　⑤ 핀셋
⑥ 스톤　⑦ 오렌지 우드스틱　⑧ 탑 코트

2) 시술 방법

① 베이스 컬러를 바른다.

② 사선 프렌치 컬러를 바른다.

③ 디자인한 데칼을 오려서 붙인다.

④ 오렌지 우드스틱으로 스톤을 올린다.(글루나 젤 글루를 사용하여 고정시킨다.)

⑤ 탑 코트를 바른다.

⑥ 완성

4. 라인스톤 (Line stone Art)

라인스톤은 크고 작은 여러 가지 인조 큐빅을 말하며, 다양한 큐빅을 사용하여 디자인한 아트를 연출할 수 있다.

1) 시술 재료

① 베이스 코트　② 팔리쉬　③ 라인스톤　④ 글리터
⑤ 스톤　　　　⑥ 글루　　⑦ 핀셋　　　⑧ 탑코트

2) 시술 방법

① 탑 코트를 바른 후 베이스에 글리터를 올린다.
② 탑 코트나 글루를 바른다.
③ 핀셋을 사용하여 스톤을 부착한다.
④ 완성

5. 스트라이핑 테이프 아트(Striping Tape Art)

라인테이프를 사용하여 쉽고 간단하게 하는 아트이며, 골드와 실버가 가장 많이 사용되며 세련된 디자인을 연출한다.

1) 시술 재료

① 베이스 코트   ② 팔리쉬   ③ 라인테이프   ④ 가위
⑤ 핀셋   ⑥ 스톤   ⑦ 오렌지 우드스틱   ⑧ 탑 코트

2) 시술 방법

① 베이스 컬러로 사선프렌치를 바른다.
② 핀셋을 이용하여 라인테이프를 붙인다.
③ 핀셋을 사용하여 스톤을 부착 후 탑 코트를 바른다.
④ 완성

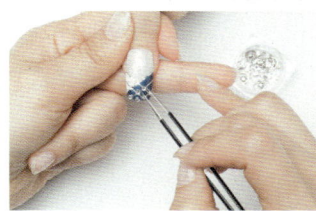

6. 댕글 아트 (Dangle Art)

핸드드릴을 사용하여 손톱의 후리 엣지 부분을 뚫어서 여러 가지 댕글을 달아 장식하는 것을 말한다.

1) 시술 재료

① 팔리쉬   ② 댕글   ③ 핸드드릴   ④ 핀셋   ⑤탑코트

2) 시술 방법

① 베이스 컬러를 바른다.
② 핸드드릴로 후리 엣지 부분을 뚫는다.
③ 댕글을 달고 탑코트로 고정
④ 완성

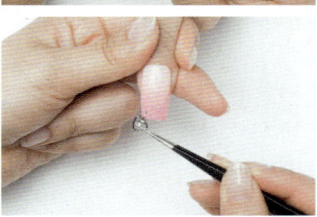

7. 포크아트 & 핸드페인팅 (Folk Art & Hand Fainting)

포크아트는 톨페인팅이라고도 불리며 유럽과 미국에서 오래전부터 일반화된 공예 기법으로 이 포크아트 기법을 네일아트에 접목하여 브러시 양쪽에 다른 색 물감을 바른 후 여러 가지 디자인을 하는 것이고, 핸드 페인팅은 세필브러시 등의 얇고 두꺼운 브러시로 섬세하게 표현하는 것을 말한다.

1) 시술 재료

① 팔리쉬   ② 사선브러시   ③ 세필브러시   ④ 아크릴 물감
⑤ 물통   ⑥ 파렛트   ⑦ 탑코트

(1) 포크아트 (Folk Art)

① 베이스 컬러를 바른다.
② 나뭇잎을 그린다.
(사선 브러시 양쪽에 다른색 물감을 발라 그라데이션하여 브러시를 돌려 그려줌)
③ 데이지 꽃을 그린다.
④ 핀셋으로 스톤을 올리고 탑 코트로 마무리 한다.
⑤ 완성

 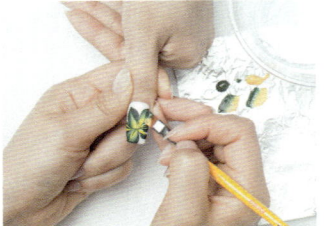 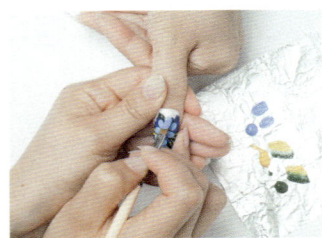

(2) 핸드페인팅(Hand Fainting)

① 베이스 컬러를 바른다.
② 세필 브러시로 레이스를 그린다.
③ 핀셋으로 스톤을 올린다.
④ 탑 코트로 마무리한다.
⑤ 완성

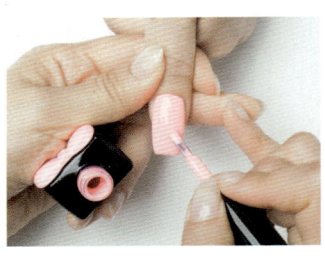  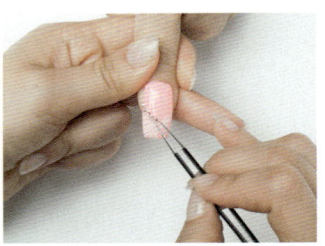
 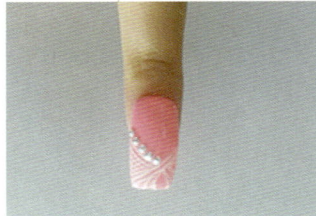

8. 에어브러시 (Air Brush Art)

압축된 공기로 물감을 분사하여 스텐실의 디자인 모양을 손톱 위에 찍어내듯이 디자인 한다.

1) 시술 재료

① 콤프레셔   ② 에어브러시 건   ③ 에어브러시용 물감   ④ 스텐실   ⑤ 탑코트

2) 시술 방법

① 베이스 칼라를 그라데이션 기법으로 분사한다.
② 스텐실 디자인을 분사한다. (스텐실을 여러 조각으로 나누어 디자인한후 필요한 부분만 에어브러시를 분사하여 디자인한다.)
③ 아래 디자인을 분사한다.
④ 탑 코트로 마무리한다.
⑤ 완성

 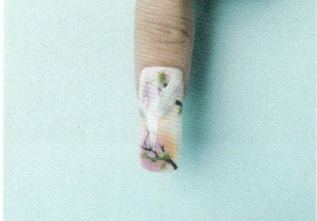

9. 디자인젤 (Gel Desingn Art)

여러 가지 색상의 젤을 사용하여 핸드 페인팅이나 마블 기법으로 디자인 하는 것이다.

1) 시술 재료

① 베이스 젤   ② 여러색상의 젤   ③ 글리터   ④ 볼륨젤
⑤ 탑젤   ⑥ 파일   ⑦ 버퍼   ⑧ 젤브러시

1) 시술 방법

① 베이스젤을 바른다
② 검은색 젤로 나비모양을 디자인한다.
③ 여러색 컬러를 세필브러시로 그어 마블디자인한다.
④ 탑 젤로 마무리 한다.
⑤ 완성

 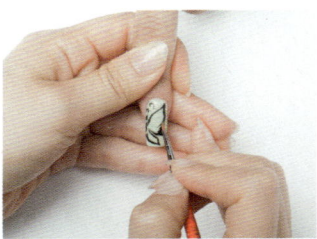 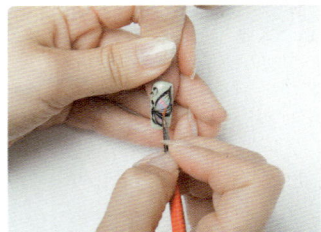

10. 디자인스캅춰

모노모와 컬러 아크릴파우더를 사용해서 입체감있게 디자인하는 아트이다.

1) 시술 재료

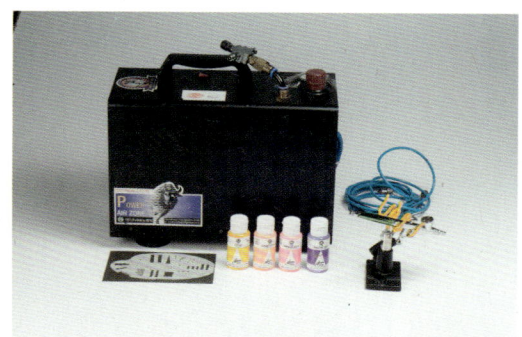

① 모노모　　② 컬러 아크릴 파우더　　③ 클리어 아크릴 파우더
④ 종이폼　　⑤ 아크릴 브러시　　⑥ 글리터
⑦ 파일　　⑧ 버퍼　　⑨ 3Way

2) 시술 방법

① 베이스를 바른다.
② 아크릴 파우더로 꽃잎을 만든다.
③ 세필브러시로 레이스를 그린다.
④ 완성

11. 3D (Three Dimensions)

3D는 3차원이라는 뜻을 지니고 있으며 입체적인 장식물을 만드는 것으로 네일아트 재료를 모두 사용하여 만들 수 있으며, 전체면을 다 볼 수 있도록 제작하는 것을 원칙으로 한다.

1) 시술 재료

① 모노모　② 아크릴 파우더　③ 알루미늄호일　④ 철사
⑤ 아크릴 브러시　⑥ 핀셋　⑦ 글루

2) 시술 방법

① 뼈대를 만든다.
② 알루미늄 호일에 익스춰를 얇게 펴서 디자인한다.
③ 뼈대에 아크릴을 붙인다.
④ 아크릴 물감으로 색칠을 한다.
⑤ 완성본을 붙인다.
⑥ 완성

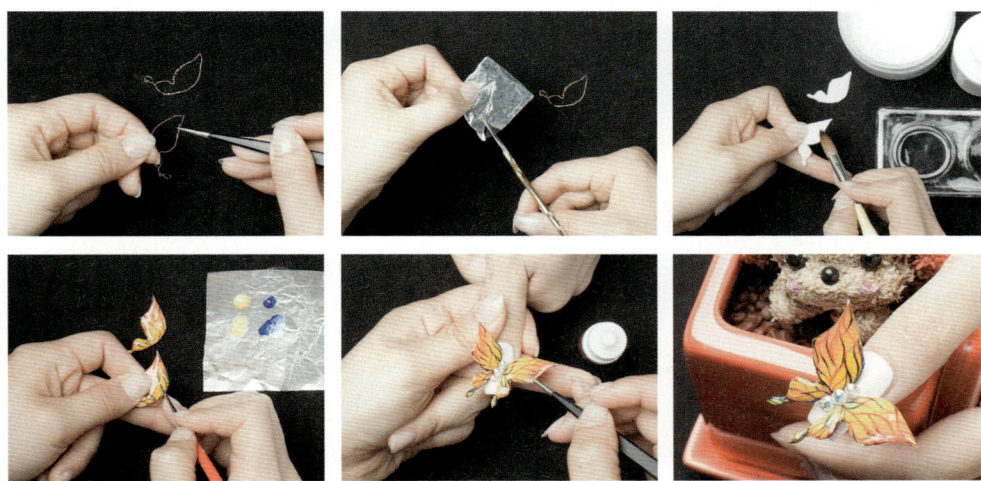

예/상/문/제

01. 팔리쉬 그라데이션 시술 시 사용되지 않는 것은?

① 에어브러시
② 우드스틱
③ 탑코트
④ 스폰지

02. 여러 가지 에나멜을 떨어뜨려 툴(tool)을 이용하여 자연스럽게 섞어주는 디자인 방법은?

① 에어브러시
② 마블
③ 콘페티
④ 프렌치 디자인

03. 프로트랜스 재료로 사용하지 않는 것은?

① 알코올   ② 물
③ 가위   ④ 인쇄된 종이

Answer: 종이 위에 인쇄된 특정 그림을 필름상태로 만들어 붙이는 방법이다.

04. 수성 페인트로 핸드 페인팅 한 후 탑코트를 바르지 않으면 어떤 현상이 생기는가?

① 문제없다.
② 기포가 생긴다.
③ 색깔이 선명 해진다.
④ 물에 용해된다.

05. 워터마블 디자인을 연출 할 때 네일 표면에 기포가 생기지 않고 매끄럽게 하기 위한 방법은?

① 베이스 코트를 미리 바른다.
② 탑 코트를 바른다.
③ 바세린을 미리 바른다.
④ 큐티클 오일을 미리 바른다.

Answer: 네일표면의 접착력을 높여준다.

06. 아크릴 파우더와 리퀴드를 사용하여 형상을 만들어내는 입체디자인의 명칭은?

① 포크아트 ② 2D
③ 3D ④ 그라데이션

Answer: 3D(Three-dimension)은 입체적으로 디자인 하는 것이다.

07. 다음 중 연결이 잘못 된 것은?

① 마블- 대리석 무늬를 나타내는 디자인
② 에어브러시- 공기를 분사하여 스텐실을 이용한 디자인
③ 프로트랜스- 종이위에 인쇄된 특정 그림이나 사진을 이용한 디자인
④ 스트라이핑 테이프- 짧은 직선이나 곡선을 이용한 디자인

08. 라인스톤(인조보석)을 붙일 때 사용하는 도구는?

① 니퍼 ② 오렌지 우드스틱
③ 우드화일 ④ 메탈푸셔

09. 에어브러시 건 사용 후 가장 올바른 관리 방법은?

① 물감이 마르기 전에 완벽하게 세척한다.
② 분리한 후 물 속에 담가둔다.
③ 아세톤으로 닦는다.
④ 사용 후 그대로 방치한다.

10. 작은 핸드 드릴을 이용해 인조 손톱의 후리 엣지 부분을 뚫어서 액세서리 등으로 장식하는 방법을 무엇이라 하는가?

① 댕글 ② 라인스톤
③ 데칼 ④ 워터마블

정답 01. ① 02. ② 03. ① 04. ④ 05. ① 06. ③ 07. ④ 08. ② 09. ① 10. ①

Chapter 08

비트

1. 기초지식

비트(버)는 공업용 또는 의료용으로 사용되어 오다가 근래에 들어서 네일 아트에까지 사용되기 시작했다. 기본 사용원리는 같으나 목적은 다르다 할 수 있다.

비트(버)용어

- 일렉트릭 파일(electric file):전기를 사용하는 줄(전동드릴)
- 비트(Bit/Bur):Bit - 보편적으로 구멍을 뚫을 때 사용하는 도구를 말한다.
  Bur - 다양한 소재로 만들어 지지만 주 용도는 연마, 연삭에 사용되는 도구를 말한다.
- Grinding Down:갈아낸다.
- Grinding Off:삭제(제거)한다.
- RPM(Revolutors Per Minute):분당 회전수
- Straight Handpiece:일자형의 핸드피스(네일용으로 사용하기 적합하다.)
- 비트(버)의 각 부분의 명칭   Neck(목)

Tip(Edge:날,모서리) Body(몸통) Heel(뒤축) Shank(자루)

2. 시술 과정

1) 매니큐어

(1) 핸드피스 회전방향과 비트 진행방향

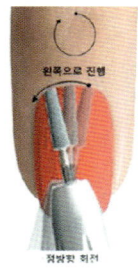 

① 양방향 (정, 역방향) 모두 사용한다. (날이 없는 비트(버)는 양쪽방향으로 사용 가능하다.)
② 진행방향은 회전방향의 반대방향으로 진행한다.
③ 진행방향이 바뀌면 반드시 회전방향을 반대로 조절한다.
④ 왼쪽 · 정방향 회전
⑤ 오른쪽 · 역방향 회전

 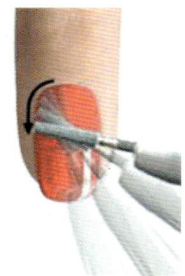 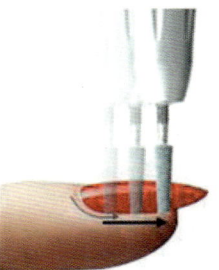

직선구간
큐티클 라인에 밀착시켜 힘으로 밀거나 누르지 않는다. 미끄러지듯 반복하여 진행한다.

코너구간
큐티클 라인에 밀착시켜 비트가 피부쪽으로 넘어서지 않도록 주의하여 당기면서 진행한다.

사이드구간
그루브에 끼운 상태로 직선으로 세워 진행한다. 손톱면에 붙어 진행하지 않도록 주의한다.

(2) 비트(버)의 올바른 시술 각도

비트(버)의 팁 부분의 모서리가 손톱을 누르지 않도록 주의한다.

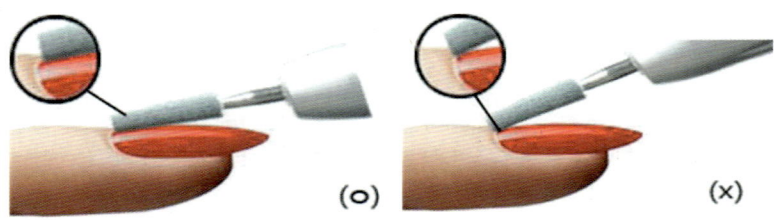

2) 패디큐어

(1) 패디큐어 전용 비트의 사용 방향

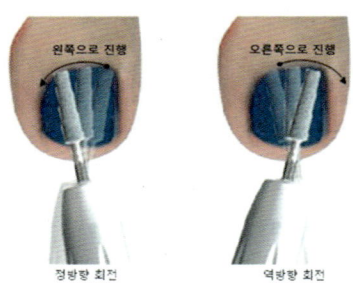

① 양방향(정, 역방향) 모두 사용 한다. (날이 없는 비트(버)는 양방향 사용이 가능하다.)
② 연삭용 날이 없는 연마용 비트는 회전 방향의 영향을 받지 않는다.
③ C04(메탈) 비트의 경우 양방향으로 사용하나, 역회전 시 40%의 기능 저하가 발생한다.

(2) 패디큐어 전용 비트의 진행 방향

① 왼쪽 진행 → 정회전 방향/오른쪽 진행 → 역회전 방향

② 큐티클을 제거하기 위한 진행방향은 회전방향의 반대이다.

③ 좌, 우 진행방향이 바뀌면 반드시 회전방향(정, 역방향)을 조절하여 사용한다.

*연속동작 진행방법 : 시작 – 코너 – 사이드

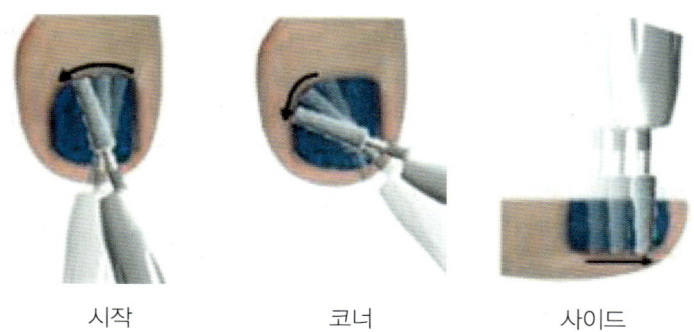

　　시작　　　　　　코너　　　　　　사이드

(3) 발바닥 각질제거

발바닥 각질용 비트(버)-족문 방향으로 진행하되 발바닥의 중앙에서 바깥쪽으로 사용한다.

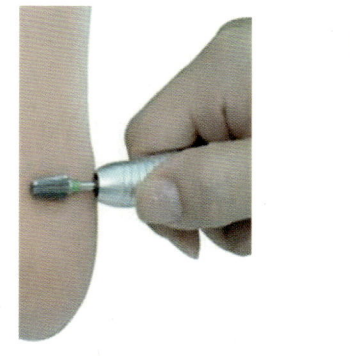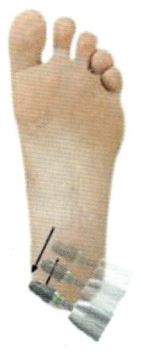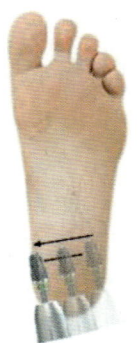

① 비트의 시술 각도는 발바닥 표면과 수평을 이룬다. (0º) 비트의 날 부위가 발바닥의 굳은살 부위와 수평이 되도록 사용하되, 갈라져 상처가 난 부분은 비트가 그 부위에 끼거나, 상처에 닿지 않도록 주의하여 사용하여야 한다.

② 굳은살 제거 시 핸드피스를 손바닥 전체로 감싸듯 말아 쥐고, 엄지는 뻗어 핸드피스를 받치는 형태를 취한다.

③ 국소부위(인이 박힌 굳은살)는 연필 쥐는 듯한(그라인딩 파지법)형태를 취한다. 굳은살 제거 시 핸드피스의 파지법은 상황에 맞도록 파지한다.

④ 시술 방향
　　㉠ 인이 박힌 굳은살은 결대로 그라인딩 한다.
　　㉡ 피부가 일어난 굳은살은 피부가 붙어 있는 쪽에서 벌어져 있는 쪽으로 그라인딩, 피부가 붙어있는 쪽에서 떨어져 있는 쪽 사선방향 그라인딩을 해 준 뒤, 족문 방향으로 마무리한다.
　　㉢ 갈라져 있는 굳은살은 갈라진 방향대로 그라인딩 한 후 갈라진 깊이가 낮아지면 사선 또는 갈라져있는 방향의 가로 방향 등 사방으로 제거 후 마무리는 족문 방향으로 쓸어준다.
　　㉣ 핸드피스는 힘을 주어 잡되, 비트(버)는 피부에 최대한 가볍게 접촉하여 시술한다.

> **주의사항**
> 비트가 움직이지 않고 한자리에 멈추어 있을 경우 피부가 손상되거나, 열이 발생할 수 있어 주의하여야 한다.

3) 그라인딩 다운(표면 갈아내기)

(1) 비트의 올바른 사용 각도

① 비트의 각도 및 사용 부위
　　㉠ 비트의 시술 각도는 젤/아크릴릭 표면과 [수평](0º)을 이루고, 손톱 바디 부분을 상, 중, 하로 나누어 [힐, 센터, 팁]으로 구분하여 진행한다.
　　㉡ 손톱의 연장부의 엣지는 비트의 [힐]부분으로 그라인딩, 중간부분은 비트의 [센터]로 그라인딩, 큐티클 라인은 비트의 [팁]부분으로 그라인딩한다.

 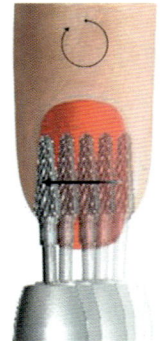 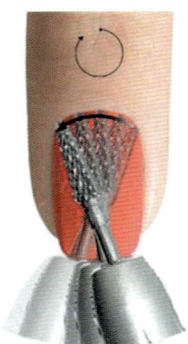

② 그라인딩 다운 모션
    ㉠ 엣지 → 큐티클 라인까지 수평으로 그라인딩한다.
    ㉡ 사용 시 연장부의 오른쪽에서 [빗각]을 유지하도록 주의한다. 그렇지 않을 경우 비트가 연장부 밑으로 빨려 들어갈 수 있다.

(2) 핸드피스 회전 방향과 비트 진행방향

① 젤·아크릴릭 전용 비트의 사용 방향
정방향(시계 반대 방향)으로만 사용한다. 역방향으로 사용할 경우 절삭력이 없으며, 손톱에 충격을 준다.(젤·아크릴릭 비트는 회전 방향에 영향을 받는다)
② 젤·아크릴릭 전용 비트의 진행 방향
오른쪽 → 왼쪽 방향/엣지 → 큐티클 라인 쪽으로 양을 조절하며 그라인딩한다.(연속 동작)

(3) 주의사항

① [역방향]으로는 사용하지 않는다.
② 비트의 지름과 날의 크기, 형태에 따라 그라인딩 오프, 및 다운(표면정리)용으로 구분하여 사용한다.
③ 그라인딩 중 멈추는 일이 없도록 주의한다.(진행 중 멈출 경우 깊게 파여 손톱에 손상을 줄 수 있다.)
④ 비트 사용 시 힘을 주어 사용하지 않도록 주의한다.(힘을 주에 누를 경우 비트에 열이 발생 하여 손톱에 전달되고, 젤·아크릴이 비트날에 녹아 붙는다.)

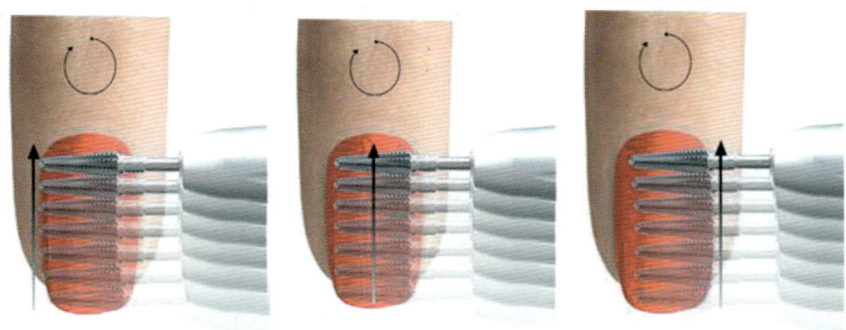

4) 그라인딩 오프(제거하기)

(1) 그라인딩 오프 모션

① 레귤러 테크닉

숙련 기간이 필요 하지만 가장 빠르게 오프가 가능한 방법이다.

비트의 3가지 부위 [힐, 센터, 팁] 중 원하는 부위로 큐티클 라인에서 후리 엣지 방향으로 균일한 힘과 속도를 유지하여 직선으로 당기듯 끌어내리는 방법

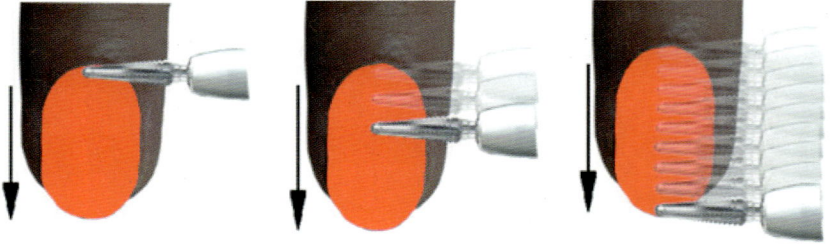

② 레귤러 사선 테크닉

비트의 모든 날을 사용하여 갈아내는 방법이며, 파츠제거 및 두껍고 거친 표면 갈아 낼 때 사용한다.

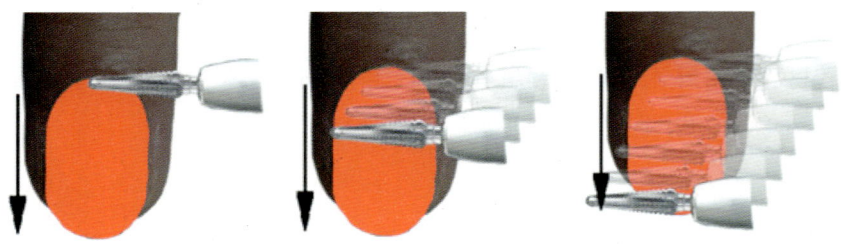

비트의 3가지 부위 [힐, 센터, 팁]을 큐티클 라인(팁)에서 후리 엣지(힐) 방향으로 비트의 날을 움직여(팁→센터→힐) 사선으로 끌어내리는 방법

③ 레귤러 스윙 테크닉
영양제나 글루, 베이스 젤 제거 후 빗각으로(좌, 우) 흔들며(비비다) 제거하는 방법이다. 비트의 센터 부위를 이용하여 빗각으로 왼쪽에서 오른쪽, 오른쪽에서 왼쪽으로 일정한 속도를 유지하며 빠르게 흔들며(비비며) 사용하는 방법

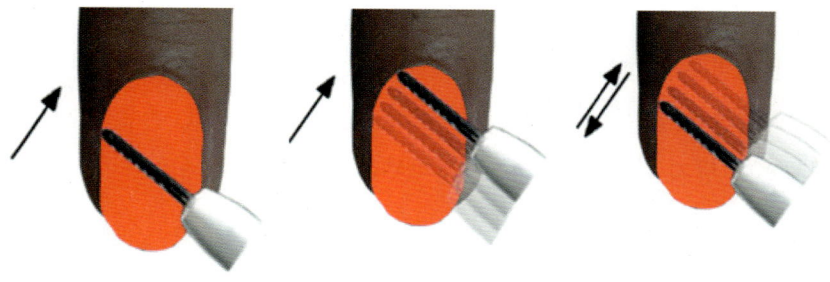

④ 백스텝 테크닉
손톱 손상을 최소화 할 수 있으며, 가장 손쉽게 사용할 수 있는 방법이다.
비트의 3가지 부위 [힐, 센터, 팁] 중 원하는 부위로 후리 엣지에서 큐티클라인 방향으로 직선으로 밀듯 올라가는 방법. 많은 양을 빠르게 제거하기 위해서는 힐 부위를 사용하여 제거

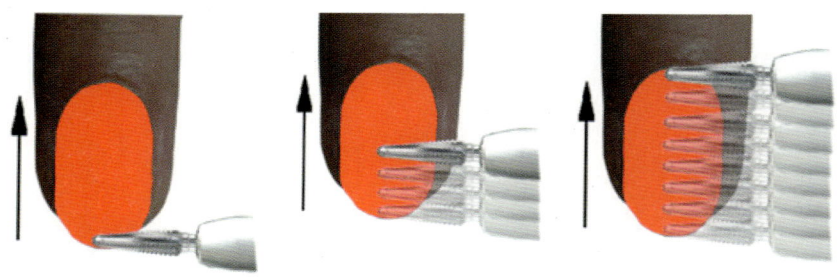

> **백스텝의 특징**
>
> 손톱의 바디 부분의 속도와 연장(손톱) 부위의 속도를 달리 하여야 한다. 진동이 받쳐주는 베이스가 있는 곳의 속도를 빨리 하고, 베이스가 없는 연장 부위는 속도를 느리게 하여 오프 양을 일정하게 조절 할 수가 있다.

(2) 주의사항

① 역방향으로는 사용하지 않는다.(정방향으로만 사용)
② 오프 시술 중간에 멈추는 일이 없도록 유의한다.
③ 비트 사용 시 과다한 힘을 주어 사용하지 않도록 주의한다. (발열, 손톱 손상)
④ 큐티클 센터라인에 닿지 않도록 주의 한다.(피부손상)

예/상/문/제

01. 공업용 또는 의료용으로 사용되어 오다가 근래에 들어서 네일 아트에 까지 사용되기 시작한 네일 기구를 무엇이라 하는가?

① 워머기   ② 파라핀
③ 비트   ④ 네일드라이어

02. 비트의 사용 방법이다. 다음 중 틀린 것은?

① 어떤 비트를 사용하든 항상 손톱면에서 수평으로 유지해야 한다.
② 머신이 지나치게 가열된 경우에는 RPM을 내려 사용한다.
③ 시술 시 손톱을 감거나 삐걱거리면 RPM을 높여야 한다.
④ 고객이 뜨거움을 느낀다면 잠시 멈추고 RPM을 낮춰 시술한다.

03. 비트가 1분간 회전하는 수를 말하는 단어는?

① RPM   ② Henna
③ Nevus   ④ HIV

04. 비트에 대한 설명이다. 다음 중 틀린 것은?

① 비트 시술이 끝나면 브러시로 먼지를 털고 소독액에 담가둔다.
② 깨끗한 마무리를 하기 위해 거친 비트에서 부드러운 비트로 바꿔가면서 사용한다.
③ 비트 시술 시 일반 파일은 절대 사용하면 안 된다.
④ 큐티클 센터라인에 닿지 않도록 주의 한다.

05. 비트에 관한 설명이다. 다음 중 틀린 것은?

① 보통 비트는 시계 반대방향으로 회전한다.
② 마찰열로 고객이 뜨거움을 느끼면 비트의 회전 방향을 역방향으로 바꿔 시술하면 된다.
③ 비트의 스피드를 RPM이라 한다.
④ 시술이 끝나면 다음 고객을 위해 반드시 비트를 소독을 해야한다.

정답 01. ③ 02. ③ 03. ① 04. ③ 05. ②

06. 비트 시술 시 틀린 것은?

① 손톱 표면에 울퉁불퉁한 곳이 있다면 그곳만 오랫동안 갈아준다.
② 비트 사용 시 제조회사의 설명서를 충분히 따라야 한다.
③ 시술 시 너무 많은 힘을 가해 사용하면 안 된다.
④ 안전한 취급방법, 적절한 위행관리, 올바른 사용 방법을 배우고 시술한다.

07. 비트 사용 시 회전속도가 너무 빠르면 마찰열로 인해 고객이 뜨거움을 느낄 수 있다. 대처방법은?

① 찬물에 손을 담근다.
② 소독제를 뿌려준다.
③ 머신을 역방향으로 돌려 사용한다.
④ 작업을 중단하고 속도를 늦춰 사용한다.

08. 비트의 사용방법 중 틀린 것은?

① 비트는 일회용이므로 한번 쓰고 버려야 한다.
② 시술이 편리 하도록 시술자의 손목을 테이블에서 떼고 시술한다.
③ 시술 종류에 따라 다른 종류의 비트를 사용한다.
④ 머신이 지나치게 가열된 경우에는 RPM을 내려 속도를 줄여야 한다.

09. 비트 시술 시 RPM에 관한 설명이다. 이중 틀린 것은?

① 비트가 1분간 회전하는 수를 뜻한다.
② 보통 최저0~100RPM에서 최고 35,000RPM까지 속도를 낼 수 있다.
③ 일반적으로 5,000RPM에서 15,000RPM이 네일 시술에 적당하다.
④ 네일 표면을 매끄럽게 갈기 위해서는 비트에 상관없이 RPM을 높여야 한다.

10. 비트의 선택방법 중 틀린 것은?

① 네일리스트 개인의 취향에 따라 여러 종류의 비트를 구성해도 된다.
② 고객이 원하는 그릿(Grit)의 비트로 시술한다.
③ 시술의 종류에 따라 사용되는 비트가 다르다.
④ 비트세트는 그릿(Grit) 수가 다양한 것들로 구성되어 있다.

정답 06. ① 07. ④ 08. ① 09. ④ 10. ②

부록
네일아트 갤러리

Design by 안은주, 박경옥, 김아인

Design by 안은주

Design by 안은주

Design by 안은주

Design by 안은주

Design by 안은주

Design by 박경옥

Design by 박경옥

Design by 박경옥

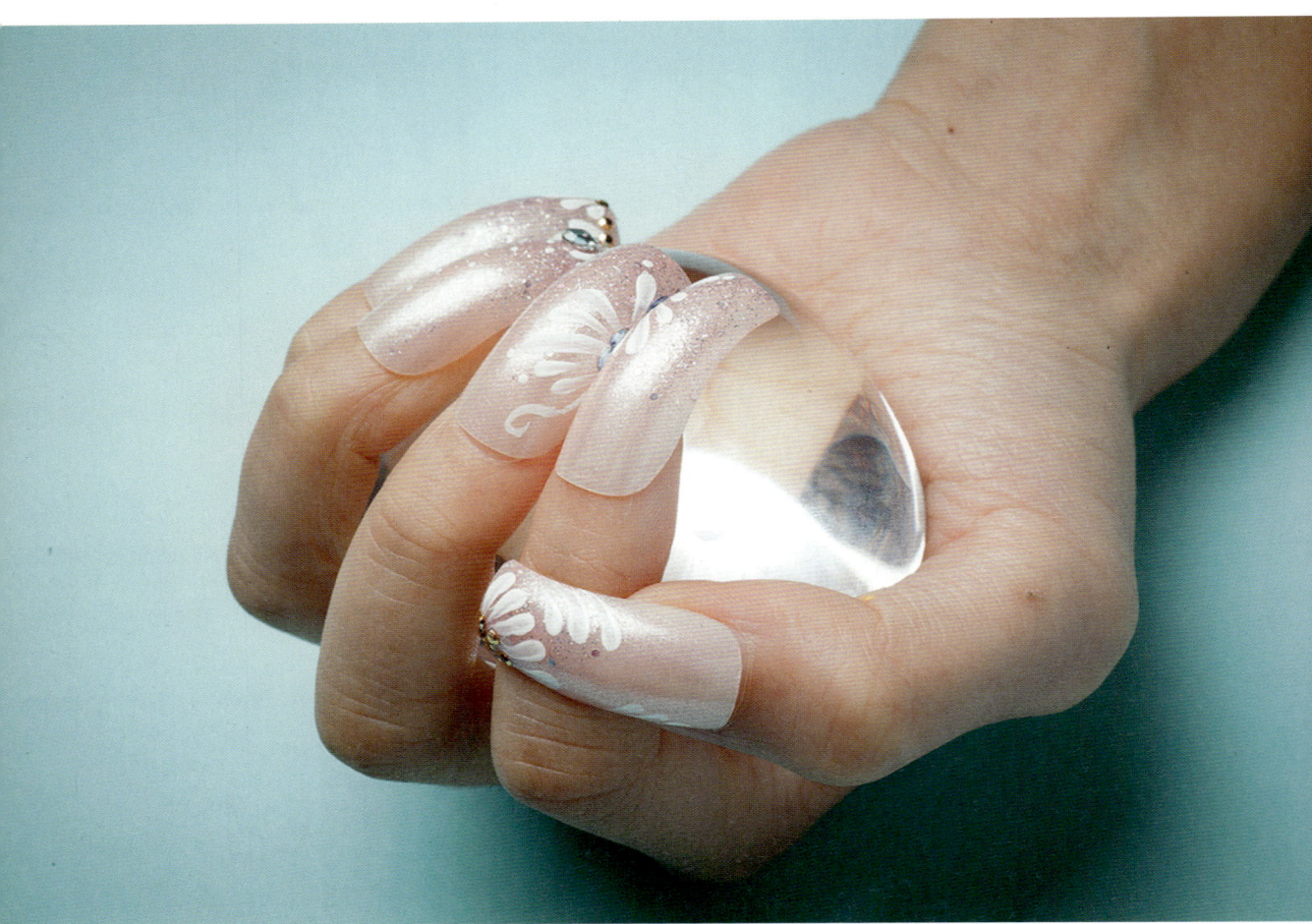

Design by 박경옥

Design by 박경옥

Design by 박경옥

Design by 안은주 & 김아인

Design by 안은주 & 김아인

Design by 안은주 & 김아인

Design by 안은주 & 김아인

참고문헌

최정순 외(2013)『Nail to Nail』한맥출판사
한국네일협회(2013)『네일 레슨』한국네일예술진흥원
김나영 외(2012)『네일아트Tecnology』광문각
권태일 외(2013)『네일아트』메디시언
김샤샤 외(2014)『알롱제 피부미용사』박문각
여상미(2008)『네일케어 & 아트』형설
편수명(2009)『네일아트를 위한 색채학 개론』코리아 기획
김경미 외(2009)『Nail Art Manual Book』광문각

논문- 박미희, 유태순『국내 패션과 네일아트 트렌드의 비교』한국디자인포럼
　　　김영옥, 정연자『한국적 이미지를 표현한 3D 네일아트에 관한 연구』동양예술

협찬

HM BIT
http://blog.naver.com/hmbit
Tel. 02-354-4141

보스네일
www.bossnail.co.kr
02-392-0281

플러스 스튜디오　최창락 감독님
　　　　　　　　　010-6266-4777

국가기술자격시험 미용사(네일)

한 권으로 **합격**

네일미용사

네일미용국가자격증연구소 감수

김샤샤/김은희/박경옥/안은주/이현숙 공저

TRM (주)영림미디어

목차

PART 1
네일 개론

Chapter 1. 네일미용의 역사 • 5
Chapter 2. 네일미용 개론 • 7
Chapter 3. 해부생리학 • 12

PART 2
피부학

Chapter 1. 피부와 피부 부속 기관 • 20
Chapter 2. 피부유형분석 • 22
Chapter 3. 피부와 영양 • 24
Chapter 4. 피부장애와 질환 • 26
Chapter 5. 피부와 광선 • 28
Chapter 6. 피부면역 • 29
Chapter 7. 피부노화 • 30

PART 3
공중위생관리학

Chapter 1. 공중보건학 • 32
Chapter 2. 소독학 • 35
Chapter 3. 공중위생관리법규
　　　　　(법, 시행령, 시행규칙) • 38

PART 4
화장품학

Chapter 1. 화장품학개론 • 43
Chapter 2. 화장품제조 • 44
Chapter 3. 화장품의 종류와 기능 • 53

PART 5
네일미용 기술

Chapter 1. 손톱 및 발톱 관리 • 71
Chapter 2. 인조 네일 • 74

네일 개론

Chapter 01
네일미용의 역사

1. 네일 미용의 정의
① 네일의 모양, 큐티클 정리, 컬러링, 관리, 굳은살 제거, 인조 네일 시술 등 손톱과 발톱에 관한 관리의 모든 것
② 매니큐어란 라틴어 마누스(Manus, 손)와 큐라(Cura, 관리)의 합성어로 손에 관한 전체적인 관리를 의미
③ 패디큐어란 패디스(Pedis, 발)와 큐라(Cura, 관리)의 합성어로 발에 관한 전체적인 관리를 의미

2. 네일 미용의 목적
① 보호하는 목적
② 장식적인 목적
③ 심미적 목적
④ 장식적 목적
⑤ 사회적 목적

3. 한국의 네일미용

1988년	우리나라 최초의 네일아트 숍인 그리피스가 이태원에 오픈
1996년	압구정 백화점에 네일 코너가 입점 되어 대중에게 알려지기 시작
1997년	인기스타들이 네일 미용을 하면서 네일 미용의 대중화가 시작되었으며, 여러 개의 재료 납품 업체가 등장
1998년	민간 자격시험제도가 도입되고 시행되었고 네일에 관련된 협회들이 결성되어 네일 전문 학원, 미용학교, 대학에서의 네일 관리학 수업이 신설
2002년	네일 산업의 호황기
2004년	경기 침체로 인한 네일 산업의 구조 조정기
2010년	현재 전국의 백화점, 미용실, 사우나, 쇼핑몰 등 어디서나 성행

4. 외국의 네일미용
① 서양의 네일미용

이집트(Egypt)	파라오 무덤에서 금으로 만든 매니큐어 세트가 발견 미라의 손톱에 빨간색(주적, 건강의 의미)을 입히거나 태양신에 바치는 제사에도 사용 헤나(henna)라는 관목에서 붉은색과 오렌지색 추출하여 손톱의 색 신분별 차이를 두어 상류층은 짙은 색, 하류층은 옅은 색만을 허용
중세 시대	영국에서는 식사 전에 장미수로 손을 씻었음 이탈리아는 섬세하고 긴 손톱이 아름다운 여성의 기준 주술적인 의미로 남성의 네일 관리가 시작
르네상스 (Renaissance) 시대	손톱의 색상이 붉은색이고 손과 손가락이 희고 긴 것이 미의 기준 프랑스의 왕비였던 카트린 드 메디시스(Catherine de Médicis)는 손을 보호하기 위해 잠자리에 들기 전에 장갑을 착용하였다.

Part 1 네일 개론

바로크 시대		베르사유 궁전에서는 한쪽 손의 손톱을 길러 문을 긁도록 하였음
로코코 시대		네일 제품이 개발되어 대중화가 된 시기
근대	1800년	아몬드형 네일 모양이 유행. 향이 있는 붉은색 기름을 바르고 샤미스(Chamois, 염소나 양의 부드러운 가죽)로 광택
	1830년	유럽의 발 전문의사인 시트(Sits)에 의해 오렌지 우드스틱이 고안
	1880년	네일 관리가 대중화 되었으며 첨탑(pointed type) 모양이 유행
	1885년	니트로셀룰로오스(네일 폴리시의 필름 형성제)를 개발
	1892년	발 전문의인 사인 시트(Sits)의 조카에 의해 네일 아티스트가 새로운 직업으로 미국에 도입
현대	1900년	메탈 파일이나 메탈 가위가 이용 에나멜을 도포할 때에는 낙타털로 만든 붓을 사용 광택을 내기 위하여 크림이나 가루를 사용
	1910년	미국의 매니큐어 제조회사 플라워리(Flowery)가 설립되어 금속 파일과 사포로 된 파일이 제작
	1917년	보그 잡지에 Dr.코로니(Coroni)의 네일 홈케어 제품이 소개
	1919년	최초의 특허제품인 연분홍색의 에나멜이 제조
	1925년	네일 에나멜의 산업이 본격화되면서 일반 상점에서 에나멜 구입이 가능. 달 매니큐어(Moon Manicure)가 유행
	1927년	큐티클 크림, 큐티클 리무버, 프렌치 매니큐어 전용 흰색 에나멜이 제조
	1930년	제나(Gena) 연구팀에서 큐티클 오일, 에나멜 리무버, 워머 로션 등이 개발 다양한 계통의 빨간색 폴리시가 출시
	1932년	레블론(Revlon)사에서 최초로 립스틱과 잘 어울리는 색상의 네일 폴리시를 출시
	1935년	인조 네일이 개발
	1940년	리타 헤이워스(Rita Heyworth)에 의해 풀코트 기법 및 빨간색 네일이 유행. 이발소에서 남성들이 기본적인 손톱관리를 받기 시작
	1948년	노린 레호(Noreen Reho)가 매니큐어 시 기구를 사용하기 시작
	1956년	헬렌 걸리(Helen Gouley)에 의해 미용학교 교육과정에 네일이 포함
	1957년	호일을 사용한 아크릴릭 네일이 최초 시행되었으며 패디큐어가 등장
	1960년	실크나 린넨을 이용하여 약한 네일을 보강
	1967년	손과 발에 트리트먼트를 시작
	1970년	네일팁과 아크릴릭 네일이 본격적으로 사용 치과 재료에서 현재 사용 중인 아크릴릭 네일 제품이 개발
	1973년	네일 회사(IBD)가 처음으로 네일 접착제와 접착식 인조손톱을 개발
	1975년	미국 식약청(FDA-Food and Drug Administration)이 메틸 메타 아크릴릭레이트(MMA)의 사용을 금지
	1981년	에씨(Essie), 오피아이(OPI), 스타(star) 등의 회사에서 네일전문 제품이 출시되었으며 네일 액세서리가 등장
	1982년	미국의 타미 테일러(Tammy Taylor)에 의해 파우더, 프라이머, 리퀴드 등의 아크릴릭 네일 제품이 개발되었다.
	1989년	세계경쟁성장과 더불어 네일산업이 급성장기

1992년	인기스타들에 의해 대중화가 된 시기 NIA(the Nail Industry Associaion)이 창립되어 네일산업이 더욱 본격화되면서 정착
1994년	독일에서 라이트 큐어드 젤 시스템(Light Cured Gel System)이 등장 뉴욕 주에서는 네일 테크니션 면허 제도를 도입
2000년대 이후	2D, 3D 등 입체 디자인, 핸드페인팅, 에어브러시 등 다양한 아트 기법이 등장

② 동양의 네일미용

고대(BC 3000년~300년)	중국에서 조홍이라 하여 홍화를 손톱에 바르기 시작 에나멜로 알려진 최초의 페인트를 달걀흰자(난백)와 아라비아산 고무나무 수액, 벌꿀 등을 혼합하여 만들어 사용 BC 600년경 귀족들은 금색과 은색을 사용
15세기	명왕조 때 상류층의 귀족들은 신분 과시를 위해 흑색과 적색을 사용하여 특권층 신분을 표시
17세기	중국의 상류층은 역사상 가장 긴 손톱을 사용 남녀 모두 5인치 정도 길렀으며 보석이나 대나무 등으로 장식하여 손톱을 보호하였는데 이는 부의 상징의 표시 인도에서는 신분 표시를 위해 문신 바늘을 사용하여 네일 매트릭스(조모)에 색소를 주입

Chapter 02
네일미용 개론

1. 네일 미용의 안전관리

① 화학물질 안전관리
- 글루, 젤, 아크릴 리퀴드, 솔벤트 사용 시 주의
- 솔벤트나 프라이머 아세톤은 눈에 들어가지 않도록 주의
- 화학제품의 과다 사용금지
- 모든 재료는 사용 후 뚜껑 덮기
- 네일 폴리시와 글루드라이어는 인화성이 강함
- 소독제는 적정농도로 사용
- 시술시 화학약품이 눈에 들어가면 응급 처치 후 병원으로 간다.
- 시술시 제품이 피부에 닿지 않게 한다.
- 모든 용기에는 내용물에 대한 표기를 하고 어떤 화학물인지 모르는 것은 폐기한다.

② 전기안전관리
- 젖은 손으로 퓨즈 만지지 않기
- 정격퓨즈 사용
- 불량전기기구 사용하지 않기

③ 고객 안전관리
- 발 각질 제거용 면도날 재사용 금지
- 네일 팁은 조상(네일베드) 길이의 반을 넘지 않도록 붙임
- 메탈도구나 화학약품의 사용으로 알레르기가 생기는 경우 시술을 중단

- 글루의 과다사용 지양
- 큐티클을 너무 세게 밀거나 바짝 자르지 않기

2. 네일 미용인의 자세

① 스케줄을 점검하고 예약시간을 엄수하여 고객의 신뢰도를 높인다.
② 고객을 맞이하기 전 필요한 도구 및 장비 등을 청소·소독하고 청결한 상태로 관리한다.
③ 친절하고 예의바르게 고객을 맞이한다.
④ 위생적이고 단정한 옷차림으로 고객을 맞이한다.
⑤ 전문인으로서의 자신감과 긍지를 가지고 고객을 대한다.
⑥ 고객에 대한 불평을 하지 않으며 고객의 사생활을 보호하고 고객과 말다툼을 하지 않는다.
⑦ 고객에 필요에 따른 최고의 기술 제공하고 고객의 요구와 필요에 맞춰 기술을 향상한다.

3. 네일의 구조와 이해

① 네일은 태아가 자궁에서 형성될 때 나타나기 시작해 임신 8~9주경에 네일이 형성
② 네일 성장부위는 임신 12~13주까지 완성
③ 네일의 주성분인 케라틴은 탄소 51.9%, 산소 22.39%, 질소 16.09%, 황 2.80%, 수소 0.82%로 구성
④ 네일의 성장은 네일 루트(조근)에서 시작되고 가운데 손가락 네일이 가장 빠르고 엄지손가락이 제일 느리다.
⑤ 하루에 약 0.14~0.4mm 정도 자라며 한 달에 약 3~5mm정도 성장하고 완전히 자라는데 걸리는 시간은 대략 4~6개월 정도
⑥ 발톱은 손톱보다 천천히 자란다.
⑦ 네일은 평균 0.5~0.75mm의 두께이며 개체가 사망하면 네일의 성장도 정지
⑧ 네일의 외부구조(네일자체): 네일 바디, 네일 루트, 프리에지, 스트레스 포인트, 옐로우 라인

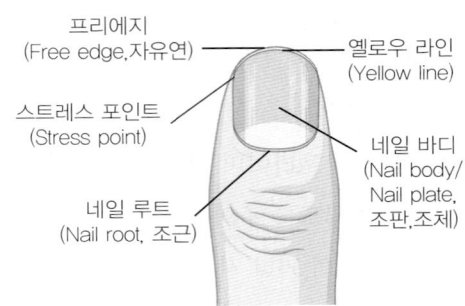

⑨ 네일의 내부구조(네일 밑):네일 베드, 네일 매트릭스, 네일 루눌라

⑩ 네일 주변의 피부

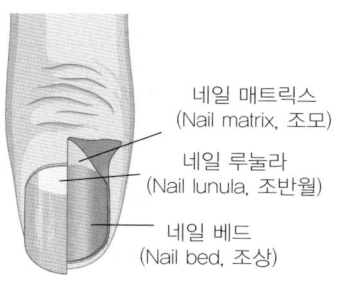

큐티클, 에포니키움, 하이포니키움, 네일 그루브, 네일 월, 네일 폴드, 파로니키움

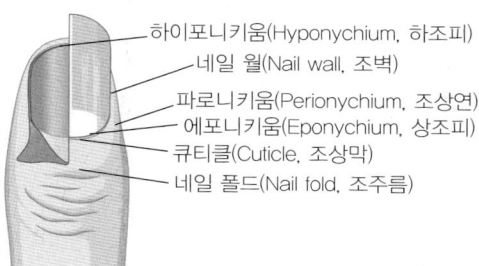

4. 네일의 특성과 형태

① 네일의 기능
- 물건을 잡거나 들어 올리는 기능
- 긁을 때 사용하는 공격의 기능
- 외부의 자극으로부터 손끝, 발끝의 피부를 보호하는 방어의 기능
- 네일을 아름답게 가꾸는 미적·장식적 기능

② 네일은 신경, 혈관이 없는 반투명 각질판으로 되어 있다.

③ 땀이 배출되지는 않으나 약 12~18%의 수분을 함유하고 있다.

④ 케라틴이라는 섬유 단백질로 구성되어 있다.

⑤ 건강한 네일은 네일이 네일 베드에 강하게 부착되어 있어야 한다.

⑥ 연한 핑크색을 띠며 매끄럽고 윤기가 있어야 한다.

⑦ 약 12~18%의 적당한 수분을 함유해야 한다.

⑧ 세균에 감염이 되어있지 않은 상태이어야 한다.

⑨ 건강한 네일 관리 방법은 손을 함부로 사용하지 않고 자주 수분과 유분을 공급한다.

⑩ 네일 강화제 또는 영양제를 사용하고 전용 폴리시 리무버를 사용한다.

⑪ 핸즈케어와 네일케어를 정기적으로 해준다.

⑫ 네일의 형태는 스퀘어 네일, 라운드 스퀘어 네일, 라운드 네일, 오발 네일, 포인트 네일이 있다.

⑬ 네일의 형태를 잡기위한 파일링 각도
- 스퀘어 네일 - 90°
- 라운드 스퀘어 네일 - 90°, 45°
- 라운드 네일 - 45°
- 오발 네일 - 15°
- 포인트 네일 - 0 ~ 10°

5. 네일의 병변

오닉스(Onyx)는 네일을 지칭하는 의학적 용어이다.

비정상적인 네일 상태 (네일 아티스트가 시술 가능한 손톱)	비정상적인 네일 상태 (네일 아티스트가 시술 불가능한 손톱)
• 거스러미 손톱(Hang Nail, 행 네일) • 멍든 손톱, 혈종(Bruised Nail/Hematoma, 헤마토마) • 변색된 손톱(Discolord Nail, 디스컬러드 네일) • 고랑파진 손톱(Furrow/Corrugations, 퍼로우/커러제이션) • 조갑 연화증(Eggshell Nail, 에그 셸 네일) • 조내생증(Onychocryptosis/Ingrown Nail, 오니코크립토시스) • 조백반증(Leuconychia, 루코니키아) • 모반점(Nevus, 니버스) • 조갑위축증(Onychatrophia, 오니코아트로피) • 교조증(Onychophagy, 오니코파지) • 조갑청맥증(Onychocyanosis, 오니코사이아노시스) • 조갑비대증(Onychauxis, 오니콕시스) • 조갑종렬증(Onychorrehexis, 오니코렉시스) • 조갑경화증(Secleronychia, 세크로니키아) • 조갑익상편(Pterygium, 테리지움) • 무조증(Anonychia, 아노니키아)	• 조갑사상균증(Nail Mold, 네일몰드) • 무좀(Tinea Pedis, 티니아 패디스) • 조갑주위염(Paronychia, 파로니키아) • 조갑염(Onychia, 오니키아) • 조갑구만증(Onychogryphosis, 오니코그리포시스) • 조진균증(Onychomycosis, 오니코마이코시스) • 조갑박리증(Onycholysis, 오니코리시스) • 조갑탈락증(Onychophosis, 오니코포시스) • 화농성 육아종(Pyrogenic Granuloma, 파이로제닉 그래뉴로마)

6. 네일 기기 및 재료

① 네일기구

네일 테이블, 시술의자, 시술패드, 손목 받침대, 재료 받침대, 파일꽂이, 솜 보관기, 습식 소독기, 자외선 살균 소독기, 네일 드라이어, 파라핀기, 네일 드릴, 젤 램프, 왁스 워머기, 각탕기, 에어 컴프레셔. 에어브러시 건

② 네일재료 및 도구

큐티클 니퍼, 푸셔, 팁 커터기, 콘 커터, 클리퍼, 실크 가위, 핸드 드릴, 더스트 브러시, 핑거볼, 디스펜서, 디펜디쉬, 오렌지 우드스틱, 파일, 쓰리웨이 버퍼, 샌딩 블록, 라운드 패드, 패디 파일, 토우 세퍼레이터, 소독용 알코올, 손 소독제, 네일 폴리시 리무버, 지혈제, 큐티클 오일, 큐티클 리무버, 네일 보강제, 베이스 코트, 톱 코트, 네일 폴리시, 폴리시 드라이어, 네일 미백제, 핸드로션, 라이트 글루, 필러 파우더, 젤 글루, 글루 드라이어, 팁, 실크, 프라이머, 아크릴 리퀴드, 아크릴 파우더, 아크릴 브러시, 아크릴 폼, 브러시 클리너, 폴리시 띠너, 젤 본더, 베이스 젤, 탑 젤, 젤, 젤 클리너, 젤 브러시, 젤 브러시 클리너, 에어브러시 물감, 스텐실.

7. 고객 관리

① 고객상담
- 성명, 성, 생년월일, 주소, E-mail 주소, 전화번호 등을 기재한다.
- 네일의 건강상태를 체크한다.
- 신체 질병 유무에 관해 상담한다.
- 알레르기여부, 생활습관에 관해 상담한다.
- 고객의 병력에 따른 네일아티스트의 유의사항을 파악한다.
- 고객이 원하는 서비스에 대해 정확히 상담한다.(고객이 추구하는 스타일, 기호)
- 고객이 최종적으로 선택한 서비스를 기록한다.
- 서비스 제공내역과 서비스 금액을 기재한다.

② 고객상담카드 작성

고객 상담, 서비스 카드							
성 명				기념일			
생년월일				핸드폰			
주 소							
E-mail							
병력							
고객의 기호							
날 짜	서비스 내용	가 격	제품판매	사용했던 제품	보관제품	네일상태	디자이너
/							

Chapter 03
해부생리학

1. 세포의 구조 및 작용

① 인체는 60조개의 세포로 구성되어 있고 세포는 모든 생물체의 기능상, 유전상, 구조상의 기본 단위이다. 생명체에서 독립적으로 생명을 유지하는 최소 단위로 1665년 영국의 로버트 훅이 발견하였다.

② 세포의 구조는 세포막, 세포핵, 세포질로 구성되어 있다.

> **세포**
> - 세포막 : 이중막
> - 핵 : 핵막, 핵질, 인(핵소체), 염색질
> - 세포질과 소기관 : 미토콘드리아, 소포체, 리소좀, 리보솜, 골지체, 중심체, 퍼옥시좀, 미세섬유, 미세소관, 섬모와 편모

③ 세포막은 인지질의 이중막으로 구성되어 세포를 출입하는 물질들의 통과를 선택적으로 조절한다(확산, 삼투, 여과, 능동수송).

④ 세포핵은 구형으로 핵막(핵공), 염색질, 인, 핵질 등으로 구성되어 있다.

- 세포의 대사를 조절하고 성장과 분열, 단백질 합성에 관여한다.
- 염색질 : DNA(유전핵산)와 단백질로 구성, 유사분열시 나타난다.
- 인 (핵소체) : RNA를 합성한다.

> DNA ⇨ mRNA(유전정보전달)(messenger RNA) ⇨ tRNA(아미노산 운반)(transfer RNA) ⇨ rRNA(리보좀 형성)(ribosome RNA)

⑤ 세포질은 반유동성 액체로 물, 전해질, 단백질, 지질, 탄수화물이 주성분이다. 세포 내 대사활동에 관여하고 세포 내 소기관들이 다양한 기능을 한다.

- 미토콘드리아(사립체) : 세포 내 에너지 공장이다. 아데노신삼인산(ATP) 에너지 생산
- 내형질세망(소포체) : 세포내·외의 물질이동, 운반, 합성, 저장, 분비의 다양한 역할

내형질세망(소포체)	
S-Er(Smooth-Er)	R-Er(Rough-Er)
표면에 리보좀이 없는 무과립 소포체로 활면소포체	표면에 리보좀이 있는 과립 소포체로 조면소포체

- 골지체 : 단백질을 합성, 저장 농축하

여 세포 외로 분비한다.
- 리보솜 : 세포 내 단백질 합성공장
- 리소좀(용해소체) : 세포 내 불필요한 물질 용해
- 중심체 : 세포분열 시에 안내자 역할
- 과산화소체 : 세포 내 독성 중화
- 미세소관과 미세섬유 : 세포의 골격기능
- 섬모(Cilia)와 편모(Flagella) : 세포 운동

⑥ 세포분열
인체는 항상 새로운 세포가 생겨나고 오래된 세포는 이 새로운 세포로 교체된다. 세포가 계속 분열하기 때문에 인체는 생명을 유지할 수 있다.
- 유사분열 : 전기(핵과 인이 소실)-중기(염색체가 가장 잘 보기는 시기)-후기-종기(말기) - 간기(DNA양이 2배)
- 감수분열 : 생식세포 분열

2. 조직구조 및 작용

① 조직과 기관, 기관계의 종류와 기능

기관계(System)	조직(Tissue)과 기관(Organ)	기능
신경기계	기능적 단위 : 신경원(뉴런) 중추신경계 : 뇌, 척수 말초신경계 : 체성신경, 자율신경	· 체내 신호전달 · 외부와 내부 환경 조절, 학습, 인지
내분비계	내분비 물질 : 호르몬, 뇌하수체, 송과선, 갑상선, 부갑상선, 췌장, 부신, 고환, 난소, 흉선	· 성장, 대사, 생식, 혈압 등의 체내 활성 조절
소화기계	주소화기 : 구강, 식도, 위, 소장, 대장 부속소화기 : 타액선, 간장, 췌장	· 영양소의 분해, 소화, 흡수, 배설
순환기계	혈액순환계 : 심장, 혈관, 혈액 림프순환계 : 림프관, 림프절, 림프액	· 혈액을 이용한 영양분 수송 · 대사 노폐물 수송
근육기계	골격근의 기능적, 수축단위 : 근절 안면근육 : 표정근, 저작근 전신근육 : 경부근, 흉부근, 배근, 복근하지근, 상지근	· 신체의 운동, 자세유지 · 체열 생산 · 호흡운동, 소화관 운동, 배변, 배뇨
골격기계	인체골격 : 206개 체간골 : 80개(두개골, 척추골, 늑골) 체지골 : 126개(상지골, 하지골)	· 몸의 지지, 장기 보호, 운동기능 · 무기물 저장소 · 조혈기능
호흡기계	폐의 기능적 단위 : 폐포, 코, 비강, 인두, 후두, 기관, 기관지, 폐	· 산소와 이산화탄소의 가스교환 · 수소이온 농도 조절
생식기계	남 : 정낭, 고환, 부고환, 전립선, 음경 여 : 난소, 난관, 자궁, 질, 유선	· 정자생성, 난자생성, 임신, 태아 발달, 태아에 영양공급
비뇨기계	기능적 단위 : 신원(네프론), 신장, 요관, 방광, 요도	· 소변을 생성하여 배출 · 혈장 내 혈액의 pH 조절
감각기계	일반감각 : 촉각, 압각, 온각, 냉각, 통각 특수감각 : 시각, 청각, 후각, 미각, 평형감각	· 감각수용기를 통한 신체 내, 외자극반응

② 인체 조직
- 조직(Tissue)은 같은 구조와 기능을 가진 세포들의 집단을 의미한다.
- 상피조직은 신체 내·외 표면을 덮고 있고 부위에 따라 다른 모양을 한다.
- 근육조직은 신체운동을 담당하는 근육으로 심장근, 골격근, 평활근이 있다.
- 결합조직은 신체를 서로 연결해주고 채워주고 지탱하게 해주는 조직이다.
- 신경조직은 몸 전체에 깔린 정보통신 연결망으로 신체 내·외부의 정보전달 기능이다.

3. 뼈(골)의 형태 및 발생

① 골조직의 형태는 골막 + 골질 + 골수이다.
② 뼈는 무기질(칼슘, 인) 45%, 유기질(대부분 콜라겐) 35%, 물 20%로 구성되어 있고 인체 조직 중 수분 함량이 가장 적은 조직이다.
③ 골막 : 뼈를 감싸주는 막, 회복, 재생, 재활능력
④ 치밀골 : 뼈의 표층부에 있는 틈이 없는 치밀질의 뼈뭉치
⑤ 해면골 : 뼈의 내부를 구성하는 해면질
⑥ 골수강 : 대퇴골처럼 큰 뼈의 중심부
⑦ 골단 : 뼈의 길이가 성장하는 부위
⑧ 골의 발생에는 연골성 골형성, 결합조직성 골형성, 전조식(轉造式) 골형성 세 가지가 있다.

4. 손과 발의 뼈대(골격)

① 손의 골격
- 수근골(16개) : 손목뼈
- 중수골(10개) : 손바닥을 이루는 뼈
- 지골(28개) : 손가락을 이루는 뼈로 기절골, 중절골, 말절골 3마디

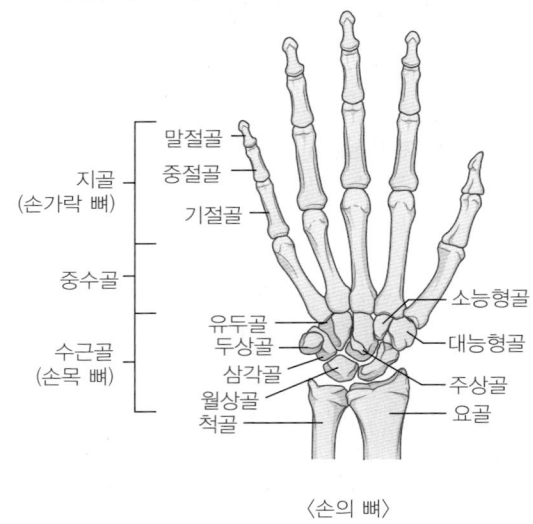

〈손의 뼈〉

② 발의 골격

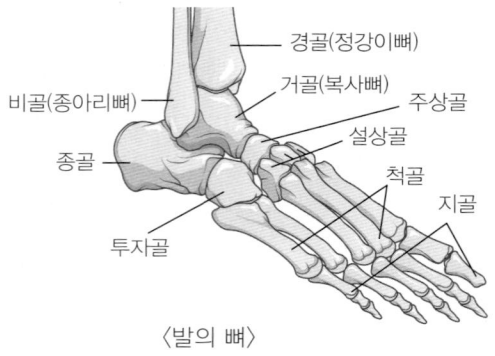

〈발의 뼈〉

- 족근골(6개) : 발목을 구성하는 뼈로 거골, 종골, 주상골

족근골	
거골	종골
거골활차는 비골, 경골과 족근골 중 관절로 되어 체중을 발 으로 분산	가장 크며 발 목 뒤꿈치를 만드는 뼈로 서 있을 때 체중을 지탱, 아 킬레스건이 종골융기에 부착한다.

- 종족골(10개) : 5개의 뼈로 족근골과 연결, 근, 관, 신경이 체중으로부터의 압박으로부터 보호해 준다.

- 지골(28개) : 발가락을 형성하는 5개의 뼈, 기절골, 중절골, 말절골 3마디로 되어있고 엄지만 2마디

5. 손과 발의 근육의 형태 및 기능

① 손 근육의 형태 및 기능
엄지의 외전, 엄지의 내전, 엄지의 굴곡, 엄지의 신전, 무지대립근, 무지내전근, 단무지외전근, 단무지굴근으로 이루어져 있다.

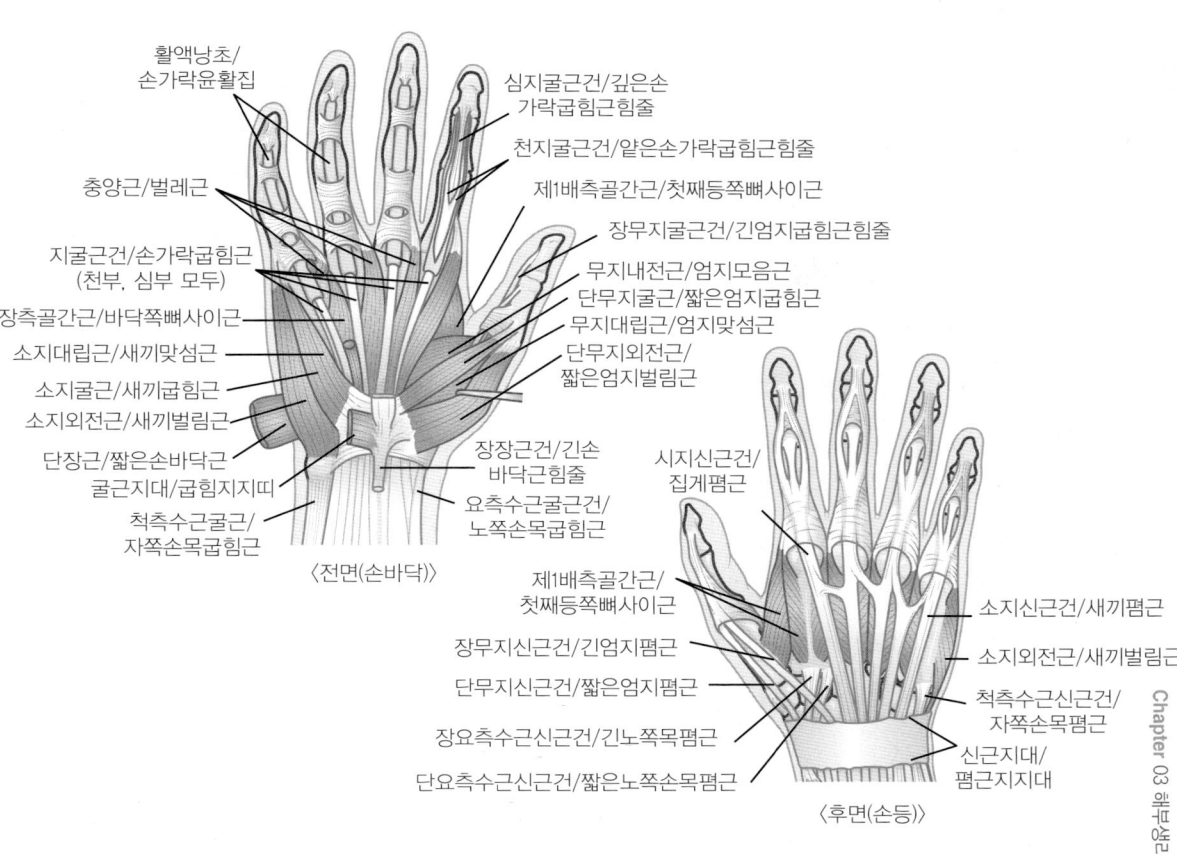

〈전면(손바닥)〉

〈후면(손등)〉

② 발 근육의 형태 및 기능

발등근(족배근), 발 바닥근(족저근/족척근), 충양근, 배측면의 내인성 근육, 무지외전근, 소지외전근, 단지굴근, 단무지굴근, 단소지굴근으로 이루어져 있다.

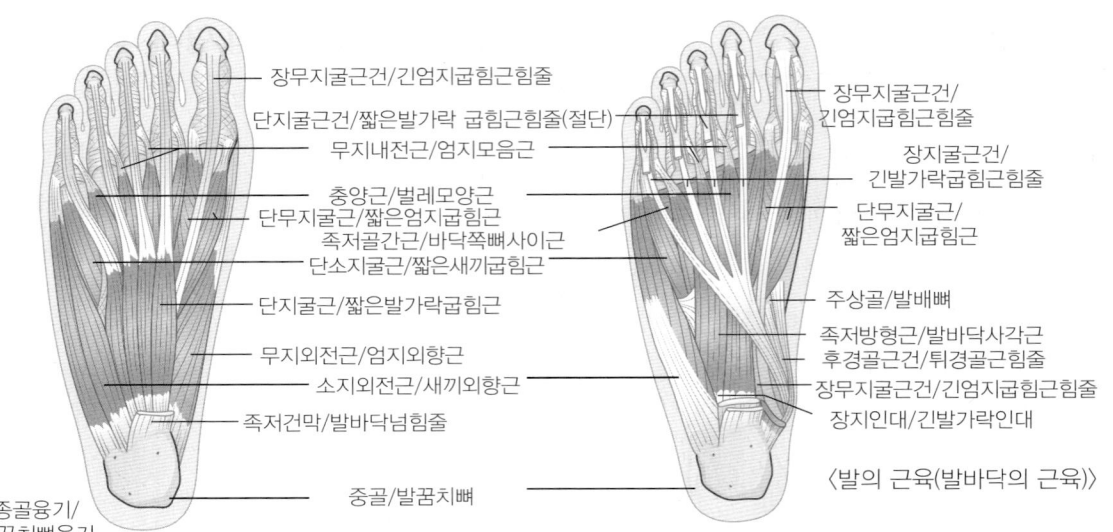

〈발의 근육(발바닥의 근육)〉

6. 신경조직과 기능

① 신경계의 기능과 구성
- 감각기능, 운동기능, 조정기능, 전달기능, 통합기능
- 중추신경계
    - 뇌(대뇌, 간뇌, 중뇌, 교, 연수, 소뇌)
    - 척수
- 말초신경계
    - 체성신경계:뇌신경(12쌍), 척수신경(31쌍)
    - 자율신경계:교감신경(활동신경), 부교감신경(휴식신경)

② 신경원(뉴런)

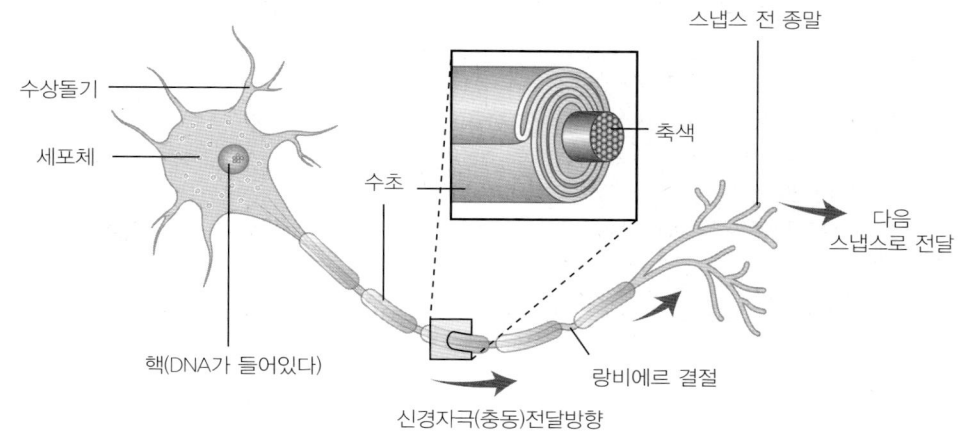

〈뉴런의 구조〉

뉴런	• 신경계의 기능적 단위로 중추신경계 세포의 10% 차지 • 수상돌기(외부 정보 수용) • 세포체(정보 해석) • 축삭돌기(자극을 다른 세포로 전달)
신경교세포	• 뉴런을 보호하는 주변세포, 중추신경계의 90% 차지
시냅스 (연접)	• 신호전달을 위한 뉴런과 뉴런사이의 작은 연결 접합부 • 수상돌기-〉세포체-〉(축삭 -〉수상돌기) 연접부

③ 중추신경계 : 뇌와 척수

- 뇌 : 대뇌, 간뇌(시상, 시상하부), 뇌간(중뇌, 교, 연수), 소뇌

뇌의 상충부	대뇌피질, 대뇌수질, 대뇌변연계
	대뇌반구엽은 4개의 엽인 측두엽, 전두엽, 두정엽, 후두엽으로 구성
간뇌	감각과 관련된 정보를 전달하는 시상과 항상성 유지를 하는 시상하부로 구성
간뇌	자율성 반사 중추와 시상하부 아래 뇌하수체(내분비계)가 있다.
뇌간	중뇌(청각과 시각 정보), 교(감각과 운동 정보연결), 연수(생명 중추로 호흡, 심장박동중추)
소뇌	뇌에서 내려지는 일반적인 명령을 정리하고 조절

- 척수 : 말초신경계와 뇌 사이에서 정보를 양쪽방향으로 전달한다.
- 무릎 차기 반사(굴곡, 신전반사)

④ 말초신경계 : 체성신경계와 자율신경계로 나눌 수 있으며 신경계의 감각과 운동기능을 수행한다.

체성신경계	외부 환경에 반응하고 신체 감각과 운동기능을 담당한다.	
	뇌신경(12쌍)	뇌에서 유래, 척수신경(31쌍)은 척수에서 유래
	5신경(삼차신경)	혼합신경으로 얼굴의 주감각
	7신경(안면신경)	혼합신경으로 안면근육운동, 미각
자율신경계	내장기관으로부터 신호를 받고 교감신경계와 부교감 신경계로 구분된다.	
	교감신경계	활동신경, 흉, 요수부 신경
	부교감신경계	휴식신경, 뇌간(중뇌, 연수, 척수)과 천수부 신경

PART 02 피부학

Part 2 피부학

Chapter 01
피부와 피부 부속 기관

1. 피부구조 및 기능

① 피부의 정의

피부는 전신을 덮고 있는 기관으로 외부의 자극으로부터 보호와 방어, 분비, 흡수, 호흡, 체온조절 작용, 표피, 진피, 피하지방의 세 층으로 구성되어 있으며 부속기관으로 한선, 피지선, 입모근, 모낭 등이 있다. 표면적은 성인의 경우 1.5~2㎡, 두께는 2~2.2mm이고 무게는 체중의 약 15~17%를 차지한다.

② 피부의 구조도

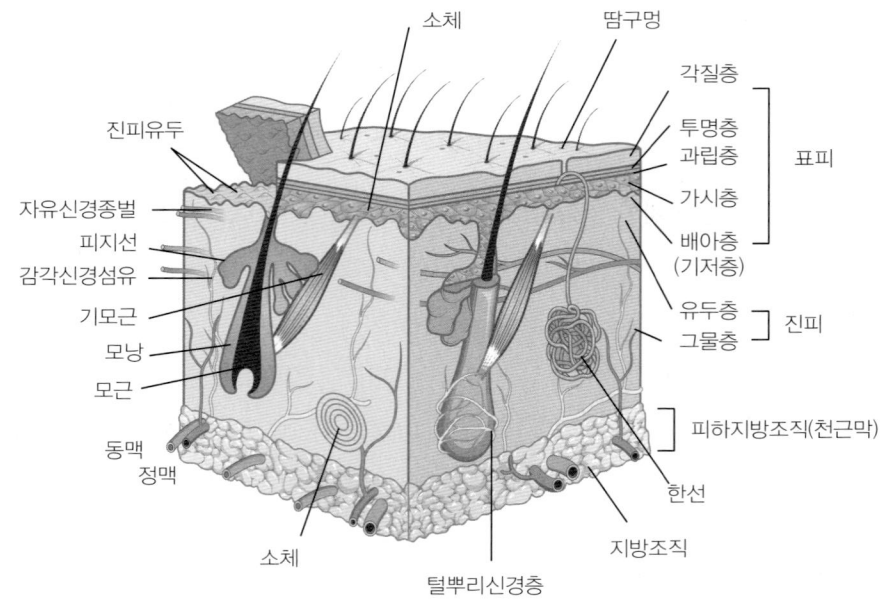

〈피부의 구조〉

③ 표피(Epidermis) :
- 신체내부 보호, 세균 등 유해물질과 자외선 침입 방어
- 표피구성세포 : 각질형성세포, 멜라닌세포, 랑게르한스세포, 머켈세포

④ 진피(Dermis) : 교원섬유(콜라겐), 탄력섬유(엘라스틴), 기질(점액다당질)
- 수분 흡수 및 저장, 피부의 탄력성, 피부의 두께와 주름 결정
- 혈관과 림프가 표피에 영양 공급, 다수의 신경과 부속기관 존재
- 진피구성세포 : 섬유아세포, 대식세포, 지방세포, 형질세포, 색소세포, 비만세포

⑤ 피하지방
- 잉여 영양과 에너지의 저장 창고
- 열 발산을 막아 체온을 보호
- 완충 기능이 있어 물리적인 자극에 대한 쿠션 역할

⑥ 피부의 기능
- 보호기능 : 물리적, 기계적, 화학적 자극, 미생물과 태양광선 등으로부터 보호
- 체온조절 기능 : 혈류량의 변화와 발한 작용(체온이 상승하면 시상하부에 있는 체온조절중추가 자극을 받아 땀이 나게 되고, 땀이 발산될 때 몸에서는 열을 취함)으로 조절
- 분비기능 : 피지와 땀 분비
- 배설기능 : 땀을 통한 노폐물 배설
- 감각기능 : 냉각, 촉각, 온각, 통각, 압각에 반응
- 흡수기능 : 이물질 침투 방어 선택적 투과
- 저장기능 : 수분과 에너지, 영양, 혈액의 저장고
- 비타민 D 생성기능 : 자외선에 의해 표피 과립층에서 비타민 D 생성
- 면역기능 : 림프구, 랑게르한스 세포, 진피 조직구
- 호흡기능 : 전체 호흡량의 0.1% 정도

⑦ 피부의 생리적 기능
- 피지막 : 산성막, 지성막이라고도 하는 피부 보호막
- 수분저지막 : 과립층에 존재하며 피부의 수분함유량 조절
- 천연보습인자 : 각질층에 존재하는 수용성 보습인자로 각질층의 수분결합 능력 결정
- 각화작용 : 각질세포가 기저층에서 각질층까지 분화되는 시기, 28일의 주기 피부가 기저층에서 각질층까지 분열되어 올라가 죽은 각질세포로 되는 현상

⑧ 피부와 pH
이상적인 피부의 pH는 5.2~5.8, 모발 3.8~4.2, 혈액 7.4

Part 2 피부학

2. 피부 부속기관의 구조 및 기능

① 피부의 부속기관

모발과 피지선, 한선, 조갑 등

② 모 발
- 기능 : 보호기능, 노폐물배출기능, 감각전달기능, 장식기능, 충격완화기능 등
- 모간의 형태 : 직모, 곱슬 등의 외양을 결정
- 모발의 색 : 멜라닌 색소의 유형과 양에 따라 조절, 결정
- 모주기 : 성장기(Anagen) ⇨ 퇴화기(Catagen) ⇨ 휴지기(Telogen)

③ 피지선(Sebaceous Glands)
- 피부 표면으로 피지(Sebum) 분비하여 땀과 함께 유화(W/O)되어 피부보호막을 형성한다.
- 피부에 윤기를 주고 각질층 수분 증발 예방하고 세균 번식 억제
- 1일 1~2g 생성
- 남성호르몬인 테스토스테론의 영향
- 나이, 외부의 온도, 건강상태에 따라 분비가 다름
- 큰 피지선: T-Zone, 목, 등, 가슴
- 작은피지선: 손, 발바닥을 제외한 전신
- 독립피지선: 털과 연결되어 있지 않은 곳, 입술, 성기, 유두
- 무피지선: 손바닥, 발바닥

④ 한선(Sweat Glands)
- 실뭉치 모양의 가늘고 긴 관의 분비선으로 한선체와 한관체로 구성
- 에크린선(소한선)과 아포크린선(대한선)으로 나뉨
- 체온 조절, 피부 습도 유지, 피부 보호막 형성, 피부 노폐물 배출
- 1일 1L 분비(최대 1일 10L 분비 / 과다 분비 시 탈진)
- 에크린선(소한선): 포유동물에만 존재하고 입과 손발톱, 외음부를 제외한 전신에 분포, 손바닥, 발바닥, 이마에 밀집되어 있다.
- 아포크린선(대한선) : 암내, 체취선이라고 부른다. 모낭과 연결되어 모공을 통해 배출된다. 겨드랑이, 생식기, 항문, 배꼽 주위 분포하며, 인종적으로 흑인 〉 백인 〉 동양인 순으로 많다.
- 이상 분비증 : 다한증, 소한증, 무한증, 액취증, 한진 등이 있다.

Chapter 02
피부유형분석

1. 정상 피부(Normal Skin)

유분과 수분이 균형을 이루는 피부, 모공은 작고 피부결이 곱다. 피부가 주름이 없고 적당한 선홍색을 띤다.

표피세포의 신진대사가 원활하여 최적의 피부상태이다.
⇨ 규칙적인 손질과 철저한 클렌징으로 피부에 수분과 영양 균형을 유지

2. 건성 피부(Dry Skin)

수분과 피지분비 기능의 균형이 유지되지 못하고 피부가 거칠어 보이며 조직은 곱고 모공의 거의 안보인다.
세안 후 피부가 당기고 파운데이션을 발라도 들뜬다. 피부탄력이 저하되어 잔주름이 잘 생긴다.
표피건성피부, 진피건성피부, 유분부족건성 등이 있다.
⇨ 유분과 수분의 균형을 맞추고 혈액순환을 위한 관리와 모이스춰라이징 트리트먼트 실시

3. 지성 피부(Oily Skin)

피지가 과다 분비된 피부로 촉진되어 모공이 넓고 피부 조직이 두껍고 표면이 울퉁불퉁하다.
피부에 유분이 많아 번들거리고 화장이 쉽게 지워지며 T-Zone 부위에는 블랙헤드도 있다.
⇨ 딥클렌징 중시, 피지분비 조절로 트러블 감소를 위한 정화 트리트먼트

4. 민감성 피부(Sensitive Skin)

피부조직이 비정상적으로 섬세하고 얇아서 외부자극(추위,더위,바람,특정향,색소,온도차)에 민감한 피부
⇨ 지속적인 진정과 쿨링, 보습, 긴장완화를 위한 수딩 트리트먼트

5. 복합성 피부(Combination Skin)

피지의 불균형으로 2가지 이상의 전혀 다른 피부형태가 공존, 이마와 코 부위의 T-Zone은 피지분비가 과다하게 분비되고 볼 중심의 U-Zone은 주름이 생기기 쉬운 건조피부나 민감한 피부를 유발한다.
⇨ 피부 정화와 피지분비를 정상화, 유, 수분의 균형유지에 중점을 두는 밸런싱 트리트먼트

6. 노화 피부(Mature Skin, Aging Skin)

나이가 들면서 점진적으로 일어나는 퇴행성 변화로 피부 탄력저하와 주름이 형성된다.
노화는 내인성(자연적 노화)와 외인성(광노화) 노화로 구분된다.
⇨ 정기적인 노화각질 제거와 지속적인

Part 2 피부학

보습, 영양, 재생의 규칙적 피부관리,

7. 여드름 피부(Acne Skin)

피지가 과다하게 분비되어 모공 속에서 뭉치는 피부병의 일종으로 홍반과 반흔이 생기기도 한다.
⇨ 딥클렌징 중시, 피지 제거 및 피지 분비 조절로 트러블 감소, 항염과 진정 관리

8. 색소침착 피부(Chloasma Skin)

햇빛 등으로 인한 과색소 현상으로 자극 부위의 복구 능력이 저하되어 색소침착이 나타나는 피부
⇨ AHA 등을 이용하여 색소침착 부위의 각질탈락 유도, 자외선차단제 사용

Chapter 03
피부와 영양

1. 3대 영양소, 비타민, 무기질

5대 영양소는 탄수화물, 지방, 단백질, 비타민, 무기질 이다.
① 탄수화물(Carbohydrate)
- 탄소, 수소, 산소로 구성, 체세포에 에너지 공급(1G당 4Kcal)
- 기본단위는 포도당(Glucose), 부족 시 체단백질의 분해로부터 포도당 생성
- 단당류, 이당류, 다당류
- 식이섬유소(Dietary Fiber)
- 소화효소로 분해되지 않는 분자들의 결합, 변비와 대장암 예방

② 지방(Lipid)
- 탄소와 수소, 산소로 구성, 중성지질 에너지 급원 및 저장형태(1g당 9Kcal)
- 동물성 지방-포화지방산 풍부, 식물성 기름-불포화지방산을 많이 포함
- 체내에서 합성되지 못하는 필수지방산 - 혈압 조절과 세포의 합성 및 복구
- 포화지방산, 불포화지방산, 필수지방산, 고도 불포화지방산, 콜레스테롤

③ 단백질(Protein)
- 탄소, 수소, 산소+질소, 1g당 4Kcal의 열량
- 신체 구성의 주된 기본단위(뼈와 근육, 혈액·세포막·면역체계)
- 기본단위는 약 20여개의 아미노산

④ 비타민(Vitamin)
- 체내의 생체반응이 쉽게 일어나도록 돕는 역할
- 수용성비타민은 쉽게 배설

종 류	기 능	결핍증	급원식품
비타민 B1 (티아민)	· 탄수화물 대사에 관여 · 항신경성 비타민으로 신경계 안정 · 성장촉진, 멀미에도 도움	각기병, 신경성다발염	돼지고기, 간, 굴, 콩류
비타민 B2 (리보플라빈)	· 탄수화물, 단백질, 지방 대사에 도움 · 적혈구 및 부신피질호르몬의 합성 · 항피부염 비타민 · 보습함량 증대, 탄력감 부여	구순구각염, 설염, 코와 입주위 피부염	육류, 생선, 우유 유제품, 두류, 녹색채소, 난류
비타민 B3 (나이아신)	· 비타민 B군 중 가장 안정 · 에너지 대사 특히 콜레스테롤 합성 · 건강한 뇌기능, 신경체계와 피부의 필수적 요소	펠라그라 현상 (피부병)	간, 육류, 가금류, 동물성 단백질, 두류, 곡류, 우유
비타민 B5 (판토텐산)	· 에너지 생산(보조효소) · 스트레스 대처 · 호르몬, 항체 생성	권태, 복통, 구토, 매스꺼움, 가스발생	계란, 브로콜리, 간, 견과류
비타민 B6 (피리독신)	· 단백질과 지방의 체내 이용률 증진 · 적혈구 생성, 항체합성 도움 · 피지 과다 분비를 억제하는 항피부염성 비타민	저혈색소빈혈증, 피부염	육류, 간, 채소, 현미, 바나나 등
비타민 B9 (엽 산)	· 핵산합성에 관여 · 태아 신경관 형성에 중요	빈혈	녹색채소(오이, 콩나물), 바나나, 계란
비타민 B12 (코발아민)	· 악성빈혈을 치료할 수 있는 인자로 적혈구 생성에 관여 · 신경세포의 정상적인 형성과 유지	악성빈혈, 신경장애	육류, 계란, 유제품 등의 동물성 식품
비타민 C (아스코르빈산) 항산화 Vit	· 콜라겐의 형성에 도움 · 면역기능과 상처회복에 관여(감기, 호흡계 감염 치료) · 철분의 흡수를 도움 · 피부의 과색소 침착 방지, 미백	괴혈증, 고지혈증, 면역기능감소, 쉽게 멍듦(모세혈관 약화)	풋고추, 시금치, 무, 배추, 레몬, 감귤 등의 신선한 과일

• 지용성 비타민 과잉 축적 시 질병 유발

종 류	기 능	결핍증	급원식품
비타민 A (레티놀) 항질병vit	· 시력유지에 관여 · 피부상피조직의 신진대사 관여 (피부재생 돕고 노화방지 효과) · 세포저항력 증진(면역계 보존)	야맹증, 상피세포의 각질화, 모낭각화증, 여드름, 염증	간, 생선간유, 해조류, 전지분유, 계란, 녹황색채소(당근, 토마토, 감 등)
비타민 D (칼시페롤)	· 적절한 골격형성과 무기질 평형 · 칼슘대사 및 뼈 대사에 관여 · 신경계와 심장의 정상적 작용 · 인슐린 분비 과정에 관여	구루병, 골다공증, 골연화증	우유, 버터, 마가린, 말린 버섯, 자외선에 의해 만들어짐
비타민 E (토코페롤) 항노화vit	· 노화방지와 세포재생 · 백혈구와 적혈구 보호 · 신체면역 체계 관여	적혈구 용혈 현상, 용혈성 피부, 불임	식물성기름(콩, 옥수수, 해바라기씨 기름), 푸른잎채소, 달걀, 버터
비타민 K	· 혈액 응고 작용 · 모세혈관을 튼튼하게 함 · 피부염과 습진 효과	혈액 응고 지연	녹황색채소(양배추, 시금치 등), 과일, 육류

⑤ 무기질(Mineral)
신경계의 기능, 대사 과정, 수분평형 및 골격 구조
- 다량원소 : 체내에 0.01% 이상 존재하며 칼슘과 인, 마그네슘, 나트륨 등이 포함
- 미량원소 : 체내에 0.01% 이하로 존재하며 철, 구리, 아연, 요오드 등

2. 피부와 영양

① 영양소(Nutrient) : 생명유지에 필요한 물질
- 보전소 – 단백질, 비타민, 무기질 ⇨ 신체조직의 구성성분
- 열량소 – 탄수화물, 지방, 단백질 ⇨ 에너지원
- 조절소 – 비타민, 무기질, 물 ⇨ 생리 기능과 대사 조절

② 영양(Nutrition) : 음식물을 통해 영양소를 섭취하고 신진대사와 생명유지에 관계하는 모든 것

③ 인체 : 수분(65%) 〉 단백질(16%) 〉 지질(15%) 〉 무기질(4%) 〉 미량의 당질과 비타민

④ 물(Water) : 생명에 필수적인 역할, 10% 손실 시 생명에 영향

⑤ 기초대사량(Bmr) : 생명유지에 필요한 최소한의 열량

3. 체형과 영양

① 질병과 비만의 원인
- 영양이 결여된 식품의 섭취
- 인스턴트식품의 과다섭취
- 편형된 식사(=편식)
- 영양밸런스의 부족: 필수지방산 결핍과 불균형, 미네랄, 비타민, 항산화 영양소 결핍, 섬유질 결핍
- 심리적 불안정: 스트레스로 인한 음식의 과다섭취

② 해결방안
- 식이요법
- 운동요법
- 행동수정요법
- 약물요법
- 수술요법
- 기계사용

Chapter 04

피부장애와 질환

피부의 장애는 상해나 병으로 인한 세포조직의 구조적 변화를 말하며 원발진과 속발진으로 나눌 수 있다.

1. 원발진과 속발진

① 피부의 1차적 장애 : 원발진(Primary Lesions)

발진명	특 징	증 상
반점(Macule)	피부 표면에 융기나 함몰 없이 색조의 변화 생김	주근깨, 몽고반점
구진(Papule)	1cm 미만의 경계가 뚜렷한 융기	한진, 습진, 황색종, 흑색종
결절(Nodule)	구진보다 깊고 단단하며 1~2cm 융기	결절성 홍반, 통풍결절
종양(Tumor)	융기된 형태로 2Cm 보다 크고 단단함	상피종, 지방종, 섬유종
팽진(Wheal)	융기되어 팽팽하게 퍼져 있으며 다양하고 불규칙	두르러기
소수(Vesicle)	1cm 미만의 맑은 액체가 포함된 물집	포진, 수두, 두창
대수포(Bulla)	장액성 액체를 포함한 1cm 이상의 수포	2도 화상 정도의 포진
농포(Pustule)	농을 포함한 피부의 작은 융기, 염증성 유륜	여드름, 농가진 결절 두창

② 피부의 2차적 장애:속발진(Secondary Lesions)

발진명	특 징	증 상
인설(Scale)	건조하거나 습한 각질의 층상 덩어리	비듬, 건선
찰상(Excoriation)	손톱으로 긁은 후, 기계적 외상, 지속적인 마찰 등에 의해 생기며 크기와 형태 다양	찰과상
균열(Fissure)	선상의 깨지거나 갈라진 상처	무좀, 구각증
가피(Crust)	혈청, 농, 혈액의 마른 덩어리	농가진, 찰과상 위 가피
미란(Erosion)	수포가 터진 후 표피만 떨어져 나가 생성됨	수포
궤양(Ulcer)	때론 진피나 피하층까지 손실되어 움푹 파이고 삼출물이 있으며 크기 다양	욕창, 울혈궤양, 3도 화상, 연성하감
반흔(Scar)	섬유조직으로 불규칙하게 두꺼워진 가는 선	아문 상처, 외과적 절개
태선화(Lichenification)	포피전체와 진피 일부가 가죽처럼 두꺼워짐	만성피부염, 아토피피부염

2. 피부질환 원인별 분류

원 인	주요 질환
온도에 의한 질환	동상, 동창, 화상
습진성 질환	원인별:접촉성 피부염, 아토피성 피부염, 지루성 피부염, 신경성 피부염 기간별:급성습진, 만성 습진
감염성 질환	어루러기, 기저귀 발진, 대상포진, 물사마귀, 수두
땀에 의한 질환	다한증, 소한증, 액취증, 무한증, 땀띠
지성 피부 질환	구주위염, 넓은 모공, 지루성피부염
여드름 질환	심상성 여드름, 화장품 여드름, 월경전 여드름
색소성 질환	주근깨, 기미, 잡티, 오타모반, 오타양모반, 검버섯
홍반성 피부질환	빨간 볼, 모세혈관 확장증, 주사
눈가의 질환	한관종, 비립종
기타 질환	켈로이드, 티눈, 굳은살, 두드러기

Part 2 피부학

Chapter 05
피부와 광선

1. 태양광선

① 빛 에너지(Photon), 파장(Wave)형태로 이동
② 자외선(피부에 많은 영향)과 적외선, 가시광선으로 구성됨

2. 적외선(Infra Red Ray)

① 7,800Å 이상 파장 800nm 이상의 열선, 햇빛의 42%
② 팩이나 크림의 침투효과를 높이고 근육이완과 혈액순환에 도움
③ 과량 조사 시 화상과 홍반, 중추신경 장애, 일사병, 백내장 등의 위험

3. 자외선(Ultra Violet)

① 4000Å 이하의 복사선, 파장 50~400nm의 냉선
② 성장과 신진대사, 적혈구 생성, 비타민 D 형성에 도움

		UVA	UVB	UVC
특징		·생활자외선 ·장파장 ·진피층까지 도달 ·구름, 안개, 창유리도 통과 ·썬탠(Suntan)	·레저자외선 ·중파장 ·표피층에 작용 ·작용이 급격함 ·일광화상(Sun Burn)	·단파장 ·대기권과 오존층이 대부분 흡수 ·피부암 발생
피부 통과		35~50%가 표피를 통과하고 진피까지 도달	대부분 표피 내에서 산란, 흡수	환경오염으로 악영향 우려
피부에의 영향	표피	·멜라닌 생성으로 일시적으로 피부가 더욱 검게 됨 ·색소침착 ·UVB의 악영향 증대	·자외선 과다 노출 2~3일 후 색소침착 ·각질화 이상으로 각화현상 ·각질층 비후, 수분 감소	
	진피	·진피 섬유질 변형으로 노화 촉진 ·UVB의 악영향 증대		

4. 자외선의 양

① 계절적으로 여름, 시간대별로는 오전 10시부터 오후 2시까지
② 노약자의 장시간 노출과 일광욕 금지
③ 반사율:눈(90% 이상)〉물(85%)〉모래(20%)〉아스팔트(6%)〉잔디밭(3% 미만)

5. 광노화

자외선 노출 시 피부표면은 거칠고 단단해지며, 건조하게 피부색의 얼룩, 멜라닌 색소의 과잉 생성(기미, 주근깨, 노인성 반점 등), 조기 노화증상과 주름

Chapter 06
피부면역

1. 면역(Immunity)의 개념

① 정의: 외부로부터 침입하는 미생물이나 화학물질을 비자기라고 인식하기 때문에 이들을 공격하여 제거함으로써 생체를 방어하는 기능
② 항원(Antigen): 면역계를 자극하여 항체 형성을 유도하고, 생성된 항체와 반응하는 물질
③ 항체(Antibody): 항원에 대하여 형성되어 항원과 반응하는 물질

2. 면역반응(Immune Reaction)의 주요 특징

① 자기(Self)와 비자기(Nonself)의 구별 능력(Distinction)
② 특이성(Specificity)
③ 면역학적 기억성(Memory)

3. 면역의 형태

① 자연면역(Natural Immunity: 선천성 면역, 수동성 면역, 비특이성 면역)
- 선천적인 자연 방어체제로 기억세포의 기능이 없어 항원을 구분하지 못함
- 피부과 점막, 항균인자, 식균작용 및 염증반응 등
② 획득면역(Acquired Immunity: 후천 면역, 능동면역, 특이성면역)
- 특수 독성, 병인에 대해 특정한 방어 세포가 작용하여 이물질을 제거하는 면역반응
- 이전 침입 병원체를 기억할 수 있는 면역기억반응을 일으키는 특이성을 가짐
- T-림프구: 세균에 감염된 세포 속으로 들어가서 공격
- B-림프구: 특이 항체를 만들어 세포 밖에서 공격

4. 특이성 면역의 종류

① 세포성면역(Cellular Immunity): T-림프구 자체가 항원을 직접 파괴하거나 면역반응 조절함
② 체액성면역(Humoral Immunity): B-림프구가 형질 세포(항체 생산 세포)로 분화하여 항체를 생산하고, 이 항체가 항원과 반응하는 면역반응

5. 과민반응

① 제ⅰ형: 즉시형, 아나필락시스형(Anaphylaxis) 과민반응
② 제ⅱ형: 세포독성 과민반응
③ 제ⅲ형: 면역복합체성 질환
④ 제ⅳ형: 지연형 과민반응 또는 세포매개성 과민반응

Part 2 피부학

Chapter 07
피부노화

1. 피부의 노화
- 노화 과정과 연결된 자연적 변화
- 자연(생리적·내인성)노화와 햇빛에 의한 광노화(외인성)로 구분

2. 노화 원인설
유해산소설, 마모설, 유전기인설, 텔로미어소멸론, 오류이론 등

3. 피부 노화 현상
- 두께가 얇아짐
- 주름의 생성
- 수분 감소

- 피지선의 감소
- 노인성 건성피부

4. 부속기관의 노화
- 모발과 체모의 백색화
- 손톱 등 표피성 물질의 노화

5. 노화의 분류
- 나이가 들어감에 따라 생기는 자연노화
- 햇빛(자외선)에 의해 생기는 광노화

6. 노화피부의 개선
- 심신의 스트레스를 해소
- 균형 잡힌 식생활과 적당한 운동
- 유·수분이 충분히 함유된 화장품 사용
- 자외선 차단제 사용
- 정기적인 노화각질 제거와 영양관리

구 분		자연노화(내인성)	광노화(외인성)
피부의 변화	표 피	· 표피의 두께가 얇아짐 · 표피의 각질화 증가되고 건조해짐 · 색소침착 · 피부 면역력의 감소	· 표피 두께가 두꺼워짐 · 표피의 각질화 증가되고 건조해짐 · 과도한 착색(홍반, 수포) · 피부 면역력의 감소 · 피부암 발생 가능
	진 피	· 현저한 진피 위축 · 섬유아세포의 수와 합성능력의 감소 · 점액다당질의 합성 감소 · 콜라겐의 감소 · 탄력섬유의 수 감소와 변질 · 혈액순환의 둔화 및 창백한 피부	· 일광탄력증 · 진피 두께 두꺼워짐 · 탄력섬유의 이상증식 · 점액다당질의 증가 · 콜라겐의 변성과 파괴 · 빈번한 혈관확장
	기 타	· 모발의 백모증 · 탈모 · 땀과 피지분비 감소	

PART 03

공중위생관리학

Chapter 01
공중보건학

1. 공중보건학 총론

① 공중보건학의 정의
- 윈슬로의 정의: "잘 조직된 지역사회의 공동노력을 통해 질병을 예방하고 생명연장과 육체적·정신적 효율을 증진시키는 기술 및 과학이 공중보건학이다"라고 정의
- 세계보건기구(WHO)의 정의: 공중보건학은 질병을 예방하고 건강을 유지·증진시킴으로써 육체적, 정신적 능력을 충분히 발휘할 수 있게 하기 위한 과학이며, 그 지식을 사회의 조직적 노력으로 사람들에게 적용하는 기술이다."

② 공중보건학의 범위
- 환경보건 분야 : 환경위생, 식품위생, 환경오염, 산업보건
- 질병관리 분야 : 전염병 관리, 역학, 기생충관리, 비전염성 질환 관리
- 보건관리 분야 : 보건행정, 보건교육, 모자보건, 의료보장제도, 보건영양, 인구보건, 가족계획, 보건통계, 정신보건, 영·유아보건, 성인병 관리, 사회 보장

③ 공중보건학의 발전사
- 고대 : 점성설, 히포크라테스의 장기설과 4체액설
- 중세 : 암흑기 – 질병은 신이 내린 벌, 페스트의 창궐 ⇨ 검역법 제정
- 근세 : 요람기 – 공중보건제도의 기틀, 영국에서 세계 최초로 공중보건법(1848년) 제정
- 근대 : 확립기 – 예방의학사상이 싹튼 시기
- 현대 : 발전기 – 공중보건학과 치료의학의 발전기, WHO(세계보건기구, 1948) 창립

④ 공중보건수준의 평가
- 종합건강지표 : 비례사망지수, 평균수명, 조사망률
- 보건수준 평가의 3대 지표 : 영아사망률, 비례사망지수, 평균수명

2. 질병관리

① 건강의 정의
- WHO(세계보건기구)의 정의: "건강이란 질병이 없거나 허약하지 않을 뿐만 아니라 육체적·정신적·사회적으로 완전한 상태이다."
- 대한민국 헌법의 정의: "건강이란 모든 국민이 마땅히 누려야 할 기본적인 권리이다." 우리나라 헌법에서는 건강을

하나의 기본권적 개념으로 보고 있다.
② 질병의 정의 : 심신의 전체 또는 일부가 일차적 또는 계속적으로 장애를 일으켜서 정상적인 생리기능을 하지 못하는 상태
③ 질병의 발생 : 인간이라는 숙주, 질병을 일으키는 병인, 인간이 살아가고 있는 환경이 요인간의 부조화로 숙주에게 불리하게 영향을 미칠 때 질병이 발생하게 된다.
④ 질병의 예방
- 1차 예방(Primary Prevention): 생활환경 개선, 안전 관리 및 예방 접종 등의 예방 활동
- 2차 예방(Secondary Prevention): 질병의 조기 발견 및 조기 치료 등 치료의학적 예방 활동
- 3차 예방(Tertiary Prevention): 재활의학적 예방활동

3. 가족 및 노인보건

① 가족보건
- 인구 : 일정 시기에 일정한 지역에 생존하는 인간의 집단
  *인구 변수 3요소 : 출생, 사망, 이동
- 인구조사 : 5년 마다 실시하며 인구정태조사와 인구동태조사로 나뉨.
- 인구의 구조형

피라미드형	높은 출산력과 사망력, 후진국형
종형	저출생률과 저사망률, 선진국형
방추형 (항아리형)	출생률이 사망률보다 낮아 인구 감소형
별형	생산연령층의 유입형, 도시형
표주박형 (호로병형)	생산연령층의 유출형, 농촌형

- 가족계획 : 최종목적은 가정생활의 복지향상

② 노인보건
- 노화의 진행 억제, 노인들의 건강 유지, 질병 감소, 수명 연장, 의미 있는 삶 영위
- 노인문제: 경제문제, 고독과 소외, 건강문제, 여가문제

4. 환경보건

① 환경위생의 정의: "인간의 신체 발육과 건강 및 생존에 유해한 영향을 미치거나 또는 영향을 미칠 수 있는 인간의 물리적 생활환경에 있어서의 모든 요소를 통제하는 것이다." WHO(세계보건기구)
② 기후와 일광, 온열요소(기온, 기습, 기류), 공기, 상·하수, 폐기물 및 분뇨 처리, 의복 및 주택보건
③ 환경 보전 : 수질오염, 대기오염, 소음과 진동
④ 공기

- 군집독 : 다수인이 밀집한 소기후는 물리·화학적 조성의 큰 변화를 일으켜 불쾌감, 두통, 권태, 현기증, 구토 등 생리적 이상을 일으키게 되는 것
- 성인 1일 필요 공기량은 13kℓ 이다.
- 산소(O_2): 15% 이하 저산소증, 고농도 시 산소 중독의 위험
- 이산화탄소(CO_2) : 실내 공기오염도의 지표(실내 허용 한계 : 0.1%)
- 일산화탄소(Co) : 무색, 무미, 무취, 무자극. 8시간 기준 허용 한도 0.01% 이하
- 질소(N_2) : 중추신경계의 마취 작용
- 오존(O_3) : 산화력이 강해 탈취·살균 효과가 있다.
- 아황산가스(SO_2) : 대기 오염 측정의 지표이다.

⑤ 물
- 먹는 물의 수질기준 : 일반 세균수는 1㎖ 중에서 100개를 넘지 아니할 것
- 대장균군은 100㎖ 중에서 검출되지 아니할 것
- 하수의 오염도 측정 : Bod(생물화학적 산소 요구량) 20℃에서 5일 측정 20ppm 이하 Do(용존 산소량) 4~5ppm 이상
- 정수법:침사 ⇨ 침전 ⇨ 여과 ⇨ 소독 ⇨ 급수

⑥ 하수

- 천수, 가정하수, 산업폐수, 지하수, 도로 세정수 등
- 하수 처리 목적은 전염병 및 질병 전파 억제, 악취 발생, 세균 번식, 해충 및 쥐의 서식 등 보건 위생적 문제 발생을 막기 위해서다.

⑦ 폐기물 처리방법:매립법(가장 보편적), 소각법(위생적, 대기오염), 재활용법(바람직), 퇴비법

⑧ 오염으로 인한 부작용:미나마타병(수은), 이따이이따이병(카드뮴), 대기오염(호흡기질병, 산성비, 온실 효과, 스모그)

⑨ 각종 직업병:고온·고열(열중증), 불량조명(근시, 안정피로, 안구진탕증), 이상고압(잠함병), 소음(청력장애, 소음성난청), 진동(레이노드병), 분진(진폐, 규폐, 석면폐증)

⑩ 환경보전: 수질오염, 대기오염, 소음과 진동

5. 식품위생과 영양

① 식품위생법의 정의: 식품위생은 식품 첨가물, 기구 또는 용기, 포장을 대상으로 하는 음식에 관한 위생을 말한다.
② 건전한 식품의 요소: 영양생리성, 안전성, 기호성, 저장성, 편리성, 경제성
③ 식중독:세균성, 자연독, 화학물질, 곰

곰팡이 독소에 의한 식중독
- 24시간 이내의 단시간에 발생, 집단적 발생, 2차 감염은 드물다.
- 자연독 – 복어(테트로도톡신), 조개(미틸로톡신), 굴(베네루핀톡신), 목이버섯(무스카린톡신), 감자(솔라닌), 보리(맥각, 에르고톡신), 매실(아미그다인톡신)

④ 식품첨가물: 보존료, 산화방지제, 살균료, 조미료, 착색료, 감미료

⑤ 우유의 관리: 저온살균법, 고온살균법, 초고온살균법

⑥ 식품의 보존법
- 물리적 보존법: 건조 및 탈수법, 냉동 및 냉장법, 가열 살(멸)균법, 밀봉법, 자외선, 방사선 조사법, 통조림법
- 화학적 보존법: 절임법, 방부제(보존료), 가스저장법, 훈증법, 훈연법

6. 보건행정

① 대상: 지역사회주민 전체

② 정의: 공중보건의 목적을 달성하기 위하여 국민의 질병예방 및 수명연장, 신체적·정신적 효율의 증진 등 공공의 책임 하에 수행하는 행정활동

③ 범위: WHO 규정 – 보건관계 기록의 보존, 대중에 의한 보건교육, 환경위생, 전염병관리, 모자보건, 의료 및 보건간호, 재해예방

④ 행정조직
- 중앙보건기구: 보건복지가족부
- 지방보건기구: 보건소(시·군·구에 설치)
- 국제보건관련기구: 세계보건기구(WHO), 유엔환경계획(UNEP), 유엔식량농업기금(FAO), 국제연합아동긴급기금(UNICEF) 등

⑤ 사회보장: 사회보험, 공적부조, 공공서비스

⑥ 의료보장: 의료보험, 의료보호, 산재보험

⑦ 연금제도: 국민연금, 군인연금, 사립학교교원연금, 공무원연금제도 등

Chapter 02
소독학

1. 소독의 정의 및 분류

① 소독학 용어
- 소독: 병원 미생물의 생활력을 파괴하여 감염력을 없애는 것
- 멸균: 모든 균을 사멸시켜 무균상태로 만드는 방법, 병원체든 비병원체든 완전히 없애는 것
- 방부: 병원성 미생물의 발육과 그 작용을 저지시켜 음식물 등의 부패나 발육 저지

- 제부: 화농창에 소독약을 발라 화농균을 사멸시키는 것
- 살균: 원인균을 죽이는 것
- 감염: 병원체가 인체 침투하여 발육 증식한 것
- 오염: 물체 내부표면에 병원체가 붙어 있는 것
- 침입: 세균이 인체에 들어가는 것

② 소독력(강력한 정도): 멸균 > 소독 > 방부

2. 미생물 총론

① 미생물의 증식환경: 온도, 산소, 수분, 삼투압, 염도, 산도, 수소이온 농도(pH)
② 그리스의 히포크라테스: 공기 중 유해 인자가 질병발생의 원인
③ 중세유럽: 콜레라에 대한 역학조사 최초로 실시
④ 코흐와 파스퇴르(19세기 말): 미생물 병인설(미생물이 질병의 원인이 된다) 확립
⑤ 리스터: 소독과 멸균이 질병의 발생과 확산을 억제한다는 사실 증명

3. 병원성 미생물

① 세균은 육안으로 관찰할 수 없는 미세한 생물로 질병을 일으키지 않는 비병원균과 질병을 유발하는 병원균으로 나눌 수 있다.
② 미생물의 크기: 곰팡이 > 효모 > 세균 > 리케치아 > 바이러스

	특 성	발생 질환
세균(Bacteria)	가장 작고 하등한 단세포생물	콜레라, 장티푸스, 디프테리아, 결핵, 나병, 페스트
바이러스(Virus)	살아있는 세포 속에서만 살 수 있으며 여과기를 통과하는 미생물	홍역, 폴리오, 유행성이하선염, 일본뇌염, 광견병, 후천성면역결핍증, 간염 등
기생(Parasite)	동물성 기생체로서 원충류와 후생 동물인 연충류	말라리아, 사상충, 아메바성이질, 회충증, 간·폐흡충증
진균(Fungi)	광합성이나 운동성이 없는 생물로서 단단한 세포벽을 가진 것	백선, 칸디다증 등
리케치아(Rickettsia)	세균보다 작고 살아있는 세포 안에서만 기생하는 특성	발진티푸스, 발진열, 쯔쯔가무시병 등
클라미디아(Chlamydia)	진핵생물의 세포내에서만 증식, 세포내 기생	트라코마, 앵무새병 등

4. 소독방법

① 자연소독법: 태양광선, 한랭, 희석
② 물리적 소독법: 열이나 자외선, 여과, 수분 등 물리적인 방법을 이용하여 소독하는 방법(열, 수분, 자외선)
- 건열에 의한 소독법: 화염소독, 건열소독, 소각소독

화염멸균법	불꽃에 20초 이상 접촉 - 금속류, 유리제품, 도자기류 등
건열멸균법	건열멸균기(170℃ 1~2시간), 주사기, 분말, 파라핀, 거즈, 오일 등

- 습열에 의한 소독법: 자비소독, 고압증기멸균법, 유통증기소독, 건헐멸균, 저온멸균소독

자비소독법	100℃ 끓는 물에서 15~20분간, 식기류, 도자기류, 주사기, 의류 등
저온살균법	62~63℃에서 30분, 75℃에서 15분, 유제품, 알코올, 건조과실 등
고압증기멸균법	121℃ 20분간, 모든 미생물 완전 사멸, 경제적 방법, 의류, 기구, 고무용품 사용
간헐멸균법	100℃ 이상에서 파괴될 수 있는 기구 멸균, 간헐적으로 3회 가열
유통증기멸균법	증기 솥을 사용하여 100도에서 30분간 가열

- 무가열처리법

자외선 조사멸균법	무균실, 수술실, 제약실 등 공기, 식품, 기구 및 용기 등의 소독
방사선 멸균법	방사선원을 이용하여 식품이나 산업용품, 의료품과 같은 피멸균품에 조사
여과멸균법	특수약품, 혈청, 음료수 등 열을 가할 수 없는 물질에 이용하는 소독
냉동법	세균의 발육 저지, 동결법이나 건조법 동시에 적용

③ 화학적 소독법 : 여러가지 약품을 사용하여 화학적 작용에 따라 병원체 죽이는 방법(물,온도,농도,시간)

- 가스 멸균법 사용 약제

에틸렌옥사이드 (E.O)	낮은 온도(50% 습도에 54℃에서 5시간)에서 멸균, 냉멸균
포름알데히드 (Hcho)	포르말린액을 가열하거나 포르말린액에 과망간산칼륨을 투입
오존	물의 살균제로 가장 유효한데 반응성이 풍부하고 산화작용이 강하다.

- 석탄산류(페놀화합물) 사용약제: 콜타르(Coaltar)에서 얻어지며, 세포단백질을 응고시켜 살균하는데, 작용이 강하고 약간의 열이나 건조한 곳에서 일정 농도가 유지되며 값이 싸다.

석탄산	석탄산 수용액으로 손 소독 시 3%, 기구 소독 시 5% 용액을 사용
크레졸	석탄산보다 2~3배 살균력이 강하고 물에 잘 녹지 않아 보통 비누액에 50%를 혼합한 크레졸 비누액을 사용

- 기타

알코올 (Alcohol)	0% 농도의 에탄올(Ethanol)과 에탄올의 대용으로 30~50%의 이소프로판올(Isopropanol)이 널리 사용
과산화수소 (H2O2)	3% 용액을 상처 소독제로 사용
염소	가스 또는 표백분으로 사용
질산은 (Agno)	점막소독이나 질염의 치료제
승홍수 (Hgcl2)	피부소독에는 0.1%, 매독성 질환에는 0.2%의 용액을 사용
역성 비누	과일, 야채, 식기 소독은 0.01~0.1%로, 손 소독은 10%의 원액을 이용
포름알데히드	유일한 가스체이다. 넓은 내부 소독 가능. 냄새가 심해 점막을 자극

Part 3 공중위생관리학

- 소독제에 따른 살균 기전

소독제	살균기전
염소(Cl2)와 그 유도체, 과산화수소(H2O2), 과망간산칼륨(Kmno4), 오존(O3)	산화작용
석탄산, 알코올, 산, 알칼리, 크레졸, 승홍수	균체의 단백응고 작용
강산, 강알카리, 열탕수	가수분해
석탄산, 알코올, 중금속염, 역성비누	균체 효소계의 침투에 의한 불활성화 작용
식염, 설탕, 알코올, 포르말린	탈수작용
중금속염	균체내 염의 형성 작용
석탄산, 중금속염	균체막 삼투압의 변화 작용
이상 상호 작용의 복합에 의한 소독	복합작용

5. 분야별 위생·소독

소독대상	소독방법
대소변 배설물 토사물	소각법이 가장 좋다. 석탄산수, 크레졸수, 생석회분말 등도 사용된다.
의복 침구류	일광소독, 증기소독, 자비소독을 하거나 석탄산수, 크레졸수에 2시간 정도 담가둔다.
초자기구 도자기류	석탄산수, 크레졸수, 승홍수, 포르말린수 등이 사용된다.
고무, 피혁 제품, 칠기	석탄산수, 크레졸수, 포르말린수 등이 사용된다.
화장실 쓰레기통 하수구	분변에는 생석회, 쓰레기통은 석탄산수, 크레졸수, 승홍수, 포르말린수 등을 뿌린다.
병실	석탄산수, 크레졸수, 포르말린수 등을 뿌리거나 닦는다.
환자 및 환자 접촉자	석탄산수, 크레졸수, 승홍수, 역성비누를 사용하고 몸은 역성비누로 목욕시킨다.

Chapter 03
공중위생관리법규
(법, 시행령, 시행규칙)

1. 공중위생관리법의 목적

공중이 이용하는 영업과 시설의 위생관리 등에 관한 사항을 규정함으로써 위생수준을 향상시켜 국민의 건강증진에 기여

2. 영업신고

시장·군수·구청장에게 신고

3. 공중위생영업의 변경신고

중요 사항 변경 시 시장·군수·구청장에게 신고
① 영업소의 명칭 또는 상호, 소재지, 대표자 성명
② 신고한 영업장 면적의 3분의 1이상의 증감

4. 폐업신고

폐업한 날부터 20일 이내에 신고

5. 미용업자가 준수하여야 하는 위생관리기준

① 점 빼기, 귓불 뚫기, 쌍꺼풀수술, 문신, 박피술 그 밖에 이와 유사한 의료

행위를 하여서는 아니 된다.
② 피부미용을 위하여 약사법 규정에 의한 의약품 또는 의료용구를 사용하여서는 아니 된다.
③ 미용기구 중 소독을 한 기구와 소독을 하지 아니한 기구는 각각 다른 용기에 넣어 보관한다.
④ 1회용 면도날은 손님 1인에 한하여 사용하여야 한다.
⑤ 업소 내에 미용업신고증, 개설자의 면허증원본 및 미용요금표를 게시하여야 한다.
⑥ 영업장 안의 조명도는 75룩스 이상이 되도록 유지하여한 한다.

6. 면허결격사유

① 금치산자, 정신질환자
② 전염병환자
③ 마약 등 약물 중독자
④ 면허증을 대여한 사유로 면허취소 후 1년이 경과되지 아니한 자

7. 위생서비스 평가계획

위생서비스 평가는 2년마다 실시하고 3개 등급으로 나뉜다.
① 최우수:녹색
② 우수:황색
③ 일반관리대상:백색

8. 공중위생감시원의 자격

① 위생사 또는 환경기사 2급 이상의 자격증이 있는 자
② 대학에서 화학, 화공학, 환경공학 또는 위생학 분야를 전공하고 졸업한 자 또는 이와 동등 이상의 자격이 있는 자
③ 외국에서 위생사 또는 환경기사의 면허를 받은 자
④ 3년 이상 공중위생행정에 종사한 경력이 있는 자

9. 위생교육

매년 3시간씩. 영업신고를 하고자 하는 자는 미리 위생교육을 받아야한다.

10. 행정처분

① 이중으로 면허를 취득한 때:면허취소 (나중에 발급받은 것)
② 면허정지처분을 받고 그 정지 기간 중 업무를 행한 때:면허 취소
③ 신고를 하지 않고 소재지를 변경한 때:영업장 폐쇄명령
④ 면허증을 다른 사람에게 대여한 때:(1차 : 면허정지3, 2차 :6월, 3차 :면허취소)
⑤ (1차위반:영업정지 2월, 2차 위반:영

업정지 3월, 3차 위반:영업장 폐쇄명령)
- 피부미용을 위하여 약사법 규정에 의한 의약품 또는 의료용구를 사용하거나 보관하고 있는 때
- 점빼기, 귓불뚫기, 쌍꺼풀 수술, 문신, 박피술 그 밖에 이와 유사한 의료행위를 한 때
- 손님에게 성매매알선 등 행위 또는 음란행위를 하게 하거나 이를 알선 또는 제공한 때

⑥ (1차 위반:개선명령, 2차 위반:영업정지 15일, 3차위반:영업정지 1월, 4차:폐쇄)
- 응접장소와 작업장소 또는 의자와 의자를 구획하는 커튼, 칸막이 그 밖에 이와 유사한 장애물을 설치한 때
- 시설 및 설비가 기준에 미달한 때
- 신고를 하지 아니하고 영업소의 명칭 및 상호 또는 영업장 면적의 3분의 1 이상을 변경
- 음란한 물건을 관람, 열람하게 하거나 진열 또는 보관한 때

⑦ (1차 위반:경고, 2차:영업정지 5일, 3차:영업정지 10일, 4차:폐쇄)
- 소독을 한 기구와 소독을 하지 아니한 기구를 각각 다른 용기에 넣어 보관하지 아니하거나 1회용 면도날을 2인 이상의 손님에게 사용한 때
- 미용업신고증, 면허증 원본 및 미용요금표를 게시하지 아니하거나 업소 내 조명도를 준수하지 아니한 때
- 영업소 안에 출입, 검사 등의 기록부를 비치하지 아니한 때
- 위생교육을 받지 아니한 때

11. 행정형벌 (과징금은 분할 납부 할 수 없고 20일 내 납입해야 한다.)

① 1년 이하의 징역 또는 1천만원 이하의 벌금
- 공중위생영업신고를 하지 아니한 자
- 영업정지명령 또는 일부 시설의 사용중지명령을 받고도 그 기간 중에 영업을 하거나 그 시설을 사용한 자 또는 영업소 폐쇄명령을 받고도 계속하여 영업을 한 자

② 6월 이하의 징역 또는 500만원 이하의 벌금
- 공중위생영업 변경신고를 하지 아니한 자
- 공중위생영업자의 지위를 승계한 자로서 승계규정에 의한 신고를 하지 아니한 자
- 건전한 영업질서를 위하여 공중위생영업자가 준수하여야 할 사항을 준수하지 아니한 자

③ 300만원 이하의 벌금
- 위생관리기준 또는 오염허용기준을 지키지 아니한 자로서 개선명령에 따르지 아니한 자
- 면허가 취소된 후 계속하여 업무를 행한 자 또는 면허정지기간 중에 업무를 행한 자, 이·미용사의 면허가 없으면서 이용 또는 미용의 업무를 행한 자

12. 과태료(불복하는 자는 30일 이내 이의를 제기해 비송사건절차법에 의한 재판을 한다.)

① 폐업신고를 하지 아니한 자:30만
② 미용업소의 위생관리 의무를 지키지 아니한 자:50만원
③ 영업소 외의 장소에서 이. 미용 업무를 행한 자:70만원
④ 관계공무원의 출입, 검사, 기타 조치를 거부. 방해 또는 기피한 자:100만원
⑤ 개선명령에 위반한 자:100만원
⑥ 위생교육을 받지 아니 한 자:20만원

13. 청문을 실시해야 하는 사항

① 정신질환 또는 간질병자로 면허를 받을 수 없는 경우
② 공중위생법의 일부시설의 사용중지 및 영업소 폐쇄처분을 하고자 하는 경우
③ 공중위생영업의 정지 처분을 하고자 하는 경우

14. 미용사 면허를 받을 수 있는 경우:공중보호에 지장을 주지 않는 감염병 환자

화장품학

Chapter 01
화장품학개론

1. 화장품의 정의

화장품법 제2조 1항에 의하여 "화장품"은 인체를 청결·미화하여 매력을 더하고 피부, 모발의 건강을 위해 사용되는 물품으로서 인체에 대한 작용이 경미한 것을 말한다.

1) 화장품의 4대 요건

① 안전성(Safety) : 피부에 대한 자극, 알레르기, 독성이 없을 것

> **안전성 시험항목**
> 피부 1차 자극성, 감작성, 광독성, 광감작성, 경구독성, 눈 자극성, 경피독성, 코메도 형성능, 변이원성(화장품 원료의 발암성예측), 첩포시험
> *첩포시험(Patch Test:패치 테스트):화장품과 원료에 대해 피부염의 발생유무를 확인하기 위해 사람의 팔 안쪽과 귀 뒤쪽 부분에 실시하여 가려움이나 피부반응을 테스트함

② 안정성(Stability) : 보관에 따른 변질, 변색, 변취, 미생물의 오염이 없을 것

③ 사용성(Usability) : 피부에 사용했을 때 손놀림이 쉽고, 피부에 부드럽게 잘 발릴 것⇨사용감(피부친화력, 촉촉함), 편리성(크기, 기능성, 휴대성), 디자인

④ 유효성(Effectiveness) : 피부에 보습, 노화 억제, 자외선 차단, 미백, 여드름 등의 효과 부여

2) 화장품과 의약부외품 및 의약품의 구별 기준

① 의약품:인체에 이상이 생겼을 때 치료 또는 정상으로 복귀시킬 때 필요한 물품
② 화장품:건강한 사람이 아름다움을 유지하거나 젊음을 유지, 증진시키기 위해 사용하는 물품
③ 의약부외품:의약, 화장품 기능을 모두 갖춘 물품으로 미백제, 탈모제, 구취 제거제, 비듬 샴푸, 여드름 제거제, 치약, 메디컬적 요소를 지닌 물품

2. 화장품의 분류

분류	내용
어린이용 제품류	샴푸, 린스, 로션, 크림, 오일, 세정용 제품, 목욕용 제품
목욕용 제품류	목욕용 오일, 정제, 캡슐, 염류(鹽類), 바블 바스(Bubble Baths) 등
인체 세정용 제품류	폼 클렌저, 바디 클렌저, 액상비누 등
눈 화장용 제품류	아이브라우 펜슬, 아이 라이너, 아이 섀도, 마스카라, 아이 메이크업 리무버 등
방향용 제품류	향수, 분말향, 향낭(香囊), 코롱(Cologne) 등
염모용(染毛用) 제품류	헤어 틴트(Hair Tints), 헤어 칼라스프레이(Hair Color Sprays) 및 등
색조화장용 제품류	볼연지, 페이스 파우더(Face Powder), 페이스 케이크(Face Cakes), 리퀴드(Liquid)·크림·케이크 파운데이션(Foundation), 메이크업 베이스(Make-Up Bases), 메이크업 픽서티브(Make-Up Fixatives), 립스틱, 립라이너(Lip Liner), 립글로스(Lip Gloss), 립밤(Lip Balm), 바디페인팅(Body Painting), 분장용 제품 등
두발용 제품류	헤어 컨디셔너(Hair Conditioners), 헤어 토닉(Hair Tonics), 헤어 그루밍 에이드(Hair Grooming Aids), 헤어 크림·로션, 헤어 오일, 포마드(Pomade), 헤어 스프레이·무스·왁스·젤, 샴푸, 린스, 퍼머넌트 웨이브(Permanent Wave), 헤어 스트레이트너(Hair Straightner) 등
손발톱용 제품류	베이스코트(Basecoats), 언더코트(Under Coats), 네일폴리시(Nail Polish), 네일에나멜(Nail Enamel), 탑코트(Topcoats), 네일 크림·로션·에센스, 네일폴리시·네일에나멜 리무버 등
면도용 제품류	애프터셰이브 로션(Aftershave Lotions), 남성용 탈쿰(Talcum), 프리셰이브로션(Preshave Lotions), 셰이빙 크림(Shaving Cream), 셰이빙 폼(Shaving Foam) 등
기초화장용 제품류	수렴·유연·영양 화장수(Face Lotions), 마사지 크림, 에센스, 오일, 파우더, 바디 제품, 팩, 마스크, 눈 주위 제품, 로션, 크림, 클렌징 워터 등

Chapter 02
화장품제조

1. 화장품의 원료

수성원료+유성원료+유화제+보습제+방부제+착색료+향료+산화방지제+활성성분

2. 화장품의 기술

1) 가용화기술(Solubilization : 솔루블리제이션)

가용화란 물에 녹지 않는 소량의 유성 성분인 향료, 살균제, 방부제 등을 투명화 상태로 용해시키는 것

예) 화장수, 에센스, 향수, 헤어토닉, 헤어 리퀴드, 네일 에나멜 등의 투명한 제품

2) 분산기술(Dispersion : 디스퍼션)

분산이란 안료 등의 고체입자를 액체 속에 균일하게 혼합시키는 것

예) 마스카라, 파운데이션, 아이라이너, 네일에나멜

3) 유화기술(Emulsion : 에멀젼)

유화란 많은 양의 유성성분을 물에 균일하게 혼합하는 기술이다. 즉, 다량의 유성 성분을 물에 일정 기간 동안 안정한 상태로 균일하게 혼합시키는 기술

(1) 수중유형 에멀젼(O/W) : 로션(Lotion) & 에멀젼(Emulsion)

(2) 유중수형 에멀젼(W/O) : 영양크림(Cream), 클렌징크림, 헤어크림 등

3. 화장품의 특성

1) 수성원료의 특성

수성원료는 물, 에탄올이 있다.

(1) 물(Water, Aqua, Purified Water, Deionized Water, Di Water)

화장품의 원료 중 가장 많은 비율을 차지하는 기초 물질

① 정제수 : 멸균처리로 불순물을 제거하고 침전물이 생기지 않는 물
② 증류수(Distilled Water : Di Water) : 물을 가열하여 수증기가 된 물분자를 냉각기로 이동시켜 차갑게 해주면 수증기가 다시 액체가 되는데 이를 증류수라 한다.
③ 탈 이온수(Deionized Water) : 일반 물에 이온화되어 있는 물을 탈 이온화시켜 질소, 칼슘, 마그네슘을 제거하고 중금속인 카드늄, 납, 수은 등도 함께 제거하는데 이러한 과정을 거친 물을 탈이온수라 한다.

(2) 에탄올(Ethanol,Ethyl Alcohol) : 에틸알코올

- 휘발성
- 친유성과 친수성을 동시에 가지고 있음
- 피부에 청량감과 가벼운 수렴효과를 부여하며 배합량이 높아지면 살균, 소독 작용
- 여드름, 지성피부 제품에 많이 사용하나 과다 사용 시 피부에 건조함을 유발
- 면도 후 사용하는 애프터 쉐이브 스킨, 화장수, 아스트린젠트, 헤어토닉, 향수 등에 사용

*Sd-Alcohol 40(Standard-Denatured Alcohol) : 화장품에 가장 적합한 알코올

2) 유성원료의 특성

① 피부 및 모발에 유연성, 윤활성을 부여
② 용매효과에 의한 피부 청결 효과
③ 피부 표면에 친유성막을 형성하여 보호막이 되어 외부로부터 유해물질이 침투하는 것을 방지
④ 바람 및 차가운 기온에 대한 수분 증발을 억제

⑤ 지용성 용매로 작용
⑥ 식물성오일, 동물성오일, 광물성오일, 합성오일이 유성원료로 사용

> 용매 : 녹이는 물질을 말한다.

(1) 식물성 오일

식물의 열매나 꽃 및 씨에서 추출하며 불포화지방산으로 피부에 자극이 없어 고급 화장품 원료에 주로 사용된다. 상온에서 고체 상태이다.

올리브유 (Olive Oil)	윤활성, 각질형성세포, 진피의 콜라겐, 엘라스틴과 같은 물질의 합성력
해바라기유 (Sunflower Oil)	진정효과, 리놀레인산 등의 불포화지방산의 함량이 높음. 여드름을 유발하지 않음
포도씨유 (Grape Seed Oil)	피부 진정, 항박테리아 효과, 사용감이 부드럽고 유분감이 적다.
마카다미아넛유 (Macadamianut Oil)	우수한 피부침투력과 퍼짐성, 사용감이 좋고 끈적이지 않는다. 피부자극이 없다.
피마자유 (Castor Oil)	유연작용과 윤기 및 광택이 탁월. 순도가 낮을 경우 피부에 자극을 줌. 리놀레인산이 80–85% 차지
쉐어버터 (Shea Butter)	천연지방 성분, 피부 탈수를 막고, 진정작용, 스테아르산과 올레인산이 90%를 차지
윗점 오일 (밀배아유, Wheat Germ Oil)	불포화 지방산과 다량의 비타민 E가 함유, 산패되지 않고 피부 재생효과가 우수

(2) 동물성 오일

난황유 (Egg Yolk Oil)	계란노른자에서 추출, 레시틴, 비타민 A를 함유, 피부 진정작용
밍크유 (Mink Oil)	밍크의 피하조직에서 추출, 피부 친화성, 퍼짐성, 보호작용이 우수
라놀린 (Lanolin)	양모에서 추출, 천연왁스, 피부 유연제
향유고래유 (Spermaceti)	향유고래의 뇌기름 종류, 점증제, 광택제
스쿠알렌 (Squalene)	심해 상어의 간유에서 추출

(3) 광물성 오일(탄화수소류)

탄소와 수소로 이루어진 화합물로 석유에서 추출

유동 파라핀 (Mineral Oil, Paraffin Oil)	무색투명한 오일, 피부 보호 작용이 탁월. 순도에 따라 여드름을 유발 크림, 유액, 유성세정제, 색조제품, 정발제에 주로 많이 사용
실리콘 (Silicon)	피부의 수분증발억제 능력이 우수 피부에 매끄러운 느낌을 부여하고 피부 독성이 없다.
바셀린 (Vaseline)	기초, 메이크업, 모발 화장품의 유성성분
스쿠알란 (Squalane)	상어류의 간유에서 얻어지는 스쿠알렌을 수소로 환원 무색투명의 기름상태로 피부 안정성이 높고 유성감도 적다. 크림이나 유액에 유성원료로 사용

(4) 고급 지방산 오일(Fatty Acid)

동물성 유지로 탄소 수 C_{12} 이상의 포화지방산

스테아르산 (Stearic Acid)	유화제, 증점제로 많이 활용 여드름을 일으킬 수도 있는 포화지방산
라우르산(Lauric Acid)	거품을 내는 성질을 가지고 있으며 약간의 피부자극이 있다.
팔미트산 (Palmitic Acid)	팜유에서 추출, 피부 보호 작용 보조유화제로 사용되는 포화지방산
미리스틴산 (Myristic Acid)	동식물성 지방에서 추출 계면활성제, 클렌징제와 결합하면 매우 풍부한 거품을 발
올레인산 (Oleic Acid)	동·식물의 유지류에 분포 올리브유의 주성분으로 크림류에 사용하는 불포화지방산

(5) 고급 알코올

천연유지와 석유에서 합성하여 얻는다.

세틸 알코올 (Cetyl Alcohol)	에멀전의 유화보조제로 유분감을 억제
올레일 알코올 (Oleyl Alcohol)	팜유와 우지의 환원으로 형성 립스틱 제조시 용제로 사용
스테아릴 알코올 (Stearyl Alcohol)	유화 및 윤활작용, 점도 조정제로 화장품에 사용
미리스틸 알코올 (Myristyl Alcohol)	야자유, 유화안정제, 점증제로 사용

(6) 에스테르류

고급 지방산과 1가의 고급 알코올을 합성하여 얻는다.

부틸 스테아레이트 (Butyl Stearate)	유성감이 거의 없어 사용감이 가벼움 스테아린산과 부틸알코올에 의해 합성
이소프로필 미리스테이트(Isopropyl Myristate)	유연제, 보습제, 침투력이 우수 여드름을 유발
이소프로필 팔미테이트(Isopropyl Palmitate)	유연제, 보습제, 침투력이 우수 알레르기와 피부 독성을 나타내지 않으나 여드름을 유발

(7) 왁스(Wax : 납)

고급지방산과 1가의 고급 알코올로 이루어진 에스테르를 왁스 또는 납이라 한다.

① 고형화로 제품의 안정성과 기능을 향상을 시킨다.
② 피부 마찰과 유연효과로 사용감을 좋게 한다.
③ 광택을 부여하고 막을 형성하여 체온 유지 기능을 한다.
④ 동·식물의 표면에 존재하여 동·식물체의 수분 과다와 건조를 막아 준다.
⑤ 유지보다 화학적으로 안정되어 가수분해되기 어렵고 공기 중에서도 쉽게 변질되지 않는다.

(1) 식물성 왁스 : 열대 식물의 잎이나 열매에서 추출

액체왁스	호호바 오일 (Jojoba Oil : 조조바 오일)	인체 각질층의 지질과 성분이 유사 피부 장벽의 역할 보습, 유연 효과가 탁월

Part 4 화장품학

고체 왁스	카르나우바 왁스 (Carnauba Wax)	택성 우수, 피마자유와 잘 섞이고 립스틱, 제모제에 사용
	칸델리라 왁스 (Candelilla Wax)	토우다이크 사과의 줄기에서 추출, 립스틱에 주로 사용

(2) 동물성 왁스 : 피부 알레르기가 유발되기 쉽다.

밀납 (Bee Wax)	벌집에서 추출, 유연한 감촉을 부여 콜드크림, 로션 및 마스카라 등 화장품에 전반적으로 사용 알레르기 유발 가능성
라놀린 (Lanolin)	양의 털에서 추출 점성이 강한 반고체상, 빠른 흡수 기초 화장품, 메이크업, 모발화장품 등에 유성원료로 많이 사용
경납 (Spermaceti)	고래에서 추출 대체품으로 경납의 주성분인 세틸팔미테이트가 이용

3) 계면활성제(Surfactants)

한분자내에 친수성기(Hydrophilic Group)와 친유성기(Lipophilic Group)를 함께 갖는 물질로 물과 기름의 경계면, 즉 계면의 성질을 변화시킬 수 있는 특성이 있다.

① 유화제, 세정제, 가용화제, 거품제, 윤활제, 정전기 방지제, 살균제, 습윤제 응용
② Griffin의 Hlb라는 개념을 근거로 화장품 제조에 이용
③ 보통 친수성기의 이온성에 따라 네 가지로 분류

미셀(Micelle)
계면활성제를 녹이면 작은 집합체가 만들어지는 데 이를 '미셀'이라 한다.

계면활성제의 Hlb (Hydrophile & Lipophile Balance)
계면활성제가 물과 기름에 대한 친화성 정도를 나타내는 값. 0에 가까울수록 친유성이 좋고 반대로 20에 가까우면 친수성이 좋다.

종류	특징
양이온성 계면활성제	세정력은 음이온성보다 적다. 유화, 세정, 살균, 소독작용, 정전기 발생 억제 헤어린스, 헤어트리트먼트제, W/O타입의 클렌징크림 등
음이온성 계면활성제	가장 먼저 개발된 계면활성제, 피부자극이 많다. 세정작용, 기포 형성작용 우수 고형비누, 샴푸 클렌징 폼, O/W 타입의 크림 등
양쪽성 계면활성제	음이온성과 양이온성을 동시에 가지고 있다 세정작용, 살균작용, 피부자극과 독성이 적다. 저 자극샴푸, 베이비샴푸, 헤어린스에도 많이 사용
비이온성 계면활성제	물에 용해되어도 이온이 되지 않는 계면활성제 화장수의 가용화제, 크림의 유화제, 클렌징크림의 세정제, 분산제 등에 많이 사용

자극정도
음이온성 > 양이온성 > 양쪽성 > 비이온성

4) 보습제(Humectants)

① 수분을 끌어당기고 수분 보유 성질이 강한 성분이 보습제이다.
② 건조한 피부를 촉촉하게 하는 만들어 준다.
③ 계절에 따른 제품의 수분증발억제와 점도, 경도 유지 및 동결방지 한다.
④ 염료, 향료 그 밖의 첨가제의 용제 또는 용매 보조제로 이용
⑤ 피부에 대한 사용성 향상과 유연성 부여

폴리올(Polyol) -수용성 다가알코올류	글리세린	시럽같이 끈끈한 상태로 물과 알코올에 잘 녹고 보습력이 뛰어나다.
	프로필렌 글리콜(Ppg)	무색무향의 액체. 보습제로 사용 치약이나 연고, 크림류에 사용되고 방부제 역할
	부틸렌 글리콜(Bg)	아세트알데히드에서 얻어지고 글리세린보다 가벼운 느낌 피부자극이 없고 독성이 낮다.
	폴리에틸렌 글리콜(Peg)	독성과 자극이 적어 눈약이나 알레르기 진정 연고 베이스에 사용 유화 제품과 샴푸, 린스, 두발 제품에 사용
	솔비톨(Sorbitol)	식물계에 넓게 존재하고 해조류에도 있다. 보습력이 탁월하고 인체 안정성이 높아 다양한 화장품과 의약품에 사용
고분자 보습제	히알루론산염, 콘드로이친 황산염, 가수분해콜라겐(Hydrogen Collagen)	
천연 보습 인자 (NMF : Natural Moisturizing Factor)	아미노산(Amino Acid), 요소(Urea), 젖산염(Sodium Lactate), 피롤리돈카르본산염(Sodium Pca)	

5) 착색료

화장품 특히 메이크업 화장품에서 파운데이션, 립스틱, 볼터치, 아이 메이크업, 손톱용 화장품에는 필수적으로 색을 입히는 착색료가 필요하다. 화장품에 사용하는 착색료는 유기합성색소와 무기색소(안료), 천연색소이다.

(1) 무기색소(안료) : 물 또는 오일에 녹지 않는 색소

무기안료	착색안료	화장품의 색상부여	
		적색산화철, 황색 산화철, 흑색 산화철이 있고 메이크업 화장품에 이용	
	체질안료	착색안료의 희석제	
		탈크(Talc) : 활석	약제의 분말로 훼이스 파우더의 가루분이나 파운데이션에 주로 사용
		카올린(Kaolin) : 고령토	백분의 원료로 사용되고 커버력이 좋고 흡착, 토닉작용
		마이카(Mica) : 운모	탄성이 풍부하고 사용성이 좋으며 피부에 부착력
	백색안료	커버력이 우수하며 백색 분말성분, 파운데이션과 가루분에 사용	
		이산화티탄, 산화아연	
	진주광택안료 진주 빛 광택을 주기 위한 목적		

(2) 유기 합성 색소

안정성에 대한 허용색소로 우리나라 약사법에 규정되어 있다.

염료	물 또는 오일, 알코올에 녹는 색소화장품 자체에 시각적인 색상을 부여
유기안료	타르색소, 종류가 많고 색조가 풍부하고 대량생산이 가능하나 색상이 화려한 반면 빛, 산, 알칼리에 약함. 립스틱, 볼터치, 네일 에나멜 등의 색조화장품 제품에 많이 사용
레이크	수용성인 염료에 알루미늄(Al), 칼슘(Ca), 마그네슘(Mg), 지르코늄(Zr)염을 가해 침전시켜 만든 불용성 색소, 립스틱, 블러셔, 네일 에나멜 등에 안료와 함께 사용

(3) 천연 색소

착색력과 광택성, 지속성이 저하되어 많이 이용되지 않는다.

카로티노이드계 색소	지용성 인자들로 주황계열의 색
후라보노이드계 색소	수용성 인자들로 백, 황, 적, 청, 흑색

6) 향료

화장품에 있어 향은 각종 원료의 냄새를 줄이고 화장품의 이미지를 높이기 위한 필수 성분이다. 향료는 천연향료와 인공향료로 구분되고 일반 화장품은 주로 인공향료를 사용하여 향에 의한 피부 독성과 자극이 생기기도 한다.

천연향료
피부 자극이나 독성이 없고 안정하나 가격이 비싸다. 동물성 향료와 식물성 향료가 있다.

인공향료
피부 자극과 독성이 있어 알레르기 발생이 높고 가격이 저렴하다.

천연향료 (약 1500여종)	식물성 향료	꽃 : 장미, 쟈스민 잎 : 제라늄, 패츄리 전초 : 라벤다, 레몬글라스 과피 : 레몬, 라임, 버가못 나무껍질 : 시나몬
	동물성 향료	사향(Musk) : 사향노루에서 추출 영묘향(Civet) : 사향 고양이의 암수 분비선 추출 해리향(Castrium) : 비버의 암수 생식선 추출 용연향(Ambergris) : 사향고래의 결석을 건조
합성 향료 (4000여종 중 보통 500~600여 종 이용)	합성향료	화학적으로 만들어진 향
	단리향료	천연향료에서 분리한 단일성분으로 만들어진 향
조합향료		천연향료와 합성향료의 배합에 의해 만들어진 향

7) 첨가제

방부제	파라벤계	파라옥시안식향산이라 불리며 화장품에 가장 많이 이용되는 방부제 파라옥시안식향산메칠, 파라옥시안식향산프로필, 부틸 파라벤
	이미다졸리디닐우레아 (Imidazolidinyl Urea)	가장 흔한 방부제, 보존제 역할도 함
	에탄올(Ethanol)	에탄올 농도가 15% 이상 되면 미생물 오염에 대한 방부효과가 좋다.
	페놀	가장 오랫동안 사용되어진 살균제 피부에 자극을 줄 수 있으므로 안정화된 페놀 유도체를 사용
산화 방지제		산패에 의한 생성물은 화장품의 산패취, 자극의 원인이 되기 때문에 산패를 억제하기 위해 산화방지제를 첨가.
pH 조절제		화장품의 pH는 3~9

8) 활성성분

1980년대	동물추출물은 대부분 소와양의 각 부위에서 추출되며 널리 사용
1990년대	동물애호가협회의 반대운동 미생물 배양에 의하여 얻어진 성분과 식물추출물을 주로 사용
2000년대	자연성 해조류(Marine) 성분을 주로 사용하는 추세

(1) 식물성 추출물

감초 추출물	독성 제거, 소염, 자극 완화, 상처치유 촉진, 항알레르기 작용
녹차 추출물	항산화, 유해산소제거, 냄새제거(소취) 작용
라벤더 추출물	수렴, 살균, 항균, 발한 작용
레몬 추출물	수렴, 보습, 세포부활작용
로즈마리 추출물	항산화, 기미 예방, 항염증, 항알레르기, 항균 효과
알로에 추출물	보습, 미백, 자외선 차단, 화상, 상처치유 촉진, 항알레르기 작용
유칼립투스 추출물	시원한 느낌과 살균, 항균, 혈행 촉진, 수렴냄새 제거
쥬니퍼 추출물	수렴, 지혈, 보온 작용
하마멜리스 추출물	살균, 소독 및 수렴작용이 있어 여드름과 피부염의 치유에 좋으며 유해산소제거와 진정작용, 약간의 방부작용이 있어 화장품의 부패를 막는데 효과적
홉 추출물	항균, 진통, 진정, 탈모 예방, 항알레르기 작용, 특히 식물성 호르몬이 풍부하여 피부에 신선감을 부여
호스 체스트넛 추출물	항염증작용, 일광 화상 방지
해조 추출물	미역, 다시마, 우뭇가사리와 같은 해조에서 추출된 것으로 보습, 피지분비 억제작용
카모마일 추출물	소염, 살균, 진정, 수렴, 항알레르기
감마오리자놀	혈액순환, 피부의 대사촉진, 미백작용, 자외선 차단 효과
글리시리친산	감초에서 추출, 소염, 항염증

Part 4 화장품학

멘톨	박하에서 추출, 통증과 가려움 완화, 방부 & 살균 작용
사포닌	계면활성제의 유화작용, 가용화 작용, 세정작용, 항염증 작용
아쥴렌	항염증, 항알레르기 진정, 상처치유 효과
클로로필	엽록소로 녹색의 야채색소에서 추출, 산소공급 효과, 지성피부, 일광 알레르기 유발
비사볼롤	아쥴렌에서 수분을 많이 제거한 성분으로 진정, 항알레르기 효과, 항염증 효과
세라마이드	각질세포 내 지질성분의 40~50%를 차지하고 피부의 수분증발을 억제

(2) 동물성 추출물

콜라겐	동물의 어린조직에서 추출하며 피부에 보습력 부여로 주름예방
엘라스틴	동물의 어린조직에서 추출하여 피부탄력 부여와 노화예방
로얄젤리 추출물	주성분은 비타민 B 복합체, 아미노산 등으로 보습, 피부면역 강화, 세포호흡증진 작용
흉선 추출물	주성분은 펩타이드이며 피부면역강화, 노화억제, 세포활성작용
실크 추출물	주성분은 펩타이드로 보습, 피부와 모발의 유연효과
플라센타 추출물	어린조직의 태반에서 추출, 주성분은 수용성 비타민, 아미노산, 세포성장인자 등으로 보습, 세포 재생, 미백효과
밀납	암벌에서 얻어지는 동물성 왁스로 화장품에서 유화제, 결합제, 점증제, 연화제로 다양하게 이용
라놀린	양털에서 추출한 정제한 동물성 왁스로 물에 용해되지 않고 물을 흡수하여 유화제나 크림의 베이스 원료로 사용, 건성피부에 효과적
프로폴리스	밀랍의 한 성분으로 천연의 방부제, 항생제로 항염증 효과가 우수
비장추출물	소의 비장에서 추출한 성분으로 피부호흡 촉진으로 안색 맑게 함
히알루론산	닭 벼슬이나 동물 탯줄에서 추출, 뮤코다당류로 보습효과 탁월하여 보습제로 이용

(3) 비타민

피부의 대사기능과 생리기능을 정상화시키고, 비타민 결핍으로 인한 피부질환을 예방해 준다.

레티놀(Retinol)=비타민 A	잔주름 개선효과, 색소침착방지, 비타민 C의 산화방지, 각화 과정 정상화. 쉽게 산화되므로 밀봉보관, 시력저하방지, 결핍 시 피부건조
비타민 A 팔미테이트 (Vtamin A Palmitate)	비타민 A 유도체로 레티닐 팔미테이트(Retinyl Palmitate) 비정상적 각질화피부와 건성피부를 치유하는 작용, 쉽게 산화되므로 화학적으로 안정화시킨 팔미테이트를 사용
비타민 B2(Riboflavin)	입술 주변의 염증, 지루성 피부염 등을 예방. 과다하게 사용하면 광과민증 유발, 화장품의 보습제
비타민 B6(Pyridoxine)	피지분비 억제작용이 있어 지성피부에 효과가 있다.
비타민 C 팔미테이트 (Vitamin C Palmitate)	비타민 C 유도체로 콜라겐 합성촉진, 피부미백 등의 효과, 항산화제

비타민 E 아세테이트 (Vitamin E Acetate)	비타민 E 유도체로 토코페릴 아세테이트(Tocopheryl Acetate)라고도 하며 혈행 촉진, 노화 억제, 유해산소제거 등의 효과가 있다.
디-판테놀(D-Panthenol)	비타민 B5(판토텐산)의 세포증식을 돕고 보습효과를 준다. 항스트레스 비타민, 머리카락과 손톱의 건강, 피부진정효과, 민감성화장품, 선탠제품에 사용
비오틴(Biotin)	손상된 케라틴 단백질을 회복시키므로, 손톱, 모발 등의 치유에 좋다. 결핍 시 - 지루성 피부염
비타민 K	지용성 비타민으로 모세혈관벽 강화, 민감성 크림에 많이 사용
비타민 P	수용성 비타민으로 진정, 붉음증 완화로 민감성 화장품에 사용

(4) 기타 추출물질

뮤신	포유류의 상피세포와 점막에서 만들어져 분비되는 것으로 보습효과
세라마이드	세포간지질의 하나로 피부나 모발세포의 응집력을 강화. 동식물 모두에서 추출.
프로테인	동물 신체의 단백질에서 추출하고 피부의 수분유지, 유연성 효과
콘드로이친 황산 나트륨	달팽이의 피부와 포유류의 연골에 함유된 뮤코-다당류로 고분자 보습제
키토산	게, 새우의 껍질에서 추출, 보습, 피막형성, 중금속 제거효과가 있으며, 주로 모발 화장품에 사용. 피부의 대사기능과 생리기능을 정상화, 비타민 결핍으로 인한 피부질환을 예방

Chapter 03
화장품의 종류와 기능

1. 기초 화장품

1) 기초화장품의 목적

① 피부청결(세안)

② 피부정돈

③ 피부보호

④ 피부 영양

2) 기초화장품의 종류와 특징

(1) 세정류 : 포인트 메이컵 클렌저+클렌저+딥클렌저

Part 4 화장품학

종 류		특 징	적 용
클렌징 크림		· 광물성 오일 40~50% 함유 · 피부 표면에 묻은 기름때를 녹여 낸 후 닦아 내는데 효과적	· 짙은 화장 시 · 분장 화장
클렌징 로션		· 클렌징 크림보다 유분함량이 낮다.	· 옅은 화장 시 · 모든 피부용
클렌징 젤		· 수성타입은 사용후 피부가 촉촉하고 매끄럽다. · 유성타입은 수성타입보다 사용감이 무겁다.	· 수성은 옅은 화장 시 · 유성은 진한 화장 시
클렌징 워터		· 끈적임 없이 산뜻하다. · 피부에 자극이 적다.	· 민감 피부시
클렌징 오일		· 피부침투성이 좋아서 땀이나 피지에 강한 화장도 깨끗이 닦아주는 장점이 있다.	· 건성피부
클렌징 폼		· 세정력이 뛰어나면서도 보습제가 함유되어 있어 사용 후 피부가 당기지 않는다.	· 크림 사용 시 이중세안을 적용
비 누		· 식물유(야자유, 팜유, 대두유)나 동물지방에 알칼리를 반응시켜 고급지방산 나트륨염 · 배합성분에 따라 중성비누, 투명비누가 있다	· 건성, 노화피부는 사용 후 건조함이 생길수 있다.
포인트 M/up 리무버		· 눈가, 입가 포인트 메이컵 지우기 · 워터 타입	· 모든 피부용
딥 클렌저	스크럽	· 세안 효과, 마사지 효과, 각질 제거 효과 · 천연계 : 살구씨, 아몬드씨, 호두껍질, 율무씨	· 지성 : 주 1~2회 · 건성 : 주 1회
	효소	· 단백질 가수분해로 각질분해 · 브로멜라닌, 파파인, 트립신, 펩신	· 모든 피부용 · 민감 : 2주에 1~2회
	고마쥐	· 건조된 제품을 밀어내어 각질제거 · 피부타입에 따라 사용방법이 다르다.	· 건성 : 주 1회 · 지성 : 주 1~2회
	AHA	· 글라이콜릭산(Ga) : 사탕수수에 추출 · 락틱산(La) : 발효우유에서 추출 · 시트릭산(Ca) : 감귤류에서 추출 · 말릭산(Ma) : 사과, 복숭아에서 추출 · 타타릭산(Ta) : 포도에서 추출(주석산)	· 피부타입에 따라 시간조절 · 모세혈관 확장, 민감피부는 사용 제한 · 건성,색소침착피부 가능

(2) 화장수(Skin Lotion) : 조절용, 피부 노폐물을 닦아내고, 피부 결을 정돈하고 수분공급정제
수+에탄올+보습제

화장수의 종류	유연화장수(Skin Softner)	수분 공급, 피부 유연효과 화장수
	수렴화장수(Skin Toner)	수분 공급, 모공 수축 효과 화장수
	아스트린젠트(Astringent)	모공 수축, 피부를 긴장시키는 화장수
	Soothing Lotion	보습을 주고 피부를 진정시키는 화장수

(3) 로션, 크림, 에센스 : 보호용

로션(Lotion)& 에멀젼(Emulsion)	세안 후 피부에 유·수분 밸런스
	O/W Type이며 수분이 60~80% 정도로 점성이 낮음
	유분이 많은 지성피부나 여드름 피부에 적당
	지속성이 낮은 단점
크림(Cream)	세안 후 손실된 천연 보호막을 일시적으로 보충
	외부환경으로부터 보호
	W/O Type으로 O/W Type 보다 4배의 지속성이 유지
	유분감이 많아서 피부에 흡수가 더디고 사용감이 무거움
	유효성분으로 피부의 문제점을 개선
	유분함량에 따른 크림의 종류 : 유성크림, 중유성크림, 약유성크림

구 분	약유성크림	중유성크림	유성크림
성 상	O/W형	대부분 O/W형	O/W형과 W/O형
유분함량	10~30%	40~50%	50% 이상
적용피부	지성피부	모든피부	건성피부
사용감	가볍고 산뜻하다.	유성크림보다 산뜻	부드러운 감촉과 광택효과
적용크림	모이스춰크림, 바니싱크림	핸드크림, 베이비크림	클렌징크림, 마사지크림, 나이트크림

(4) 팩

원래 패키지(Packge) 즉, '포장하다' 또는 '둘러싸다'란 뜻에서 유래되었다. 표피에 인위적인 피막을 형성해서 일시적으로 외부와 차단하여 표피에서 증발하는 수분을 피막과 표피사이에 머물게 하여 피부를 유연하게 하며 모공을 넓혀 유·수분 및 기타 유효성분이 쉽게 침투하도록 하는 것을 의미한다.

① 팩의 원료
  ㉠ 향료, 방부제, 산화방지제
  ㉡ 보습제 : 글리세린, 프로필렌글리콜, 솔비톨
  ㉢ 피막제 : 폴리비닐알코올, 펙틴, 젤라틴, 폴리비닐피롤리돈, 잔탄검
  ㉣ 분말 : 카올린, 아연화, 탄산마그네슘
  ㉤ 유성성분 : 올리브유, 참기름
  ㉥ 알코올/정제수

② 팩의 타입별 종류와 특징

종류	특징
필오프 타입 (Peel-Off Type)	· 얼굴에 팩을 바른 후 건조된 피막을 떼어내는 타입 · 건조되는 동안 피부에 긴장감을 주어 탄력을 부여한다. · 떼어낼 때 오염 물질과 묵은 각질을 제거해 준다. · 주 1~2회 사용이 적당하나 지성피부는 2~3회도 가능하다. 예) 오이팩
워시오프 타입 (Wash-Off Type)	· 얼굴에 바른 후 20분 후 물로 씻어내거나 해면으로 닦아낸다. · 물을 사용하면서 씻어내므로 상쾌한 사용감을 느낀다. · 모든 피부에 적당하다. 예) 머드팩, 크림팩, 진정젤팩
티슈오프 타입 (Tissue-Off Type)	· 주로 크림 형태로 되어 있으며 거즈나 티슈로 닦아낸다. · 사용감이 부드럽고 보습 효과가 우수해서 피부에 부담이 적다. · 민감성 피부에 사용하기 좋다. · 다른팩에 비해 긴장감이 떨어지는 단점이 있다. 예) 크림팩
시트 타입 (Sheet Type)	· 시트형태로 되어 있어 일정시간 붙였다가 떼어내는 타입이다. · 건성피부, 노화피부, 예민피부에 특히 좋다. 예) 벨벳마스크, 아이 시트마스크
분말 타입	· 물에 개어서 바르는 타입이다. · 바른 후 굳는 타입과 굳지 않는 타입이 있다. · 모든 피부에 좋지만 굳는 타입인 석고팩은 민감피부에는 사용하지 않고 굳지 않는 타입이 좋다. 예) 굳는 타입(석고팩):노화피부, 건성피부에 특히 좋다. 굳지 않는 타입(모델링 마스크):지성피부, 예민피부

2. 메이크업 화장품

1) 메이크업 화장품의 목적

① 미적효과
② 결점 커버
③ 피부 보호
④ 심리적 만족감

2) 메이크업 화장품의 구성성분

유기안료	유지 및 왁스류, 지방산에스테르, 지방산 고급알코올, 실리콘 오일 등의 유분과 글리세린, 점증제, 방부제, 산화방지제, 자외선흡수제, 향료 등
무기안료	이산화티탄과 산화아연(커버력 자외선 차단)커버력
광택안료	색조에 광택을 주고 질감을 변화시키는 효과

3) 메이크업 화장품의 종류와 특징

(1) 베이스 메이크업 화장품

① 파운데이션(Foundation): 피부색을 균일하고 아름답게 하고 얼굴의 윤곽 조절과 기미, 주근깨, 흉터 등의 결점을 커버

유형별 특징

파운데이션 타입	피부타입/커버력	특징
리퀴드(액상)	지성피부/깨끗한 피부	퍼짐성 우수하고 가볍고 부드럽다. 투명하고 자연스런 피부 표현
크 림	건성피부/잡티 피부	보습력 우수하고 촉촉한 사용감 리퀴드 보다 커버력이 우수하다.
케익(투웨이케익)	잡티 피부	커버력이 우수하여 잡티 등에 효과적
스 틱	모든 피부	빠르고 간편한 사용성
컨실러	잡티 피부	피부의 부분 잡티, 여드름 자국 등에 효과적인 커버를 한다. 파운데이션 전, 후 사용한다.

② 훼이스 파우더(Face Power) : 가루분, 파운데이션의 유분기를 제거하고 피부를 화사하게 표현하며 화장의 지속력을 높임

훼이스 파우더의 종류

구 분	가루분	고형분
이 름	· 루스파우더(Loose Powder) · 훼이스파우더(Face Powder)	· 프레스드 파우더(Pressed Powder) · 콤펙트 파우더(Compact Powder)
성 분	대부분 안료	안료+5% 정도의 유분
제 형	분말 상태	케이크 상태 소량의 유분을 첨가 후 압축
특 징	투명감이 뛰어나다. 잡티 커버력이 약하다 화장의 지속성이 짧다. 화장이 들뜨기 쉽다	
장 점	· 유분감이 없기 때문에 가볍다. · 입자가 고와서 화장이 투명하다.	· 가루날림이 적다. · 휴대가 간편하다.
단 점	· 가루날림과 휴대가 불편 · 너무 많이 바르면 피부가 건조	· 훼이스 파우더에 비해 무겁다. · 두껍게 발려져 화장의 투명도

Part 4 화장품학

(2) 포인트 메이크업 화장품

아이 브로우 (Eye-Brow)	펜슬 타입	가장 일반적인 형태로 사용이 간편
	케이크타입	아이 섀도우처럼 생겼으나 브러시를 이용해 눈썹위에 바름
아이 섀도우 (Eye-Shadow)	케이크타입	휴대와 수정화장이 가능하고 그라데이션이 잘 된다. 지속성이 약하고 가루 날림이 있다.
	크림타입	밀착감. 색감의 표현, 지속성이 좋다. 그라데이션과 수정화장이 어렵고 기온이 올라가면 번들거림
	펜슬타입	색상이 강하게 표현이 잘되고 선으로 눈매를 강조사용이 간편하나 시간이 지나면 잘 뭉치는 단점
아이라이너 (Eyeliner)	리퀴드타입	선이 분명하고 깔끔하고 선이 오래 유지 그리기 어렵고 선 굵기에 따라 부자연스러워 보이기도 함
	펜슬 타입	그리기가 쉬워 초보자에게 적당하고 강약조절이 쉽고 리퀴드보다 자연스러우나 선이 지워지고 번지기 쉬움
	케이크타입	선이 자연스러워 보이고 오래 유지 붓에 물을 적셔 사용해야 하므로 사용이 불편
마스카라 (Mascara)	컬링형	속눈썹을 짙고 길어보이게 하여 매력적으로 보이게 함 눈매를 또렷하게 하여 눈의 인상을 좋게 함
	볼륨형	숱을 풍부하게 보이므로 속눈썹 숱이 적은 사람에게 적당
	롱래쉬형	마스카라액 속의 섬유질 때문에 속눈썹이 길어 보이는 효과
	방수형	물이나 땀에 젖지 않는 마스카라
립스틱 (Lipstick) = 루즈	모이스춰타입	사용감이 촉촉하고 부드러우나 잘 번지고 지워지기 쉬움
	매트타입	밀착감이 높아 번들거리지 않고 번짐이 없어 젊은 층이 선호
	롱라스팅 타입	오랜 시간 동안 잘 지워지지 않으나 입술이 건조해짐
	글로스타입	광택과 윤기가 있고 투명하며 사용감이 부드럽고 촉촉
블러셔 (Blusher) =치크(Cheek) 컬러, 볼터치	케이크타입	브러시를 이용해 바르고 색감표현이 잘되나 잘 지워짐
	크림 타입	주로 스펀지를 이용해 바르고 밀착감이 높아 잘 지워지지 않음

3. 모발 화장품

모발은 머리를 보호하는 기능과 동시에 개인의 개성을 표현하고 알리는 수단으로 모발은 현대인에게 패션의 한 부분과 같다. 모발화장품은 모발과 두피를 보호·정돈하고, 미화의 목적으로 사용되고 있다.

1) 모발화장품의 목적

① 두피, 모발에 존재하는 피지, 땀, 비듬, 각질, 먼지 등을 세정하여 청결
② 모발의 보호와 영양공급 등의 트리트먼트.
③ 헤어스타일링, 헤어컬러링, 퍼머넌트 웨이브

2) 모발 화장품 분류

용도	종류
세발용	샴푸, 헤어린스
정발용	헤어폼, 헤어겔, 헤어로션, 헤어크림, 헤어스프레이, 포마드
트리트먼트용	헤어트리트먼트 크림, 헤어팩, 헤어코트
양모용	헤어토닉
염모용	영구 염모제, 반영구 염모제, 일시 염모제
퍼머용	퍼머넌트웨이브 로션
탈모·제모용	탈모제, 제모제
발모용	모근 부활제, 혈관확장제

2) 바디 화장품의 분류

사용목적	사용부위	종류
세 정	전 신	비누, 바디 클렌저 버블바스(입욕제)
각질 제거	전 신 팔꿈치 발꿈치	바디스크럽, 바디솔트
트리트 먼트제	전 신 손부위 발부위	바디로션, 바디오일, 바디크림, 핸드로션, 핸드크림, 핸드 새니타이저, 핸드워시, 풋크림
미화용	신체 특정부위	마사지크림, 지방분해크림 바스트크림, 부종완화크림
체취 방지제	액 와 (겨드랑이)	데오드란트 로션 데오드란트 스프레이 데오드란트 파우더
자외선 제품	태닝제품 차단제품	선탠오일, 선탠리퀴드, 선탠 겔, 선스크린 크림, 선블럭 크림, 애프터선겔,

4. 바디(Body)관리 화장품

얼굴을 제외한 전신의 넓은 피부 부위를 바디(Body)라 하고 바디에 사용하는 제품을 바디화장품이라 한다. 새로운 효능, 효과를 가진 고기능성 바디 화장품이 지속적으로 개발되고 있는 추세이다.

1) 바디 화장품의 목적

아름다운 바디는 건강하고 탄력 있는 피부에서 시작된다. 매력적인 바디관리를 위해서는 몸을 청결하게 하고, 피부의 유·수분의 균형을 맞추고, 신진대사를 활발하게 하여야 한다.

5. 네일 화장품

1) 네일 화장품의 목적

손발톱을 아름답고 건강하게 가꾸는데 그 목적이 있다.

2) 네일 화장품의 분류

베이스코트(Base Coat)	네일 폴리시를 바르기 전에 손톱 표면을 보호 유색 폴리시의 안료가 착색되는 것을 방지하는 코팅막 역할 네일 폴리시가 잘 접착되도록 해줌
네일폴리시(Nail Polish)	네일 에나멜(Nail Enamel), 네일 컬러(Nail Color), 네일 락카(Nail Lacquer) 등 손톱의 표면에 아름다운 광택이 있는 피막을 만들어 장식과 보호의 역할
톱 코트(Top Coat)	유색 폴리시 위에 바르는 제품 니트로 셀룰로오즈 성분이 함유되어 있어 광택을 내고 피막을 형성 폴리시 보호, 손상 방지
네일 크림 · 로션 · 에센스	네일 서비스 시술시 손과 발을 관리할 때 수분과 유분을 공급해주는 역할
네일 폴리시 리무버 (Nail Polish Remover, Nail Enamel Remover)	네일 컬러링을 제거하기 위하여 사용되는 제품 인조손톱이 녹는 손상을 일으키지 않는 넌 아세톤 리무버(Non-Acetone Remover) 제품
네일 보강제 (Nail Treatment, Nail Hardener)	자연손톱에 바르는 투명 폴리시 형태의 네일 영양제 손톱 끝의 케라틴층이 분리되거나 단백질이 부족하여 네일이 얇게 자라 손톱 끝이 휘어지고 찢어지는 손상된 손톱에 효과적 베이스코트 대용

6. 향수

1) 향료의 사용 목적

방향화장품은 향수류 즉 오데코롱, 방향 파우더, 향수비누, 퍼퓸 등을 일컫는 화장품이다. 예로부터 방향화장품은 특권 귀족층인 왕실, 귀족의 전유물이었다 해도 과언이 아닌데 현대로 오면서 생활수준이 향상되고 체취에 대한 후각적 아름다움에도 관심을 가지면서 현대인들에게도 생활의 필수품으로 자리를 잡았다.

2) 향료의 역사

기원전	종교의식과 함께 시작. 종교의식을 행할 때 신체를 청결히 하고 신에 대한 경의표함
근대	20C 초에 일반사람들 사이에도 향료가 보급 천연향료뿐만 아니라 합성향료도 개발되었고 다양한 향의 조합이 가능
현대	현대여성이 자기연출을 위한 개성표현을 할 수 있는 방향화장품

3) 방향화장품의 종류

향기를 최대한 즐기기 위해서는 방향화 장품의 종류와 특성을 이해하고 효과적으로 나누어 사용해야 한다.

퍼퓸(Perfume : 향수)	향료 농도 15~30%	'헝가리 물'에서 유래 향기를 강조하고 싶을 때 혹은 향기를 오래 지속시키고 싶을 때 사용
오데 퍼퓸 (Eaude Perfume)	향료 농도 10~20%	가볍게 정통향기를 즐기고 싶을 때 데 토일렛보다 지속적으로 남는 향기를 원할 때
오데 토일렛 (Eaude Toilet)	향료 농도 6~9%	오데 퍼퓸보다 가볍게 사용할 수 있는 향기를 즐길 때 오데 코롱보다 더욱 지속적인 향을 느끼고 싶을 때
오데코롱/샤워코롱 (Eaude Cologne/ Shower Cologne)	향료 농도 2.5~7%	오데 토일렛보다 더 가볍게 향을 즐기고 싶을 때 샤워 전이나 잠들기 전 처음 향수를 사용할 때
Fancy Soap	향료 농도 1.5~5%	향기가 있는 목욕을 즐기고 싶을 때 목욕 중 사용하고 있는 향수와 같은 향기를 즐기고 싶을 때 처음 향수를 사용할 때
샴푸, 헤어린스, 바디로션	향료 농도 1~1.8%	머리나 바디에서 은은한 향기를 감돌게 하고 싶을 때 은은한 향기를 즐기고 싶을 때 처음 향수를 시작할 때

4) 향수 제조

천연향료 + 합성향료 ⇨ 조합향료(알코올첨가) ⇨ 희석, 용해 ⇨ 숙성(냉각) ⇨ 여과(침전물 제거) ⇨ 향수

5) 향수의 원료

조합향료와 에탄올을 일정비율 혼합하여 제조한다. 알코올의 농도에 따라 향의 질이 결정된다.

천연 향료	식물성 향료	꽃 : 장미, 쟈스민 잎 : 제라늄, 패츄리 전초 : 라벤다, 레몬글라스 과피 : 레몬, 라임, 버가못 나무껍질 : 시나몬
	동물성 향료	사향(Musk) : 사향노루의 생식선의 분비물을 건조시킨 암갈색의 물질이다. 영묘향(Civet) : 높은 고원에 서식하는 사향 고양이의 암수 분비선 추출 해리향(Castrium) : 시베리아 등지에 서식하는 비버의 암수 생식선 추출 용연향(Ambergris) : 사향고래의 장내에서 생기는 결석을 건조시킨 것
합성 향료	합성향료	화학적으로 만들어진 향
	단리향료	천연향료에서 분리한 단일성분으로 만들어진 향
	조합향료	천연향료와 합성향료의 배합에 의해 만들어진 향

조향

조향사가 머리에 떠오른 이미지를 향기에 재현하는 것으로 수많은 향료 중에서 선별해 처방전을 쓰고 조금씩 여러 가지 느낌과 변화를 줄 수 있는 향료를 더해 넣어 새로운 향수를 만드는 것을 의미한다.

Part 4 화장품학

6) 향수의 특성

① 향기는 잔잔히 아래에서 위쪽으로 퍼진다.
② 온도가 높아지면 퍼짐성이 좋아져 향기가 더 잘난다.
③ 몸에 사용하면 시간과 함께 향기가 변한다.

Top Note	알코올이 날아가기 전후의 향기
Middle Note	피부에 뿌린 후 5분, 10분 정도 경과 후 안정된 향기
Base Note	뿌린 후 2~3시간 경과 후의 향기, 체취와 혼합되어 고유향기가 됨

7) 향수의 선택과 사용방법

① 용기 입구에서 직접 향을 맡기보다는 Smelling Paper(Perfume Blotter)를 사용하거나 허공에 분무하여 번지는 향을 맡아서 선택한다. 또 손등에 1~2방울 묻혀 맡는 것이 정확하게 향을 느낄 수 있는 방법이다.
② 향수 사용 시 손목, 귀 뒤, 액와 안쪽 부위에 직접 뿌린다.
③ 향알레르기가 있는 민감피부나 광알레르기가 있는 피부는 주의해야 한다.
④ 보존 시 직사광선이 닿지 않는 곳이나 온도가 높은 곳은 피한다.
⑤ 사용 후 용기 뚜껑을 잘 닫아 향의 발산을 막는다.

8) 사용 시 주의할 것

① 너무 많이 뿌리지 않는다.
② 파티나 식사 때는 특히 줄여서 사용한다.
③ 땀이 나기 쉬운 곳에는 뿌리지 않는다. 땀과 섞이면 불쾌한 냄새가 난다.
④ 얇은 옷감이나 연한 색의 옷은 얼룩이 생길 수 있어 직접 뿌리지 않는다.
⑤ 보석이나 가죽제품에는 뿌리지 않는다.

7. 에센셜(아로마) 오일 및 캐리어 오일

1) 에센셜 오일(Essential Oil)

에센셜 오일(Essential Oil)은 향을 가지고 있는 식물의 꽃, 잎, 줄기, 열매, 뿌리와 수지 등에서 추출한 100% 천연 고농축 성분

(1) 에센셜 오일의 효능

신경안정	부교감신경을 안정시켜 긴장을 풀어주고 피로회복과 스트레스로 인한 질병을 예방할 수 있고 스트레스 해소에 도움
피부미용	재생기능, 아로마를 이용해 화장수나 미용액, 헤어린스로 사용
신체기능	혈액순환촉진, 생리기능 촉진, 소화촉진, 이뇨, 발한 호흡, 면역증진, 악취를 원천적으로 제거

(2) 에센셜 오일의 추출

① 에센셜오일의 추출부위

꽃	자스민, 로즈, 네롤리, 일랑일랑 등
잎	티트리, 유칼립투스, 팔마로사, 페티그레인, 파촐리 등
꽃잎	로즈마리, 라벤더, 페퍼민트, 바질 등
뿌리	진저, 베티버 등
나무	샌달우드, 로즈우드, 시더우드 등
열매껍질	레몬, 라임, 버가못, 그레이프 푸룻, 오렌지, 만다린 등
열매	페넬, 블랙페퍼, 주니퍼베리 등
수지	프랑킨센스, 몰약 등
뿌리	베티버, 진저, 안젤리카 등

② 에센셜오일의 추출방법

증기증류법	가장 경제적이고 널리 사용되는 방법 식물을 물이나 증기로 데워 수증기와 오일증기는 파이프를 통해 다른 용기로 이동시킨 후 냉각시키면 액체로 변함 대량으로 많은 양을 추출 고온에서 일부성분이 열에 손상 될 수 있어 열에 약한 식물은 이 추출법을 사용할 수 없음
압착법	레몬 오렌지 그레이프 푸룻 버가못 라임 만다린 등 시트러스 계열의 오일 추출시 사용 열이나 특정 용매를 가하지 않고 오일을 추출함으로 변질이 쉬움
용매 추출법	코올이나 아세톤 등에 휘발성 혹은 비휘발성 용매를 이용하여 추출 용매가 완전히 제거된 것일수록 고품질
이산화탄소 추출법	식물 부위가 압축된 이산화탄소와 낮은 온도에서 접촉 고가의 비용이 들지만 순도가 높은 오일을 얻음 액체상의 이산화탄소를 용매로 이용하여 열에 약한 오일 추출 시 이용
온침법	산화가 덜 되는 식물 원료를 따뜻한 곳에 일정시간 두면 식물 원료에서 향기와 성분이 녹아 베이스 오일에 희석됨
냉침법	로즈, 자스민 등의 꽃으로부터 가장 고품질의 오일을 추출하는 전통적인 방법, 라드이용 시간과 노동력이 가장 많이 투자되어 정유가격이 높음
여과법	증기증류와 비슷하나 증기가 식물의 윗부분이 아닌 아랫부분을 지나기도록 되어있는 추출방법 나무나 씨처럼 딱딱한 부분에서 에센셜 오일을 추출하는 방법

(3) 에션셜 오일의 분류

에센셜오일의 증발 속도에 따라 탑 노트, 미들노트, 베이스노트로 나뉜다.

탑노트 (상향)	첫 번째 맡는 향	향이 강하고 휘발성이 빠르며 피부 흡수도 빠름. 지속시간 이 3시간 이내로 주로 시트러스 계열에서 얻어진다. 버가못, 유칼립투스, 주니퍼, 파인, 로즈마리, 오렌지, 레몬, 사이프러스 등
미들노트 (중향)	중간향	대부분의 에센성오일이 여기에 속하며 부드럽고 따뜻한 느낌의 향 2~3일간 향이 지속되며 주로 소화 등 신체기능 신진대사를 조절 라벤다, 카모마일, 제라늄, 타임, 로즈우드, 클로브 등
베이스 노트 (저향)	향의 고착제	향이 안정적이고 무거우며 공기 중 휘발력이 가장 느림 마음과 신체를 진정, 이완하는 작용을 하며 주로 나무나 수지에서 추출향이 오래 지속되며 인체에 강하게 반응 샌달우드, 파촐리, 몰약, 일랑일랑, 프랑킨센즈, 시더우드, 등

Part 4 화장품학

(4) 에센셜오일의 사용

흡입법	건식흡입	서너 방울의 에센셜오일을 손수건이나 티슈에 떨어뜨려 수차례 흡입
	증기흡입	미지근한 물에 에센셜오일 다섯 방울을 떨어뜨리고 수건을 머리에 덮어 수분간 흡입
확산법		에센셜오일은 온도가 오르면 증발하고 향을 발생
습포법		근육통이나 멍들었을 때 일시적인 효과가 있으며 림프관의 흐름을 개선시키고 울혈된 노폐물을 제거하는데 도움
매뉴얼 테크닉		신진대사와 혈액순환에 도움이 되며 노폐물 배출을 용이하게 하고 신경계를 안정시켜 긴장과 불안 초조 스트레스 해소
목욕법		에센셜오일은 물에 잘 녹지 않으므로 4~6방울을 우유나 보드카에 녹여 목욕물에 풀어 사용

② 에센셜오일 사용 시 주의사항
  ㉠ 에센셜 오일은 가연성이 있으므로 불 가까이에서 사용하면 안 된다.
  ㉡ 절대로 내복해서는 안 된다.
  ㉢ 환기가 잘되는 곳에서 사용한다.
  ㉣ 흐리거나 엎지른 것은 바로 깨끗이 치운다.
  ㉤ 고객에게 사용한 에센셜오일과 양을 정확히 기록한다.
  ㉥ 민감성 알레르기를 가진 고객에게는 반드시 사용 전 피부테스트를 실시한다.
  ㉦ 특정오일에 대한 완전한 이해를 통해 오닐 선택 시 신중함을 가질 수 있다.

(5) 에센셜오일의 신체유입

호흡기를 통한 흡수	에센셜 오일 분자는 흡입을 통해 코의 점막에 닿으면서 녹아 후각기관을 통해 신경을 따라 뇌까지 전달
피부를 통한 흡수	에센셜 오일을 피부에 바르면 오일 분자가 모낭이나 한선 각질층을 통해 빠르게 흡수

(6) 에센셜 오일의 블렌딩

① 대부분의 에센셜 오일의 원액을 피부에 직접 사용하는 것은 위험
② 순 식물성 캐리어 오일에 희석하여 사용
③ 전신메뉴얼 테크닉용 오일을 위한 블렌딩은 2.5%로 희석하는 것이 바람직

(7) 에센셜오일의 성분

모노테르펜(Monoterpen)	효과 : 마취제, 진통제, 항생제, 항히스타민, 항염효과, 자극촉진, 청결제 에센셜 오일 : 오렌지, 레몬, 라임, 블랙페퍼
알코올(Alcohol)	효과 : 무독성, 온열효과, 항곰팡이, 항바이러스, 항박테리아, 피부자극 에센셜 오일 : 제라늄, 로즈우드, 티트리
페놀(Phenol)	효과 : 감염억제, 항박테리아, 항곰팡이, 면역조절효과, 피부자극 에센셜 오일 : 시나몬, 타임, 클로버, 세이보리

에스테르(Esters)	효과 : 진정제, 균형, 신경계 강화, 항곰팡이, 항염효과 에센셜 오일 : 바질, 타라곤
케톤(Ketones)	효과 : 항응고, 상처치유, 세포재생, 잠재적 신경독성, 지방분해효과, 거담 에센셜 오일 : 유칼립투스, 로즈마리, 히솝, 쟈스민, 시나몬, 페퍼민트
알데히드(Aldehydes)	효과 : 항염효과, 진정제, 항바이러스, 살균, 안정작용 에센셜 오일 : 멜리사, 레몬그라스, 유칼립투스
세스퀴테르펜(Sesquiterpen)	효과 : 항염, 항생제, 이뇨제, 저혈압, 페로몬, 항바이러스, 종양 억제제 에센셜 오일 : 카모마일 블루, 카모마일 저먼
옥사이드(Oxide)	효과 : 거담약, 신장기능촉진, 호흡계 자극 에센셜 오일 : 유칼립투스, 미르, 티트리, 카제풋
에테르(Eters)	효과 : 진정제, 이완, 온열효과, 정신자극 에센셜 오일 : 오렌지, 레몬, 라임, 블랙페퍼

(8) 에센셜오일의 효과

① 신경계 조절 : 근육의 긴장과 이완
② 혈액순환촉진, 생리기능 촉진
③ 항균, 항박테리아 작용, 항염증 효과
④ 항스트레스
⑤ 소화촉진
⑥ 항바이러스 작용
⑦ 수렴작용, 진정효과

(9) 에센셜오일의 특성

라벤더 (Lavender)	자연적인 항생작용, 살균방부, 항우울, 진정, 해독작용 상처재생 및 예방과 면역기능을 강화시켜 상처난 세포성장을 촉진정신, 심리적 문제 같은 항우울증 등에 좋은 효과
티트리 (Tea Tree)	일반적인 소독약보다 12배 이상의 살균방부의 힘 과민성 피부의 경우 가려운 현상이 있음 항균, 살균방부의 작용으로 폭넓게 사용
페퍼민트 (Peppermint)	소화기계와 순환계, 호흡기계에 뛰어난 효과 항염증, 살균방부 작용이 강함 소화불량, 헛배부름, 호흡곤란, 감기, 천식, 정맥류, 피부염증, 두통, 편두통, 치통, 만성피로에 사용
카모마일 (Chamomile)	항균, 살균, 방부와 소독작용 가장 강력한 효과는 항염증 작용 류마티스 관절염, 신경안정 이뇨, 진정 작용
유칼립투스 (Eucalyptus)	여름에는 몸을 차갑게 하고 겨울에는 차가운 기운을 막아주는 작용 항염증, 살균방부, 이뇨, 진통. 방취작용 항바이러스 작용으로 기침, 감기 같은 호흡기계 문제와 방광염, 캔디다균, 햇볕탄 데 사용되며 또한 방충역할도 뛰어남
제라늄 (Geranium)	가장 일반적인 오일로 치료적인 목적 뿐만 아니라 감성적, 정신적 관리에도 사용 냄새도 로즈와 가깝고 가벼운 동상이 생겼을 때 피부에 사용하면 상처가 빨리 회복 신경강장과 진정작용, 통증완화 작용, 살균방부와 수렴작용
로즈마리 (Rosemary)	육체적, 정신적 강장작용 목욕용이나 근육통에 사용 여드름, 비듬관리, 셀룰라이트에 널리 사용되는 오일
타임(Thyme)	타임은 전문가용 오일 항균, 살균방부, 이뇨작용 과용시에는 갑상선 질환과 림프계 문제를 일으킬 수 있음 피부에는 희석없이 사용하면 안되며 어린이에게는 사용을 금함 몸안에 독소를 제거하며 백일해, 사마귀 제거, 류마티즘 만성피로에 널리 사용
레몬(Lemon)	강한 항균작용 물사마귀나 벌레 물린데, 두통에 사용 소화기계 강장오일 슬리밍 효과와 셀룰라이트에 시너지효과

2) 캐리어 오일(Carrier Oil)

(1) 캐리어 오일의 정의

에센셜 오일을 피부에 사용 시 고농도로 농축되어 있으므로 반드시 식물성 오일에 희석하여 사용해야 하는데, 이때 사용되는 오일을 캐리어오일이라고 합니다. 즉, 에센셜 오일을 피부로 운반해 준다는 뜻이다.

(2) 캐리어오일의 성분

캐리어오일에는 인체에 유익한 불포화 지방산, 단백질, 비타민, 미네랄 등의 영양 성분이 다량 함유되어 있어 피부 보호 및 영양과 보습 그리고 유연성을 준다.

(3) 캐리어오일의 효과

① 희석을 통해 에센셜 오일의 성분이 골고루 퍼지도록 함
② 에센셜오일의 증발률을 낮춰줌
③ 마사지 움직임을 원활하게 함
④ 식물성 오일 자체가 갖고 있는 영양적, 치료적 효과가 있음

(4) 캐리어 오일의 종류

그레이프시드 (Grapeseed)	포도씨에서 추출 유분이 가장 적어 흡수력이 뛰어남. 비타민 E, F 다량 함유 지성피부/알레르기성 피부 단독사용 가능
스위트아몬드 (Sweet Almond)	아몬드에서 추출 유분이 많고 노란색을 띰. 리올릭산, 올레익산 풍부 건조피부, 건선, 염증성피부, 기저귀 발진 단독사용가능
이브닝프라임로즈 (Eveningprim Rose)	달맞이꽃 씨앗에서 추출 상처치료 촉진, 콜레스테롤 수치조절, 혈압강하 감마리놀릭산, 프로스타글라딘 풍부 습진, 비듬, 건선, 과다각질, 관절염 단독사용가능
헤이즐넛 (Hazelnut)	개암나무 열매에서 추출 비타민 E 풍부, 수렴효과, 지성, 복합성피부 단독사용가능
조조바 (Jojoba)	조조바 열매에서 추출 인체피지와 흡사하여 침투력 우수. 항박테리아 작용, 여드름피부/비만관리 썬텐오일, 헤어트리트먼트제 단독사용가능

아보카도 (Avocado)	아보카도 열매에서 추출 유분이 풍부하여 진한 녹색을 띰. 비타민 A,B,D, 레시틴, 칼륨 풍부, 체지방 분해효과 수분부족피부, 튼살관리, 비만관리 단독사용가능
마카다미아 (Macadamia)	마카다미아에서 추출 미네랄 비타민 E, 노화지연, 세포재생효과 건성피부, 노화피부, 광과민성 피부 단독사용가능
윗점 (Wheatgerm)	밀배아에서 추출 미네랄, 비타민 E를 함유한 짙은 황금색 결합조직 개선효과, 천연 방부제 역할, 세포재생효과 노화피부, 건성피부, 튼살, 갈라진 발뒤꿈치 단독사용가능
카렌듈라 (Calendula)	금잔화꽃에서 추출 염증제거 및 상처치유, 림프절 염증완화, 수렴및 지혈작용 아토피, 알러지, 탄력저하, 피부, 종기, 기저귀발진, 습진, 건선, 멍, 벤데, 찰과상 단독사용가능
로즈힙 (Rosehip)	야생장미 열매에서 추출 뛰어난 세포재생, 비타민 C 다량함유, 노화지연 효과 기미피부, 노화피부, 흉터피부 단독사용가능

8. 기능성 화장품

'기능성화장품'이란 피부의 미백에 도움을 주는 제품, 피부의 주름개선에 도움을 주는 제품, 피부를 곱게 태워주거나 자외선으로부터 피부를 보호하는 데에 도움을 주는 제품을 말하는 것으로 피부 보습 효과와 피부노화 예방효과, 피부의 문제를 개선시켜 주는 화장품으로 색소 침착개선, 주름 개선, 여드름 개선, 자외선으로부터 피부 보호 등으로 특정부위를 집중적으로 케어하는 화장품이다.

1) 미백화장품

"피부의 미백에 도움을 주는 제품"이란 피부에 멜라닌색소가 침착하는 것을 방지하여 기미·주근깨 등의 생성을 억제함으로써 피부의 미백에 도움을 주는 기능을 갖거나 피부에 침착된 멜라닌 색소의 색을 엷게 하여 피부의 미백에 도움을 주는 기능을 가진 화장품을 말한다. 피부의 멜라닌 색소를 엷어지게 하고 피부 재생을 촉진해 준다.

티로신의 산화를 촉매하는 티로시나아제의 작용을 억제하는 물질	알부틴, 코직산, 상백피추출물, 닥나무추출물, 감초추출물, Vit C(아스코르빈산)
각질세포를 벗겨내어 멜라닌 색소를 제거하는 물질	AHA(Alpha Hydroxy Acid)
멜라닌 세포자체를 사멸시키는 물질	하이드로퀴논-백반증 유발 국내는 의약품 용도로 부분적 사용
자외선을 차단하는 물질	옥틸디메틸 파바, 이산화티탄, 산화아연

2) 주름개선 화장품

"피부의 주름개선에 도움을 주는 제품"이란 피부에 탄력을 주어 피부의 주름을 완화 또는 개선하는 기능을 가진 화장품을 말한다.

노화 피부는 주름과 탄력저하로 나타나는 피부 변화인데 주름완화와 탄력을 부여해주는 재생성분으로 주름을 개선하고 노화를 예방해 주는 화장품이다.

리포좀 화장품	세포막의 구성성분인 인지질로 이루어진 이중막, 레시틴(Lecithin) 영양물질의 피부흡수증가
레티노이드 화장품	비타민 A와 관련된 화합물의 총칭 레티놀, 레티날, 레틴산 상된 콜라겐과 엘라스틴 회복, 레틴산이 가장 먼저사용(여드름치유, 잔주름개선) 공중에서 쉽게 산화됨
AHA (Alphahydroxyacid)	5가지 과일산으로 각질 제거, 재생 효과 글리코릭산(사탕수수), 락틱산(젖산, 발효유), 말릭(사과)산, 타타릭산(주석산, 포도), 시트릭산(감귤류)
항산화제	활성산소에 의한 산화를 막아주어 노화를 예방하는 물질
	베타카로틴(B-Carotin) : 비타민 A의 전구물질로 당근에서 추출. 피부재생과 피부를 부드럽게 함
	토코페롤(Tocopherol) : 비타민 E로 곡물에서 추출. 과산화지질의 생성억제
	비타민 C : 감귤류에서 추출
	Sod(Superoxide Dismutase) : 슈퍼옥사이드 디스뮤타제
세라마이드	각질세포 지질의 40~50% 차지하는 성분으로 피부의 수분증발을 막아 각질층을 보호

3) 자외선 차단과 선탠 화장품

"자외선으로부터 피부를 보호하는데 도움을 주는 제품"이란 강한 햇볕을 방지하여 피부를 곱게 태워주는 기능을 가진 화장품 및 자외선을 차단 또는 산란시켜 자외선으로부터 피부를 보호하는 기능을 가진 화장품을 말한다.

자외선의 침투를 막아 피부를 보호하는 화장품으로 는 분산제 성분과 화학적으로 자외선을 흡수하여 소멸시키는 흡수제 성분이 있다.

분산제		물리적인 산란작용으로 자외선의 피부침투를 막음 무기물질로 차단효과 우수하고 불투명 분말로 알레르기 자극이 없음 파운데이션이나 파우더 등 메이크업 화장품에 이용
	이산화티탄(Tio2)	피부에 밀착감과 착색력이 아주 좋다. 냄새와 맛이 없는 분말로 파운데이션과 가루분에 사용
	산화아연(Zinc Oxide)	냄새와 맛이 없는 흰색의 미세한 가루분말이다.
	탈크(Talc)	하얀색의 분말로 아주 미세한 가루로 이루어져 있고 활석이라고도 한다. 퍼짐성과 광택효과
	카올린(Kaolin)	백분의 원료로 사용되며, 물에 용해되지 않고 커버력이 좋고 흡착력이 좋다. 토닉작용으로 수렴효과
흡수제		유기물질로 투명하여 바르기는 좋으나 접촉성피부염을 유발할 수 있음 기초 화장품인 선크림, 선로션에 이용 Octyldimethyl Paba , Octylmethoxy Cinnamate
선탠 화장품		자외선 중 UV-B에 의한 홍반을 예방하고 피부를 균일하게 갈색의 색소로 만들고 각질층에만 반응 디히드록시 아세톤(Dihydroxy Acetone : DHA)-바른 후 두세 시간부터 반응하여 6시간 정도면 바른 부위만 색깔이 변함

PART 05
네일미용 기술

Chapter 01
손톱 및 발톱관리

1. 재료와 도구

손톱 및 발톱관리에 사용되는 재료와 도구에는 시술패드, 손목받침대재료, 받침대, 파일꽂이, 솜 보관기와 솜, 소독용 알코올, 손 소독제, 지혈제, 큐티클 니퍼, 푸셔, 더스티 브러시, 핑거볼, 디스펜서와 리무버, 오렌지 우드스틱, 우드파일, 샌딩 블록, 패디 파일, 콘 커터, 토우 세퍼레이터, 큐티클 오일, 큐티클 리무버, 베이스 코트, 네일 폴리시, 톱 코트 등의 준비물이 있다.

2. 습식매니큐어(손톱, 발톱)

① 손 소독하기 : 시술자와 고객의 손을 소독한다.
② 폴리시 지우기 : 리무버를 적신 솜으로 폴리시를 제거한다.
③ 손톱 모양 잡기 : 먼저 손톱의 길이를 조절한 뒤에 양 사이드의 쉐입을 잡아 준다.
④ 표면정리 : 자연 손톱에 적합한 샌딩을 이용하여 손톱 전체의 표면을 고르게 정리하고 거스러미를 제거 한다(거스러미 제거는 라운드 패드를 사용한다.).
⑤ 손 불리기 : 소독제가 함유된 미온수를 담은 핑거볼에 손을 넣어 3~4분 정도 큐티클 연화를 위하여 불려 준다.

> 한손을 핑거볼에 담그는 동안 반대손에 ⑴~⑸의 절차를 시술한다.

⑥ 큐티클 정리 : 핑거볼에서 꺼낸 손의 물기를 제거하고 큐티클 오일을 바른 후 푸셔를 45°각도 이용하여 큐티클을 밀어 올리고 니퍼로 정리한다(큐티클 정리 후 감염을 예방하기 위하여 손 소독제를 뿌려준다).

> 반대손도 동일하게 시행한다.

⑦ 로션 바르기 : 로션을 발라 손에 유·수분을 공급한다.
⑧ 유분기 제거 : 핫 타월이나 키친타월로 로션의 유분기를 제거한 후 오렌지 우드스틱에 솜을 말아서 사용하거나 면봉을 이용하여 손톱표면과 프리에지 밑 부분의 유분기를 제거한다.
⑨ 베이스 코트 바르기 : 손톱표면을 보호하고 유색폴리시의 색상이 착색되는 것을 방지하기 위하여 베이스 코트를 발라 준다.
⑩ 폴리시 바르기 : 폴리시는 두 번(2coat)

을 기본으로 한다. 첫 번째 시행되는 폴리시 1coat에서는 프리에지까지 컬러링을 발라주고 두 번째 시행되는 폴리시 2coat에서는 네일 바디 부분에만 컬러링을 발라주고 프리에지는 생략해도 무방하다.

⑪ 톱 코트 바르기:폴리시의 광택과 지속력을 높여 준다.

3. 매니큐어 컬러링

① 컬러링의 종류

네일 컬러링 서비스는 고객의 연령과 생활습관, 평소 패션스타일, 직업, 고객의 컬러링 선호도 등을 사전 고객 상담 시 조사하여 참고하여 최신 네일 트렌드 경향과 접목시켜 시술해야 한다.

- 풀 코트(Full coat) : 기본적인 스타일로 손톱 전체에 컬러링 하는 방법이다.
- 프리에지(Free edge, Hairline tip) : 프리에지 부분을 제외한 손톱바디에 컬러링을 하는 방법이다.
- 프렌치 스타일(French Manicure) : 프리에지 부분에만 컬러링하는 스타일로 스퀘어 네일에 가장 잘 어울리는 컬러링이다.
- 딥 프렌치(Deep French, Half moon) : 손톱의 반 이상을 깊게 컬러링하는 방법이다.
- 후리 월(Free wall, Slim line) : 손톱의 양 옆면을 1.5㎜정도 남겨두고 컬러링하는 방법이다.
- 루눌라 프렌치(Lunula French, Half moon) : 루눌라 부분을 제외한 손톱 바디 전체에 컬러링이다.

② 컬러링 방법

- 네일 컬러링 서비스 시술에 있어 완성도를 높이기 위해서는 폴리시의 양을 손톱의 표면적에 따라 적절하게 조절하여 폴리시가 뭉치거나 결이 가지 않도록 브러시를 45°각도를 유지하여 고르게 펴 발라주는 것이 중요하다.
- 네일 컬러링 서비스가 종료된 후에는 폴리시의 병 입구를 페이퍼 타월에 리무버를 묻혀 컬러의 잔여물이 남지 않도록 깨끗하게 닦아 보관해야 하며 폴리시가 공기와 접촉되어 굳는 것을 예방할 수 있다.
- 잦은 컬러링으로 폴리시가 농도가 짙어졌을 때는 뚜껑이 닫힌 컬러병을 양손 바닥으로 감싸 쥔 뒤 좌·우로 돌려주어야 한다. 폴리시병을 위아래로 흔들어서 컬러링 시 손톱의 표면에 기포가 발생될 수 있다.

- Polish제품 적용순서
Base coat(1coat) → 유색 Polish (2coat) → Top coat(1coat)

⑥ 큐티클 정리: 각탕기에서 꺼낸 발의 물기를 제거하고 큐티클 오일을 바른 후 푸셔를 45°각도 이용하여 큐티클

풀 코트 (Full coat)	㉠ 유색 폴리시의 1coat는 폴리시 브러시를 45°각도를 되도록 눕혀서 큐티클 라인 아래쪽 손톱의 정중앙에서 프리에지 방향으로 폴리시를 펴 발라준다. ㉡ 손톱의 왼쪽 가장자리를 큐티클 라인 아래쪽에서 프리에지 방향으로 폴리시를 발라준다. ㉢ 폴리시가 발라진 ㉠과 ㉡사이에 폴리시가 뭉쳐있지 않도록 쓸어내리듯이 폴리시를 발라준다. ㉣ 손톱의 반대쪽도 ㉡~㉢번 시술방법과 동일하게 시술한다. ㉤ 프리에지의 측면 부분을 컬러링 해준다. ㉥ 유색폴리시의 2coat는 손톱의 한쪽 사이드부터 반대쪽 방향으로 브러시를 1/2coat겹쳐서 컬러라 뭉치지 않고 골고루 잘 발라준다.
프렌치 컬러 (French color)	스마일라인/프렌치 스타일 (French Manicure)	손톱의 한쪽 프리에지에서 반대쪽 프리에지 방향으로 브러시를 가로로 45°각도 눕혀 스마일 라인을 형성시키며 컬러링을 한다.
	딥 프렌치 (Deep French, Half moon)	손톱의 반 이상을 프렌치 스타일로 깊게 컬러링 한다.
그라데이션 컬러 (Gradation color)	스펀지에 컬러를 묻혀 두드리는 방법으로 프리에지부터 시작하여 손톱의 반 이상을 컬러링 해준다. 프리에지부분은 컬러의 농도가 짙게 시작하여 루눌라 방향으로 갈수록 옅어지도록 자연스럽게 그라데이션 해준다.

4. 패디큐어

(1) 패디큐어 시술방법

① 손 소독하기: 시술자의 손과 고객의 발을 소독한다.
② 폴리시 지우기: 리무버를 적신 솜으로 폴리시를 제거한다.
③ 손톱 모양 잡기: 먼저 발톱의 길이를 조절한 뒤에 양 사이드의 쉐입을 스퀘어 모양으로 잡아 준다.
④ 표면정리: 자연 발톱에 적합한 샌딩을 이용하여 발톱 전체의 표면을 고르게 정리하고 거스러미를 제거 한다(거스러미 제거는 라운드 패드를 사용한다.)
⑤ 발 불리기: 패디스파 전용 솔트가 녹여진 따뜻한 물이 담긴 각탕기에 왼발을 담근다.

한쪽 발을 불리는 동안 반대발에 (1)~(5)의 절차를 시행한다.

티클 정리 후 감염을 예방하기 위하여 소독제를 뿌려준다).

⑦ 발바닥 각질 제거하기 : 콘 커터를 사용하여 족문의 결 방향으로 각질을 제거하고 패디 파일에 로션을 묻힌 후 동일한 시술방향으로 파일링 한다 (2차 감염을 예방하기 위하여 소독제를 뿌려준다).

반대 발에 (6)~(7)의 절차를 시행한다.

⑧ 로션 바르기 : 로션을 발라 발에 유·수분을 공급한다.
⑨ 유분기 제거 : 핫 타월이나 키친타월로 로션의 유분기를 제거한 후 오렌지 우드스틱에 솜을 말아서 사용하거나 면봉을 이용하여 발톱표면과 프리에지 밑 부분의 유분기를 제거한다.
⑩ 토우 세퍼레이터 끼우기 : 발가락 사이의 서비스 공간 확보해준다.
⑪ 폴리시 바르기

Chapter 02
인조네일

1. 재료와 도구

인조 네일의 재료와 도구에는 라이트 글루, 젤 글루, 필러 파우더, 글루 드라이어, 팁, 실크, 실크 가위, 아크릴 리퀴드, 아크릴 파우더, 아크릴 브러시, 아크릴 폼, 브러시 클리너, 프라이머, 젤 램프, 젤 본더, 베이스 젤, 탑 젤, 클리어 젤, 젤 클리너, 젤 브러시가 있다.

2. 네일 팁 오버레이

네일 팁(Nail Tip)은 인조 손톱을 이용하여 자연손톱의 길이를 연장하는 네일 서비스이다. 네일 팁 시술을 통하여 약하고 부러지기 쉬운 손톱의 강도를 보완하고 자연 손톱의 형태를 교정하는 역할을 한다. 네일 팁 서비스에는 팁의 종류 중 레귤러 팁과 스퀘어 팁이 사용된다. 네일 팁은 플라스틱(Plastic), 나일론(Nylon), 아세테이트(Asetate) 재질로 되어 있어, 탄력성과 유연성을 갖고 있으며, 팁의 웰(Well) 부분은 자연손톱과 부탁되는 부분으로 외부 충격에 취약하여 잘 찢어지거나 손상되기 쉬운 스트레스 포인트(Stress point)를 감싸주어 손톱의 강도를 보완해 준다.

① 네일 랩 오버레이
네일 랩(Nail Wraps)은 '포장하다', '감싸다'라는 뜻을 갖고 있다. 네일 랩 서비스는 네일 전용 글루를 사용하여 천(Fabric)이나 종이(Paper)를 손톱에 접착시키는 방법이다. 자연손톱이 약하여 깨지거나 찢어지는 손톱이나 네일 팁 시술위에 랩을 덧씌워 줌으로써 강도를 보강해주는 네일 서비스이다.

네일 랩의 종류	실크(Silk)	매우 가는 명주 실로 조직이 부드럽고 섬세하게 짜여 있으며 투명성이 높다.
	리넨(Linen)	얇은 아마포 소재로 조직이 좀 더 굵은 실로 짜여 있어 견고하다. 조직의 특성상 리넨 랩 시술 후에는 짙은 색상의 유색 폴리시를 발라야 한다.
	화이버 글래스(Fiber Glass)	매우 가는 인조유리섬유로 짜여 있다.
	페이퍼 랩(Paper Wrap)	얇은 섬유질이 함유된 종이 재질로 임시 랩으로 사용된다.
시술 순서	㉠ 손 소독하기	
	㉡ 폴리시 지우기	
	㉢ 큐티클 밀기	
	㉣ 손톱 모양 및 길이조정	
	㉤ 팁 부착 및 팁 턱 제거	ⓐ 팁 부착 ⓑ 팁 턱 제거
	㉥ 필러 파우더	
	㉦ 파일링	
	㉧ 실크 부착 및 재단	ⓐ 실크 부착 ⓑ 실크 재단
	㉨ 실크 턱 제거하기	
	㉩ 큐티클 오일 바르기 및 3-WAY를 이용해 광택내기	

② 아크릴 오버레이
아크릴네일은 액체 아크릴(Acrylic Liquid)과 파우더 아크릴(Acrylic podwer)를 혼합하여 자연손톱을 보강하고 길이를 연장시키는 매우 단단한 인조 네일 서비스이다. 아크릴 네일은 변형된 손톱과 손톱을 물어뜯는 습관에 의해 발생되는 오니코파지 손톱 등의 교정에 효과적이다.

Part 5 네일미용 기술

아크릴 리퀴드 (Acrylic Liquid, Monomer, 단량체)	아크릴 리퀴드는 액체상태로 아크릴 파우더를 녹여 반죽하는데 사용되며 서로 연결되지 않은 작은 구슬형태의 구형물질로 폴리머(Polymer)를 만들기 위해 이루어진 저분자 화합물이다. 현재 아크릴 네일 서비스에는 에틸렌글리콜 디메타크릴메이트(Ethylen glycol demethacrylate) 성분으로 구성된 EMA 리퀴드 제품이 주로 사용된다.
아크릴 파우더 (Acrylic Powder, Polymer, 종합체)	아크릴 파우더는 아크릴 리퀴드를 고체화 시킨 분말타입이며 폴리에틸 메타크릴레이트(PEMA : Polyethyl methacrylate.)가 주성분으로 아크릴 리퀴드와 혼합이 되면 구슬들이 길게 체인모양으로 연결된 형태로 구성되며 서로 연결된 작은 분자들의 조합으로 인하여 매우 단단한 구성력을 갖으며, 파우더의 혼합 형태에 따라 다양한 형태의 제품들이 있다.
Primer (접착촉매제)	아크릴이 자연 손톱에 잘 접착되도록 발라주는 접착촉매제이며 메타크릴산(methacrylic acid) 성분의 리퀴드와 Non-acid 성분의 제품이 있다. 프라이머는 자연손톱의 pH 7.0 ~ 7.3을 pH 5.3 ~ 5.7로 조절해주어 접찹력 상승과 방부제 역할을 해준다.

시술 순서	㉠ 손 소독하기
	㉡ 폴리시 지우기
	㉢ 큐티클 밀기
	㉣ 손톱 모양 및 길이조정
	㉤ 팁 부착 및 팁 턱 제거 : ⓐ 팁 부착 ⓑ 팁 턱 제거
	㉥ 프라이머 바르기
	㉦ 아크릴 볼 올리기 : ⓐ 아크릴 1볼 ⓑ 아크릴 2볼 ⓒ 아크릴 3볼
	㉧ 파일링
	㉨ 큐티클 오일 바르기 및 3-WAY를 이용해 광택내기

③ 젤 오버레이

젤 네일은 아크릴 원료에서 만들어진 합성수지로 화학구성이 조금 다르며, 점성이 있는 액체 덩어리인 '올리고머(Oligomer)'로 구성되어 있다. UV 젤은 아크릴에서 변형된 화학구조를 갖고 있어 응고를 도와주는 별도의 카탈리스트는 빛에 굳는 '라이트 큐어드(Light cured)' 방법이다.

시술 순서	㉠ 손 소독하기
	㉡ 폴리시 지우기
	㉢ 큐티클 밀기
	㉣ 손톱 모양 및 길이조정
	㉤ 팁 부착 및 팁 턱 제거 : ⓐ 팁 부착 ⓑ 팁 턱 제거
	㉥ 젤 볼 올리기 : ⓐ 젤 1볼 올리기(베이스 젤) ⓑ 젤 2볼 올리기(빌더 젤) ⓒ 젤 3볼 올리기
	㉦ 핀칭 주기 및 젤 클리너로 표면 닦기
	㉧ 파일링
	㉨ 탑 젤 바르기
	㉩ 큐티클 오일 바르기 및 3-WAY를 이용해 광택내기

3. 아크릴 스컬프처

① 아크릴 원톤 스컬프처

아크릴 원톤 스컬프처는 핑크, 클리어 파우더를 사용할 수 있다.

시술 순서	
	㉠ 손 소독하기
	㉡ 폴리시 지우기
	㉢ 큐티클 밀기
	㉣ 손톱 모양 및 길이조정
	㉤ 프라이머 바르기
	㉥ 폼 끼우기 : ⓐ 아크릴 1볼 ⓑ 아크릴 2볼 ⓒ 아크릴 3볼
	㉦ 아크릴 볼 올리기
	㉧ 폼 떼기 및 핀칭하기
	㉨ 파일링
	㉩ 큐티클 오일 바르기 및 3-WAY를 이용해 광택내기

② 아크릴 프렌치 스컬프처

화이트 파우더 및 내추럴 파우더를 사용할 수 있다.

시술 순서		
	㉠ 손 소독하기	
	㉡ 폴리시 지우기	
	㉢ 큐티클 밀기	
	㉣ 손톱 모양 및 길이조정	
	㉤ 프라이머 바르기	
	㉥ 폼 끼우기	
	㉦ 스마일 라인 만들기	ⓐ 프리에지 위에 화이트 파우더 1볼을 올리고 연장할 길이만큼 눌러서 두께와 길이를 조정한다. ⓑ 브러시의 팁 부분으로 프렌치(스마일)라인을 만들어 준다. ⓒ 작은 볼을 떠서 양쪽 사이드에 올리고 사이드 프렌치 라인을 만들어 준다. ⓓ 클리어나 핑크 파우더를 이용해서 하이포인트와 큐티클 부분을 얇게 메워 준다.
	㉧ 폼 떼기 및 핀칭하기	
	㉨ 파일링	
	㉩ 큐티클 오일 바르기 및 3-WAY를 이용해 광택내기	

4. 젤 스컬프처

① 젤 원톤 스컬프처

시술 순서	㉠ 손 소독하기		
	㉡ 폴리시 지우기		
	㉢ 큐티클 밀기		
	㉣ 손톱 모양 및 길이조정		
	㉤ 젤 본더 바르기		
	㉥ 젤 볼 올리기 : ⓐ 폼 끼우기	ⓑ 젤 1볼 올리기(베이스 젤)	
	ⓒ 젤 2볼 올리기(빌더 젤)	ⓓ 젤 3볼 올리기	
	㉦ 핀칭 주기 및 젤 클리너로 표면 닦기		
	㉧ 파일링		
	㉨ 탑 젤 바르기/ 큐어링(젤 오버레이 시술방법 참고)		
	㉩ 큐티클 오일 바르기 및 3-WAY를 이용해 광택내기		

② 젤 원톤 프렌치 스컬프처

시술 순서	㉠ 손 소독하기		
	㉡ 폴리시 지우기		
	㉢ 큐티클 밀기		
	㉣ 손톱 모양 및 길이조정		
	㉤ 젤 본더 바르기		
	㉥ 스마일 라인 만들기 : ⓐ 폼 끼우기	ⓑ 젤 1볼 올리기(베이스 젤)	
	ⓒ 젤 2볼 올리기	ⓓ 젤 3볼 올리기	
	㉦ 핀칭 주기 및 젤 클리너로 표면 닦기		
	㉧ 파일링		
	㉨ 탑 젤 바르기/ 큐어링 (젤 오버레이 시술방법 참고)		
	㉩ 큐티클 오일 바르기 및 3-WAY를 이용해 광택내기		

5. 인조 네일(손·발톱)의 보수와 제거

① 인조 네일의 보수

네일 팁 보수	• 네일 팁 보수 전 네일이 자라나온 상태를 육안으로 관찰한다. • 턱 제거:인조 네일이 큐티클에서 부터 자라나온 턱이나 리프팅 된 부분을 파일을 이용해 갈아준 후 전체적으로 표면을 샌딩한다. • 네일 팁 보수하기:새로 자라난 자연 손톱 부분에 큐티클 아래로 0.5㎜정도 여유를 주고 글루와 파우더로 메워 준 후 큐티클 라인과 네일 바디 부분을 자연스럽게 연결시켜 준다. • 글루 드라이로 건조시킨 후 파일링 작업을 해준다. • 젤 글루를 바르고 샌딩블럭으로 표면정리를 한다.

네일 랩 보수	• 리페어라고도 하며 찢어진 손톱이나 깨진 손톱을 보수한다. • 네일 랩 보수 전 네일이 손상된 상태를 육안으로 관찰한다. • 깨지거나 찢어진 부위를 덮을 만큼 실크를 재단하여 붙인다. *스트레스 포인트 부분이 가장 잘 찢어진다. *찢어진 부분은 다시 찢어지기 쉬우므로 파일링이나 샌딩을 이용하여 리프팅 된 부분을 제거하고 글루를 한번 바른 후 랩핑을 하면 지속력이 좋아진다. *사이드라인을 매끈하게 파일링하여 걸리는 부분이 없도록 한다. • 글루와 파우더를 이용하여 표면을 메워준다. • 글루 드라이로 건조시킨 후 파일링 작업을 해준다. • 젤 글루를 바르고 샌딩블럭으로 표면정리를 한다.
아크릴 네일 보수	• 아크릴이 자라나온 턱이나 리프팅 된 부분 제거 • 프라이머 바르기 • 아크릴 볼을 올려 메워 준 후 큐티클 라인과 네일 바디 부분을 자연스럽게 연결 • 아크릴이 건조된 것을 확인 한 후 파일링 작업 후 표면정리
젤 네일 보수	• 젤 네일이 자라나온 턱이나 리프팅 된 부분을 파일을 이용해 제거 • 소량의 젤 본더를 바른 후 클리어 젤을 이용해 큐티클 라인까지 채워준다. • 큐티클 라인과 자연스럽게 연결 후 1분간 큐어링 • 젤 클리너로 표면 닦기 • 고르지 못한 표면을 파일링 해주고 샌딩으로 표면을 정리 • 탑 젤 바르기(2분간 큐어링)

② 인조 네일의 제거: 속 오프 젤(Soak off gel)은 네일 팁과 랩, 아크릴 네일 제거 방법과 동일하다.

㉠ 손 소독하기	
㉡ 시술되어진 인조 네일의 프리에지 부분을 클리퍼로 잘라낸다.	
㉢ 두께조정	네일 바디부분의 두께를 얇게 파일링한다.
㉣ 퓨어 아세톤 솜 올리고 호일 감싸기	ⓐ 아세톤 원액에 손톱주변 피부가 자극받지 않도록 큐티클 오일을 손톱을 제외한 손가락 전체에 도포 한다. ⓑ 솜에 아세톤 원액을 적신 후 인조 네일 위에 올려놓는다. ⓒ 오일을 이용하여 솜이 올려진 손가락이 공기와 접촉되지 않도록 밀폐시켜 감싸주어 아세톤 원액의 흡수를 돕는다. 호일의 밀폐 시간은 약 10~15분 정도 유지한다. *젤 네일의 경우 퓨어 아세톤이나 전용 리무버를 사용한다.
㉤ 호일 제거하기	ⓐ 호일을 제거하고 푸셔나 오렌지 우드 스틱으로 아세톤에 의해 녹여진 인조 네일을 제거 한다. ⓑ 인조 네일이 덜 녹여졌을 경우 (4)번의 시술과정을 반복한다.
㉥ 표면정리	파일이나 인조 네일의 잔여물을 제거 하고 샌딩으로 표면을 정리한다.
㉦ 큐티클 오일 바르기	